全国中等职业学校机械类专业通用教材

全国技工院校机械类专业通用教材（中级技能层级）

铣工工艺学

（第五版）

人力资源社会保障部教材办公室组织编写

中国劳动社会保障出版社

简介

本书主要内容包括：铣削的基本知识，平面和连接面的铣削，台阶、沟槽、键槽的铣削和切断，分度方法，外花键和牙嵌离合器的铣削，在铣床上加工孔，简单特形面和球面的铣削，螺旋槽和凸轮的铣削，圆柱齿轮和齿条的铣削，直齿锥齿轮的铣削，链轮的铣削，刀具齿槽的铣削，铣床的结构与调整，铣刀几何参数和铣削用量的选择，铣床夹具等。

本书由马苍平任主编，吴静任副主编，孙喜兵、刘学军、杨思国、李明强、孟莉、马燕、刘西坤、李素兰、牛素春、崔桂发参加编写，王卫国任主审。

图书在版编目（CIP）数据

铣工工艺学 / 人力资源社会保障部教材办公室组织编写 . -- 5 版 . -- 北京：中国劳动社会保障出版社，2020

全国中等职业学校机械类专业通用教材　全国技工院校机械类专业通用教材 . 中级技能层级

ISBN 978-7-5167-4556-4

Ⅰ. ①铣…　Ⅱ. ①人…　Ⅲ. ①铣削 – 工艺学 – 中等专业学校 – 教材　Ⅳ. ①TG54

中国版本图书馆 CIP 数据核字（2020）第 130443 号

中国劳动社会保障出版社出版发行

（北京市惠新东街 1 号　邮政编码：100029）

*

北京市艺辉印刷有限公司印刷装订　新华书店经销

787 毫米 ×1092 毫米　16 开本　15.5 印张　346 千字

2020 年 12 月第 5 版　2020 年 12 月第 1 次印刷

定价：31.00 元

读者服务部电话：（010）64929211/84209101/64921644

营销中心电话：（010）64962347

出版社网址：http：//www.class.com.cn

http：//jg.class.com.cn

前言

为了更好地适应全国技工院校机械类专业的教学要求，全面提升教学质量，人力资源社会保障部教材办公室组织有关学校的一线教师和行业、企业专家，在充分调研企业生产和学校教学情况、广泛听取教师对教材使用反馈意见的基础上，对全国技工院校机械类专业通用教材中所包含的车工、钳工、机修钳工、铣工、焊工、冷作工、机床加工等工艺学、技能训练教材进行了修订。

本次教材修订工作的重点主要体现在以下几个方面：

第一，合理更新教材内容。

根据机械类专业毕业生所从事岗位的实际需要和教学实际情况的变化，合理确定学生应具备的能力与知识结构，对部分教材内容及其深度、难度做了适当调整；根据相关专业领域的最新发展，在教材中充实新知识、新技术、新设备、新材料等方面的内容，体现教材的先进性；采用最新国家技术标准，使教材更加科学和规范。

第二，紧密衔接国家职业技能标准要求。

教材编写以国家职业技能标准《车工（2018年版）》《钳工（2020年版）》《铣工（2018年版）》《焊工（2018年版）》等为依据，涵盖国家职业技能标准（中级）的知识和技能要求，并在与教材配套的习题册、技能训练图册中增加了针对相关职业技能鉴定考试的练习题。

第三，精心设计教材形式。

在教材内容的呈现形式上，尽可能使用图片、实物照片和表格等形式将知识点生动地展示出来，力求让学生更直观地理解和掌握所学内容。针对不同的知识点，设计了许多贴近实际的互动栏目，在激发学生学习兴趣和自主学习积极性的同时，使教材“易教易学，易懂易用”。在教材插图的制作中采用了立体造型技术，同时部分教材在印刷工艺上采用了四色印刷，增强了教材的表现力。

第四，引入“互联网+”技术，进一步做好教学服务工作。

在《车工工艺学（第六版）》《车工技能训练（第六版）》《钳工工艺学（第六版）》等教材中使用了增强现实（AR）技术。学生在移动终端上安装App，扫描教材中带有AR图标的页面，可以对呈现的立体模型进行缩放、旋转、剖切等操作，以及观察模型的运动和拆分动画，便于更直观、细致地探究机构的内部结构和工作原理，还可以浏览相关视频、图片、文本等拓展资料。在部分教材中使用了二维码技术，针对教材中的教学重点和难点制作了动画、视频、微课等多媒体资源，学生使用移动终端扫描二维码即可在线观看相应内容。

本套教材中的工艺学教材配有习题册，技能训练教材配有技能训练图册。另外，还配有方便教师上课使用的电子课件，电子课件和习题册答案可通过技工教育网（http://jg.class.com.cn）下载。

本次教材的修订工作得到了辽宁、江苏、浙江、山东、河南等省人力资源和社会保障厅及有关学校的大力支持，在此我们表示诚挚的谢意。

人力资源社会保障部教材办公室

2020年8月

目 录

绪　论

在科学技术迅速发展的今天，新技术、新工艺不断涌现，但金属切削加工在机械制造业中仍占有极其重要的地位。在实际生产中，绝大多数的机械零件需要通过切削加工来达到规定的尺寸精度及几何精度，以满足产品的性能和使用要求。在车削、铣削、镗削、刨削、磨削、钳加工、制齿等诸多切削加工中，铣削是一种应用极为广泛的切削加工方法，铣工也是机械加工中最基本的职业之一。

一、课程的任务与要求

铣工工艺学是中等职业学校、技工院校机械类铣工专业的一门专业课程。课程的任务是使学生掌握中级铣工应具备的专业理论知识，并用以指导相应的技能训练，通过技能训练再进一步加深对理论知识的理解、消化、巩固和提高。

通过学习，学生应达到以下具体要求：

1. 掌握常用铣床（以 X6132 型万能升降台铣床为代表）的主要结构、传动系统、操作使用方法、日常调整和维护保养方法。
2. 能合理地选择和正确地使用夹具、刀具和量具，掌握其使用、维护和保养的方法。
3. 能熟练地掌握铣削过程中的相关计算方法，并能查阅相关技术手册和资料。
4. 能合理地选择铣削用量和切削液。
5. 能合理地选择工件的定位基准，掌握工件定位、夹紧的基本原理和方法。
6. 能制定中等复杂程度零件的铣削工艺，能吸收和应用较先进的工艺和技术。
7. 熟悉安全、文明生产的有关知识，养成安全、文明生产习惯。

二、铣削的基本内容

铣削是以铣刀的旋转运动为主运动，以铣刀或工件的移动为进给运动的一种切削加工方法（图 0–1）。铣削的主要特点是通常采用多刃刀具加工，因刀齿轮替切削，所以刀具冷却效果好，耐用度高，生产效率高，加工范围广。在铣床上使用各种不同的铣刀可以加工平面（平行面、垂直面、斜面）、台阶、沟槽（直角沟槽和 V 形槽、T 形槽、燕尾槽等特形槽）、特形面和切断材料等。若配合分度装置的使用，还可加工需周向等分的花键、齿轮、牙嵌离合器和螺旋槽等。此外，在铣床上还可以进行钻孔、铰孔和镗孔等工作。铣削的基本内容如图 0–2 所示。

铣削具有较高的加工精度，其经济加工精度一般为 IT9 ~ IT7，表面粗糙度 Ra 值一般为 12.5 ~ 1.6 μm。采用精细铣削时加工精度可达 IT5，表面粗糙度 Ra 值可达 0.20 μm。

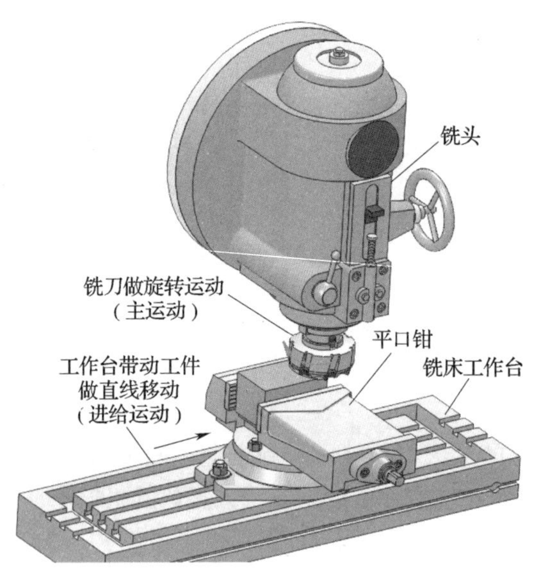

图 0–1　铣削

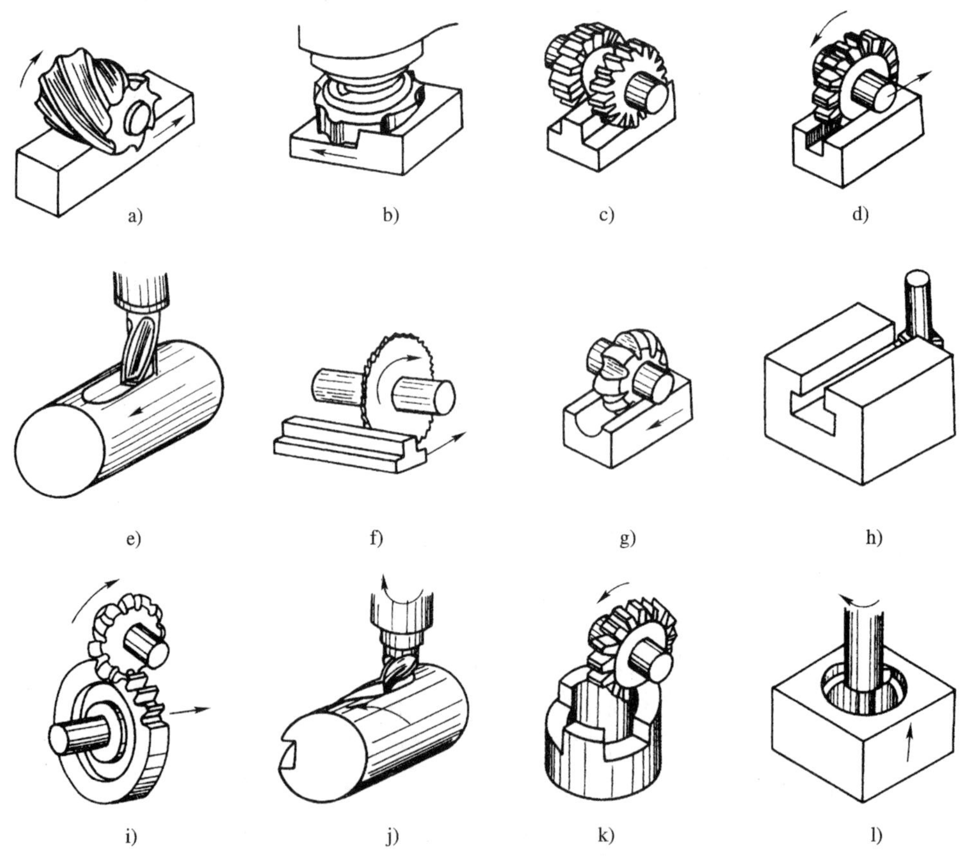

图 0–2　铣削的基本内容

a）用圆柱形铣刀铣平面　b）用面铣刀铣平面　c）铣台阶　d）铣直角通槽
e）铣键槽　f）切断　g）铣特形面　h）铣特形沟槽　i）铣齿轮
j）铣圆柱面螺旋槽　k）铣牙嵌离合器　l）镗孔

三、安全生产和文明生产

坚持安全生产和文明生产是保障生产工人和机床设备的安全，防止工伤和设备事故的根本保证，也是搞好企业经营管理的重要内容之一。它直接影响到人身安全、产品质量和经济效益，影响设备和工、夹、量具的使用寿命及生产工人技术水平的正常发挥。学生在学习期间就必须养成良好的安全生产和文明生产习惯，对于在长期生产活动中得到的实践经验，必须严格遵守。

1. 安全生产注意事项

（1）工作时应穿工作服、戴袖套。女生应戴工作帽，辫子或长发应盘、塞在工作帽内。

（2）禁止穿背心、裙子、短裤以及戴围巾、穿拖鞋或高跟鞋进入生产实习车间。

（3）严格遵守安全操作规程。

（4）注意防火，注意安全用电。

2. 铣削安全操作规程要点

（1）生产实习开始前应对所使用的机床做如下检查：

1）各操纵手柄的原始位置是否正常。

2）手摇各进给操作手柄，检查进给运动和进给方向是否正常。

3）各进给方向自动进给停止挡铁是否紧固并在限位范围内。

4）进行机床主轴和进给系统的变速检查，使主轴和工作台进给由低速到高速运动，检查运动是否正常。

5）将机床启动后，检查各处油窗是否甩油。

6）上述各项检查完毕，如未发现异常，对机床各部位注油润滑。

（2）操作机床、更换刀具及擦拭机床时不准戴手套。

（3）装卸工件、刀具，变换转速和进给量，测量工件，搭配交换齿轮，必须在停车状态下进行。

（4）操作机床时，严禁离开岗位，不准做与操作内容无关的事情。

（5）工作台自动进给时，应脱开手动进给离合器，以防止手柄随轴旋转伤人。

（6）不准两个进给方向同时启动自动进给。自动进给时，不准突然变换进给速度。停车时，应先停止进给，再停止机床主轴（刀具）旋转。

（7）高速铣削时，必须戴防护眼镜。

（8）不准在切削进行中用手触摸工件表面。

（9）操作中出现异常现象时应及时停车检查，出现故障、事故应立即切断机床电源，及时申报，请专业人员检修，未修复前不得使用机床。

（10）机床不使用时，各手柄应置于空挡位置，各方向进给紧固手柄应松开，工作台应置于各方向进给的中间位置，机床导轨面应适当涂润滑油。

3. 文明生产要求

（1）爱护刀具、工具、量具，并正确使用，放置稳妥、整齐、合理，有固定的位置，便于操作时取用，用后应放回原处。

（2）爱护机床和车间其他设备、设施。

（3）工具箱内物件应分类摆放。重物放置在下层，轻物放置在上层，精密的物件应放置稳妥，不得随意乱放，以免损坏和丢失。

（4）量具应保持清洁，用毕应擦拭干净、涂油、放入盒内，并及时归还工具室。所使用的量具必须定期校验，使用前应确认合格证在校验使用期限内，以保证其度量准确。

（5）装卸较重的机床附件时，必须有他人协助，安装时应先擦净机床工作台台面和附件的基准面。

（6）爱护机床工作台台面和导轨面，不准在工作台台面和导轨面上直接放置毛坯件、锤子、扳手等工具。

（7）毛坯、半成品和成品应分开放置。

半成品、成品应放置整齐，轻拿轻放，以免碰伤已加工表面。

（8）图样、工艺卡片应放置在便于阅读的位置，并注意保持其清洁和完整。

（9）工作场地应保持清洁、整齐，避免堆放杂物，防止绊倒；产品和毛坯应放置在指定区域内，以随时保持安全通道的畅通。

（10）工作结束后应先关闭机床电源，再擦拭机床、工具、量具和其他附件，使各物件归位，并清扫工作场地。

第一章

铣削的基本知识

§1-1 铣床简介

铣床是机械制造业广泛采用的重要设备之一。铣床生产效率高，加工范围广，是一种应用广、类型多的金属切削机床。

一、机床型号

机床型号是机床产品的代号，用以简明地表示机床的类别、结构特性等。

1. 机床型号编制方法

根据国家标准《金属切削机床　型号编制方法》（GB/T 15375—2008）的规定，机床型号编制方法如下：

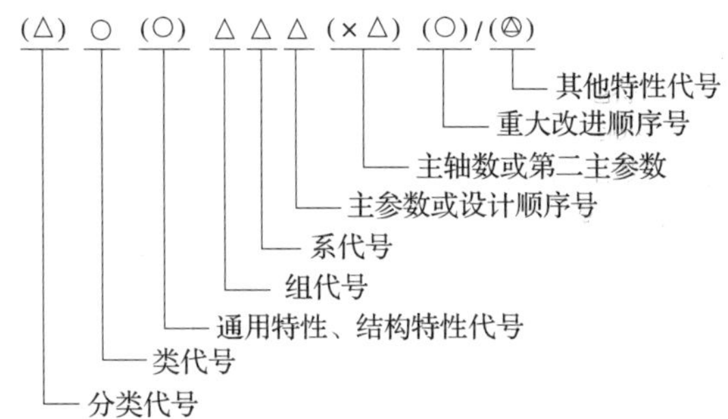

注：1. 有“( )”的代号或数字，当无内容时，则不表示；若有内容则不带括号。

2. 有“○”符号的，为大写的汉语拼音字母。

3. 有“△”符号的，为阿拉伯数字。

4. 有“◎”符号的，为大写的汉语拼音字母或阿拉伯数字，或两者兼有之。

2. 机床的类代号

我国现将机床按工作原理划分为 11 类。机床的类代号用大写的汉语拼音字母表示。铣床的类代号是“X”，读作“铣”。

3. 机床的通用特性代号

通用特性代号有统一的固定含义，它在各类机床的型号中表示的意义相同。机床的通用特性代号见表 1–1。

表 1–1　机床的通用特性代号

通用特性	高精度	精密	自动	半自动	数控	加工中心（自动换刀）	仿形	轻型	加重型	柔性加工单元	数显	高速
代号	G	M	Z	B	K	H	F	Q	C	R	X	S
读音	高	密	自	半	控	换	仿	轻	重	柔	显	速

4. 机床的组、系代号

将每类机床划分为 10 个组，每个组又划分为 10 个系（系列）。

机床的组用一位阿拉伯数字表示，位于类代号或通用特性代号、结构特性代号之后。

机床的系用一位阿拉伯数字表示，位于组代号之后。

代号分别为 0 ～ 9 的铣床 10 个组的名称是：仪表铣床、悬臂及滑枕铣床、龙门铣床、平面铣床、仿形铣床、立式升降台铣床、卧式升降台铣床、床身铣床、工具铣床和其他铣床。

5. 机床的主参数

机床型号中的主参数用折算值表示，位于系代号之后。当折算值大于 1 时，则取整数，前面不加“0”；当折算值小于 1 时，则取小数点后第一位数，并在前面加“0”。

常用铣床的组、系划分及型号中主参数的表示方法见表 1–2。

表 1–2　常用铣床的组、系、主参数

组代号	组名称	系代号	系名称	主参数折算系数	主参数名称	组代号	组名称	系代号	系名称	主参数折算系数	主参数名称
2	龙门铣床	0	龙门铣床	1/100	工作台面宽度	6	卧式升降台铣床	0	卧式升降台铣床	1/10	工作台面宽度
		1	龙门镗铣床					1	万能升降台铣床		
		2	龙门磨铣床					2	万能回转头铣床		
		3	定梁龙门铣床					3	万能摇臂铣床		
		4	定梁龙门镗铣床					4	卧式回转头铣床		
		5	高架式横梁移动龙门镗铣床					5			
		6	龙门移动铣床					6	卧式滑枕升降台铣床		
		7	定梁龙门移动铣床					7			
		8	龙门移动镗铣床					8			
		9						9			
5	立式升降台铣床	0	立式升降台铣床	1/10	工作台面宽度	8	工具铣床	0			
		1	立式升降台镗铣床					1	万能工具铣床	1/10	工作台面宽度
		2	摇臂铣床					2			
		3	万能摇臂铣床					3	钻头铣床	1	最大钻头直径
		4	摇臂镗铣床					4			
		5	转塔升降台铣床					5	立铣刀槽铣床	1	最大铣刀直径
		6	立式滑枕升降台铣床					6			
		7	万能滑枕升降台铣床					7			
		8	圆弧铣床					8			
		9						9			

型号举例：

X6132——万能升降台铣床，工作台面宽度为 320 mm。

X5032——立式升降台铣床，工作台面宽度为 320 mm。

X6325——万能摇臂铣床，工作台面宽度为 250 mm。

X8126——万能工具铣床，工作台面宽度为 260 mm。

X2010——龙门铣床，工作台面宽度为 1 000 mm。

二、常用铣床

铣床的种类很多，常用的有卧式升降台铣床（典型机床型号为 X6132）、立式升降台铣床（典型机床型号为 X5032）、万能摇臂铣床（典型机床型号为 X6325）、万能工具铣床（典型机床型号为 X8126）、龙门铣床（典型机床型号为 X2010）五类。

1. X6132 型万能升降台铣床

（1）X6132 型万能升降台铣床的主要部件及其功用　图 1–1 所示为 X6132 型万能升降台铣床的外形，其主要部件如下：

1）主轴变速机构　主轴变速机构安装在床身内，其功用是将主电动机的额定转速（1 450 r/min）通过齿轮变速，变换成 30 ~ 1 500 r/min 之间 18 种不同的转速，以适应不同切削条件下铣削加工的需要。

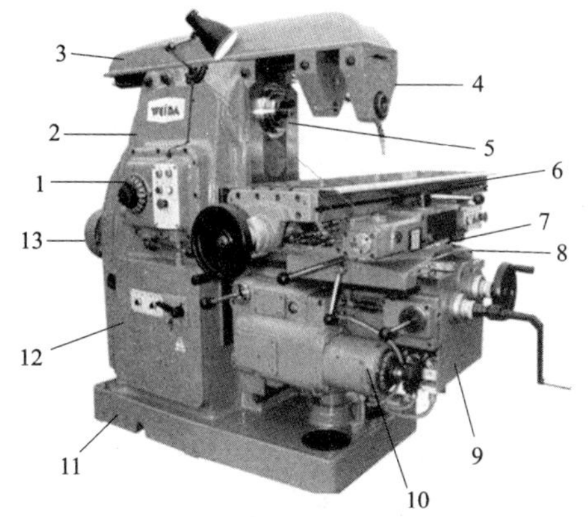

图 1–1　X6132 型万能升降台铣床

1—主轴变速机构　2—床身　3—悬梁　4—刀杆支架
5—主轴　6—工作台　7—回转盘　8—滑鞍
9—升降台　10—进给变速机构
11—底座　12—电气箱　13—主电动机

2）床身　床身是机床的主体，用来安装和连接机床其他部件。床身正面有垂直导轨，可引导升降台上、下移动。床身顶部有燕尾形水平导轨，用以安装悬梁并按需要引导悬梁水平移动。床身内部装有主轴和主轴变速机构的交换齿轮及传动轴。

3）悬梁　悬梁可沿床身顶部燕尾形水平导轨移动，并可按需要调节其伸出床身的长度。悬梁上可安装刀杆支架。

4）主轴　主轴是一前端带锥孔的空心轴，锥孔的锥度为 7 : 24，用来安装铣刀杆和铣刀。主电动机输出的回转运动，经主轴变速机构驱动主轴连同铣刀一起回转，实现主运动。

5）刀杆支架　刀杆支架安装在悬梁上，用以支承刀杆的外端，增加刀杆的刚度。

6）工作台　工作台用以安装需用的铣床夹具和工件，铣削时带动工件实现纵向进给运动。

7）滑鞍　滑鞍在铣削时用来带动工作台实现横向进给运动。在滑鞍与工作台之间设有回转盘，可以使工作台在水平面内做 ±45° 范围内的扳转。

8）升降台　升降台用来支承滑鞍和工作台，带动工作台上、下移动。升降台内部装有进给电动机和进给变速机构。

9）进给变速机构　进给变速机构用来调整和变换工作台的进给速度，以适应铣削的需要。

10）底座　底座用来支持床身，承受铣床全部重量，盛储切削液。

（2）X6132 型万能升降台铣床的性能　X6132 型万能升降台铣床功率大，转速高，变速范围宽，刚度好，操作方便、灵活，通用性强。它可以安装万能立铣头，使铣刀偏转任意角度，完成立式铣床的工作。该铣床加工范围广，能加工中小型平面、特形表面、各种沟槽、齿轮、螺旋槽和小型箱体上的孔等。

X6132 型万能升降台铣床在结构上具有下列特点：

1）机床工作台的机动进给操纵手柄操纵时所指示的方向，就是工作台进给运动的方向，操作时不易产生错误。

2）机床的前面和左侧各有一组按钮和手柄的复式操作装置，便于操作者在不同位置上进行操作。

3）机床采用速度预选机构来改变主轴转速和工作台的进给速度，使操作简便、明确。

4）机床工作台的纵向传动丝杠上有双螺母间隙调整机构，所以机床既可进行逆铣又能进行顺铣。

5）机床工作台可以在水平面内 ±45° 范围内偏转，因而可进行各种螺旋槽的铣削。

6）机床采用转速控制继电器（或电磁离合器）进行制动，能使主轴迅速停止回转。

7）机床工作台有快速进给运动装置，用按钮操纵，方便省时。

2. X5032 型立式升降台铣床

X5032 型立式升降台铣床的外形如图 1–2 所示。

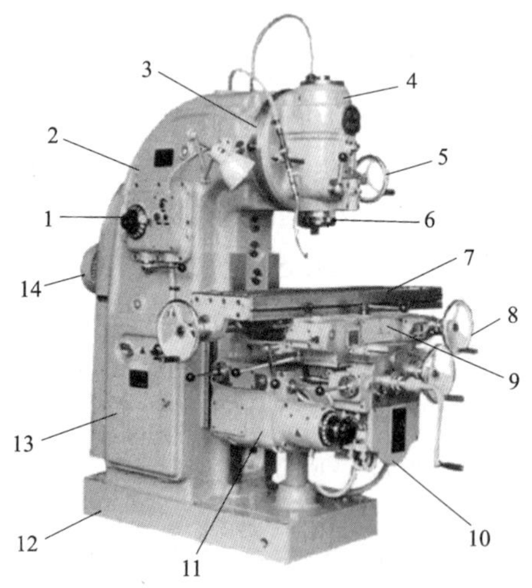

图 1–2　X5032 型立式升降台铣床

1—主轴变速机构　2—床身　3—立铣头回转盘　4—立铣头　5—主轴进给手轮　6—主轴套筒　7—工作台　8—纵向进给手轮　9—滑鞍　10—升降台　11—进给变速机构　12—底座　13—电气箱　14—主电动机

X5032 型立式升降台铣床的规格、操纵机构、传动变速情况等与 X6132 型万能升降台铣床基本相同。主要不同点是：

（1）X5032 型立式升降台铣床的主轴位置与工作台面垂直，安装在可以偏转的铣头壳体内。

（2）X5032 型立式升降台铣床的工作台与滑鞍连接处没有回转盘，所以，工作台在水平面内不能扳转角度。

3. X6325 型万能摇臂铣床

X6325 型万能摇臂铣床的外形如图 1–3 所示。

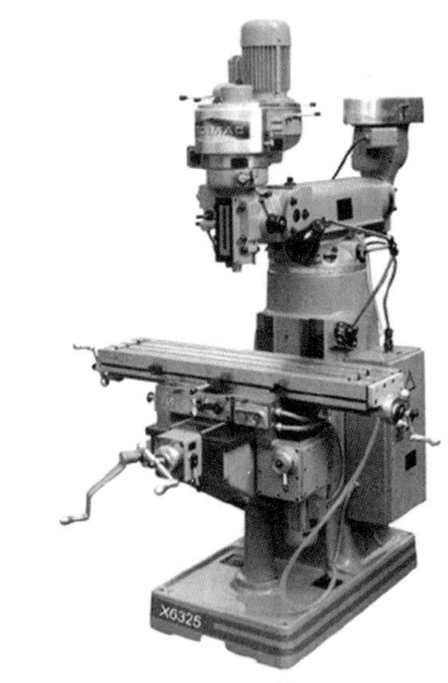

图 1–3　X6325 型万能摇臂铣床

X6325 型万能摇臂铣床，是一种轻型通用金属切削机床，可铣削中、小零件的平面、斜面、沟槽和花键等。广泛应用于机械加工、模具、仪器、仪表等行业。它具有以下特点：

（1）铣头直接安装于摇臂前端，在平行于纵向的垂直平面内，能向左、右各回转 90°；在平行于横向的垂直平面内，可向前、后各回转 45°。

（2）摇臂在床身上的转盘燕尾槽内可做前后移动，依靠转盘可在水平面内做 360° 回转，也可使装在其另一端的插头调整到工作位置上。

（3）工作台纵向和横向有手动进给、机

动进给两种进给方式，并且手动和机动互锁；升降台（Z 向）升降可通过手动方式来实现。

（4）手动润滑装置可对纵、横、垂向的丝杠及导轨进行强制润滑。

4. X8126 型万能工具铣床

X8126 型万能工具铣床的外形如图 1–4 所示。

图 1–4　X8126 型万能工具铣床

X8126 型万能工具铣床的加工范围很广。它有水平主轴和垂直主轴，故能完成卧式铣床和立式铣床的铣削工作内容。此外，它还有万能角度工作台、圆形工作台、水平工作台以及分度机构等装置，再加上平口钳和分度头等常用附件，因此用途广泛。该机床特别适合加工各种夹具、刀具、工具、模具和小型复杂工件。它具有以下特点：

（1）有水平主轴和垂直主轴，垂直主轴能在平行于纵向的垂直平面内偏转到 ±45° 范围内的任意所需角度位置。

（2）在垂直台面上可安装水平工作台，此时机床相当于普通的升降台铣床，工作台可做纵向和垂直方向的进给运动，横向进给运动则由主轴完成。

（3）安装分度头或回转工作台后，机床可实现圆周进给运动和进行简单分度，用以加工回转曲面廓形和满足对零件加工中进行等分、角度调整等方面的需要。

（4）安装万能角度工作台后，工作台可在空间绕纵向、横向、垂直方向三个相互垂直的坐标轴回转角度，以适应加工各种倾斜面和复杂工件的需要。

（5）机床不能用挂轮法加工等速螺旋槽和螺旋面。

5. X2010C 型龙门铣床

（1）X2010C 型龙门铣床具有框架式结构，刚度好。该铣床有三轴和四轴两种布局形式。X2010C 型三轴龙门铣床的外形如图 1–5 所示，它带有一个垂直主轴箱和两个水平主轴箱，能安装 3 把铣刀同时进行铣削。四轴龙门铣床则在悬梁上多增加一个垂直主轴箱。

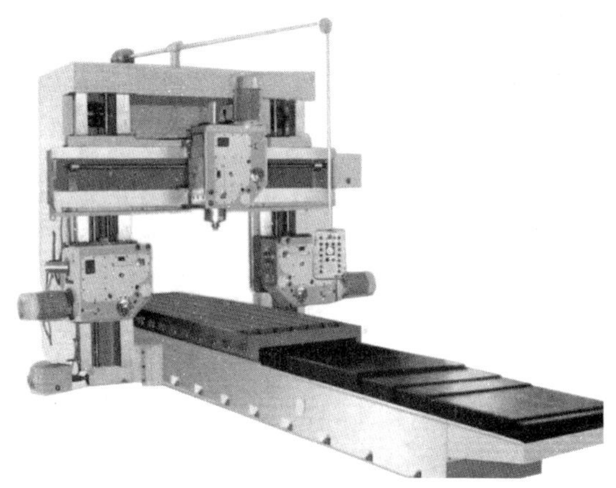

图 1–5　X2010C 型三轴龙门铣床

（2）垂直主轴能在 ±30° 范围内按需要偏转，水平主轴的偏转角度范围为 −15° ~ 30°，以满足不同铣削要求。

（3）横向和垂向的进给可由主轴箱在悬梁或立柱上的移动及主轴的伸缩来完成，垂直主轴箱在垂向还可以通过悬梁的上下移动来完成进给，工作台只能做纵向进给运动。

（4）机床刚度好，适宜进行高速铣削和强力铣削。

（5）工作台直接安放在床身上，载重量大，可加工重型工件。

上述五种型号的常用铣床的主要技术参数见表 1–3。

表 1–3　　常用铣床的主要技术参数

技术参数	机床型号				
	X6132	X5032	X6325	X8126	X2010C
水平工作台面尺寸（宽 × 长）	320 mm × 1 250 mm	320 mm × 1 250 mm	250 mm × 1 120 mm	270 mm × 700 mm	1 000 mm × 3 000 mm
垂直工作台面尺寸（宽 × 长）				260 mm × 710 mm	
工作台最大行程					
纵向（手动 / 机动）	700 mm/680 mm	800 mm/790 mm	700 mm	300 mm	3 500 mm
横向（手动 / 机动）	255 mm/240 mm	300 mm/295 mm	300 mm		
垂向（手动 / 机动）	320 mm/300 mm	400 mm/390 mm	400 mm	330 mm	
工作台进给速度	各 18 级	各 18 级	8 级	各 8 级	直流无级调速
纵向	23.5 ～ 1 180 mm/min	23.5 ～ 1 180 mm/min	18~308 mm/min	25 ～ 285 mm/min	10 ～ 1 000 mm/min
横向	23.5 ～ 1 180 mm/min	23.5 ～ 1 180 mm/min	18~308 mm/min		
垂向	8 ～ 394 mm/min	8 ～ 394 mm/min		25 ～ 285 mm/min	
工作台快速移动速度					
纵向	2 300 mm/min				2 000 mm/min
横向	2 300 mm/min				
垂向	770 mm/min				
工作台最大回转角度	± 45°				
主轴锥孔锥度	7 : 24	7 : 24	7 : 24 或 R8	莫氏 4 号	7 : 24
主轴转速	18 级	18 级	16 级	各 8 级	各 12 级
水平主轴	30 ～ 1 500 r/min		65~4 760 r/min	110 ～ 1 230 r/min	
垂直主轴		30 ～ 1 500 r/min		150 ～ 1 660 r/min	50 ～ 630 r/min
立铣头最大回转角度		± 45°	纵向 ± 90° / 横向 ± 45°	± 45°	
主电动机功率	7.5 kW	7.5 kW	1.5 kW	3 kW	（单台）15 kW
机床工作精度					
平面度	0.02 mm	0.02 mm		0.02 mm/300 mm	
平行度	0.03 mm	0.03 mm		0.015 mm/200 mm	
垂直度	0.02 mm/100 mm	0.02 mm/100 mm		0.02 mm/150 mm	
表面粗糙度 *Ra* 值	1.6 μm	1.6 μm		3.2 μm	

§1–2 铣刀简介

铣刀是用于铣削加工的一类刀具。

一、铣刀切削部分的材料

1. 对铣刀切削部分材料的基本要求

（1）高的硬度　铣刀切削部分材料的硬度必须高于工件材料的硬度，常温下其硬度一般要求在 60HRC 以上。

（2）良好的耐磨性　具有良好的耐磨性，铣刀才不易磨损，使用时间长。

（3）足够的强度和韧性　足够的强度以保证铣刀在承受很大的铣削抗力时不致断裂和损坏，足够的韧性以保证铣刀在受到冲击和振动时不易产生崩刃和碎裂。

（4）良好的热硬性　在切削过程中，工件的切削区和刀具切削部分的温度都很高，在主轴或进给速度较高时尤其明显，良好的热硬性使刀具在高温下能保持足够的硬度，从而能继续进行切削。

（5）良好的工艺性　一般是指材料的可锻性、焊接性、切削加工性、磨锐性、高温塑性以及热处理性能等。材料的工艺性越好，越便于刀具的制造，对形状比较复杂的铣刀尤显重要。

2. 铣刀切削部分的常用材料

常用的铣刀切削部分材料有高速工具钢和硬质合金两大类。

（1）高速工具钢　简称高速钢。热处理后硬度可达 63 ~ 70HRC，热硬性温度达 550 ~ 600℃（在 600℃ 高温下硬度为 47 ~ 55HRC），具有较好的切削性能，切削速度一般为 16 ~ 35 m/min。

高速钢的强度较高，韧性也较好，能磨出锋利的刃口（因此又俗称“锋钢”），且具有良好的工艺性，能锻造，并容易加工，是制造铣刀的良好材料。一般形状较复杂的铣刀都是采用高速钢制造的。高速钢的铣刀有整体式和镶齿式两种结构。

（2）硬质合金　硬质合金是将高硬度难熔的金属碳化物（如 WC、TiC、TaC、NbC 等）粉末，以钴或钼、钨为黏结剂，用粉末冶金方法制成的。它的硬度很高，常温下硬度可达 74 ~ 82HRC，热硬性温度高达 900 ~ 1 000℃，耐磨性好，因此，切削性能远超过高速钢。但其韧性较差，承受冲击和振动能力差；切削刃不易磨得非常锐利，低速时切削性能差；加工工艺性较差。

硬质合金多用于制造高速切削用铣刀。铣刀大都不是整体式，而是将硬质合金刀片以焊接或机械夹固的方法镶装于铣刀刀体上。

二、铣刀的分类

铣刀的分类方法较多，常用的分类方法有：

1. 按铣刀切削部分的材料分类

按铣刀切削部分的材料分类，可分为高速钢铣刀，硬质合金铣刀，高速钢和硬质合金涂层铣刀及金刚石、陶瓷、立方氮化硼等超硬材料制造的铣刀。

2. 按铣刀刀齿的结构分类

按铣刀刀齿的结构分类，可分为尖齿铣刀和铲齿铣刀。尖齿铣刀在刀齿截面上的齿背廓线是由直线或折线构成的（图 1–6a）。这种齿形的铣刀制造和刃磨都比较方便，铣刀的刃口也比较锋利，所以多数铣刀都做成尖齿铣刀。铲齿铣刀的齿背廓线在刀齿截面上是一条特殊的曲线（一般为阿基米德螺线）（图 1–6b），这种铣刀的齿背需在专用的铲齿机上铲出，其优点是刀齿在刃磨后齿形不发生变化，但制造成本较高，切削性能较差，只适合于制造齿轮铣刀等成形铣刀。

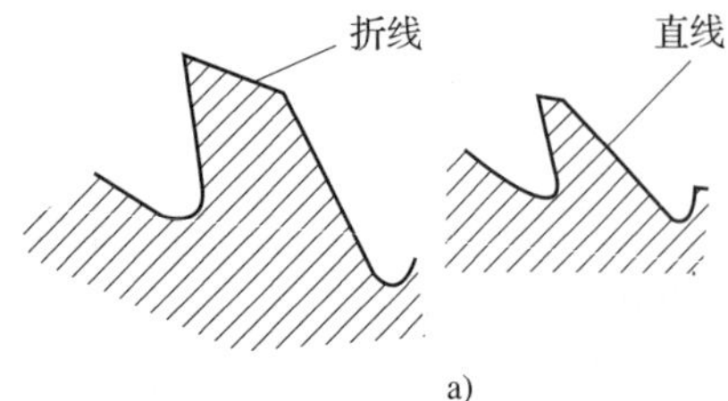

a)

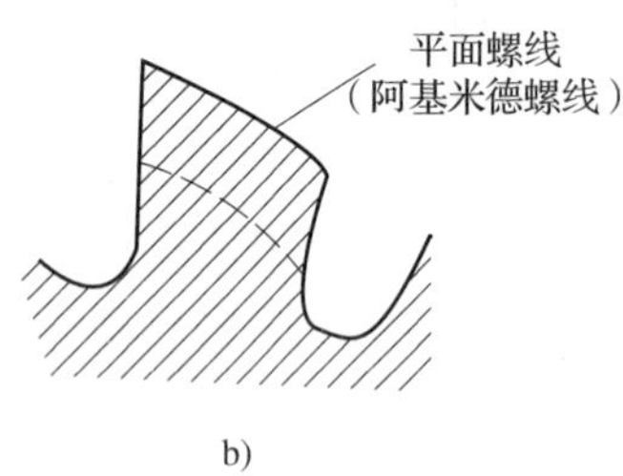

b)

图 1–6　尖齿铣刀与铲齿铣刀的刀齿截面
a）尖齿铣刀　b）铲齿铣刀

3. 按铣刀的用途分类

按铣刀的用途分类，可分为铣削平面用铣刀、铣削直角沟槽用铣刀、铣削特形沟槽用铣刀和铣削特形面用铣刀等，见表 1–4。

三、铣刀的标记

1. 铣刀标记的内容

为了便于辨别铣刀的规格、材料和制造单位等，在铣刀上一般都刻有标记。标记的内容主要包括以下几个方面：

（1）制造厂家的商标　我国制造铣刀的工具厂很多，各制造厂家都有经注册的商标置于其产品上。

（2）制造铣刀的材料　一般均用材料的牌号标记，如 W18Cr4V。

（3）铣刀的尺寸规格　铣刀标记中的尺寸均为基本尺寸，铣刀在使用和刃磨后尺寸往往会产生变化，在使用时应加以注意。

表 1–4　　**常用铣刀及分类**

类型	简图及说明
铣削平面用铣刀	铣削平面用铣刀主要有圆柱形铣刀、套式立铣刀和面铣刀。圆柱形铣刀主要分为粗齿和细齿两种，用于粗铣和半精铣平面；套式立铣刀和面铣刀用于粗铣和精铣较宽大的平面；面铣刀有整体式、镶嵌式和可转位（机械夹固）式三种 **圆柱形铣刀**　**套式立铣刀**　**硬质合金可转位面铣刀**
铣削直角沟槽用铣刀	铣削直角沟槽用铣刀主要有立铣刀、三面刃铣刀、键槽铣刀、锯片铣刀。立铣刀的用途较为广泛，可以用来铣削各种形状的沟槽和孔、台阶平面和侧面、各种盘形凸轮与圆柱凸轮、曲面；三面刃铣刀分为直齿和错齿两种，结构上又分为整体式、焊接式和镶齿式等几种，用于铣削各种槽、台阶平面、工件的侧面及凸台平面；键槽铣刀主要用于铣削键槽；锯片铣刀用于铣削各种窄槽，以及切断板料或型材 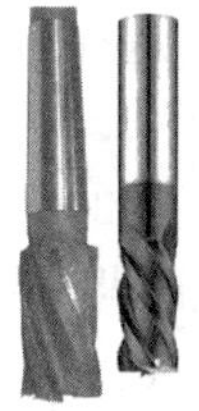     **立铣刀**　**直齿和错齿三面刃铣刀**　**键槽铣刀**　**锯片铣刀**

续表

类型	简图及说明
铣削特形沟槽用铣刀	铣削特形沟槽用铣刀主要有 T 形槽铣刀、燕尾槽铣刀和角度铣刀，角度铣刀又分为单角铣刀、对称双角铣刀和不对称双角铣刀三种  T 形槽铣刀 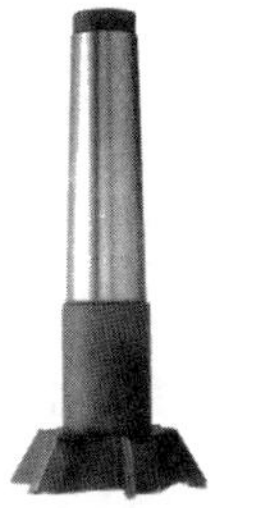　燕尾槽铣刀 　单角铣刀 　双角铣刀
铣削特形面用铣刀	铣削特形面用铣刀主要有凸半圆铣刀、凹半圆铣刀、齿轮铣刀、专用特形面铣刀  凸半圆铣刀 　凹半圆铣刀 　齿轮铣刀 　专用特形面铣刀

2. 各类铣刀尺寸规格的标注

铣刀的尺寸规格标注内容随铣刀种类不同而略有区别。

（1）圆柱形铣刀、三面刃铣刀、锯片铣刀等，都以外圆直径 × 宽度 × 内孔直径来表示。例如，圆柱形铣刀的外径为 80 mm、宽度为 100 mm、内孔直径为 32 mm，则其尺寸规格标记为 80 × 100 × 32。

（2）立铣刀、键槽铣刀等一般只以其外圆直径作为其尺寸规格的标记。

（3）角度铣刀、半圆铣刀等，一般以外圆直径 × 宽度 × 内孔直径 × 角度（或圆弧半径）表示。例如，角度铣刀的外径为 80 mm、宽度为 18 mm、内径为 27 mm、角度为 60°，则标记为 80 × 18 × 27 × 60°；凹半圆铣刀的外径为 80 mm、宽度为 32 mm、内径为 27 mm、圆弧半径为 8 mm，则标记为 80 × 32 × 27 × 8R。

常用标准铣刀的规格可参见有关手册。

四、铣刀主要部分的名称和几何角度

铣刀是多刃刀具，每一个刀齿相当于一把简单的刀具（如切刀）。刀具上起切削作用的部分称为切削部分（多刃刀具有多个切削部分），它是由切削刃、前面及后面等产生切屑的各要素所组成。除切削部分外，组成刀具的要素还有刀体、刀柄、刀孔等。刀体是刀具上夹持刀条或刀片的部分，或由它形成切削刃的部分；刀柄是刀具上的夹持部分；刀孔是刀具上用以安装或紧固于主轴、刀杆或心轴上的内孔。

1. 切刀切削时各部分的名称和几何角度

最简单的单刃刀具切刀的切削情形如图 1–7 所示。切刀、工件上各部分的名称和几何角度如下：

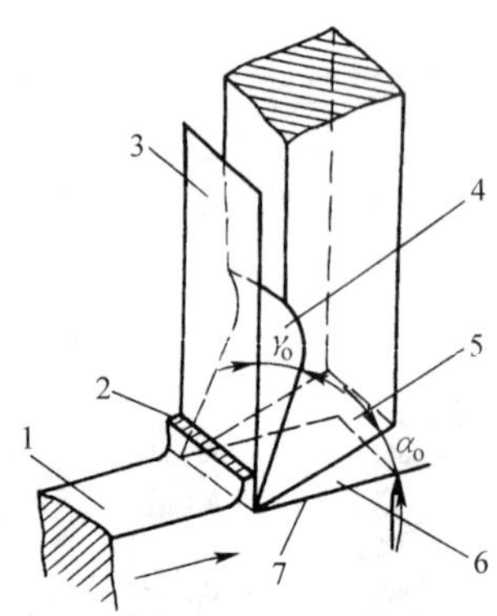

图 1–7　切刀切削时各部分的名称和几何角度
1—待加工表面　2—切屑　3—基面
4—前面　5—后面　6—已加工表面　7—切削平面

（1）待加工表面　工件上有待切除的表面。

（2）已加工表面　工件上经刀具切削后形成的表面。

（3）基面　是一个假想平面。它是通过切削刃上选定点并与该点切削速度方向垂直的平面。

（4）切削平面　是一个假想平面。它是通过切削刃上选定点与切削刃相切并与基面垂直的平面。在图 1–7 中，切削平面与已加工表面重合。

（5）前面　又称前刀面，是刀具上切屑流过的表面。

（6）后面　又称后刀面，是与工件上切削中产生的表面相对的表面。

（7）切削刃　在刀具前面上拟作切削用的刃。在图 1–7 中，切削刃即前面与后面的交线。

（8）前角　前面与基面间的夹角，符号为 γ_o。

（9）后角　后面与切削平面间的夹角，符号为 α_o。

2. 圆柱形铣刀的几何角度

圆柱形铣刀可以看成由几把切刀均匀分布在圆周上而成，如图 1–8a 所示。由于铣刀呈圆柱形，所以铣刀的基面是通过切削刃上选定点和圆柱轴线的假想平面。铣刀各部分的名称和几何角度如图 1–8b 所示。

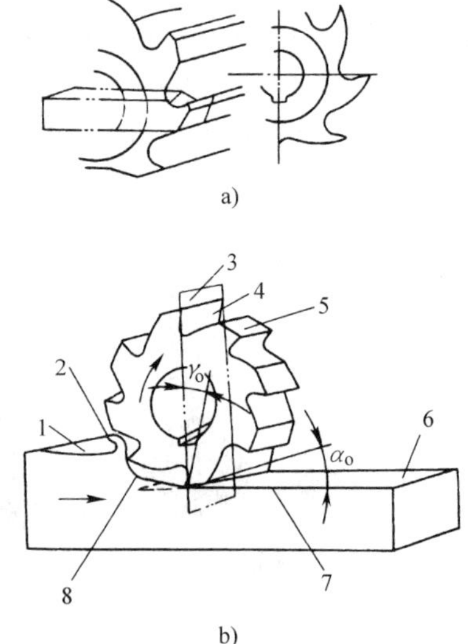

图 1–8　圆柱形铣刀及其组成部分
1—待加工表面　2—切屑　3—基面　4—前面
5—后面　6—已加工表面　7—切削平面　8—过渡表面

在圆柱形铣刀的切削过程中，工件上会形成三种表面，除待加工表面和已加工表面外，还有过渡表面。过渡表面是工件上由切削刃形成的那部分表面，它在下一切削行程，刀具或工件的下一转里被切除，或者由下一切削刃切除。过渡表面可以简单地理解成切削过程中待加工表面与已加工表面之间的那部分连接表面，如图 1–8b 中的弧柱形表面 8。

为了使铣削平稳，排屑顺畅，圆柱形铣刀的刀齿一般都做成螺旋形（图 1–9）。螺旋齿切削刃的切线与铣刀轴线间的夹角称为圆柱形铣刀的螺旋角，符号是 β。

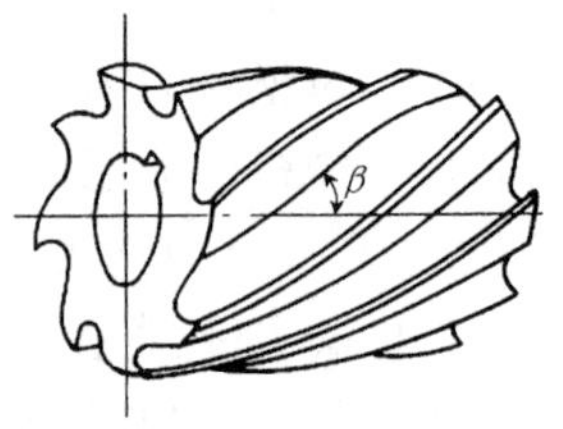

图 1–9　螺旋齿圆柱形铣刀及其螺旋角

3. 三面刃铣刀的几何角度

三面刃铣刀可以看成由几把简单的切槽刀均匀分布在圆周上而成（图 1–10a）。单把切槽刀切削的情形如图 1–10b 所示，为了减小刀具两侧对沟槽两侧的摩擦，切槽刀两侧加工出副后角 α' 和副偏角 κ_r' 。

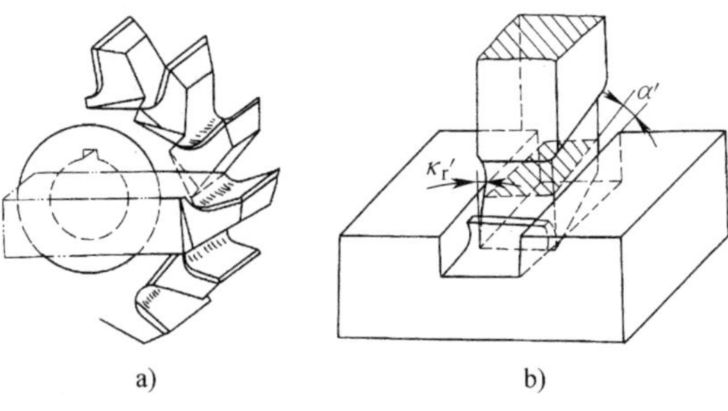

图 1–10　三面刃铣刀的构成

三面刃铣刀圆柱面上的切削刃是主切削刃，主切削刃有直齿和斜齿（螺旋齿）两种，其几何角度（前角、后角等）与圆柱形铣刀相同。斜齿三面刃铣刀的刀齿间隔地向两个方向倾斜，以平衡切削过程中因刀齿倾斜而引起的轴向切削抗力，故称错齿三面刃铣刀。三面刃铣刀两侧面上的切削刃是副切削刃。

4. 面铣刀的几何角度

面铣刀可以看成由几把外圆车刀平行于铣刀轴线且沿圆周均匀分布在刀体上而成，如图 1–11 所示。每把外圆车刀（铣刀头）有两条切削刃，面铣刀的主切削刃与假定进给运动方向之间的夹角是主偏角 κ_r，副切削刃与已加工表面之间的夹角是副偏角 κ_r' 。主切削刃相对于基面倾斜的角度是刃倾角 λ_s。

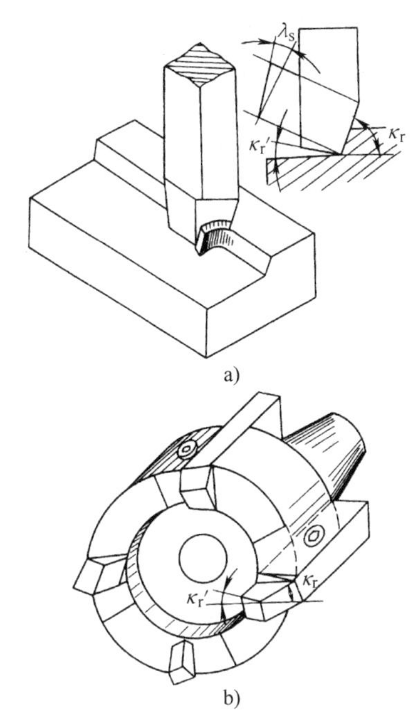

图 1–11　面铣刀的构成

§1–3　铣削运动、铣削用量和铣削方式

一、铣削的基本运动

铣削时工件与铣刀的相对运动称为铣削运动。它包括主运动和进给运动。

主运动是切除工件表面多余材料所需的最基本的运动，是指直接切除工件上待切削层，使之转变为切屑的主要运动。主运动是消耗机床功率最多的运动。铣削运动中铣刀的旋转运动是主运动。

进给运动是使工件切削层材料相继投入切削，从而加工出完整表面所需的运动。铣削加工中，进给运动是工件相对铣刀的移动、转动或铣刀自身的移动。

二、铣削用量

铣削用量的要素包括：铣削速度 v_c、进给量 f、铣削深度 a_p 和铣削宽度 a_e。

铣削时合理地选择铣削用量，对保证零

件的加工精度与加工表面质量、提高生产效率、提高铣刀的使用寿命、降低生产成本，都有着密切的关系。

1. 铣削速度 v_c

铣削时铣刀切削刃上选定点相对于工件的主运动的瞬时速度称为铣削速度。铣削速度可以简单地理解为切削刃上选定点在主运动中的线速度，即切削刃上离铣刀轴线距离最大的点在 1 min 内所经过的路程。铣削速度的单位是 m/min。

铣削速度与铣刀直径、铣刀转速有关，计算公式为：

$$v_c = \frac{\pi dn}{1\ 000} \quad (1-1)$$

式中 v_c——铣削速度，m/min；

d——铣刀直径，mm；

n——铣刀或铣床主轴转速，r/min。

铣削时，根据工件的材料、铣刀切削部分材料、加工阶段的性质等因素确定铣削速度，然后根据所用铣刀的规格（直径），按式（1–2）计算并确定铣床主轴的转速。

$$n = \frac{1\ 000 v_c}{\pi d} \quad (1-2)$$

例 1–1 在 X6132 型铣床上，用直径为 80 mm 的圆柱形铣刀，以 25 m/min 的铣削速度进行铣削。铣床主轴转速应调整到多少？

解：已知 d=80 mm，v_c=25 m/min

$$n = \frac{1\ 000 v_c}{\pi d} \approx \frac{1\ 000 \times 25}{3.14 \times 80} \approx 99.5\ \text{r/min}$$

答：根据铣床铭牌，实际应调整到 95 r/min。

2. 进给量 f

刀具（铣刀）在进给运动方向上相对工件的单位位移量称为进给量。铣削中的进给量根据具体情况的需要，有三种表述和度量的方法：

（1）每转进给量 f　铣刀每回转一周在进给运动方向上相对工件的位移量，单位为 mm/r。

（2）每齿进给量 f_z　铣刀每转中每一刀齿在进给运动方向上相对工件的位移量，单位为 mm/z。

（3）进给速度（又称每分钟进给量）v_f　切削刃上选定点相对工件的进给运动的瞬时速度称为进给速度，也就是铣刀每回转 1 min 在进给运动方向上相对工件的位移量，单位为 mm/min。

三种进给量的关系为：

$$v_f = fn = f_z zn \quad (1-3)$$

式中 v_f——进给速度，mm/min；

f——每转进给量，mm/r；

n——铣刀或铣床主轴转速，r/min；

f_z——每齿进给量，mm/z；

z——铣刀齿数。

铣削时，根据加工性质先确定每齿进给量 f_z，然后根据所选用铣刀的齿数 z 和铣刀的转速计算出进给速度 v_f，并以此对铣床进给量进行调整（铣床铭牌上的进给量以进给速度 v_f 表示）。

例 1–2 用一把直径为 25 mm、齿数为 3 的立铣刀，在 X5032 型铣床上铣削，采用每齿进给量 f_z 为 0.04 mm/z，铣削速度 v_c 为 24 m/min。试调整铣床的转速和进给速度。

解：已知 d=25 mm，z=3，f_z=0.04 mm/z，v_c=24 m/min

$$n = \frac{1\ 000 v_c}{\pi d} \approx \frac{1\ 000 \times 24}{3.14 \times 25} \approx 305.7\ \text{r/min}$$

根据铣床铭牌，实际选择转速为 300 r/min。

$$v_f = f_z zn \approx 0.04 \times 3 \times 300 = 36\ \text{mm/min}$$

根据铣床铭牌，实际选择 37.5 mm/min。

答：调整铣床的转速为 300 r/min，进给速度为 37.5 mm/min。

当计算所得的数值与铣床铭牌上所标数值不一致时，可按与计算所得数值最接近的铭牌数值选取。若计算所得数值处在铭牌上两个数值的中间时，则应按较小的铭牌值选取。

3. 铣削深度 a_p

铣削深度 a_p 是指在平行于铣刀轴线方向上测得的切削层尺寸，单位为 mm。

4. 铣削宽度 a_e

铣削宽度 a_e 是指在垂直于铣刀轴线方向、工件进给方向上测得的切削层尺寸，单位为 mm。

铣削时，由于采用的铣削方法和选用的铣刀不同，铣削深度 a_p 和铣削宽度 a_e 的表示也不同。图 1–12 所示为用圆柱形铣刀进行周铣与用面铣刀进行端铣时铣削深度与铣削宽度的表示。不难看出，不论是采用周铣或是端铣，铣削宽度 a_e 都表示铣削弧深。因为不论使用哪一种铣刀铣削，其铣削弧深的方向均垂直于铣刀轴线。

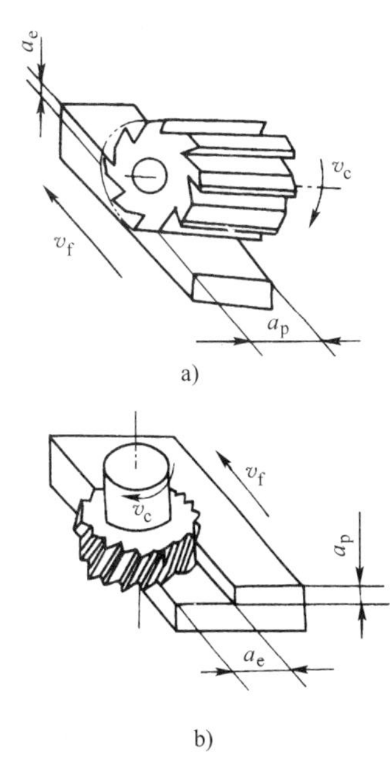

图 1–12 周铣与端铣时的铣削用量

a）周铣 b）端铣

三、铣削的方法和方式

1. 铣削的方法

在铣床上铣削工件时，由于铣刀的结构不同，工件上所加工的部位不同，所以具体的切削方式、方法也不一样，根据铣刀在切削时切削刃与工件接触的位置不同，铣削方法可分为周边铣削、端面铣削以及周边铣削与端面铣削同时进行的周边 – 端面铣削。

（1）周边铣削　周边铣削（简称周铣）是用铣刀周边齿刃进行的铣削。周铣时，铣刀的旋转轴线与工件被加工表面相平行。图 1–13 所示分别为在卧式铣床和立式铣床上进行的周铣。

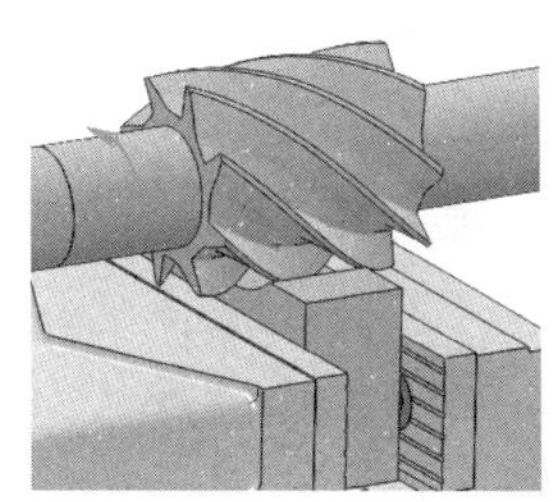
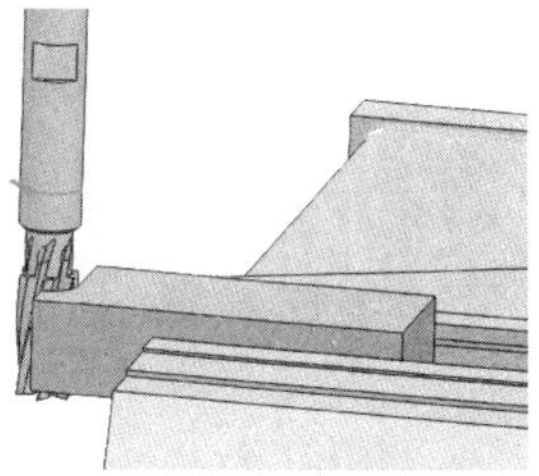

图 1–13 周铣

（2）端面铣削　端面铣削（简称端铣）是用铣刀端面齿刃进行的铣削。端铣时，铣刀的旋转轴线与工件被加工表面垂直。图 1–14 所示分别为在卧式铣床和立式铣床上进行的端铣。

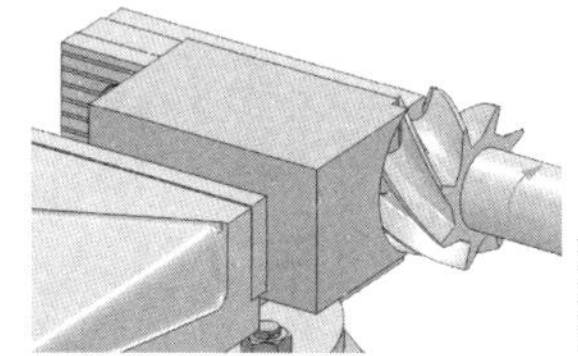
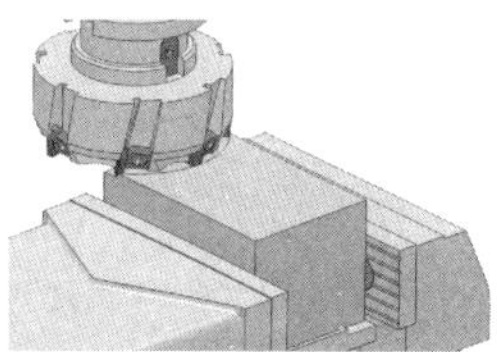

图 1–14 端铣

（3）周边—端面铣削　周边 – 端面铣削是用铣刀周边齿刃和端面齿刃同时进行的铣削。铣削时，工件上会同时形成两个或两个以上的已加工表面。图 1–15 所示分别为在卧式铣床和立式铣床上进行的周边 – 端面铣削。

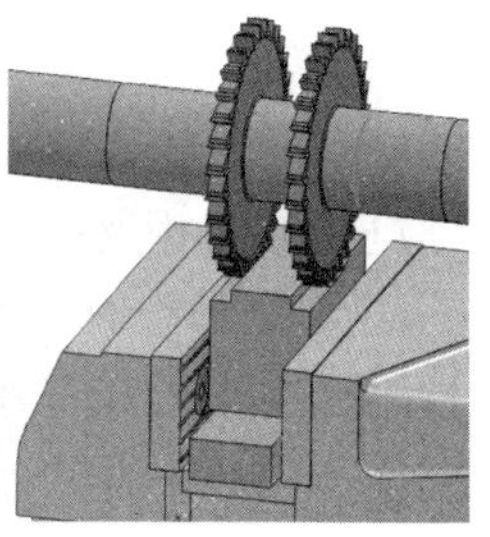

图 1–15 周边—端面铣削

在实际铣削过程中铣削的方法以周边—端面铣削居多，往往随着铣削过程中铣刀的类型、切削部位和切削位置的改变而发生变化，图 1–16 所示为在立式铣床上进行加工时各种不同的铣削方法。

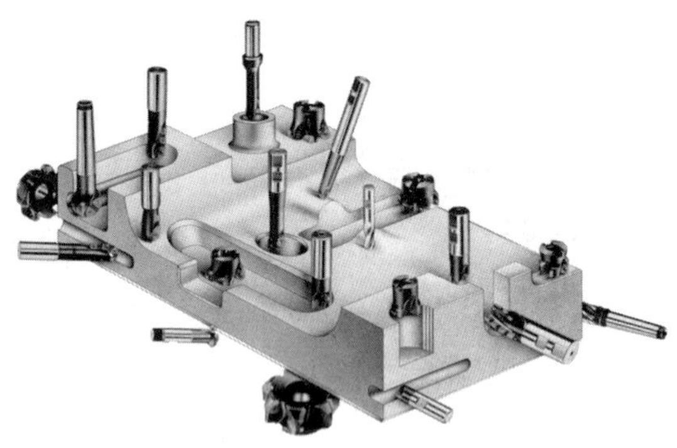

图 1–16　在立式铣床上进行加工时各种不同的铣削方法

2. 铣削的方式

根据铣刀切削部位产生的切削力与进给方向间的关系，铣削方式可分为顺铣和逆铣，如图 1–17 所示。

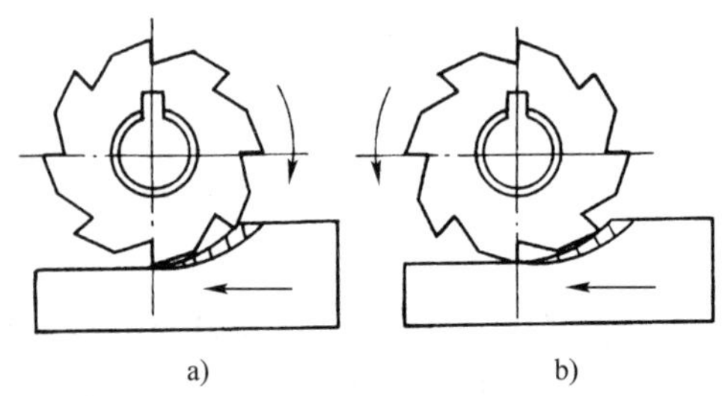

图 1–17　顺铣与逆铣

a）顺铣　b）逆铣

顺铣：铣削时，在铣刀与工件已加工面的切点处，铣刀旋转切削刃的运动方向与工件进给方向相同的铣削。

逆铣：铣削时，在铣刀与工件已加工面的切点处，铣刀旋转切削刃的运动方向与工件进给方向相反的铣削。

（1）周铣时的顺铣与逆铣　在铣削过程中，由于铣床工作台是通过丝杠螺母副来实现传动的，要使丝杠在螺母中能轻快地旋转，在它们之间一定要有适当的间隙。此时在工作台丝杠螺母副的一侧，两螺旋面紧密贴合在一起；在另一侧，丝杠与螺母上的两螺旋面存在着间隙。也就是说，工作台的进给运动是工作台丝杠与丝杠螺母在其接合面实现着运动传递，进给的作用力发自工作台丝杠上。同时丝杠螺母也受到铣刀在水平方向的铣削分力 F_f 的作用（图 1–18）。根据对传动结构的分析可知：当铣削力的方向与工作台移动的方向相反时，工作台不会被推动，而铣削力的方向与工作台移动的方向一致时，工作台就会被拉动（或推动）。

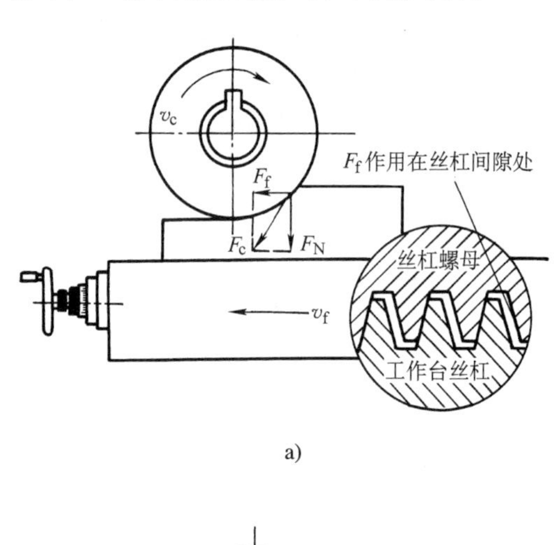

a)

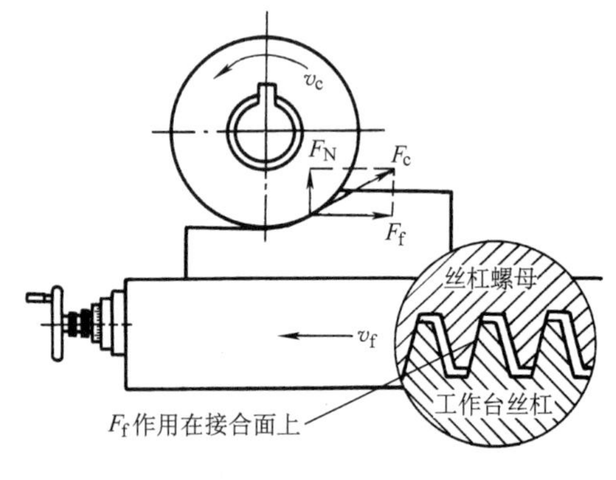

b)

图 1–18　周铣时的切削力对工作台的影响

a）顺铣　b）逆铣

顺铣时，工作台进给方向 v_f 与其水平方向的铣削分力 F_f 方向相同，F_f 作用在丝杠和螺母的间隙上。当 F_f 大于工作台滑动的摩擦力时，F_f 将工作台推动一段距离，使工作台发生间歇性窜动，便会啃伤工件，损坏刀具，甚至损坏机床。逆铣时的工作台进给方向 v_f 与其水平方向上的铣削分力 F_f 方向相反，两种作用力同时作用在丝杠与螺母的接合面上，工作台在进给运动中不会发生窜动现象，即水平方向上的铣削分力 F_f 不会拉动工作台，所以在一般情况下都采用逆铣。

周铣时顺铣与逆铣的特点见表 1–5。

表 1–5　周铣时顺铣与逆铣的特点

类型	优点	缺点
顺铣	1. 铣刀对工件的作用力 F_c 在垂直方向的分力 F_N 始终向下，对工件起压紧的作用，因此铣削平稳，对不易夹紧的工件及细长的薄板形工件的铣削尤为合适 2. 铣刀切削刃切入工件时的切屑厚度最大，并逐渐减小到为零。切削刃切入容易，故工件的被加工表面质量较高 3. 顺铣在进给运动方面消耗的功率较小	1. 铣刀对工件的作用力 F_c 在水平方向上的分力 F_f 作用在工作台丝杠与螺母的间隙上，会拉动工作台，使工作台发生间歇性窜动，可能导致铣刀刀齿折断，铣刀杆弯曲，工件与夹具产生位移，甚至发生严重的事故 2. 铣刀切削刃从工件外表面切入工件，当工件表面有硬皮或杂质时，容易磨损或折断铣刀
逆铣	1. 在铣刀中心进入工件端面后，铣刀切削刃沿已加工表面切入工件，工件表面有硬皮或杂质时，对铣刀切削刃损坏的影响小 2. 铣刀对工件的作用力 F_c 在水平方向上的分力 F_f 作用在工作台丝杠与螺母的接合面上，不会拉动工作台	1. 铣刀对工件的作用力 F_c 在垂直方向的分力 F_N 始终向上，将工件向上铲起，因此工件需要使用较大的夹紧力 2. 切削刃切入工件时的切削层厚度为零，并逐渐增到最大，使铣刀与工件的摩擦、挤压严重，加速刀具磨损，降低工件表面质量 3. 在进给运动方面消耗的功率较大

（2）端铣时的顺铣与逆铣　当用立铣刀的端面刃进行端铣时，会发现铣刀的切入边与切出边的切削力方向是相反的。这样根据铣刀与工件之间相对位置的不同，可分为以下两种情况：

1）对称铣削　铣削宽度 a_e 对称于铣刀轴线的端铣方式称为对称铣削。铣削时，以轴线为对称中心，切入边与切出边所占的铣削宽度相等，切入边为逆铣，切出边为顺铣，如图 1–19 所示。

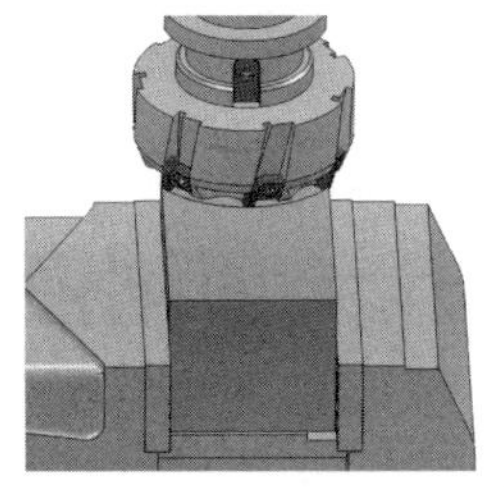

图 1–19　对称铣削

2）非对称铣削　铣削宽度 a_e 不对称于轴线的端铣方式称为非对称铣削。按切入边和切出边所占铣削宽度比例的不同，非对称铣削又分为非对称顺铣和非对称逆铣两种，如图 1–20 所示。

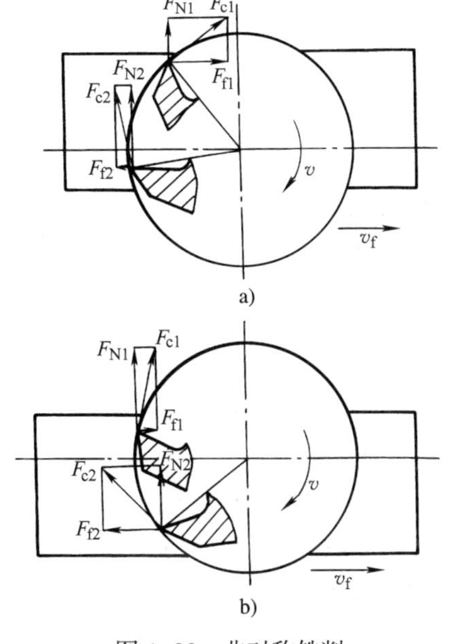

图 1–20　非对称铣削

a）非对称顺铣　b）非对称逆铣

①非对称顺铣　顺铣部分（切出边的宽度）所占的比例较大的端铣形式。

与周铣的顺铣一样，非对称顺铣也容易拉动工作台，因此加工中很少采用非对称顺铣。只是在铣削塑性和韧性好、加工硬化严重的材料（如不锈钢、耐热合金等）时采用非对称顺铣，以减少切屑黏附和提高刀具寿命。此时，必须调整好铣床工作台的丝杠螺母副的传动间隙。

②非对称逆铣　逆铣部分（切入边的宽度）所占的比例较大的端铣形式。

铣刀对工件的作用力在进给方向上的两个分力的合力 F_f 作用在工作台丝杠及其螺母的接合面上，不会拉动工作台。此时铣刀切削刃切出工件时，切屑由薄到厚，因而冲击小，振动较小，切削平稳，因此非对称逆铣得到普遍应用。

§1–4　切削液

切削液是为了提高切削加工效果而使用的液体。切削过程中合理选择和使用切削液，可降低切削区的温度、减小机械摩擦、减小工件热变形和表面粗糙度值，并能延长刀具使用寿命，提高加工质量和生产效率。一般来说，正确使用切削液，可提高切削速度 30% 左右，降低切削温度 100 ~ 150℃，减小切削力 10% ~ 30%，延长刀具寿命 4 ~ 5 倍。

一、切削液的作用

1. 冷却作用

在铣削过程中，会产生大量的热量，致使刀尖附近的温度很高，而使切削刃磨损加快。充分浇注切削液能带走大量热量和降低温度，改善切削条件，起到冷却工件和刀具的作用。

2. 润滑作用

铣削时，切削刃及其附近与工件被切削处发生强烈的摩擦。这种摩擦一方面会使切削刃磨损，另一方面会增大表面粗糙度值和降低表面质量。切削液可以渗透到工件表面与刀具后面之间及刀具前面与切屑之间的微小间隙中，减小工件、切屑与铣刀之间的摩擦，提高加工表面的质量和减缓刀齿的磨损。

3. 冲洗作用

在浇注切削液时，能把铣刀齿槽中和工件上的切屑冲去，使铣刀不因切屑的阻塞而影响铣削，也可避免细小的切屑在铣刀切削刃和工件加工表面之间挤压摩擦而影响表面质量。

二、切削液的种类、主要性能和选用

1. 切削液的种类和主要性能

切削液根据其性质不同分成水基切削液和油基切削液两大类。水基切削液是以冷却为主、润滑为辅的切削液，包括合成切削液（水溶液）和乳化液两类。铣削中常用的是乳化液。油基切削液是以润滑为主、冷却为辅的切削液，包括切削油和极压油两类。铣削中常用的是切削油。

（1）乳化液　乳化液是由乳化油用水稀释而成的乳白色液体。乳化液流动性好，比热容大，黏度低，冷却作用良好，并具有一定的润滑性能，主要用于钢、铸铁和有色金属的切削加工。

（2）切削油　切削油主要是矿物油，其

他还有动物油、植物油和复合油（以矿物油为基础，添加5% ~ 30%混合植物油）等。切削油有良好的润滑性能，但流动性较差，比热容较小，散热效果较差。常用的切削油有全损耗系统油L–AN15、L–AN32及煤油等。

2. 切削液的选用

切削液应根据工件材料、刀具材料、加工方法和要求等具体条件，综合考虑，合理选用。

（1）粗加工时，金属切除量大，产生热量多，切削温度高，而对加工表面质量要求不高，所以应采用以冷却为主的切削液；精加工时，对工件表面质量的要求较高，并希望铣刀耐用，而由于精加工时金属切除量小，产生热量少，对冷却作用的要求不高，所以应采用以润滑为主的切削液。

（2）铣削钢等塑性材料需用切削液。铣削铸铁、黄铜等脆性材料时，使用切削液的作用不明显，而且呈细小颗粒状的切屑和切削液混合后，容易堵塞机床的冷却系统，碎屑黏附在机床导轨与滑板间造成阻塞和擦伤，因此，一般不用切削液，必要时可用煤油、乳化液和压缩空气。

（3）铣削高强度钢、不锈钢、耐热钢等难切削材料时，应选用极压切削油或极压乳化液。

（4）用高速钢铣刀铣削时，因高速钢热硬性较差，应采用切削液。用硬质合金铣刀铣削时，因硬质合金热硬性好，耐热、耐磨，故一般不用切削液，必要时可使用低浓度的乳化液，但必须在开始切削之前就连续充分地浇注，以免刀片因骤冷而碎裂。

切削液的使用通常采用浇注法，将大流量的低压切削液直接浇注在切削区域的切屑上。浇注法使用方便，设备简单，但较难直接浇入切削刃上最高温度处。为得到良好的效果，必须注意切削液用量要充分，且要一开始就使用，并浇到刀齿与工件的接触处，即尽量靠近温度最高的地方，对铣刀等切削刃较宽的刀具，应使用平面液流，切削液喷嘴口的宽度应不小于工件切削层宽度的75%。

铣削时切削液的选用情况见表1–6。

表1–6 铣削时切削液的选用情况

加工材料	铣削种类	
	粗铣	精铣
碳钢	乳化液、苏打水	乳化液（低速时质量分数为10% ~ 15%，高速时质量分数为5%）、极压乳化液、复合油、硫化油等
合金钢	乳化液、极压乳化液	乳化液（低速时质量分数为10% ~ 15%，高速时质量分数为5%）、极压乳化液、复合油、硫化油等
不锈钢及耐热钢	乳化液、极压切削油 硫化乳化液 极压乳化液	氯化煤油 煤油加25%植物油 煤油加20%松节油和20%油酸、极压乳化液 硫化油（柴油加20%脂肪和5%硫黄）、极压切削油
铸钢	乳化液、极压乳化液、苏打水	乳化液、极压切削油 复合油
青铜 黄铜	一般不用，必要时用乳化液	乳化液 含硫极压乳化液
铝	一般不用，必要时用乳化液、复合油	柴油、复合油 煤油、松节油
铸铁	一般不用，必要时用压缩空气或乳化液	一般不用，必要时用压缩空气、乳化液或极压乳化液

§1-5 常用量具

一、游标卡尺

游标卡尺的规格和种类很多，不同规格和卡爪形状的游标卡尺用来测量不同尺寸规格和形状的零件，但游标卡尺的读数原理是一样的，其中最常用的是精度为 0.02 mm 的带深度尺的游标卡尺，其结构如图 1–21 所示，由主标尺、量爪、游标尺等组成。游标卡尺通常用来测量内外径尺寸、孔距、壁厚、沟槽宽度及深度等。由于游标卡尺结构简单，使用方便，因此生产中使用极为广泛。

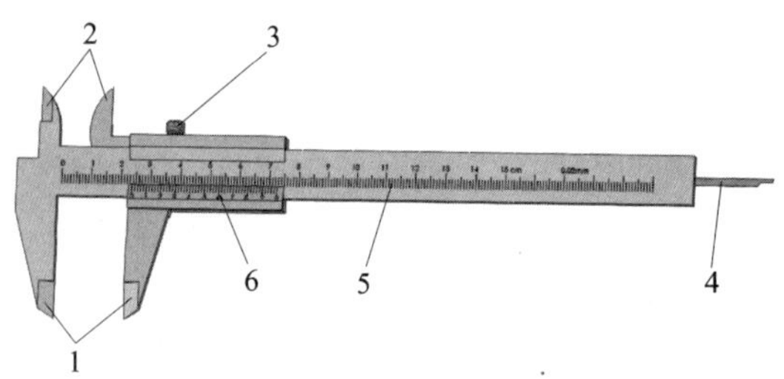

图 1–21 游标卡尺

1—外测量爪 2—内测量爪 3—螺钉 4—深度尺 5—主标尺 6—游标尺

游标卡尺的读数方法为：

（1）首先根据游标尺零线所处位置读出主标尺在游标尺零线前的整数部分的读数值。

（2）其次判断游标尺上第几根刻线与主标尺上的刻线对准，游标尺刻线的序号乘以该游标卡尺的分度值即可得到小数部分的读数值。

（3）最后将整数部分的读数值与小数部分的读数值相加，即为整个测量结果。

下面以分度值为 0.02 mm 的游标卡尺为例对读数的方法和步骤进行说明（图 1–22）。图 1–22a 为分度值为 0.02 mm 的游标卡尺的刻线图。主标尺刻线间距 1 mm，游标尺刻线间距 0.98 mm，游标尺的刻线格数为 50 格，游标尺刻线总长为 49 mm，与主标尺刻线间距差值为 0.02 mm。

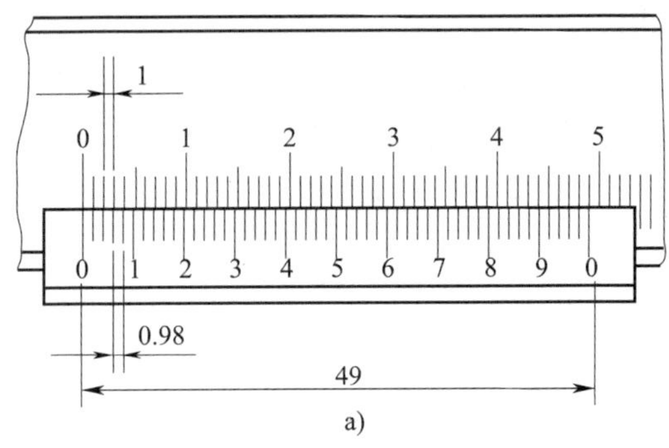

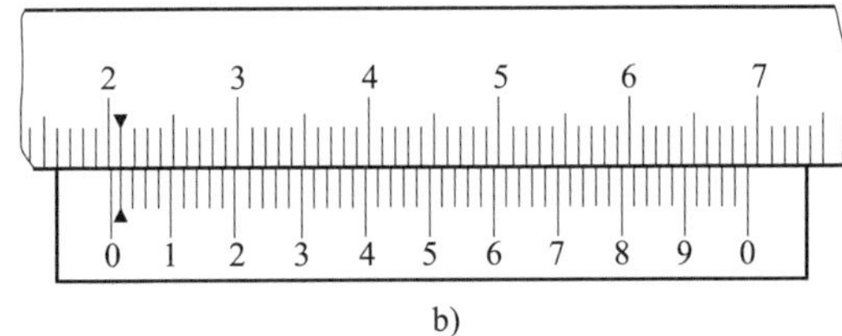

图 1–22 游标卡尺刻线原理及读数示例

a）刻线图 b）读数示例

在图 1–22b 中，被测尺寸的读数方法和步骤如下：

（1）游标尺的零线落在主标尺的 20 ~ 21 mm 之间，因而整数部分的读数值为 20 mm。

（2）游标尺的第 1 格刻线与主标尺上的一条刻线对齐，因而小数部分的读数值为 0.02 × 1=0.02 mm。

（3）最后将整数部分的读数值与小数部分的读数值相加，所以被测尺寸为 20.02 mm。

另外，铣工常用的游标量具还有游标高度卡尺，它主要用于工件高度尺寸的测量以及在划线平台上对零件进行划线，如图 1–23 所示。

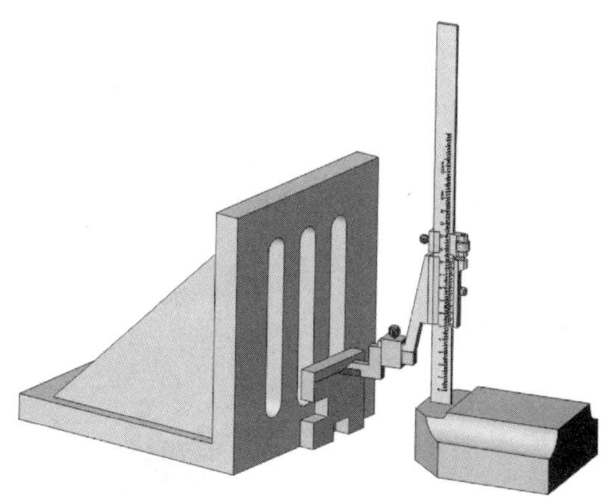

图 1-23　游标高度卡尺

二、千分尺

千分尺的规格和种类也很多，其中最常用的是 25 ~ 50 mm 规格的外径千分尺，其结构如图 1-24 所示，由尺架、测微螺杆、测力装置和锁紧装置等组成。

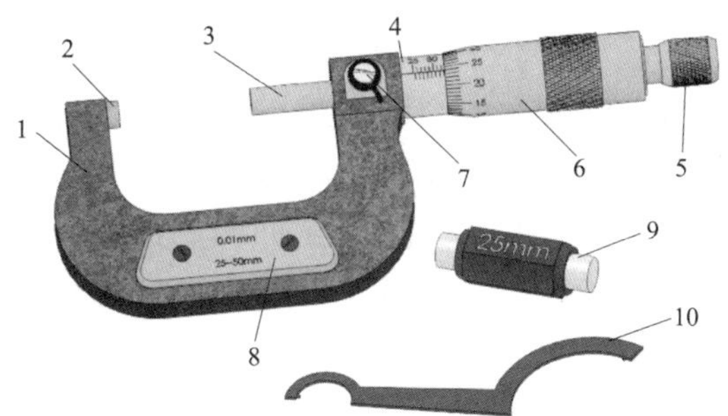

图 1-24　外径千分尺

1—尺架　2—测砧　3—测微螺杆
4—固定套管　5—测力装置　6—微分筒
7—锁紧装置　8—隔热装置
9—量块　10—扳手

千分尺的固定套管上刻有轴向中线，作为微分筒读数的基准线。在中线的两侧刻有两排刻线，每排刻线的间距为 1 mm，上下两排相互错开 0.5 mm。测微螺杆的螺距为 0.5 mm，微分筒的外圆周上刻有 50 等分的刻度。当微分筒旋转一周时，测微螺杆轴向移动 0.5 mm。如微分筒只转动一格时，则螺杆的轴向移动为 0.5/50=0.01 mm，因而 0.01 mm 就是千分尺的分度值。千分尺的读数方法为：

（1）先从微分筒的边缘向左看固定套管上距微分筒边缘最近的刻线，从固定套管中线上侧的刻度读出整数，从中线下侧的刻度读出 0.5 mm 的小数。

（2）再从微分筒上找到与固定套管中线对齐的刻线，将此刻线数乘以 0.01 mm 就是小于 0.5 mm 的小数部分的读数，最后把以上几部分相加即为测量值。

用千分尺测量工件之前，应先根据被测尺寸的大小来选择相应测量范围（规格）的千分尺，并校准千分尺的零位，若零位不准，应在读数时加以修正。

另外，常用的千分尺还有用来测量内孔直径或沟槽宽度的内测千分尺，用来测量孔深或槽深的深度千分尺，用来测量齿轮公法线长度的公法线千分尺，以及用来测量孔壁厚度尺寸的壁厚千分尺等，如图 1-25 所示。

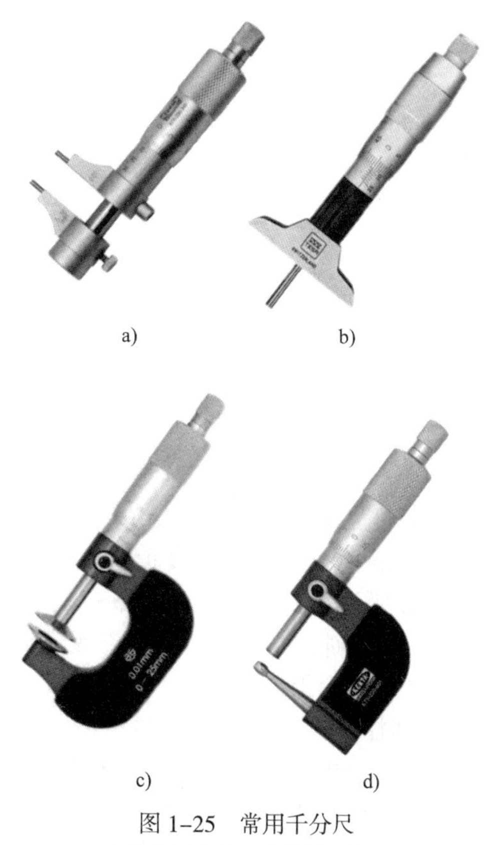

图 1-25　常用千分尺

a）内测千分尺　b）深度千分尺
c）公法线千分尺　d）壁厚千分尺

三、指示表

指示表是一种指示式的测量器具，较为常用的是百分表和杠杆百分表。

1. 百分表

百分表的结构如图 1–26 所示，它由度盘 1、指针 2、轴套 3、测杆 4、测头 5、转数指示盘 6 和转数指针 7 等组成。度盘 1 的一格分度值为 0.01 mm，沿圆周共有 100 个格。当指针 2 沿度盘转过一周时，转数指针 7 在转数指示盘 6 上转 1 格，测头 5 移动 1 mm，因此转数指示盘 6 的一格分度值为 1 mm。

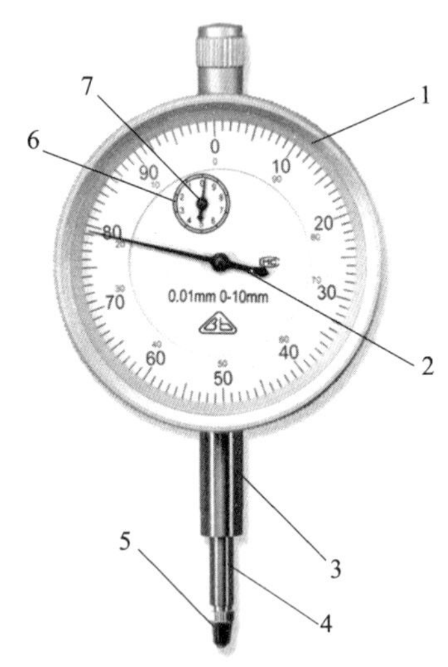

图 1–26　百分表

1—度盘　2—指针　3—轴套

4—测杆　5—测头　6—转数指示盘　7—转数指针

百分表的工作原理是当测杆做直线移动时，经过齿条齿轮传动放大，转变为指针的转动，表面上一格的分度值为 0.01 mm，测量范围为 0 ~ 3 mm、0 ~ 5 mm、0 ~ 10 mm。测量时，测头移动的距离等于转数指针的读数加上指针的读数。

2. 杠杆百分表

杠杆百分表是把杠杆测头的位移（杠杆的摆动），通过机械传动系统转变为指针在表盘上的偏转。杠杆百分表表盘圆周上有均匀的刻度，分度值为 0.01 mm，示值范围一般为 ±0.4 mm。

杠杆百分表的外形如图 1–27 所示。它的内部结构由杠杆、齿轮传动机构组成。杠杆测头产生位移时，带动扇形齿轮绕其轴摆动，使与其啮合的齿轮转动，从而带动与齿轮同轴的指针偏转。当杠杆测头的位移为 0.01 mm 时，杠杆齿轮传动机构使指针正好偏转一格。

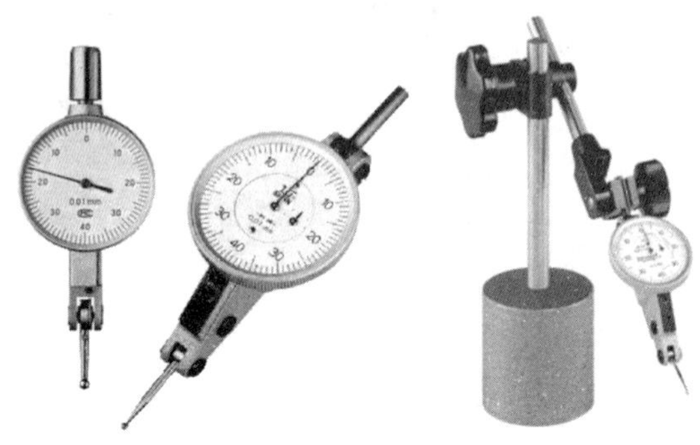

图 1–27　杠杆百分表

杠杆百分表体积较小，杠杆测头的位移方向可以改变，因而在校正工件和测量工件时都很方便。尤其是对小孔的测量和在机床上校正零件时，由于空间限制，百分表放不进去或测量杆无法垂直于工件被测表面，这时使用杠杆百分表就显得非常方便（图 1–28）。

四、其他常用量具

1. 游标万能角度尺

游标万能角度尺的结构如图 1–29 所示，它由主尺、基尺、游标尺、直角尺、直尺、卡块、扇形板和制动器等组成。基尺随着主尺相对游标尺转动，转到所需角度时，再用制动器锁紧。

图 1–30a 是分度值为 2′ 的 I 型游标万能角度尺的刻线图。主尺刻线每格为 1°，游标尺刻线共 30 格为 29°，即每格为 $\frac{29^\circ}{30}$，与主尺 1 格相差 $1^\circ - \frac{29^\circ}{30} = \frac{1^\circ}{30} = 2'$，即游标万能角度尺的分度值为 2′。游标万能角度尺的读数方法和游标卡尺相似，即先从主尺上读出游

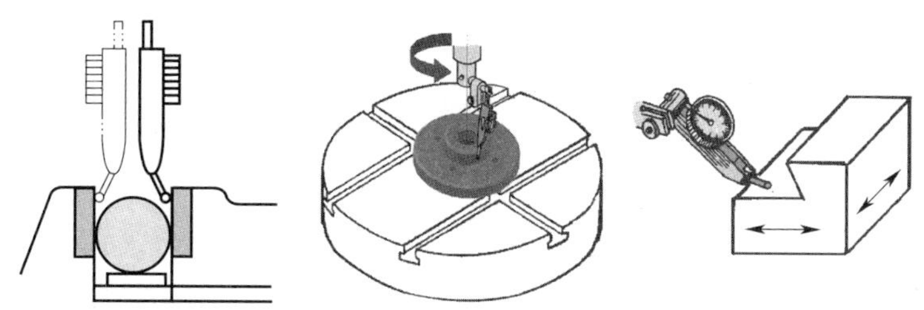

图 1–28　用杠杆百分表检测与校正

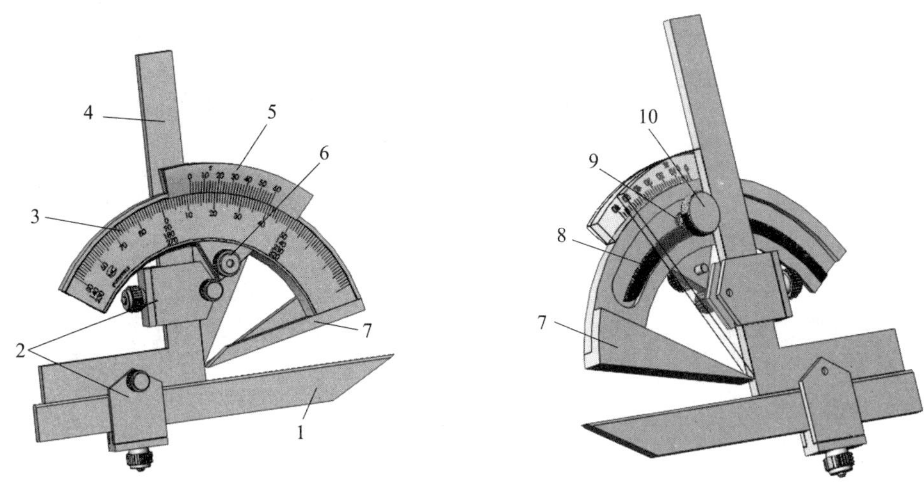

图 1–29　I 型游标万能角度尺

1—直尺　2—卡块　3—主尺　4—直角尺　5—游标尺　6—制动器
7—基尺　8—扇形板　9—小齿轮　10—捏手

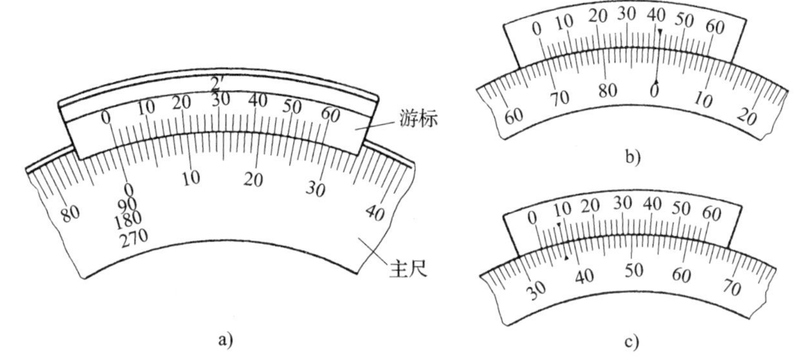

图 1–30　I 型游标万能角度尺的刻线原理与识读

标尺零刻度线指示的整度数，再判断游标尺上的第几格的刻线与主尺上的刻线对齐，就能确定角度“分”的数值，然后把两者相加，就是被测角度的数值。

在图 1–30b 中，游标尺上的零刻度线落在主尺上 69° 到 70° 之间，因而该被测角度的“度”的数值为 69°；游标尺上第 21 格的刻线与主尺上的某一刻度线对齐，因而被测角度的“分”的数值为 2′ × 21=42′。所以被测角度的数值为 69° 42′ 。利用同样的方法，可以得出图 1–27c 中的被测角度的数值为 34° 8′ 。

游标万能角度尺的测量范围及测量方法见表 1–7。

表 1–7　　游标万能角度尺的测量范围及测量方法

测量的角度范围及所读主尺刻度的排数	游标万能角度尺的调整	测量示例
0° ～ 50° 读主尺第一排 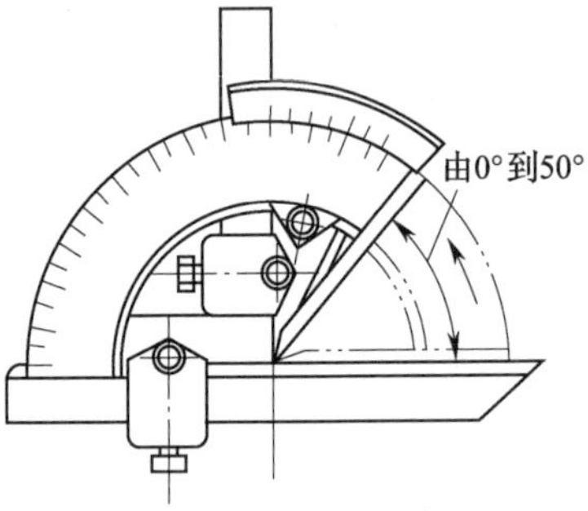 由0°到50°	被测工件放在基尺和直尺的测量面之间	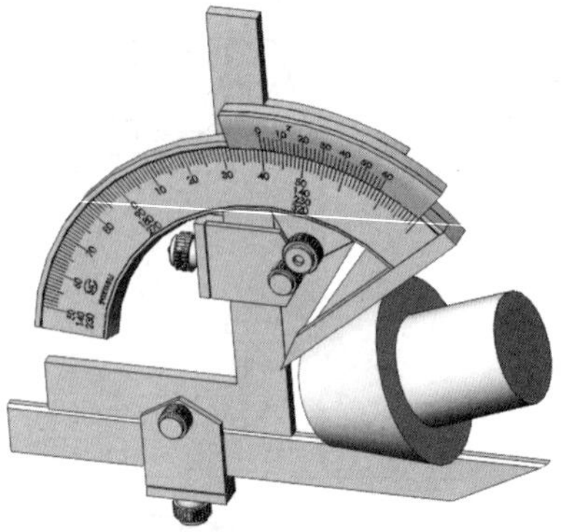
50° ～ 140° 读主尺第二排 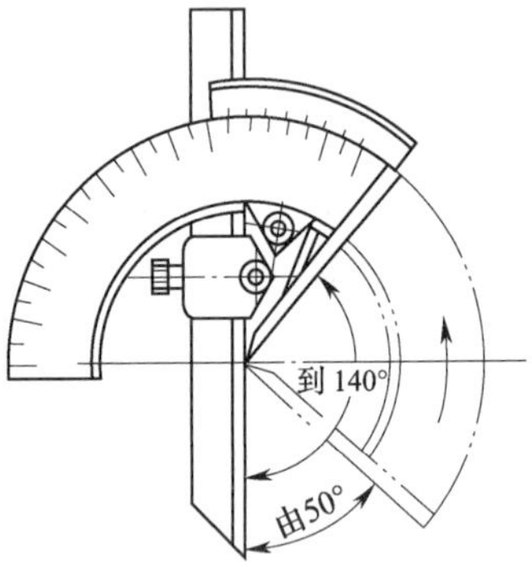 到 140° 由50°	卸下直角尺，用直尺代替	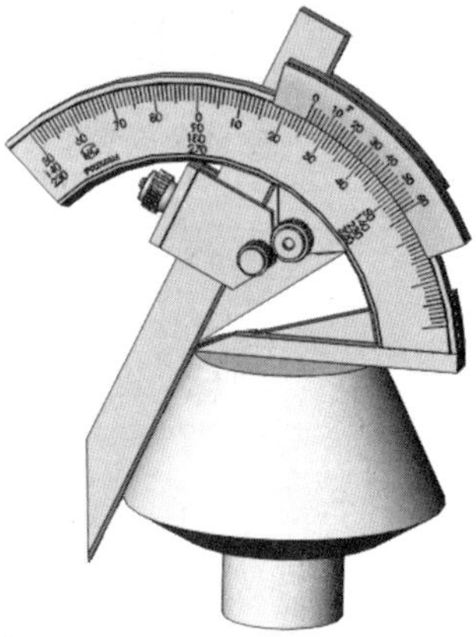
140° ～ 230° 读主尺第三排 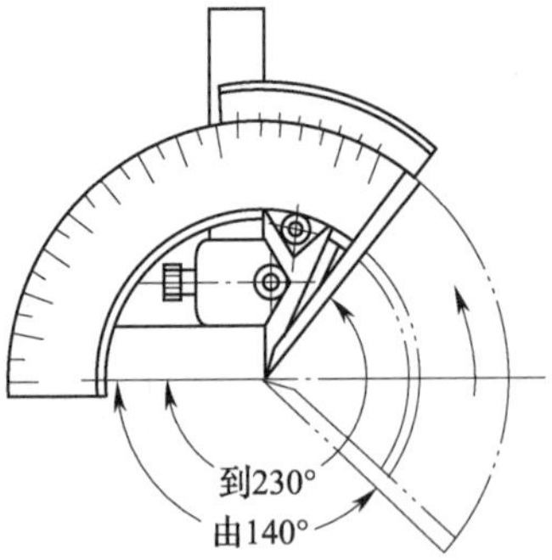 到230° 由140°	卸下直尺，装上直角尺	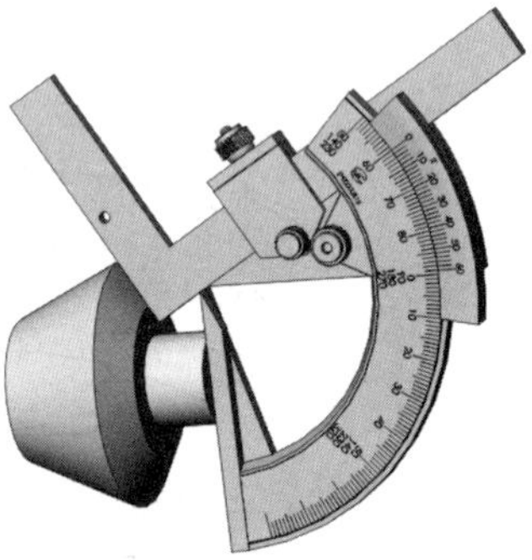 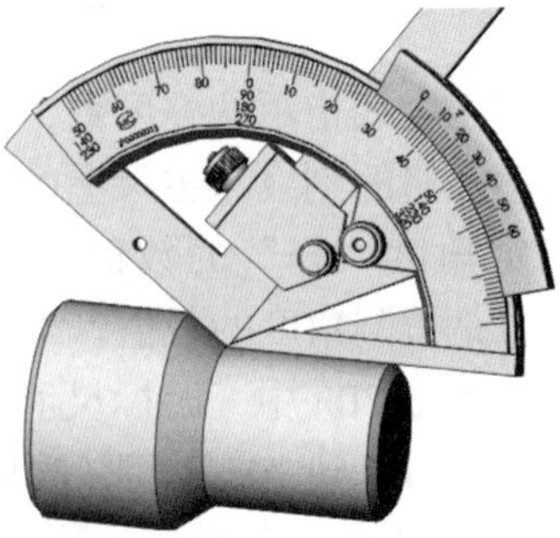

续表

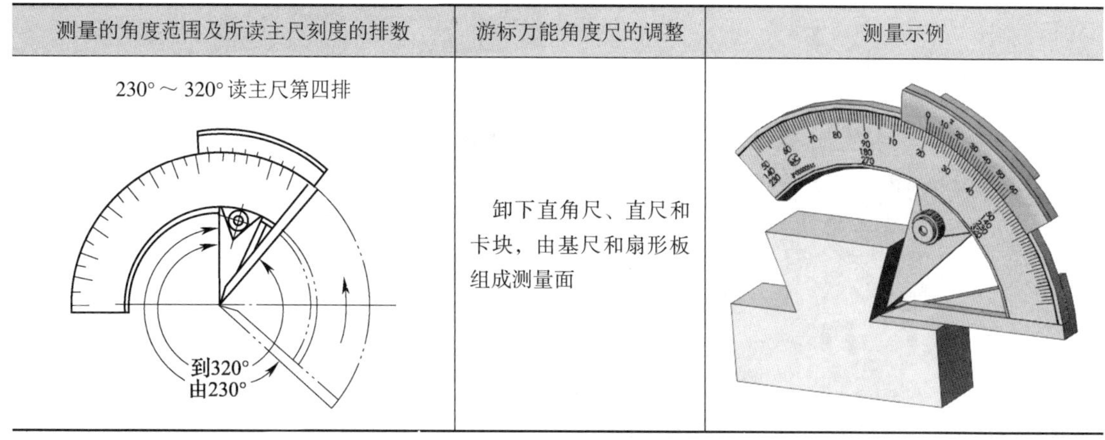

测量的角度范围及所读主尺刻度的排数	游标万能角度尺的调整	测量示例
230°～320°读主尺第四排 到320° 由230°	卸下直角尺、直尺和卡块，由基尺和扇形板组成测量面	

2. 直角尺、刀口尺与塞尺

直角尺（图 1–31）是一种用来检测直角和垂直度误差的量具，其结构形式有多种，常用的有宽座角尺和样板角尺等。其中宽座角尺结构简单，可以检测工件的内外角，结合塞尺使用还可以检测工件被测表面与基准面间的垂直度误差，并可用于划线和基准的校正等，在生产中应用最为广泛。

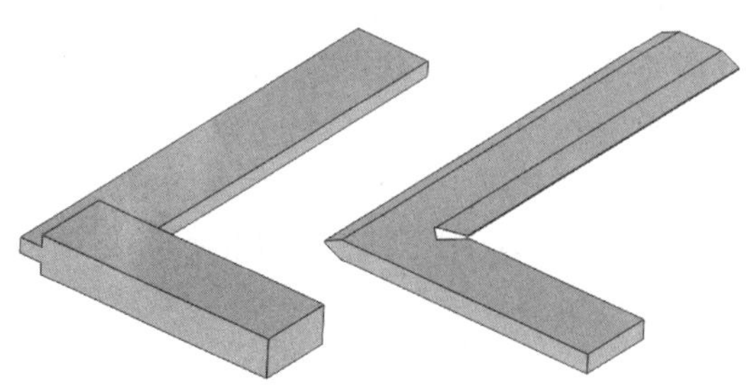

图 1–31　直角尺

刀口尺（图 1–32）又称刀口形样板尺，是一种用来检测工件的直线度和平面度的量具，检测时通过透过尺刃与工件被测表面间的光线缝隙大小来加以判别。

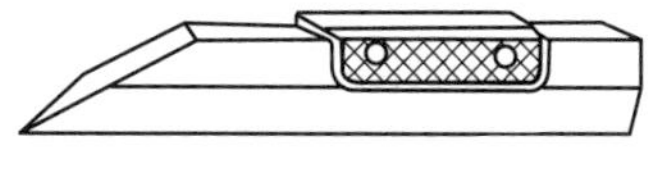

图 1–32　刀口尺

塞尺（图 1–33）又叫厚薄规，是用于检测两表面间缝隙大小的量具。它由若干厚薄不一的钢制塞片组成，按其厚度的尺寸系列配套编组，一端用螺钉或铆钉把一组塞尺组合起来，外面用两块保护板保护塞片。用塞尺检验间隙时，如果用 0.09 mm 厚度的塞片能塞入缝隙，而 0.10 mm 塞片无法塞入缝隙，则说明此间隙在 0.09 ～ 0.10 mm。塞尺可以单片使用，也可以几片重叠在一起使用。

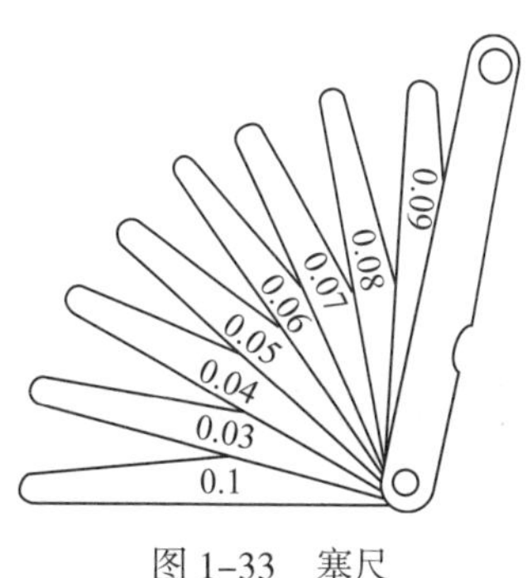

图 1–33　塞尺

3. 光滑极限量规

光滑极限量规用于检验基本尺寸小于或等于 500 mm、公差等级为 IT6 ～ IT16 级的轴和孔，分为轴用极限量规和孔用极限量规，如图 1–34 所示。它们都是成对使用的，一端为通规，一端为止规。用它们控制工件尺寸是否在规定的极限尺寸范围内，从而判别工件是否合格。

用光滑极限量规检验工件时，只有通规能通过工件而止规过不去才表示被检工件合格，否则就不合格，即判定零件是否合格的标准是“通端通，止端止”。

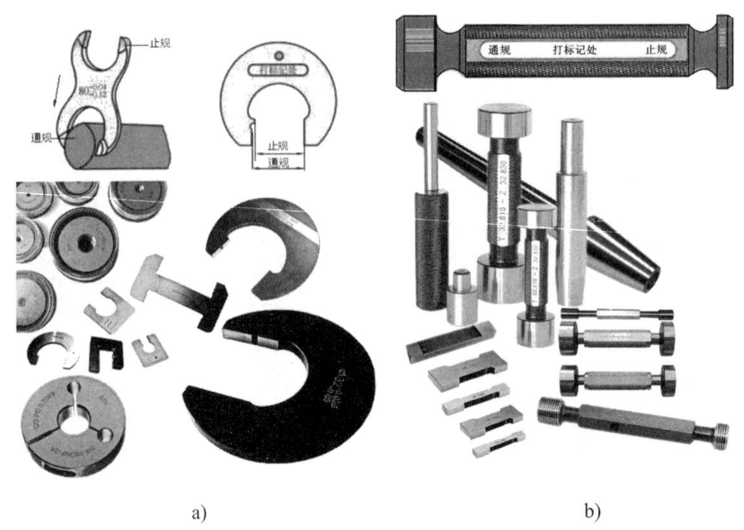

a)　　　　b)

图 1-34　光滑极限量规

a）轴用极限量规（环规和卡规）b）孔用极限量规（塞规）

4. 量块

量块是没有刻度的平行端面量具，也称块规，是用微变形钢（属低合金刃具钢）或陶瓷材料制成的长方体，如图 1-35 所示。

图 1-35　量块

量块具有线膨胀系数小、不易变形、耐磨性好等特点。量块具有经过精密加工很平很光的两个平行平面，称为测量面。两测量平面之间的距离为工作尺寸，又称标称尺寸，该尺寸具有很高的精度。量块的标称尺寸大于或等于 10 mm 时，其测量面的尺寸为 35 mm × 9 mm；标称尺寸在 10 mm 以下时，其测量面的尺寸为 30 mm × 9 mm。

量块的测量面非常平整和光洁，用少许压力推合两块量块，使它们的测量面紧密接触，两块量块就能黏合在一起。量块的这种特性称为研合性。利用量块的研合性，就可用不同尺寸的量块组合成所需的各种尺寸，如图 1-36 所示。量块的应用较为广泛，可用于检定和校准其他量具、量仪，相对测量时用量块组合成一标准尺寸来调整量具和量仪的零位，以及用于精密机床的调整、精密划线和直接测量精密零件等。

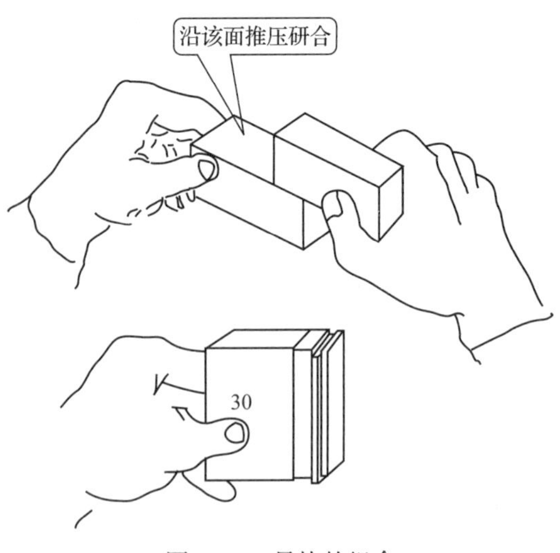

图 1-36　量块的组合

5. 正弦规

正弦规是一种用正弦函数原理，利用间接法来精确测量角度的量具。它的结构简单，主要由主体工作平板和两个直径相同的圆柱组成，如图 1–37 所示。为了便于被检工件在平板表面上定位和定向，装有侧挡板和后挡板，有的还带有滑动支承。

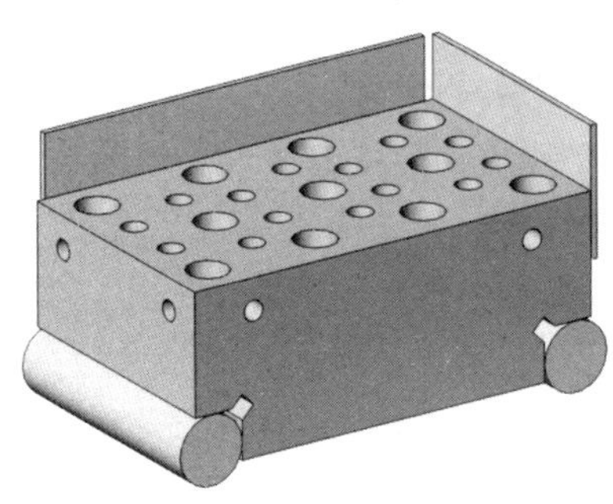

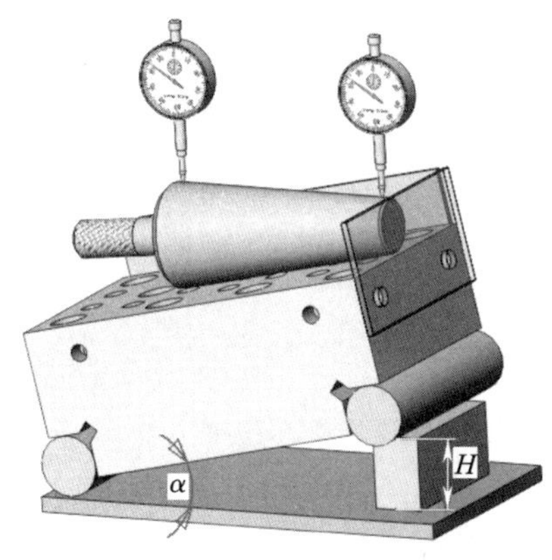

图 1–37　正弦规

正弦规结构形式分窄型和宽型两类。两个圆柱中心距精度很高，中心距常用的有 100 mm 和 200 mm 两种，中心距 100 mm 的极限偏差仅为 ±0.003 mm 或 ±0.002 mm，同时工作平面的平面度精度以及两个圆柱的形状精度和它们之间的相互位置精度都很高，因此可以作精密测量用。

使用时，将正弦规放在平板上，一圆柱与平板接触，另一圆柱下垫以量块组，使正弦规的工作平面与平板间形成一角度，如图 1–38 所示。从图中可以看出：

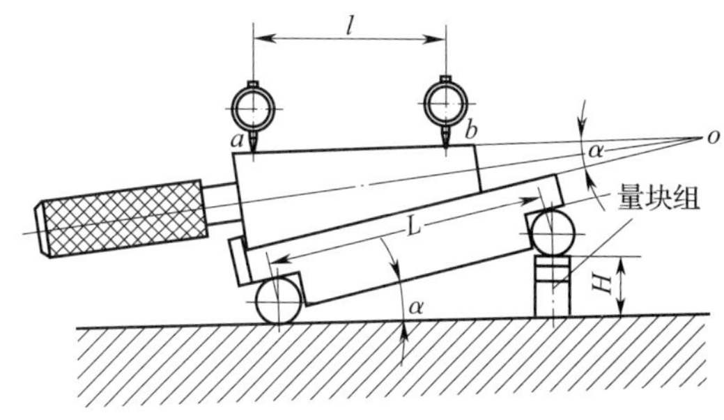

图 1–38　正弦规检测示意图

$$\sin\alpha = \frac{H}{L}$$

式中　α——正弦规放置的角度，(°)；

H——量块组的尺寸，mm；

L——正弦规两圆柱的中心距，mm。

图 1–38 是用正弦规检测圆锥塞规的示意图。首先根据被检测的圆锥塞规的基本圆锥角 α，由 $H=L\sin\alpha$ 算出量块组尺寸并组合量块，然后将量块组放在平板上与正弦规一圆柱接触，此时正弦规主体工作平面相对于平板倾斜 α 角。放上圆锥塞规后，用千分表分别测量被测圆锥上 a、b 两点。a、b 两点读数之差 n 与 a、b 两点距离 l 之比即为锥度偏差 $\Delta\alpha$，即：

$$\Delta\alpha = \frac{n}{l}$$

式中 n、l 的单位均取 mm。

习题

1. 什么是铣削？铣削的经济加工精度可达多少？
2. X6132、X5032、X8126 和 X2010 型机床各型号表示什么含义？
3. 常用的铣床有哪几类？各有什么特点？
4. 以 X6132 型万能升降台铣床为例，试述铣床主要部件的名称及其功能。

5. 对铣刀切削部分材料有哪些基本要求？

6. 常用的铣刀切削部分材料有哪两大类？

7. 铣刀按其用途不同可分成哪几类？

8. 标记为 W18Cr4V、100×25×32 的三面刃铣刀，其材料和尺寸规格是什么？

9. 切削过程中，工件上会形成哪三种表面？

10. 什么是主运动？什么是进给运动？铣削运动的主运动是什么？进给运动有哪些？

11. 什么是铣削用量？铣削用量的要素有哪些？

12. 什么是铣削速度？它跟哪些因素有关？

13. 铣削时，进给量有哪三种表述形式？它们之间的关系是什么？

14. 在 X6132 型铣床上用直径为 100 mm、齿数为 10 的圆柱形铣刀铣削，铣削速度 v_c 采用 25 m/min，每齿进给量 f_z 采用 0.06 mm/z，试确定铣床的转速和进给速度。

15. 什么是铣削深度 a_p？什么是铣削宽度 a_e？在周铣和端铣中如何表示？

16. 什么是周铣？什么是端铣？端铣有哪些优点？

17. 什么是顺铣？什么是逆铣？各有什么优缺点？周铣时一般采用顺铣还是逆铣？为什么？

18. 端铣时的顺铣与逆铣如何判别？如何选用？

19. 切削液有哪些作用？切削液分哪两大类？各有什么特点？

20. 铣削中常用的切削液有哪些？如何选用？

21. 为什么在铣削铸铁、黄铜等脆性材料，以及用硬质合金铣刀高速铣削时，一般都不使用切削液？

22. 试述 0.02 mm 精度游标卡尺的刻线原理。

23. 试述 2′ 精度游标万能角度尺的刻线原理。

24. 外径千分尺的测量精度为多少？试述其刻线原理。

25. 试述 0.01 mm 精度百分表的工作原理。

26. 什么是极限量规？用极限量规检验工件有什么特点？光滑极限量规分哪两类？用于什么场合？

27. 正弦规为什么可以用来精确测量角度及其偏差？

第二章

平面和连接面的铣削

§2-1 平面的铣削

用铣削方法加工工件的平面称为铣平面。铣平面是铣床加工的基本工作内容，也是进一步掌握铣削其他各种复杂表面的基础。

平面质量的好坏，主要从平面的平整程度和表面的粗糙程度两个方面来衡量，分别用形状公差项目平面度和表面粗糙度来考核。图 2–1 所示长方体工件上表面的平面度公差为 0.05 mm（即上表面必须位于距离为 0.05 mm 的两平行平面内），上表面的表面粗糙度 *Ra* 值应不大于 3.2 μm。

一、平面的铣削方法

在铣床上铣削平面的方法有周铣和端铣两种。

1. 周铣平面

周铣平面主要用圆柱形铣刀在卧式铣床上进行，铣出的平面与铣床工作台台面平行，如图 2–2 所示。

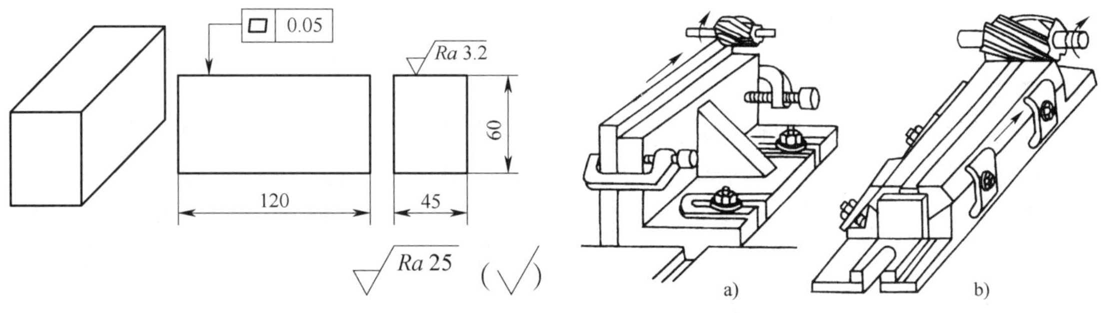

图 2–1　平面质量的表示　　　图 2–2　用圆柱形铣刀铣平面

由于圆柱形铣刀是由若干个切削刃组成的，所以铣出的平面有微小的波纹，要使被加工表面能获得较小的表面粗糙度值，工件的进给速度应小些，而铣刀的转速应高些。

用周铣方法铣出的平面，其平面度误差的大小主要取决于铣刀的圆柱度误差。当铣刀被磨成略带圆锥形时，铣出的表面虽仍是平面，但与机床工作台台面（或工件底平面）倾斜一个角度。当铣刀被磨成两端直径小、中间直径大时，铣出的表面成一个凹面；反之，当铣刀被磨成两端直径大、中间直径小时，铣出的表面成一个凸面。因此，在精铣平面时，必须保证圆柱形铣刀有高的形状精度，即圆柱度误差要小。

2. 端铣平面

端铣平面是利用面铣刀来铣削平面，如图 2–3 和图 2–4 所示。

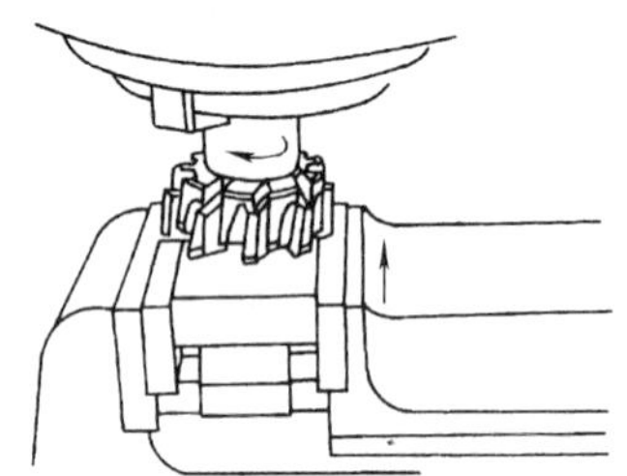

图 2–3 在立式铣床上用面铣刀铣平面

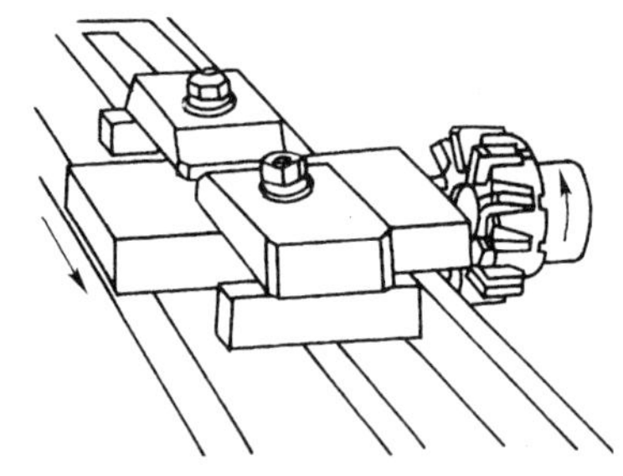

图 2–4 在卧式铣床上用面铣刀铣平面

用端铣方法铣出的平面，也有一条条刀纹，刀纹的粗细（影响表面粗糙度值的大小）也与工件进给速度的大小和铣刀转速的高低等诸因素有关。

用端铣方法铣出的平面，其平面度误差的大小主要取决于铣床主轴轴线与进给方向的垂直度误差。若主轴轴线与进给方向垂直，铣刀刀尖会在工件表面铣出网状的刀纹（图 2–5）。若主轴轴线与进给方向不垂直，铣刀刀尖会在工件表面铣出单向的弧形刀纹，表面成凹面（图 2–6）。如果铣削时进给方向是从面铣刀刀尖高的一侧移向刀尖低的一侧，还会产生“拖刀”现象，增大平面的表面粗糙度值。因此，用端铣方法铣平面时，应进行铣床主轴轴线与进给方向垂直度的校正。

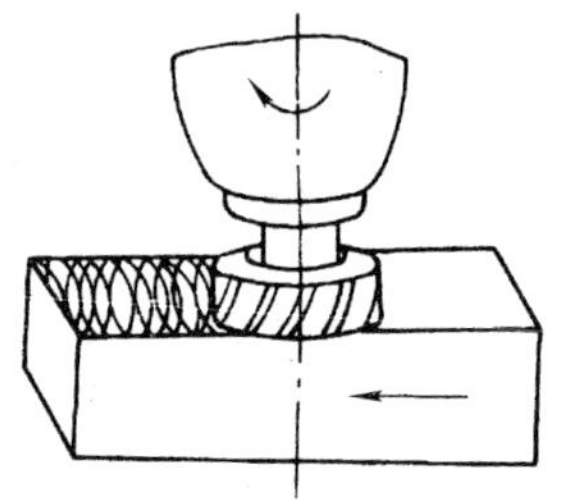

图 2–5 端铣时铣床主轴轴线与进给方向垂直

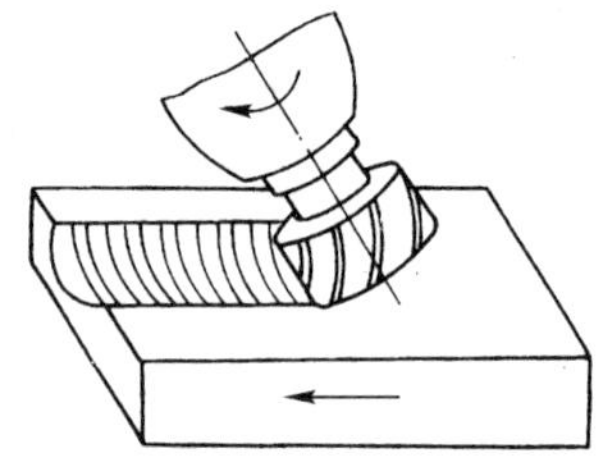

图 2–6 端铣时铣床主轴轴线与进给方向不垂直

3. 铣床主轴轴线与工作台进给方向垂直度的校正

（1）立式铣床主轴轴线与工作台纵向进给方向垂直度（立铣头“零位”）的校正

立式铣床的立铣头有固定式和回转式两种。前者是不能调整的，下面仅介绍回转式立铣头的校正方法。

1）用直角尺和锥度心轴进行校正　如图 2–7 所示。

2）用百分表进行校正　校正时，将角形表杆固定在立铣头主轴上，百分表安装在角形表杆上，百分表的测量杆应与工作台台面垂直；然后使测量触头与工作台台面接触，测量杆被压缩 0.3 ~ 0.5 mm，记下百分表的读数；接着扳转立铣头主轴 180°，再次记下百分表读数。两次读数的差值在 300 mm 长度上应不大于 0.02 mm，否则应微调回转立铣头至达到要求为止，如图 2–8 所示。

（2）卧式铣床主轴轴线与工作台纵向进给方向垂直度（工作台“零位”）的校正

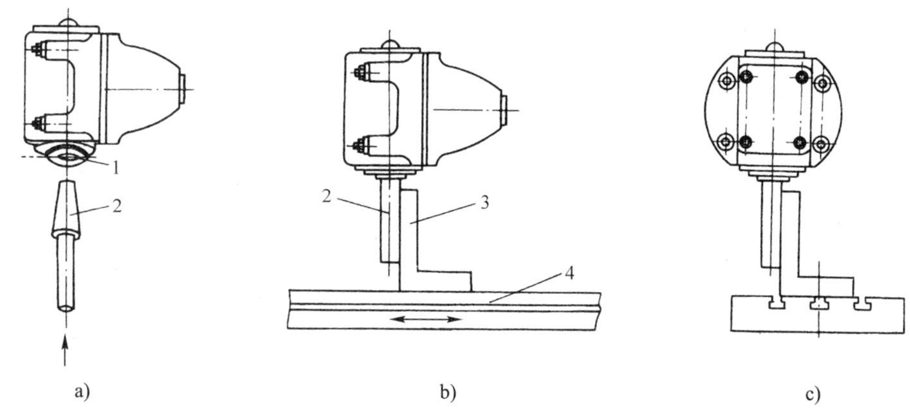

图 2-7　用直角尺和锥度心轴校正立铣头“零位”

a）将锥度心轴插入立铣头主轴轴孔　b）与纵向进给方向平行方向的检测　c）与纵向进给方向垂直方向的检测

1—立铣头主轴　2—锥度心轴　3—直角尺　4—工作台

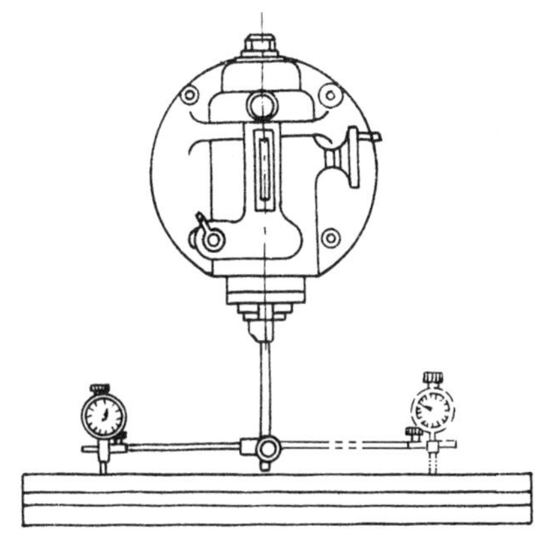
图 2-8　用百分表校正立铣头“零位”

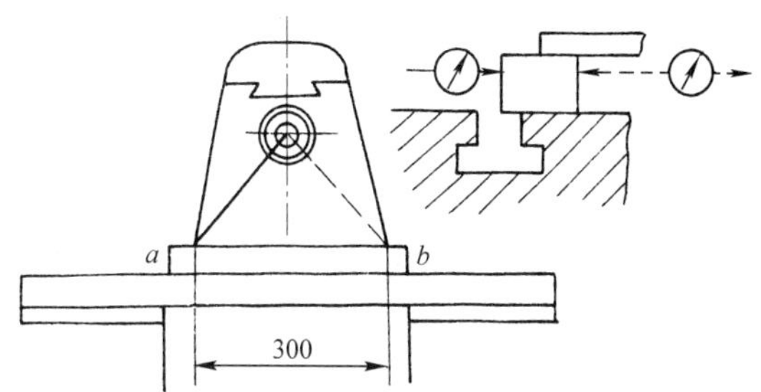

图 2-9　用百分表校正卧式铣床工作台“零位”

1）用回转盘刻度校正　校正时，只需使回转盘的“零”刻线对准鞍座上的基准线，铣床主轴轴线与工作台纵向进给方向即保持垂直。这种校正方法操作简单，但精度不高，只能适用于一般要求工件的加工。

2）用百分表校正　校正步骤如下：

①将检验平行垫铁安装在工作台上，用百分表把垫铁面对主轴一侧的检验面校正到与工作台纵向进给方向平行后紧固，如图 2-9 所示。将装有杠杆百分表、回转半径为 250 mm 的角形表杆装在铣床主轴上。

②将主轴转速挂在高速挡上。扳转主轴，在平行垫铁侧检验面的一端压表 0.3 ~ 0.5 mm 后，将百分表调“零”。再扳转主轴，在平行垫铁侧检验面的另一端打表，读数差值在 300 mm 长度上应不大于 0.02 mm。如超过 0.02 mm，可用木锤轻轻敲击工作台端部调整至达到要求为止，然后紧固回转台。

二、工件的装夹

在铣床上加工中、小型工件时，一般多采用平口钳来装夹；对大型工件，则多采用直接在铣床工作台上用压板来装夹。在成批、大量生产中，为提高生产效率和保证加工质量，应采用专用铣床夹具来装夹。为适应加工需要，可利用分度头和回转工作台等来装夹。

1. 用平口钳装夹工件

平口钳是铣床上常用来装夹工件的附件。铣削一般长方体工件的平面、台阶面、斜面和轴类工件上的键槽时，都可以用平口钳来装夹。

（1）平口钳的结构和规格　常用的平口钳有回转型和固定型两种。两者结构基本相同，只是钳体能否扳转的差别。图 2-10 所示为回转型平口钳。

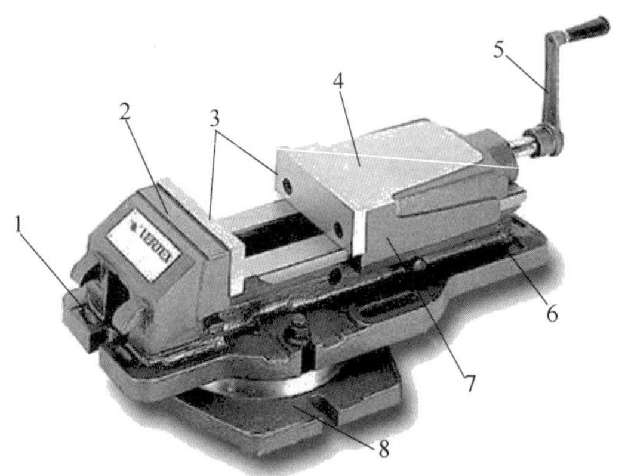

图 2-10 回转型平口钳

1—钳体 2—固定钳口 3—钳口铁 4—活动钳身 5—丝杠手柄 6—压板 7—活动钳口 8—底座

回转型平口钳使用方便，适应性强，但由于多了一层转盘结构，高度增加，刚度相对较差。因此，在铣削平面、垂直面和平行面时，一般都采用固定型平口钳。

普通平口钳按钳口宽度有 100 mm、125 mm、136 mm、160 mm、200 mm、250 mm 六种规格。

（2）平口钳的安装和校正

1）平口钳的安装 一般情况下，平口钳应处在工作台长度方向中间偏左、宽度方向的中间，以方便操作。钳口方向应根据工件长度来确定，对于长的工件，钳口（平面）应与卧式铣床主轴轴线垂直，如图 2-11a 所示，在立式铣床上安装时应与工作台纵向进给方向平行。对于短的工件，钳口应与卧式铣床主轴轴线平行，如图 2-11b 所示，在立式铣床上安装时应与工作台纵向进给方向垂直。在粗铣和半精铣时，应使铣削力指向稳定牢固的固定钳口。

加工要求不高的一般工件时，平口钳可用定位键安装。安装时将平口钳底座上的定位键放入工作台的中央 T 形槽内，双手推动钳体，使两定位键的同一侧侧面靠在中央 T 形槽的一侧面上，然后固定底座，再利用钳体上的零刻线与底座上的刻线相配合，转动钳体，使固定钳口与铣床主轴轴线垂直或平行，也可以按需调整成所要求的某一角度。

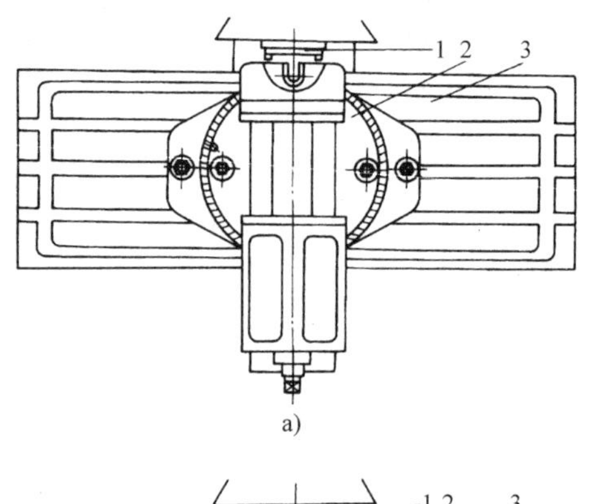

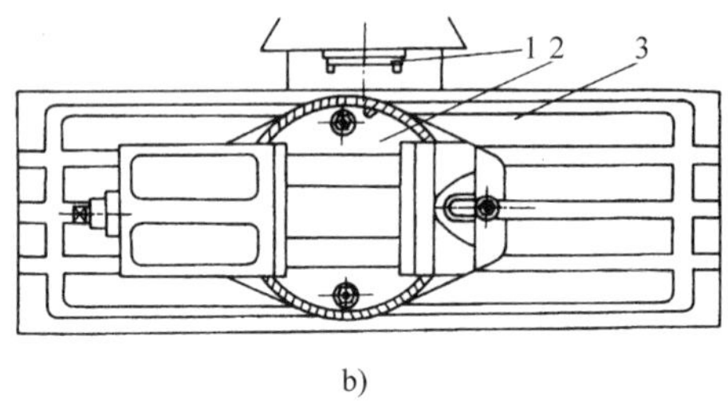

图 2-11 平口钳的安装位置

a）固定钳口与主轴轴线垂直

b）固定钳口与主轴轴线平行

1—铣床主轴 2—平口钳 3—工作台

加工有较高相对位置精度要求的工件，如铣削沟槽等，钳口与主轴轴线要求有较高的垂直度或平行度，这时应对固定钳口进行校正。

2）固定钳口的校正

①用划针校正固定钳口与铣床主轴轴线垂直 加工较长的工件时，固定钳口一般与铣床主轴轴线垂直安装，此时可用划针校正，如图 2-12 所示。将划针夹持在铣刀杆垫圈间，使划针针尖靠近固定钳口铁平面，纵向移动工作台，观察并调整平口钳位置，使划针针尖与固定钳口铁平面间的缝隙大小均匀，在钳口铁全长范围内一致，此时固定钳口就与铣床主轴轴线垂直，紧固钳体后，需再进行复检，以免紧固时发生位移。用划针校正的方法精度较低，常用于粗校正。

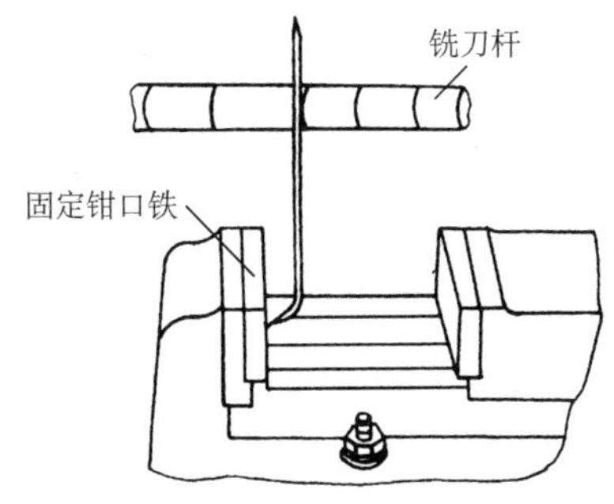

图 2-12　用划针校正固定钳口与铣床主轴轴线垂直

②用直角尺校正固定钳口与铣床主轴轴线平行　当要求平口钳固定钳口与铣床主轴轴线平行安装时，可用直角尺校正，如图 2-13 所示。

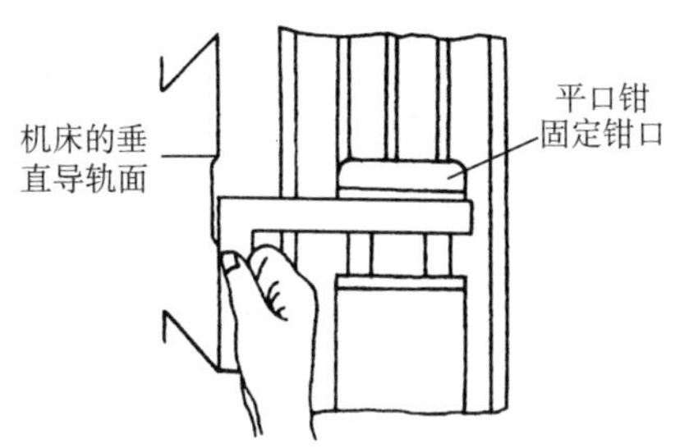

图 2-13　用直角尺校正固定钳口与铣床主轴轴线平行

③用百分表校正固定钳口与铣床主轴轴线垂直或平行　加工较精密的工件时，应用百分表对固定钳口位置进行精校正。校正固定钳口与铣床主轴轴线垂直时，将磁性表座吸在铣床悬梁导轨面上，安装百分表，使表的测量杆与固定钳口铁平面垂直，测量触头触到固定钳口铁平面，测量杆压缩 0.3 ~ 0.5 mm，纵向移动工作台，观察百分表读数，在固定钳口铁全长内一致时，固定钳口与铣床主轴轴线垂直，如图 2-14a 所示。轻轻用力紧住钳体，进行复检合格后，用力紧固钳体。

用百分表校正固定钳口与铣床主轴轴线平行时，可将磁性表座吸在床身垂直导轨面上，横向移动工作台进行校正，校正的方法与前面相同，如图 2-14b 所示。

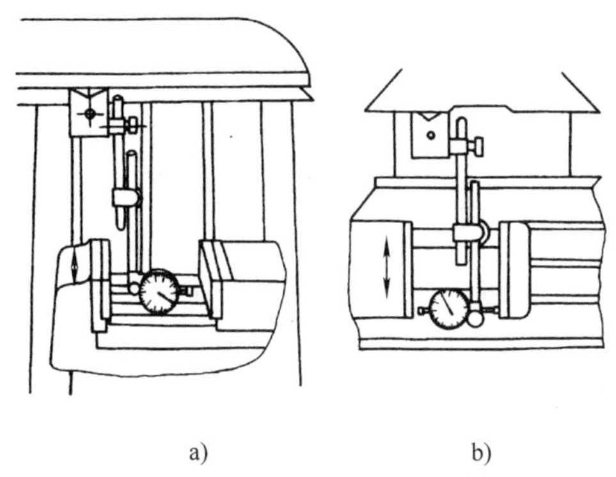

图 2-14　用百分表校正固定钳口
a）固定钳口与铣床主轴轴线垂直
b）固定钳口与铣床主轴轴线平行

（3）用平口钳装夹工件

1）毛坯件在平口钳上的装夹　选择毛坯件上一个大而较平整的毛坯面作粗基准面，将其靠在固定钳口铁平面上。为防止损伤钳口，在钳口和工件毛坯面之间应垫铜皮。轻夹工件，用划线盘校正毛坯上平面位置，符合要求后夹紧工件，如图 2-15 所示。

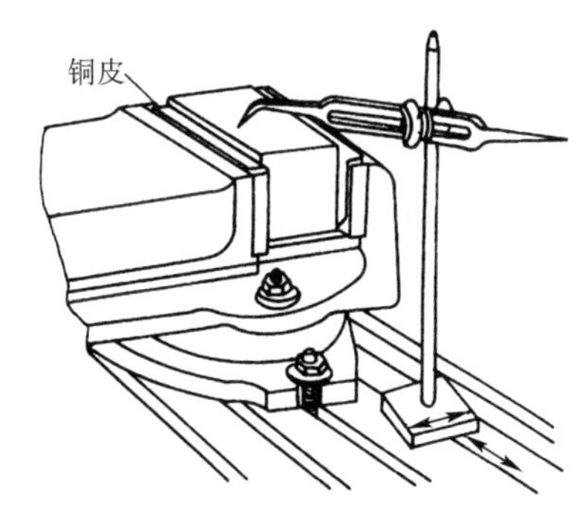

图 2-15　钳口垫铜皮装夹和校正毛坯件

2）经粗加工的工件在平口钳上的装夹　选择工件上一个较大的经粗加工的表面作基准面，将其靠在平口钳的固定钳口铁平面或钳体导轨面上进行装夹。

工件的基准面靠向固定钳口铁平面时，可在活动钳口与工件之间放置一圆棒，圆棒要与钳口上平面平行，其位置在钳口夹持工件部分高度的中间偏上。通过圆棒夹紧工件，能保证工件的基准面与固定钳口铁平面很好地贴合，如图 2-16 所示。

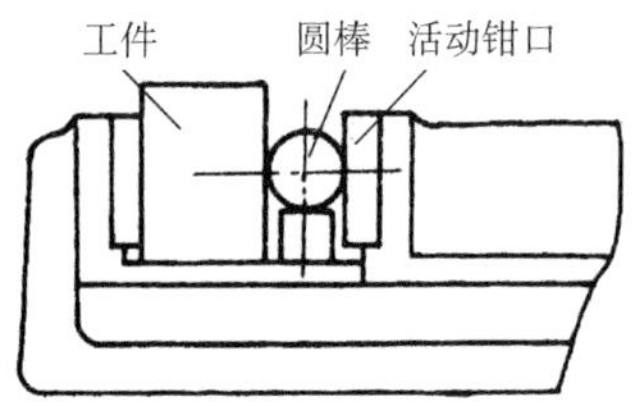

图 2-16　通过圆棒夹持工件

工件的基准面靠向钳体导轨面时，在工件与导轨面之间要垫以平行垫铁，如图 2-17 所示。

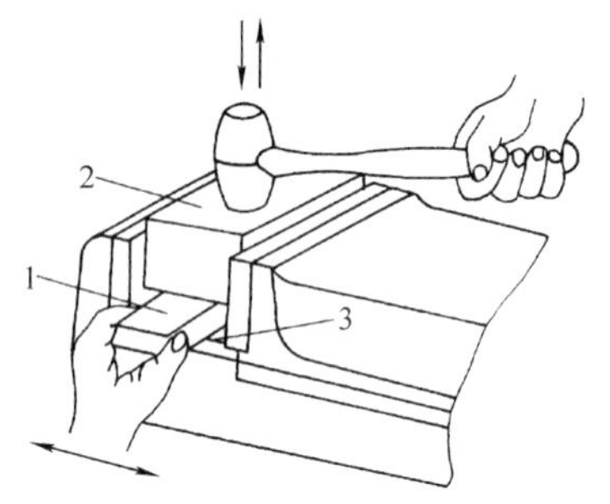

图 2-17　用平行垫铁装夹工件

1—平行垫铁　2—工件　3—钳体导轨面

3）用平口钳装夹工件的注意事项

①在铣床上安装平口钳时，应擦净底座底面、铣床工作台台面；装夹工件时，应擦净钳口铁平面、钳体导轨面及工件表面。

②工件在平口钳上装夹时，放置的位置应适当，夹紧后钳口的受力应均匀。

③工件在平口钳上装夹时，待铣去的余量层应高出钳口上平面，高出的高度以铣削时铣刀不接触钳口上平面为宜，如图 2-18 所示。

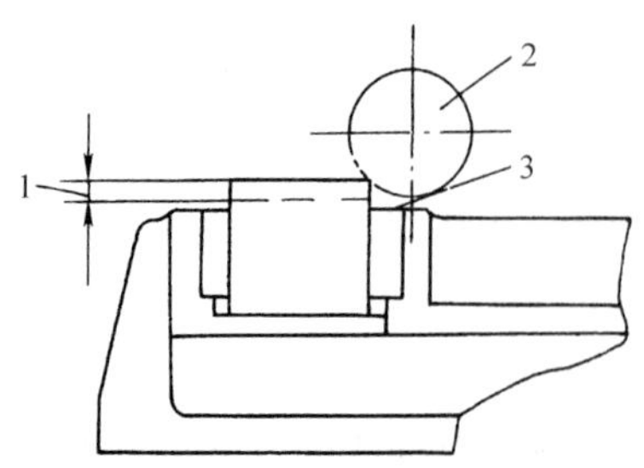

图 2-18　余量层应高出钳口上平面

1—待切除余量层　2—铣刀　3—钳口上平面

④用平行垫铁在平口钳上装夹工件时，所选用垫铁的平面度、平行度、相邻表面的垂直度应符合要求。垫铁表面应具有一定的硬度。

2. 用压板装夹工件

形状、尺寸较大或不便于用平口钳装夹的工件，常用压板压紧在铣床工作台上进行加工。用压板装夹工件，在卧式铣床上用面铣刀铣削时应用最多。

（1）用压板装夹工件的方法　如图 2-19 所示。

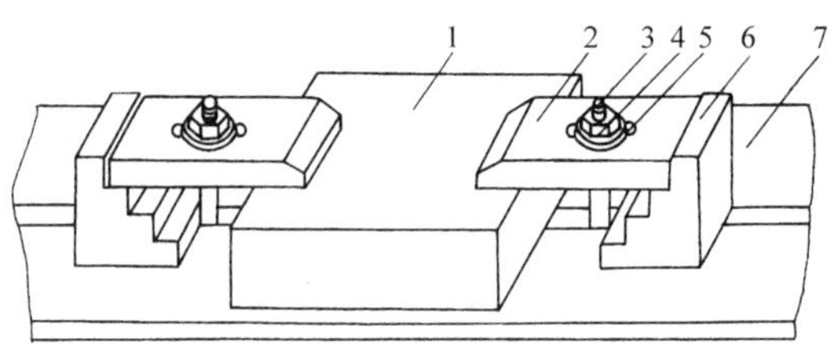

图 2-19　用压板装夹工件

1—工件　2—压板　3—T 形螺栓　4—螺母
5—垫圈　6—台阶垫铁　7—工作台台面

（2）用压板装夹工件的注意事项

1）在铣床工作台台面上，不允许拖拉表面粗糙的铸件、锻件毛坯，夹紧工件时应在毛坯件与工作台台面间垫铜皮，以免损伤台面。

2）用压板在工件已加工表面夹紧时，应在压板与工件表面间垫铜皮，以免压伤工件已加工表面。

3）压板的位置要放置正确、适当，压板应压在工件刚度好的部位，压紧力的大小也应适当，以防工件产生变形。如果工件夹紧部位有悬空现象，应将工件垫实。

4）螺栓要拧紧，保证铣削时不致因压力不够而使工件移动，损坏工件、刀具和铣床。

三、铣平面的工作步骤

1. 确定铣削方法，选择铣刀

（1）在卧式铣床上用圆柱形铣刀周铣平面时，圆柱形铣刀的宽度应大于工件加工面的宽度。铣刀的直径，粗铣时按工件切削层深度的大小而定，切削层深度大，铣刀的直径也相应地选得大些；精铣时一般取较大的铣刀直径，这样铣刀杆直径相应较大，刚度较好，铣削时平稳，工件表面质量较好。铣刀齿数的确定：在粗铣时选用粗齿铣刀，精铣时选用细齿铣刀。

（2）用面铣刀铣平面时，面铣刀的直径应大于工件加工面的宽度，一般为它的1.2 ~ 1.5 倍。

2. 装夹工件

铣削中、小型工件的平面时，一般采用平口钳装夹；铣削形状、尺寸较大或不便于用平口钳装夹的工件时，可采用压板装夹。装夹应按相应要求和注意事项进行。

3. 确定铣削用量

（1）周铣时的铣削深度 a_p、端铣时的铣削宽度 a_e 一般等于工件加工面的宽度。

（2）周铣时的铣削宽度 a_e、端铣时的铣削深度 a_p 粗铣时，若加工余量不多，则可一次切除，即等于余量层深度；精铣时，一般为 0.5 ~ 1 mm。

（3）每齿进给量 f_z 一般取 0.02 ~ 0.3 mm/z。粗铣时可取得大些；精铣时，则应取较小的进给量。

（4）铣削速度 v_c 用高速钢铣刀铣削时，一般 v_c 取 16 ~ 35 m/min，粗铣时应取较小值，精铣时应取较大值。用硬质合金面铣刀进行高速铣削时，一般 v_c 取 80 ~ 120 m/min。

4. 铣削工件

在卧式或立式升降台铣床上铣削，都是由工作台带着工件向铣刀方向移动来完成工件与铣刀的相对位置的调整和实现铣削运动。移动工作台的方法有手动和机动两种。切削位置的调整和工件趋近铣刀的运动一般多用手动完成，连续进给实现铣削则多用机动方式。

在调整工件的铣削位置时，如果不慎将手柄摇过了头，此时，应将手柄倒转 1/2 ~ 1 圈后，再重新摇动手柄，仔细地转到规定的位置上，以消除丝杠螺母副的间隙，防止尺寸出现错误。

四、平面的铣削质量分析

平面的铣削质量主要指平面度和表面粗糙度，它不仅与铣削时所选用的铣床、夹具和铣刀的质量好坏有关，而且与铣削用量和切削液的合理选用等诸多因素有关。

1. 影响平面度的因素

（1）用周铣铣削平面时，圆柱形铣刀的圆柱度误差大。

（2）用端铣铣削平面时，铣床主轴轴线与进给方向不垂直。

（3）工件受夹紧力和铣削力的作用产生变形。

（4）工件自身存在内应力，在表面层材料被切除后产生变形。

（5）工件在铣削过程中，因铣削热引起热变形。

（6）铣床工作台进给运动的直线性差。

（7）铣床主轴轴承的轴向和径向间隙大。

（8）铣削时因条件限制所用圆柱形铣刀的宽度或面铣刀的直径小于工件被加工面的宽度而接刀，产生接刀痕。

2. 影响表面粗糙度的因素

（1）铣刀磨损，刀具刃口变钝。

（2）铣削时，进给量太大。

（3）铣削时，工件切削层深度（周铣时的铣削宽度 a_e 或端铣时的铣削深度 a_p）太大。

（4）铣刀的几何参数选择不当。

（5）铣削时切削液选用不当。

（6）铣削时有振动。

（7）铣削时有积屑瘤产生，或有切屑粘刀现象。

（8）铣削时有拖刀现象。

（9）在铣削过程中因进给停顿而产生“深啃”现象。

§2-2 垂直面和平行面的铣削

工件上有许多不在同一平面上的表面，它们互相直接或间接地交接，这样的表面称为连接面。连接面之间有平行、垂直和倾斜的位置关系。

垂直面和平行面的加工除了与单一平面加工一样需保证平面度和表面粗糙度要求外，还需要保证相对于基准面的位置精度（如垂直度、平行度和倾斜度等）以及与基准面间的尺寸精度要求。

长方体工件如图 2-20 所示，它由 6 个平面组成，故又称六面体。各平面之间有一定的位置精度和尺寸精度要求，如要求顶面 4 与底面 1 平行，且有尺寸精度要求；各侧面（2、3、5、6）应与底面垂直等。显然，底面 1 是各连接面的基准面，应首先加工，并用它作为加工其余各面时的基准面。

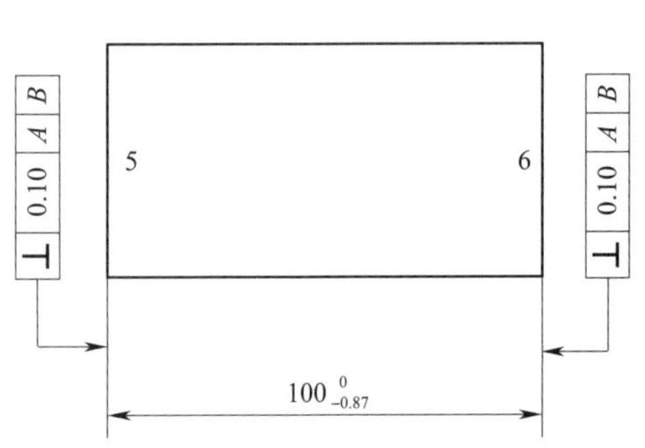

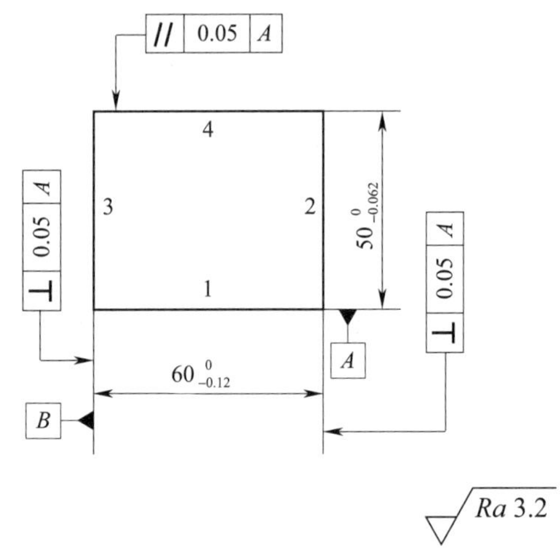

Ra 3.2

图 2-20 长方体工件

一、用周铣铣垂直面和平行面

垂直面是指与基准面垂直的平面。

1. 垂直面的铣削

（1）在卧式铣床上用平口钳装夹进行铣削 用平口钳装夹铣垂直面，如图 2-21 所示。

在铣削时，影响垂直度的因素主要有下列几个方面：

1）固定钳口与工作台台面不垂直。造成的原因主要是平口钳在使用过程中钳口磨损和平口钳底座有毛刺或底座与工作台之间嵌有切屑。

2）工件基准面没有与固定钳口贴合。即使固定钳口对工作台台面的垂直度很好，若工件基准面没有和固定钳口贴合，则铣出的平面与基准面不垂直。

3）圆柱形铣刀的圆柱度误差大。当平口钳固定钳口安装成与主轴轴线垂直时，圆柱形铣刀如有锥度（刃磨成圆锥形），则铣出的平面与基准面不垂直。

4）基准面的平面度误差大。基准面的平面度误差会影响工件装夹位置精度。因此，铣削垂直面前，基准面的加工必须达到规定的形状精度要求。

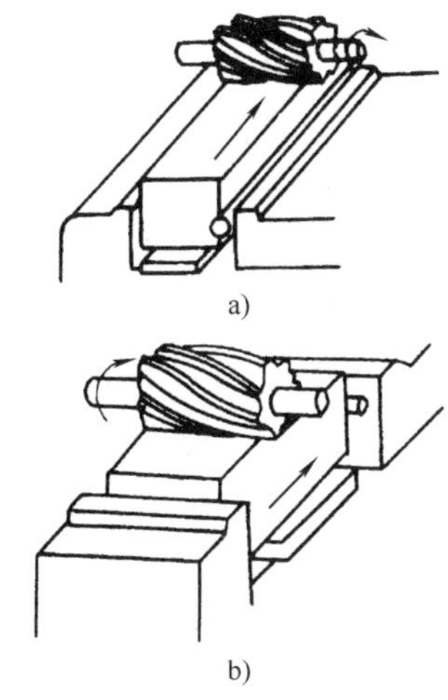

图 2–21　用平口钳装夹铣垂直面

a）固定钳口与主轴轴线垂直

b）固定钳口与主轴轴线平行

5）夹紧力太大，使固定钳口变形而向外倾斜。夹紧力太大是产生垂直度误差的重要因素。尤其是在精铣时，夹紧力不能太大，禁止使用接长手柄夹紧工件。

（2）在卧式铣床上用角铁装夹进行铣削

用角铁装夹铣垂直面，这种方法适用于基准面比较宽而加工面比较窄的工件上垂直面的铣削。

（3）在立式铣床上用立铣刀进行铣削

对基准面宽而长、加工面窄的工件，可以在立式铣床上用立铣刀铣垂直面，如图 2–22 所示。当采用纵向进给铣削时，影响垂直度的主要因素是立铣刀的圆柱度误差；当采用横向进给铣削时，影响垂直度的主要因素除立铣刀的圆柱度误差外，还有立铣头主轴轴线与工作台纵向进给方向的垂直度误差。

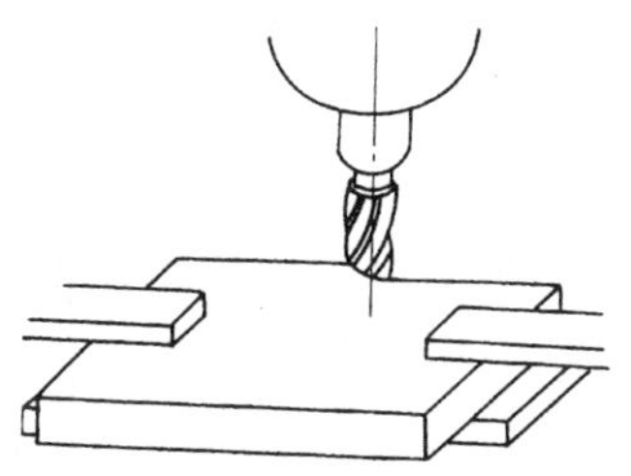

图 2–22　用立铣刀铣垂直面

2. 平行面的铣削

平行面是指与基准面平行的平面。铣削平行面时，一般都在卧式铣床上用平口钳装夹进行铣削，因此平口钳钳体的导轨面是主要的定位面。在装夹高度低于平口钳钳口高度的工件时，要在工件基准面与平口钳钳体导轨面之间垫两块厚度相等的平行垫铁（图 2–23）。

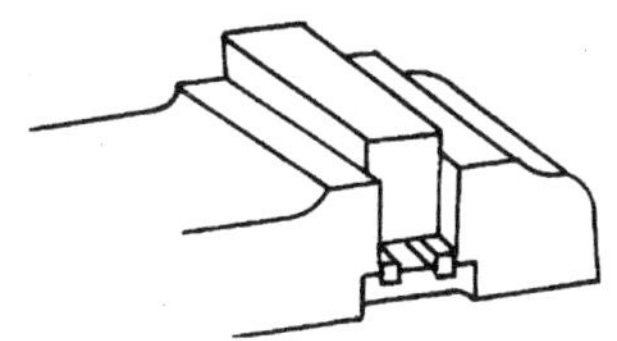

图 2–23　用平行垫铁装夹工件铣平面

用这种装夹方法加工时，影响平行度的主要因素如下：

（1）由于下述诸方面的原因，造成装夹后的工件基准面与平口钳钳体导轨面不平行：

1）所垫的两平行垫铁厚度不相等。为了确保厚度相等，两平行垫铁应在平面磨床上同时磨出。

2）工件上与固定钳口相对的平面与基准面不垂直，夹紧时（特别是在活动钳口处采取了夹圆棒的方法）使该平面与固定钳口紧密贴合，造成基准面与钳体导轨面不平行。

3）活动钳口与钳体导轨面存在间隙，在夹紧工件时活动钳口受力上翘，使活动钳口一侧的工件随之上抬。因此，在装夹工件时，预紧后需用铜质或木质锤子轻轻敲击工件顶面，直到两平行垫铁（或两铜皮）的四端均没有松动现象时再夹紧工件。

工件基准面与平口钳钳体导轨面不平行是铣平行面时平行度误差大的主要原因。

（2）平口钳钳体导轨面与铣床工作台台面不平行。产生这种现象的主要原因是平口钳底面与工作台台面之间有杂物，以及平口钳钳体导轨面本身与底面不平行。因此，应注意清除毛刺和切屑，必要时需检查平口钳钳体导轨面与工作台台面间的平行度。

（3）圆柱形铣刀的圆柱度误差大（主要是成圆锥形）。

3. 长方体工件的铣削顺序

用平口钳装夹，在卧式铣床上用圆柱形铣刀铣削如图 2–20 所示长方体工件，铣削步骤如下：

（1）铣基准面（面 1） 平口钳固定钳口与铣床主轴轴线垂直安装。以面 2 为粗基准，靠向固定钳口，两钳口与工件间垫铜皮装夹工件，如图 2–24a 所示。

（2）铣面 2　以面 1 为精基准靠向固定钳口，在活动钳口与工件间放置圆棒装夹工件，如图 2–24b 所示。

（3）铣面 3　仍以面 1 为基准靠向固定钳口，用相同方法装夹工件，如图 2–24c 所示。

（4）铣面 4　以面 1 为基准靠向平口钳钳体导轨面上的平行垫铁，面 3 靠向固定钳口装夹工件，如图 2–24d 所示。

（5）铣面 5　调整平口钳，使固定钳口与铣床主轴轴线平行安装。以面 1 为基准靠向固定钳口，用直角尺校正工件面 2 与平口钳钳体导轨面垂直（图 2–25），装夹工件，如图 2–24e 所示。

（6）铣面 6　以面 1 为基准靠向固定钳口，面 5 靠向平口钳钳体导轨面装夹工件，如图 2–24f 所示。

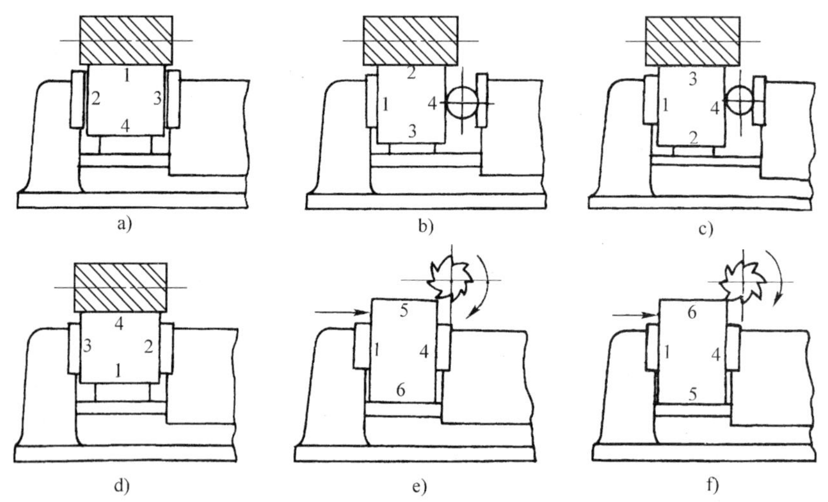

图 2–24　长方体工件的铣削顺序

二、用端铣铣垂直面和平行面

1. 垂直面的铣削

（1）在立式铣床上用平口钳装夹端铣垂直面　端铣时工件在平口钳内的装夹方法，以及影响垂直度的因素和调整的措施与在卧式铣床上用周铣铣垂直面时基本相同。不同的是：周铣时，圆柱形铣刀的圆柱度误差是影响加工面与基准面间垂直度的重要因素之一，而端铣时，面铣刀的形状误差不会影响加工面与基准面间的垂直度。但端铣时，铣床主轴轴线与进给方向的垂直度误差会影响加工面与基准面之间的垂直度。若立铣头的“零位”不准，用横向进给会铣出一个与工作台台面倾斜的平面；用纵向进给做非对称铣削，则会铣出一个略带凹且不对称的面。

（2）在卧式铣床上用压板装夹端铣垂直面　适用于铣较大尺寸的垂直面，如图 2–26 所示。当采用升降台做垂直方向进给时，由于不受工作台“零位”准确度的影响，精度很高。

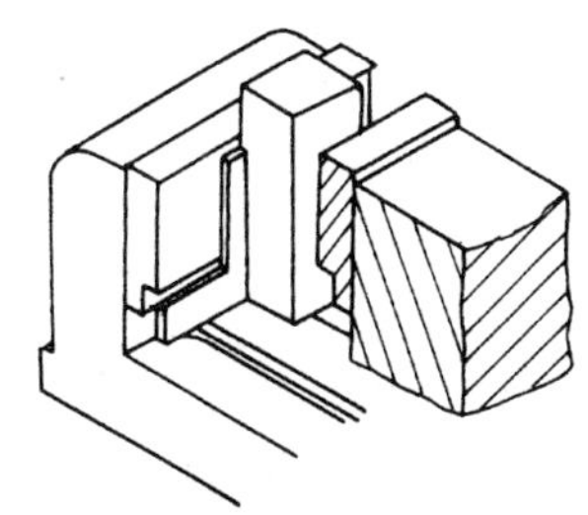

图 2–25　用直角尺校正工件铣长方体端面

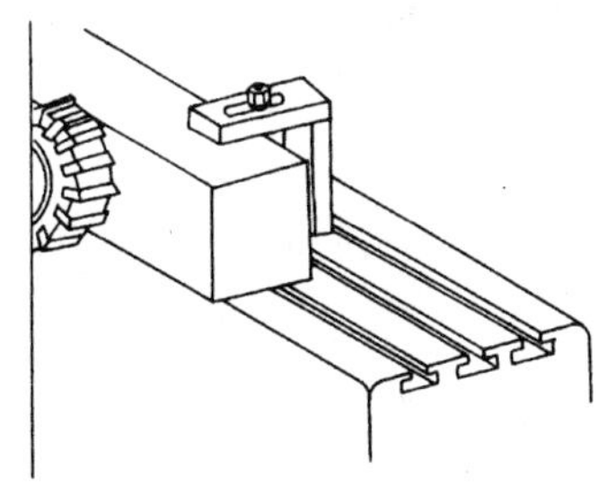

图 2–26　在卧式铣床上用压板装夹端铣垂直面

2. 平行面的铣削

（1）在立式铣床上端铣平行面　端铣中、小型工件上的平行面，可用平口钳装夹在立式铣床上进行，工件基准面紧贴平口钳钳体导轨面或平行垫铁。端铣较大尺寸的平行面，当工件上有台阶时，可直接用压板将工件装夹在立式铣床工作台台面上，使基准面与工作台台面贴合，如图 2–27 所示。

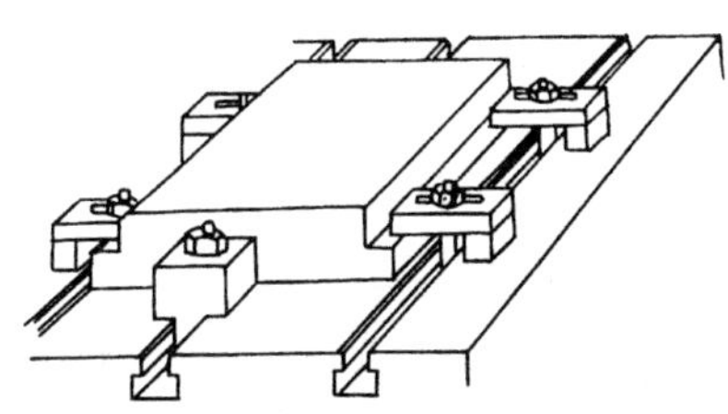

图 2–27　在立式铣床上端铣较大平行面时工件的装夹

（2）在卧式铣床上端铣平行面　当较大尺寸工件的两侧面有较高平行度要求时，可在卧式铣床上端铣平行面。先以加工后的工件底平面为基准铣削工件的一侧面（与底平面垂直），作为平行面的基准面。然后，在工作台 T 形槽内安装定位键，使工件基准面靠向定位键侧面后夹紧，用面铣刀铣削平行侧面，如图 2–28 所示。

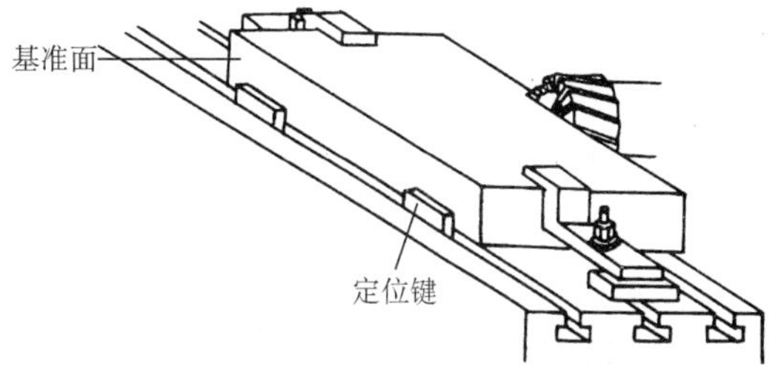

图 2–28　在卧式铣床上用面铣刀铣平行面

三、垂直面和平行面的铣削质量分析

垂直面和平行面的铣削质量主要是指垂直面的垂直度、平行面的平行度、平行面之间的尺寸精度。

1. 影响垂直度和平行度的因素

（1）平口钳固定钳口与工作台台面不垂直，铣出的平面与基准面不垂直。

（2）平行垫铁不平行或圆柱形铣刀有锥度，铣出的平面与基准面不垂直或不平行。

（3）铣端面时固定钳口未校正好，铣出的端面与基准面不垂直。

（4）装夹时夹紧力过大，引起工件变形，铣出的平面与基准面不垂直或不平行。

2. 影响平行面之间尺寸精度的因素

（1）调整切削层深度时看错刻度盘，手柄摇过头，没有消除丝杠螺母副的间隙，直接退回，出现尺寸误差。

（2）读错图样上标注的尺寸，测量时出现差错。

（3）工件或平行垫铁的平面没有擦净，有杂物，装夹工件时使尺寸发生变化。

（4）精铣对刀时切痕太深，调整切削层深度时若为了去掉切痕，会将尺寸铣小。

§2-3 斜面的铣削

一、斜面及其在图样上的表示方法

斜面是指零件上与基准面成任意一个倾斜角度的平面。

斜面相对基准面倾斜的程度用斜度来衡量，在图样上有以下两种表示方法。

1. 用倾斜角度 β 的度数（°）表示

主要用于倾斜程度大的斜面。如图 2-29a 所示，斜面与基准面之间的夹角 β=30°。

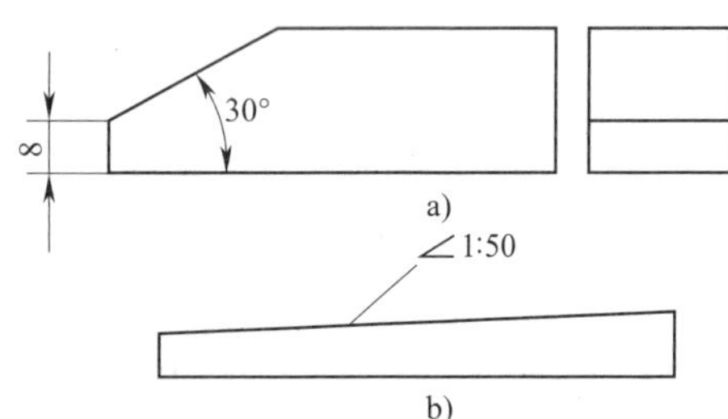

图 2-29　斜度的表示方法

2. 用斜度 S 的比值表示

主要用于倾斜程度小的斜面。如图 2-29b 所示，在 50 mm 长度上，斜面两端至基准面的距离相差 1 mm，用"∠1∶50"表示。斜度的符号 ∠ 或 ⦣ 的下横线与基准面平行，上斜线的倾斜方向应与斜面的倾斜方向一致，不能画反。

两种表示方法的相互关系为：

$$S=\tan\beta \tag{2-1}$$

式中　S——斜度，用符号 ∠ 或 ⦣ 和比值表示；

β——斜面与基准面之间的夹角，(°)。

一般用途棱体的角度与斜度可查阅国家标准《产品几何量技术规范（GPS）　棱体的角度与斜度系列》(GB/T 4096—2001)。

二、斜面的铣削方法

铣削斜面，工件、铣床、铣刀之间的关系必须满足两个条件：一是工件的斜面应平行于铣削时铣床工作台的进给方向。二是工件的斜面应与铣刀的切削位置相吻合，即用圆周刃铣刀铣削时，斜面与铣刀的外圆柱面相切；用端面刃铣刀铣削时，斜面与铣刀的端面相重合。

在铣床上铣削斜面的方法有工件倾斜铣斜面、铣刀倾斜铣斜面和用角度铣刀铣斜面三种。

1. 工件按所需角度倾斜装夹铣斜面

在卧式铣床或立铣头不能扳转角度的立式铣床上铣削斜面时，可将工件按所需角度倾斜装夹，铣削斜面常用的方法有以下几种：

（1）根据划线装夹工件铣斜面　如图 2-30 所示。由于划线费时，校正工件也较慢，所以这种方法一般用于单件生产。

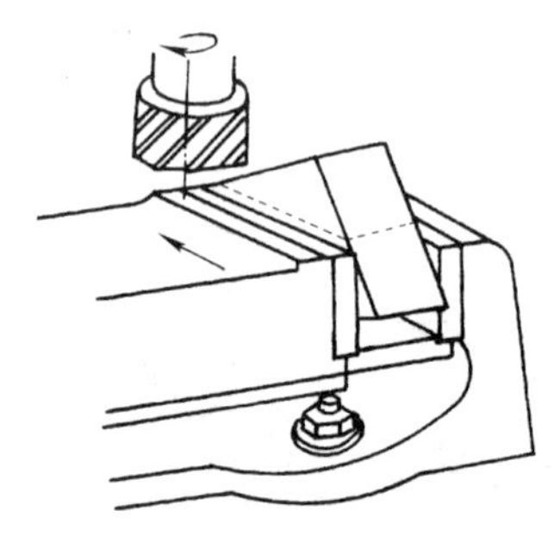

图 2-30　根据划线装夹工件铣斜面

（2）调转平口钳钳体角度用平口钳装夹工件铣斜面　安装平口钳，先校正固定钳口与卧式铣床主轴轴线垂直或平行（在立式铣床上安装时固定钳口与工作台纵向进给方向平行或垂直）后，再通过平口钳底座上的刻线将钳体调转到所需角度要求的位置，装夹工件，铣出要求的斜面，如图 2-31 所示。

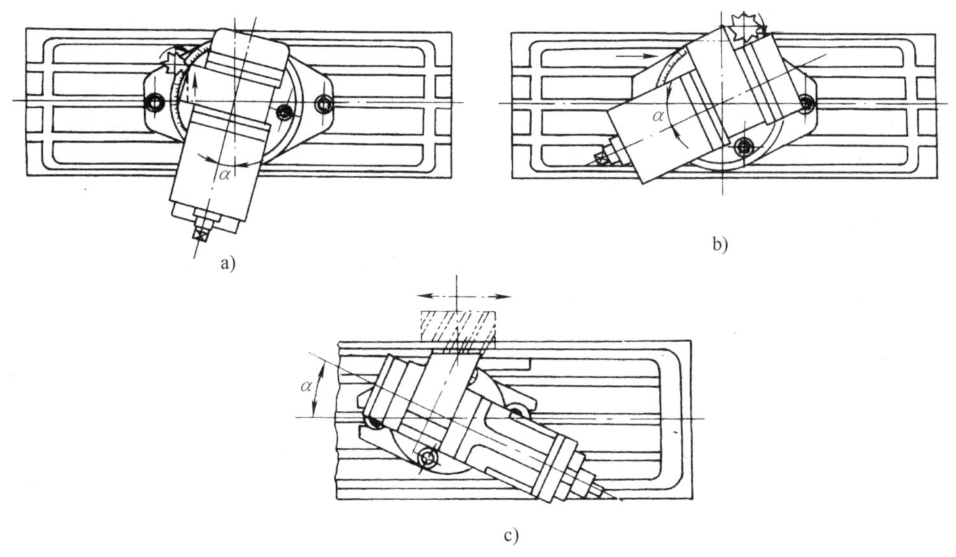

图 2-31　调转钳体角度装夹工件铣斜面

（3）用倾斜垫铁装夹工件铣斜面

使用倾斜垫铁使工件基准面倾斜，用平口钳装夹工件，铣出斜面，如图 2-32 所示。所用垫铁的倾斜程度需与斜面的倾斜程度相同，垫铁的宽度应小于工件宽度。这种方法铣斜面，装夹、校正工件方便，倾斜垫铁制造容易，适用于小批量生产。

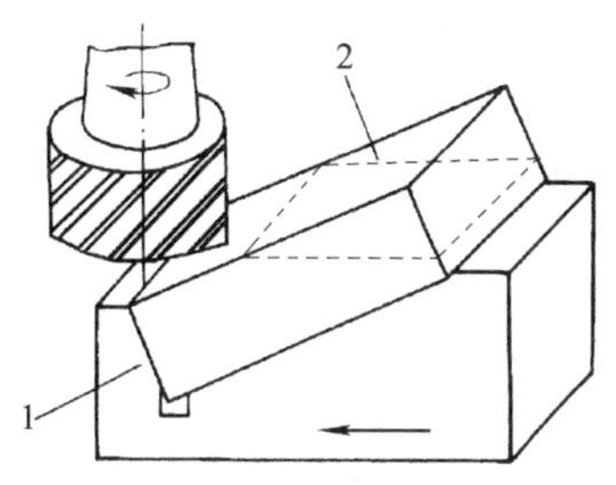

图 2-32　用倾斜垫铁装夹工件铣斜面
1—倾斜垫铁　2—工件

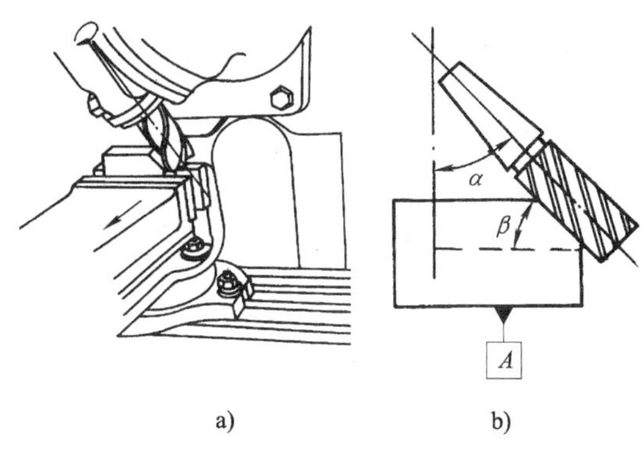

图 2-33　工件基准面与工作台台面平行用圆周刃铣削斜面
（立铣头扳转角度 $\alpha=90°-\beta$）

在成批、大量生产时，常使用专用夹具装夹工件铣斜面，以达到优质高产的目的。

2. 把铣刀倾斜所需角度后铣斜面

在立铣头可扳转的立式铣床上，用平口钳或压板装夹工件，在经扳转角度后的立铣头主轴上安装立铣刀或面铣刀，就可以铣削要求的斜面。常用的方法如图 2-33 ~ 图 2-36 所示（β 角为工件斜面倾斜角）。

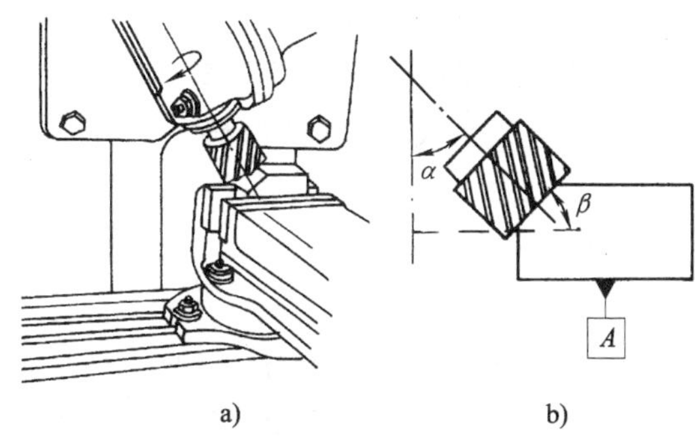

图 2-34　工件基准面与工作台台面平行用端面刃铣削斜面
（立铣头扳转角度 $\alpha=\beta$）

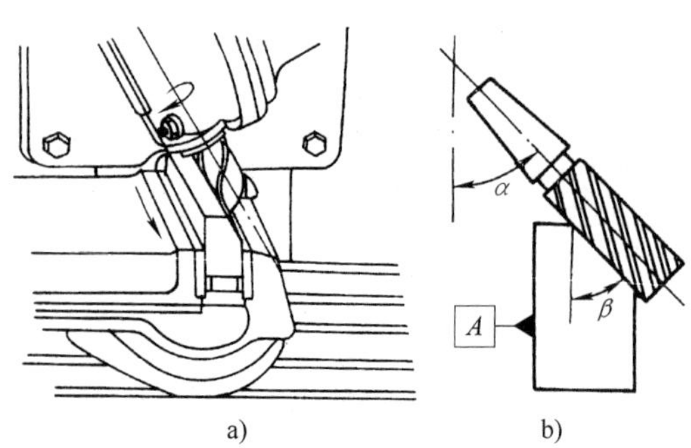

图 2-35　工件基准面与工作台台面垂直用圆周刃铣削斜面

（立铣头扳转角度 $\alpha=\beta$）

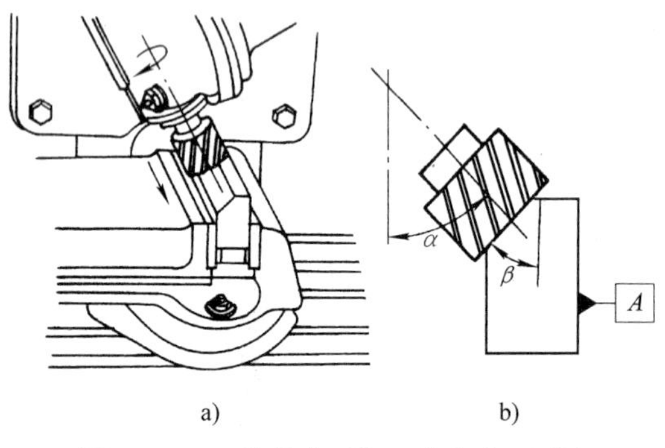

图 2-36　工件基准面与工作台台面垂直用端面刃铣削斜面

（立铣头扳转角度 $\alpha=90°-\beta$）

3. 用角度铣刀铣斜面

用角度铣刀铣斜面，适用于较窄的斜面（图 2-37）。

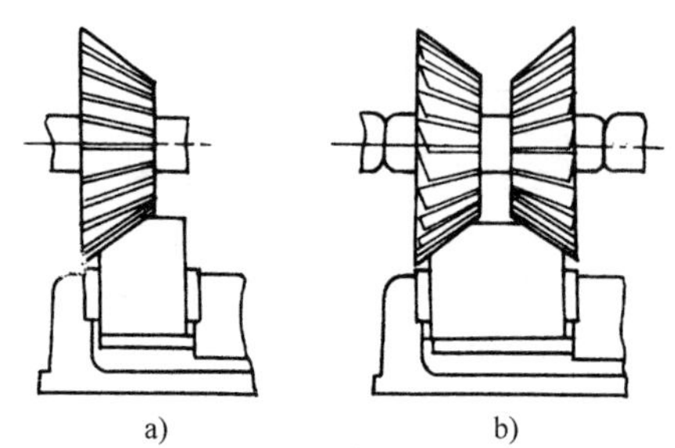

图 2-37　用角度铣刀铣斜面

a）铣单斜面　b）铣双斜面

三、斜面的铣削质量分析

斜面的铣削质量主要是指斜面倾斜角度、斜面尺寸和表面粗糙度。

1. 影响斜面倾斜角度的因素

（1）立铣头扳转角度不准确。

（2）按划线装夹工件铣削时，划线不准确或铣削时工件产生位移。

（3）采用周铣时，铣刀圆柱度误差大（有锥度）。

（4）用角度铣刀铣削时，使用了重新刃磨后角度不准确的铣刀。

（5）工件装夹时，平口钳的钳口、钳体导轨面及工件表面未擦净。

2. 影响斜面尺寸的因素

（1）看错刻度或摇错手柄转数，以及丝杠螺母副的间隙过大。

（2）测量不准，使尺寸铣错。

（3）铣削过程中，工件有松动现象。

3. 影响表面粗糙度的因素

（1）进给量太大。

（2）铣刀不锋利。

（3）机床、夹具刚度差，铣削中有振动。

（4）铣削过程中，工作台进给或主轴回转突然停止，啃伤工件表面。

（5）铣削钢件时未充分使用切削液，或切削液选用不当。

习题

1. 什么叫铣平面？平面质量的好坏从哪两个方面来衡量？
2. 铣平面时，影响平面度的原因，用周铣时主要是什么？用端铣时主要是什么？
3. 在铣床上用刻度盘调整工作台的移动距离时，如何保证移动距离的准确？
4. 什么是立铣头“零位”校正？什么是工作台“零位”校正？校正的目的是什么？
5. 装夹工件有哪些基本要求？

6. 安装平口钳时，如何校正平口钳的位置？

7. 铣削时，中途停止自动进给，会造成什么现象？

8. 为什么当进给结束，工件不能在旋转着的铣刀下退回？正确的操作方法是什么？

9. 什么是连接面？连接面的铣削与单一平面的铣削有什么不同？

10. 在卧式铣床上，用平口钳装夹工件，用圆柱形铣刀铣垂直面时，铣出的平面与基准面不垂直的原因有哪些？怎样防止？

11. 在卧式铣床上，用平口钳装夹工件，用圆柱形铣刀铣平行面时，铣出的平面与基准面不平行的原因有哪些？怎样防止？

12. 铣削斜面，工件、铣床、铣刀之间的关系应满足哪两个条件？斜面的铣削方法有哪几种？

13. 用倾斜铣刀的方法铣斜面，立铣头的扳转角度如何确定？

14. 铣斜面时，造成斜面的斜度不准的原因有哪些？

第三章

台阶、沟槽、键槽的铣削和切断

§3–1 台阶和直角沟槽的铣削

铣削台阶、直角沟槽是铣削加工的主要内容之一，其工作量仅次于铣平面。图 3–1 所示为常见带台阶的零件——台阶式键。

一、台阶、直角沟槽的技术要求

台阶、直角沟槽主要由平面组成。这些平面应具有较高的平面度精度和较小的表面粗糙度值。对于与其他零件相配合的台阶、直角沟槽的两侧平面，除了应达到更好的平面度和更小的表面粗糙度值（一般应不大于 *Ra*6.3 μm）要求外，还必须满足下列技术要求：

1. 较高的尺寸精度（根据配合精度要求确定）。

2. 较高的位置精度（如平行度、垂直度、对称度和倾斜度等）。

二、台阶的铣削方法

零件上的台阶，根据其结构尺寸大小不同，通常可在卧式铣床上用三面刃铣刀和在立式铣床上用面铣刀或立铣刀进行加工。

1. 用三面刃铣刀铣台阶

三面刃铣刀按其刀齿在圆柱面上的分布情形有直齿和错齿两种（图 3–2）。直齿三面刃铣刀的刀齿在圆柱面上与铣刀轴线平行，铣刀制造容易，但铣削时振动较大；错齿三面刃铣刀的刀齿在圆柱面上向两个相反的方向倾斜，所以具有铣削平稳的优点，但制造较困难。直径大的三面刃铣刀（尤其是错齿三面刃铣刀）大多是镶齿式结构，当某一个刀齿损坏后，只需对损坏的刀齿进行更换即可。

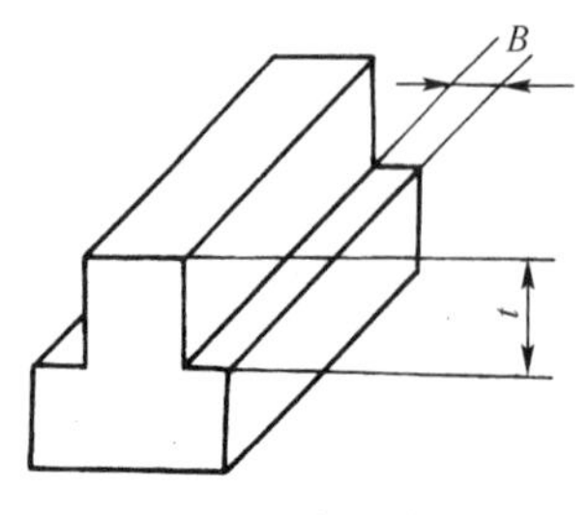

图 3–1 台阶式键

a)　　b)

图 3–2 三面刃铣刀

a）直齿三面刃铣刀 b）错齿三面刃铣刀

在铣削宽度不太宽（受三面刃铣刀规格限制，一般刀齿宽度 $L<25$ mm）的台阶时，一般采用三面刃铣刀加工。

（1）用一把三面刃铣刀铣台阶（图 3–3）

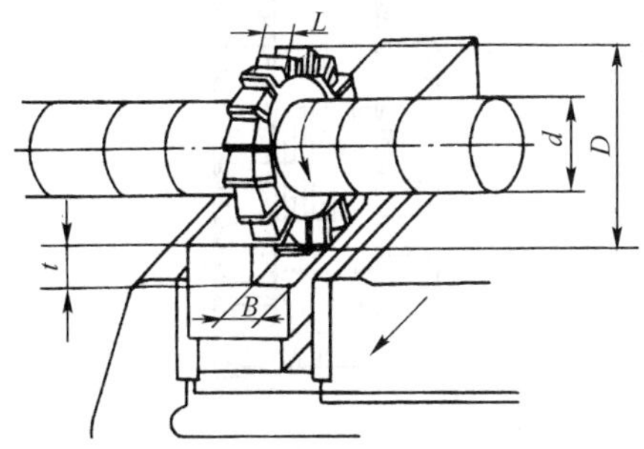

图 3–3　用一把三面刃铣刀铣台阶

1）铣刀的选择　主要选择三面刃铣刀的宽度 L 和直径 D。由图 3–3 不难看出，两个参数应分别满足：

$$L>B;\ D>d+2t \qquad (3-1)$$

在满足式（3–1）的条件下，应选用直径较小的三面刃铣刀，并尽可能地选用错齿三面刃铣刀。

2）工件的装夹与校正　中、小型工件一般采用平口钳装夹，尺寸较大的工件可用压板装夹，形状复杂的工件或大批量生产时可用专用夹具装夹。夹具必须校正，使用平口钳装夹时，应校正固定钳口与卧式铣床主轴轴线垂直（或平行），如果固定钳口与主轴轴线不垂直（即与纵向进给方向不平行），铣出的台阶就会与工件侧面产生歪斜，如图 3–4 所示。

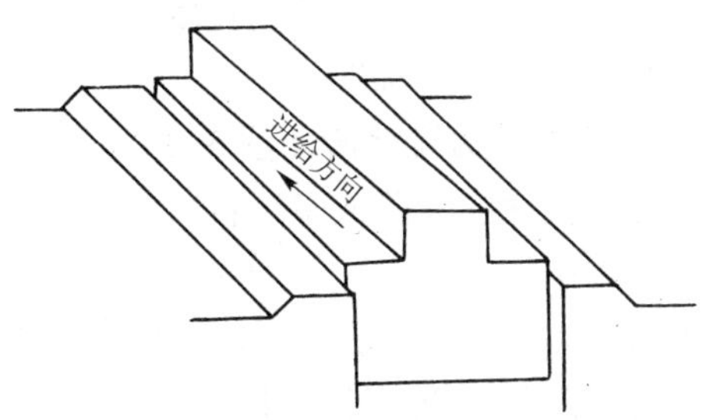

图 3–4　固定钳口方向对铣台阶的影响

3）铣削方法　工件装夹与校正后，手摇铣床各操纵手柄，使回转中的铣刀的侧面切削刃轻擦工件台阶处侧面的贴纸（图 3–5a）；垂直降落工作台（图 3–5b）；横向移动工作台一个台阶宽度的距离 B，并紧固横向进给，再上升工作台，使铣刀的圆柱面切削刃轻擦工件上表面的贴纸（图 3–5c）；手摇工作台纵向进给手柄，退出工件，上升工作台一个台阶深度 t，摇动纵向进给手轮使工件接近铣刀，手动或机动进给铣出台阶（图 3–5d）。

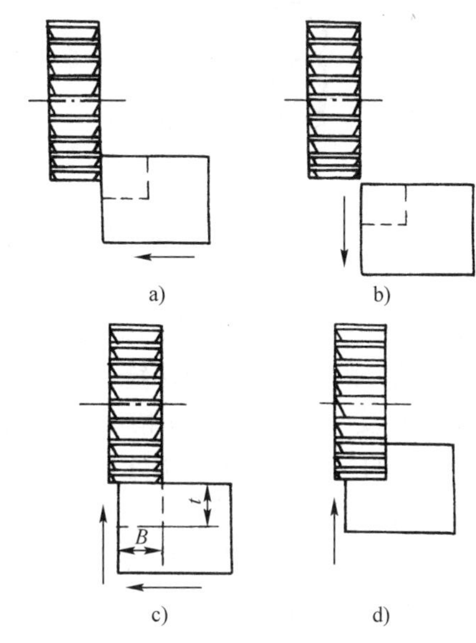

图 3–5　台阶的铣削方法

用三面刃铣刀铣削台阶时，铣刀的一个侧面受力，因此，在铣削时铣刀容易向不受力的一侧偏让，这种现象称为“让刀”。为了减少“让刀”现象对精度较高台阶的影响，除了选用错齿三面刃铣刀铣削外，通常台阶应先经粗铣切除大部分余量后，再精铣达到规定要求，如图 3–6 所示。

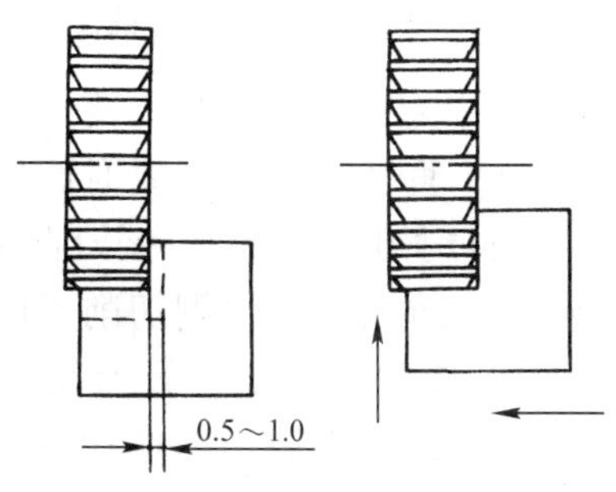

图 3–6　先粗铣再精铣

4）用一把三面刃铣刀铣双面台阶　铣削时，先铣出一侧的台阶，保证规定的尺寸要求，然后退出工件，将工作台横向移动一个距离 A（$A=L+C$），紧固横向进给后，铣出另一侧台阶，如图 3–7 所示。

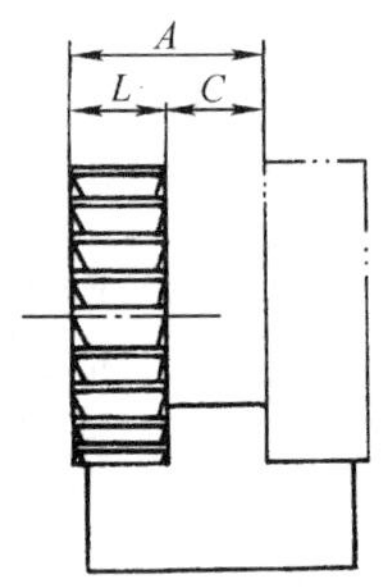

图 3–7　用一把三面刃铣刀铣双面台阶

此外，也可在一侧的台阶铣好后，松开平口钳，将工件调转 180° 后重新装夹，再铣另一侧的台阶。用这种方法铣削，台阶凸台的宽度 C 受工件宽度尺寸精度的影响较大，但铣出的两台阶对称性很好。

（2）用两把三面刃铣刀组合铣台阶　成批生产时，常采用由两把三面刃铣刀组合铣削双面台阶工件（图 3–8）的方法，不仅可以提高生产效率，而且操作简单，并能保证工件质量。

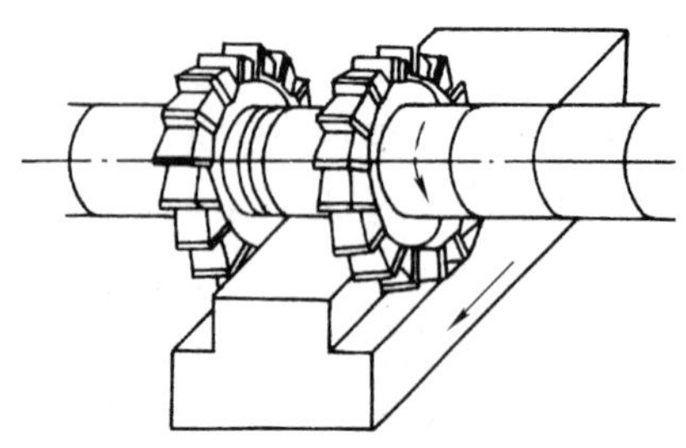

图 3–8　用组合三面刃铣刀铣台阶

用三面刃铣刀组合铣削，两把铣刀必须规格一致，直径相同（必要时两铣刀应一起装夹，同时刃磨外圆），铣刀直径按式（3–1）确定。两把铣刀内侧切削刃间的距离用铣刀杆垫圈调整，使其等于台阶凸台的宽度尺寸（图 3–9）。装刀时两把铣刀应错开半个齿，以减小铣削中的振幅。正式铣削前，应使用废料进行试铣，确认两三面刃铣刀组合的间距符合工件要求时，才可正式铣削。

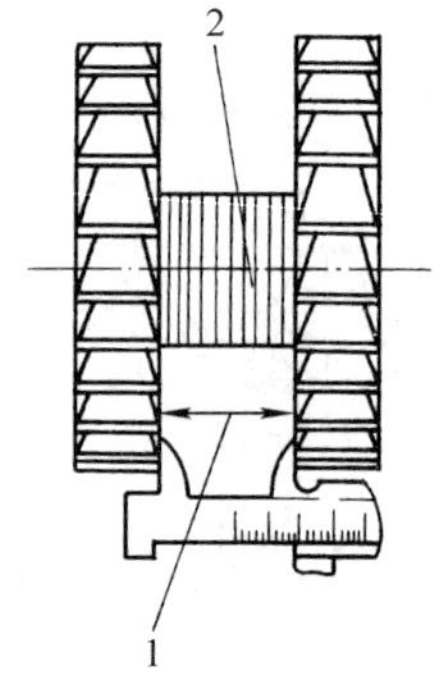

图 3–9　用游标卡尺测量铣刀内侧切削刃间的距离
1—等于凸台宽度尺寸　2—铣刀杆垫圈

2. 用面铣刀铣台阶（图 3–10）

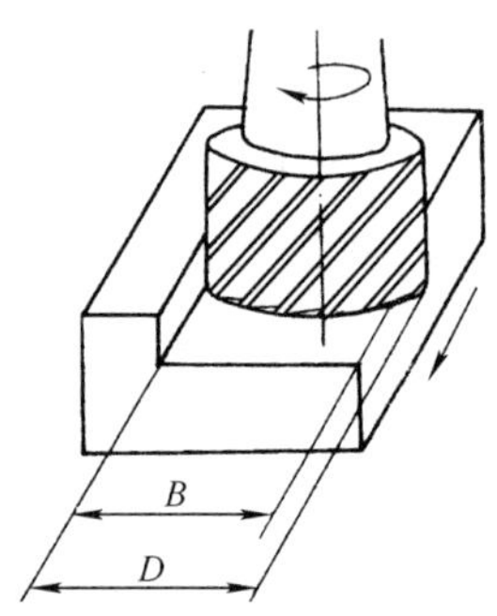

图 3–10　用面铣刀铣台阶

宽度较宽而深度较浅的台阶，常使用面铣刀在立式铣床上加工。面铣刀刀杆刚度大，铣削时切屑厚度变化小，切削平稳，加工表面质量好，生产效率高。铣削台阶所用面铣刀的直径应大于台阶的宽度，一般可按 $D=$（1.4 ~ 1.6）B 选取。

3. 用立铣刀铣台阶（图 3–11）

深度较深的台阶或多级台阶，可用立铣刀在立式铣床上加工。铣削时，立铣刀的圆周切削刃起主要切削作用，端面切削刃起修光作用。由于立铣刀刚度小，强度较小，铣削时选用的铣削用量比使用三面刃铣刀铣削时要小，否则容易产生“让刀”，甚至造成铣刀折断。为此，一般分数次粗铣出台阶宽度，最后将台阶的宽度和深度精铣至要求。在条件许可的情形下，应选用直径较大的立铣刀铣台阶，以提高铣削效率。

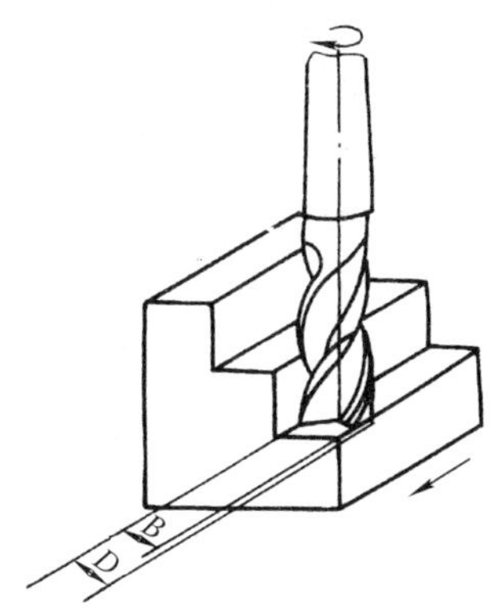

图 3–11　用立铣刀铣台阶

4. 台阶的检测

台阶的检测较为简单，台阶的宽度和深度一般可用游标卡尺、游标深度卡尺检测；双面台阶的凸台宽度，当台阶深度较深时可用千分尺检测，台阶深度较浅不便使用千分尺检测时可用极限量规检测，如图 3–12 所示。

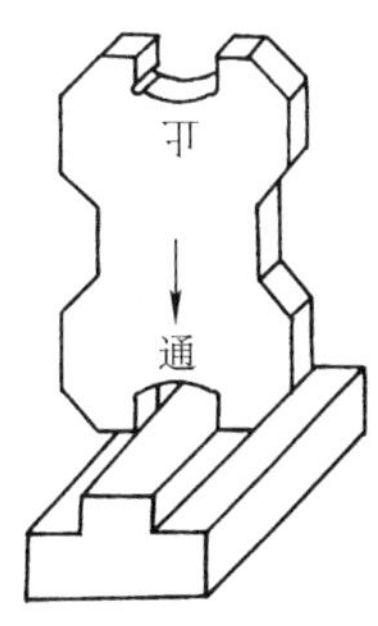

图 3–12　用极限量规检测台阶凸台的宽度

5. 台阶的铣削质量分析

（1）影响台阶尺寸的因素

1）手动移动工作台调整尺寸不准。

2）测量不准。

3）铣削时，铣刀受力不均匀出现“让刀”现象。

4）铣刀轴向圆跳动（俗称摆差或偏摆）大。

5）工作台“零位”不准，用三面刃铣刀铣台阶，会使台阶产生上窄下宽现象，致使尺寸不一致，如图 3–13 所示。

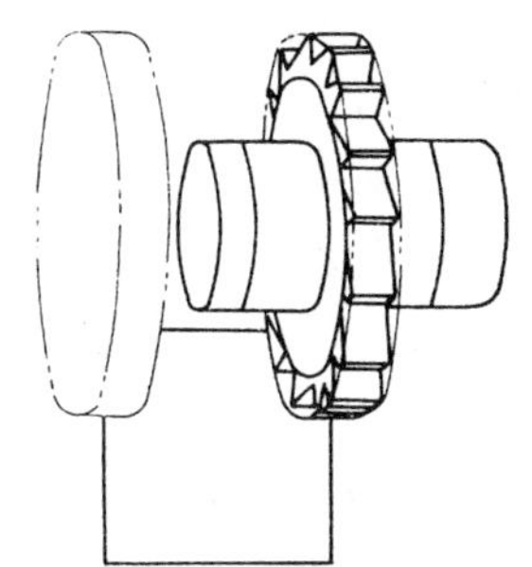
图 3–13　工作台“零位”不准对台阶铣削质量的影响

（2）影响台阶形状、位置精度的因素

1）平口钳固定钳口未校正，或用压板装夹时工件位置未校正，铣出的台阶产生歪斜。

2）工作台“零位”不准，用三面刃铣刀铣削台阶，不仅台阶上窄下宽，而且台阶侧面被铣成凹面。

3）立铣头“零位”不准，用立铣刀采用纵向进给铣削台阶，台阶底面产生凹面。

（3）影响台阶表面粗糙度的因素

1）铣刀磨损变钝。

2）铣刀摆差大。

3）铣削用量选择不当，尤其是进给量过大。

4）铣削钢件时没有使用切削液或切削液使用不当。

5）铣削时振动大，未使用的进给机构没有紧固，工作台产生窜动现象。

三、直角沟槽的铣削方法

直角沟槽的形式如图 3–14 所示。直角通槽主要用三面刃铣刀铣削，也可以用立铣刀、盘形槽铣刀等来铣削。半通槽和封闭槽都采用立铣刀或键槽铣刀铣削。

1. 用三面刃铣刀铣直角通槽（图 3–15）

（1）铣刀的选择（图 3–16）　三面刃铣刀的宽度 L 应等于或小于直角通槽的槽宽

B，即 $L \leqslant B$。当槽宽精度要求不高且有相应宽度规格的铣刀时，可按 $L=B$ 选用铣刀；当没有相应宽度规格的铣刀或对槽宽尺寸精度要求较高的沟槽，通常选择宽度小于槽宽的三面刃铣刀，采用扩大法，分两次或两次以上将槽宽铣削至要求。三面刃铣刀的直径 D 则根据下列公式计算，按较小的直径选取：

$$D>d+2H \tag{3-2}$$

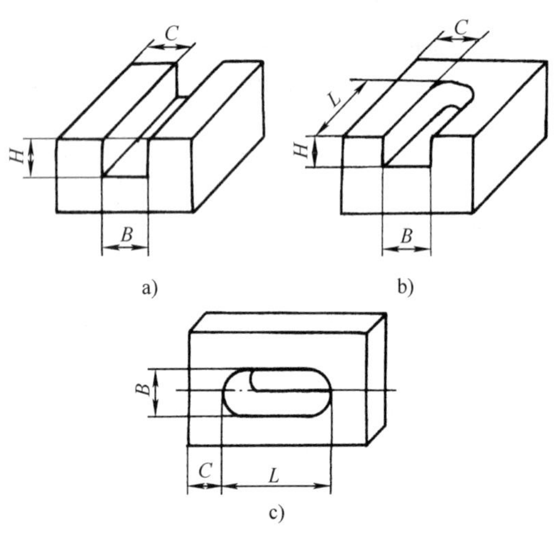

图 3–14　直角沟槽的形式

a）通槽　b）半通槽　c）封闭槽

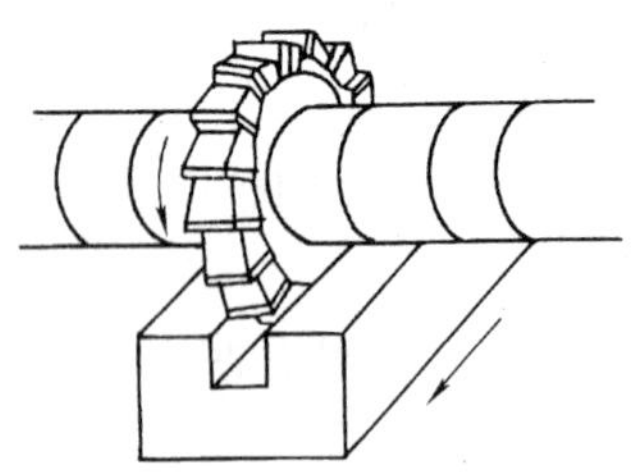

图 3–15　用三面刃铣刀铣直角通槽

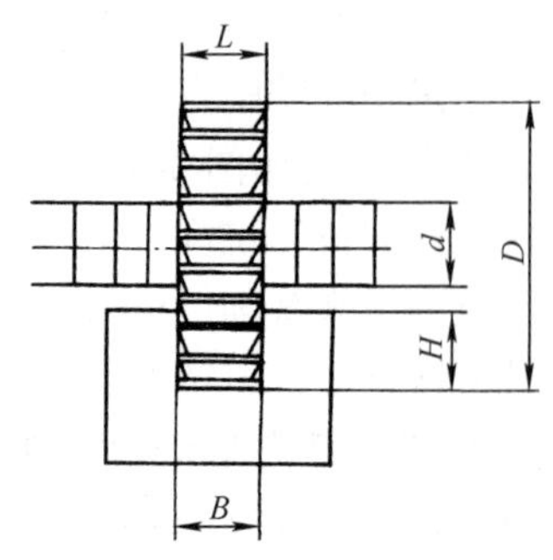

图 3–16　铣刀的选择

（2）工件的装夹与校正　直角沟槽在工件上的位置大多要求与工件两侧面平行，中、小型工件一般都用平口钳装夹，大型工件则用压板直接装夹在工作台上。在铣削直角斜通槽（图 3–17）时，应校正固定钳口相对纵向进给方向偏斜一个角度（10°），校正可用游标万能角度尺进行；工件用压板装夹时，可用一平行铁将其侧面校正到与纵向进给方向成 10° 角度后固牢，用以定位装夹工件。

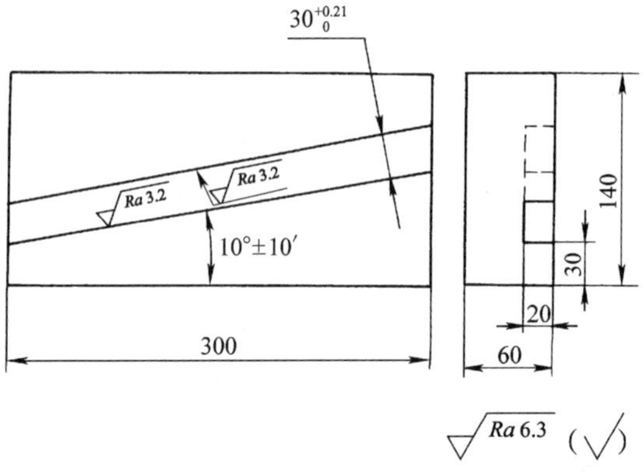

图 3–17　直角斜通槽工件

（3）对刀的方法　常用的对刀方法有两种：

1）划线对刀法　在工件的加工部位划出直角通槽的尺寸、位置线，装夹校正工件后，调整切削位置，使三面刃铣刀侧面刃对准工件上所划通槽的宽度线，将横向进给紧固，分次进给铣出直角通槽。

2）侧面对刀法　对于直角通槽平行于侧面的工件，在装夹校正后，调整机床，使回转中的三面刃铣刀的侧面切削刃轻擦工件侧面的贴纸，垂直降落工作台，再横向移动工作台一个等于铣刀宽度 L 加工件侧面到槽侧面距离 C 的位移量 A，即 $A=L+C$，如图 3–18 所示，将横向进给紧固后，调整好铣削宽度 a_e（即槽深 H），铣出直角通槽。

宽度大于 25 mm 的直角通槽，则大都采用立铣刀铣削。

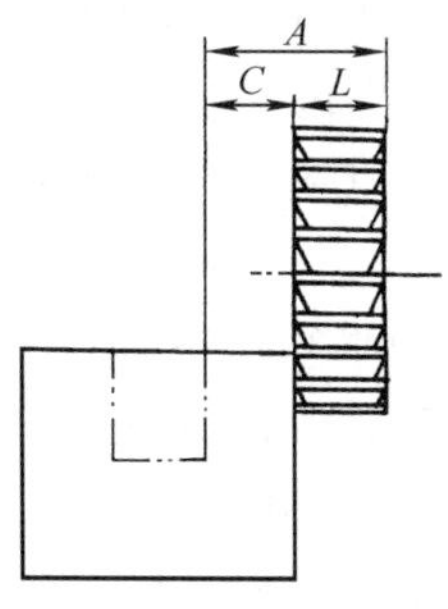

图 3-18　侧面对刀铣直角通槽

2. 用立铣刀铣半通槽和封闭槽

用立铣刀铣半通槽（图 3-19）时，所选择的立铣刀直径应等于或小于槽的宽度。由于立铣刀刚度较差，铣削时容易产生“偏让”现象，加工深度较深的半通槽时，应分几次铣到要求的深度，以免铣刀受力过大引起折断，铣到深度后，再将槽扩铣到要求的宽度尺寸。扩铣时应避免顺铣，防止损坏铣刀和啃伤工件。

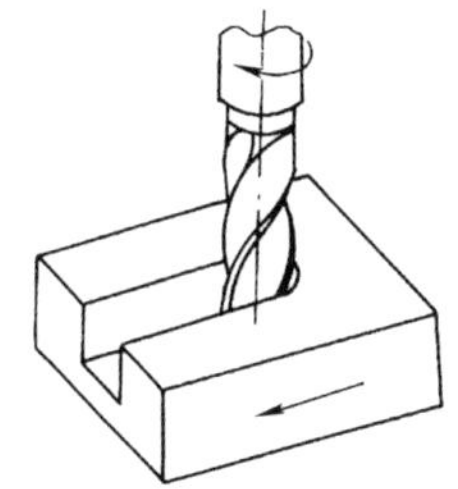

图 3-19　用立铣刀铣半通槽

用立铣刀铣穿通的封闭槽（图 3-20）时，由于立铣刀的端面切削刃没有通过刀具的中心（与刀具轴线不相交），不能垂直进给切削工件，因此，铣削前应在封闭槽的一端预钻一个直径略小于立铣刀直径的落刀孔，并由此孔落刀铣削。

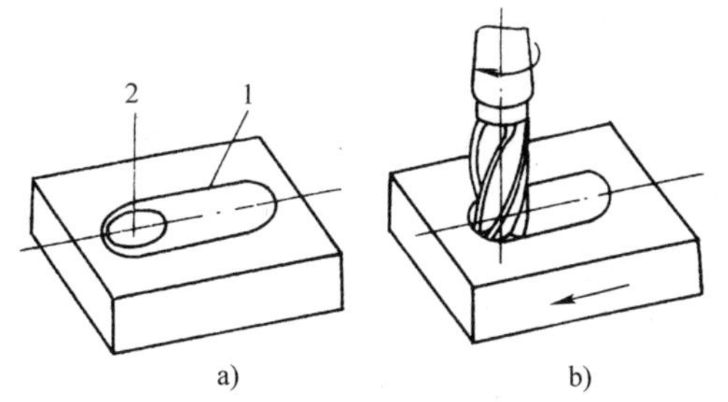

图 3-20　用立铣刀铣穿通的封闭槽
1—封闭槽加工线　2—预钻落刀孔

3. 用键槽铣刀铣半通槽和封闭槽

由于立铣刀的尺寸精度较低，其直径的标准公差等级为 IT14，且端面切削刃只起修光刃作用，不能用于垂直进给切削，因此，精度较高、深度较浅的半通槽和不穿通的封闭槽，一般可用精度较高（直径标准公差等级为 IT8）的键槽铣刀铣削。键槽铣刀的端面切削刃能在垂直进给时切削工件，因此，用键槽铣刀铣削穿通的封闭槽时，可不必预钻落刀孔。

4. 直角沟槽的检测

直角沟槽的长度、宽度和深度一般使用游标卡尺、游标深度卡尺检测，尺寸精度较高的槽宽可用极限量规（塞规）检测。直角沟槽的对称度可用游标卡尺或杠杆百分表检测。使用杠杆百分表检测时，工件分别以侧面 *A* 和 *B* 为基准面，放在平板上，然后使杠杆百分表的触头触在槽的侧面上，移动工件或杠杆百分表进行检测，两次指示读数的最大差值即为对称度误差，如图 3-21 所示。

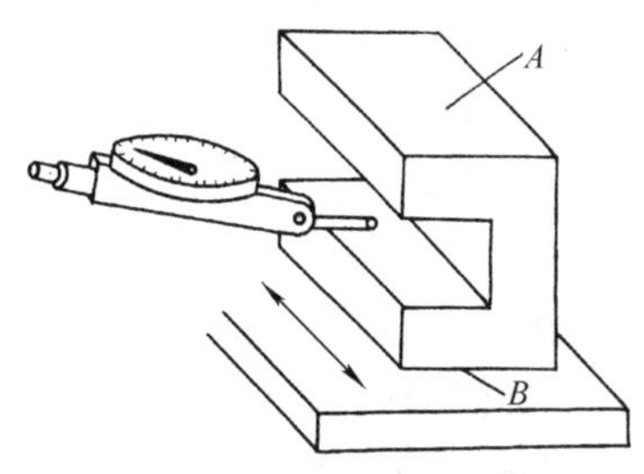

图 3-21　用杠杆百分表检测
直角沟槽的对称度

5. 直角沟槽铣削的质量分析

直角沟槽的铣削质量主要是指沟槽尺寸、形状及位置精度。

（1）影响沟槽尺寸的因素

1）沟槽宽度精度一般要求较高，用定尺寸刀具加工时铣刀尺寸不正确，使槽宽尺寸铣错。

2）三面刃铣刀的轴向圆跳动太大，使槽宽尺寸铣大；径向圆跳动太大，使槽深加深。

3）使用立铣刀铣沟槽时，产生“让刀”现象，或来回数次吃刀切削工件，将槽宽铣大。

4）测量不准或摇错刻度盘数值。

（2）影响沟槽形状、位置精度的因素

1）工作台“零位”不准，使工作台纵向进给运动方向与铣床主轴轴线不垂直，用三面刃铣刀铣削时，将沟槽两侧面铣成弧形凹面，且呈上宽下窄（两侧面不平行）。

2）平口钳固定钳口未校正，使工件侧面（基准面）与进给运动方向不一致，铣出的沟槽歪斜（槽侧面与工件侧面不平行）。

3）选用的平行垫铁不平行，工件底平面与工作台面不平行，铣出的沟槽底面与工件底平面不平行，槽深不一致。

4）对刀时，工作台横向位置调整不准；扩铣时将槽铣偏；测量尺寸时不准确，按测量值调整铣削使槽铣偏等，使铣出的沟槽对称度误差大。

影响沟槽表面粗糙度的因素与铣削台阶时相同。

§3–2 轴上键槽的铣削

键连接是通过键将轴与轴上零件（如齿轮、带轮、凸轮等）结合在一起，实现周向定位并传递转矩的连接。键连接常用的有平键连接、半圆键连接和花键连接。在轴上安装平键的直角沟槽称为平键槽，安装半圆键的键槽称为半圆键槽。本节主要介绍平键槽和半圆键槽的铣削方法。

一、平键槽的铣削

1. 平键槽的技术要求

平键槽的两侧面在连接中起周向定位和传递转矩的作用，是主要工作面，因此，平键槽宽度的尺寸精度要求较高（IT9级），平键槽两侧面的表面粗糙度值较小（$Ra1.6 \sim 3.2\ \mu m$），键槽两侧面对轴的轴线的对称度要求也较高。键槽的深度、长度尺寸精度要求较低，槽底面的表面粗糙度值较大。

2. 平键槽的铣削方法

平键槽有通槽、半通槽（也称半封闭槽）和封闭槽三种，如图 3–22 所示。

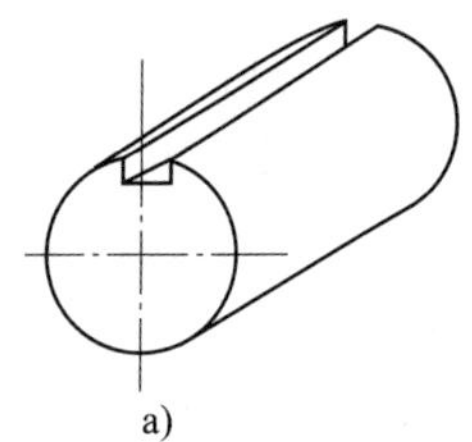
a)

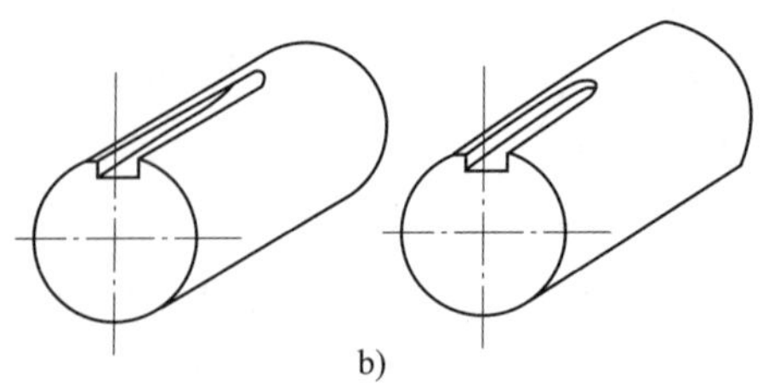
b)

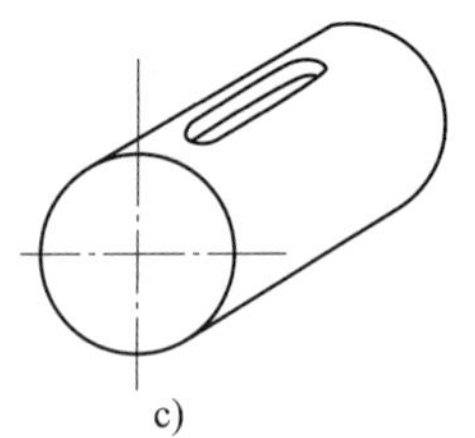
c)

图 3–22 轴上键槽的种类

a）通槽 b）半通槽 c）封闭槽

通槽和槽底一端是圆弧形的半通槽，一般选用盘形槽铣刀铣削，键槽的宽度由铣刀宽度保证，半通槽一端的槽底圆弧半径由铣刀半径保证。封闭槽和槽底一端是直角的半通槽用键槽铣刀铣削，并按键槽的宽度尺寸来确定键槽铣刀的直径。

（1）工件的装夹　轴类工件的装夹，不但要保证工件的稳定可靠，还需保证工件的轴线位置不变，以保证轴槽的中心平面通过轴线。常用的装夹方法有以下几种：

1）用平口钳装夹　用平口钳装夹工件，简便、稳固，但当工件直径有变化时，工件的轴线位置在左右（水平位置）和上下方向都会发生变动，如图 3–23 所示。在采用定距切削时，会影响键槽的深度和对称度。因此，这种装夹方式一般适用于单件生产。对轴的外圆已经精加工的工件，由于一批轴的直径变化很小，用平口钳装夹时，各轴的轴线位置变动很小，在此条件下，可适用于成批生产。

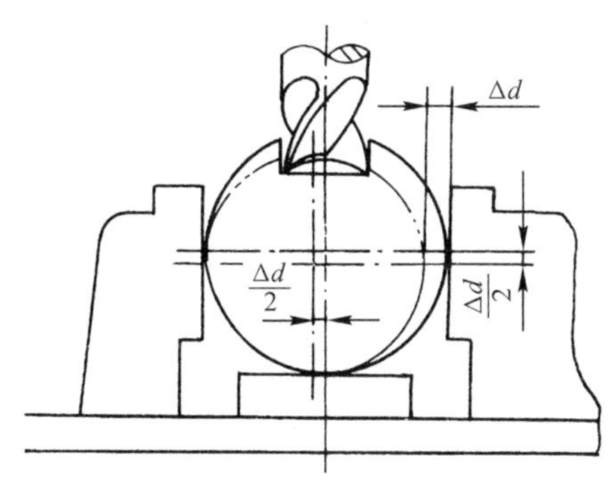

图 3–23　用平口钳装夹工件铣平键槽

为保证铣出的键槽两侧面和底平面都平行于工件轴线，必须使工件的轴线既平行于工作台纵向进给方向，又平行于工作台台面。用平口钳装夹工件时，应使用百分表校正固定钳口与工作台纵向进给方向平行，还应校正工件的上素线与工作台台面平行。

2）用 V 形垫铁装夹　把圆柱形工件放置在 V 形垫铁（又称 V 形铁、V 形架）内，并用压板紧固的装夹方法，是铣削平键槽的常用装夹方法之一。其特点是工件的轴线位置只在 V 形槽的对称平面内随工件直径变化而上下变动（图 3–24），因此，当盘形槽铣刀的对称平面或键槽铣刀的轴线与 V 形槽的对称平面重合时，能保证一批工件上键槽的对称度。虽然一批工件的直径因加工误差而有变化会对键槽的深度有影响，但变化量一般不会超过精度要求不高的槽深尺寸公差。

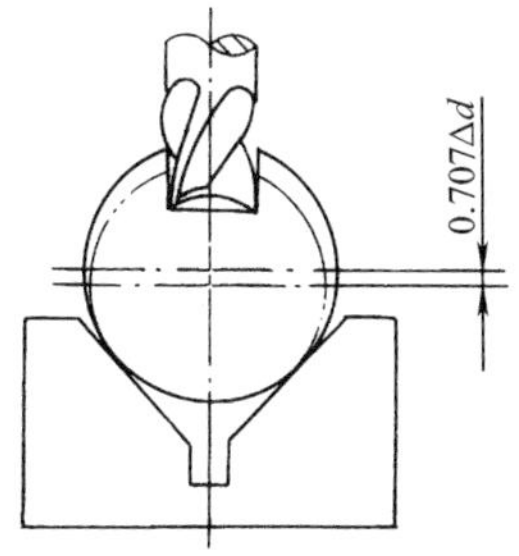

图 3–24　用 V 形垫铁装夹工件铣平键槽

直径在 20 ~ 60 mm 的长轴工件，可将其直接放在工作台的中央 T 形槽上，用压板压紧后铣削平键槽。此时，中央 T 形槽槽口的倒角斜面起 V 形槽的定位作用，如图 3–25 所示。

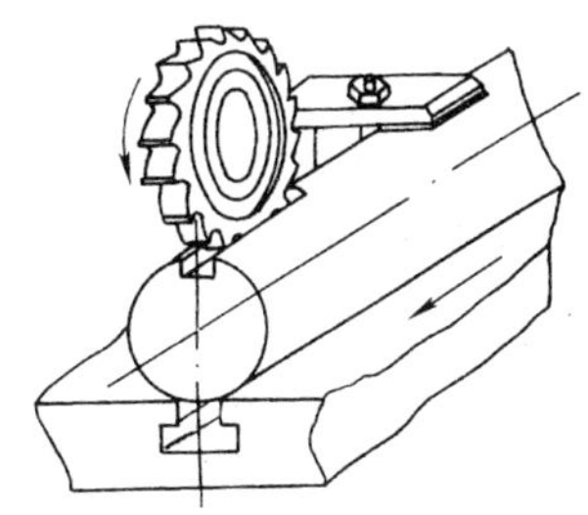
图 3–25　用中央 T 形槽装夹长轴铣平键槽

使用两个 V 形垫铁装夹长轴工件时，两 V 形垫铁应成对制造并刻有标记，不许单个使用。两 V 形垫铁安装时，应选用标准量棒放入 V 形槽内，用百分表校正其上素线与工作台台面平行，其侧素线与工作台纵向进给方向平行，如图 3–26 所示。

3）用分度头定中心装夹　用分度头主轴与尾座的两顶尖或用三爪自定心卡盘

和尾座顶尖的一夹一顶方法装夹工件，如图 3–27 所示。工件轴线始终在两顶尖或三爪自定心卡盘与尾座顶尖的连心线上，工件轴线位置不因工件直径的变化而变动，因此，铣出的平键槽对称性不受工件直径变化的影响。

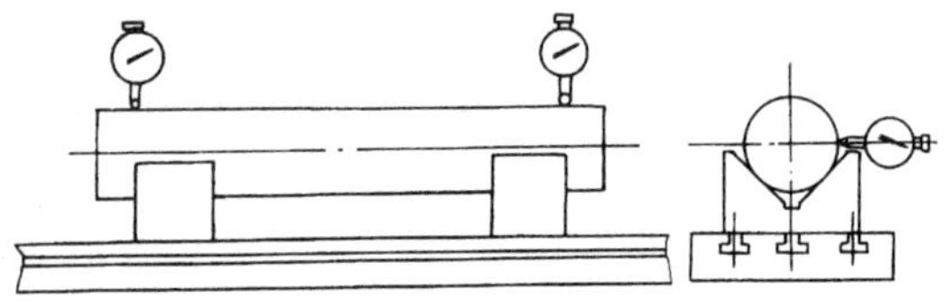

图 3–26　用百分表校正 V 形垫铁

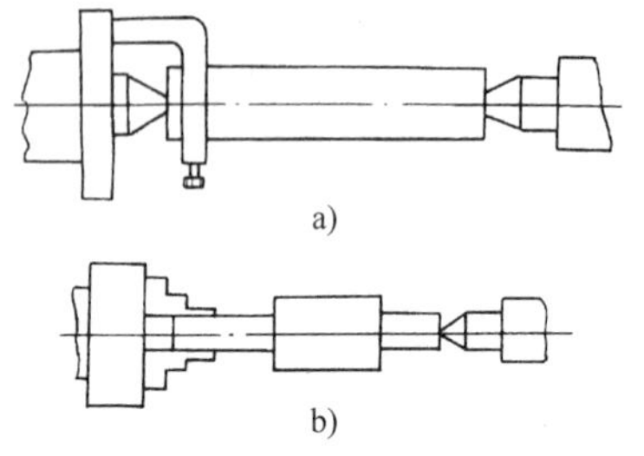

a)

b)

图 3–27　用分度头定中心装夹

a）用两顶尖装夹

b）用三爪自定心卡盘与尾座顶尖装夹

安装分度头和尾座时，也应用标准量棒在两顶尖间或一夹一顶方法装夹，用百分表校正量棒的上素线与工作台台面平行，其侧素线与工作台纵向进给方向平行。

（2）铣刀切削位置的调整　为保证平键槽对称于工件轴线，必须调整铣刀的切削位置，使键槽铣刀的轴线或盘形槽铣刀的对称平面通过工件的轴线（俗称对中心）。常用的调整方法有：

1）按切痕调整对中心　这种方法对中心精度不高，但使用简便，是最为常用的一种方法。

①盘形槽铣刀或三面刃铣刀按切痕调整的方法　如图 3–28a 所示，先使工件轴线大致调整到盘形槽铣刀的对称平面位置上，开动机床，在工件表面上铣出一个椭圆形的小平面（椭圆的短轴长度接近铣刀宽度），然后横向移动工作台，使铣刀宽度落在椭圆的中间位置。

②键槽铣刀按切痕调整的方法　其调整原理和方法与盘形槽铣刀按切痕调整方法相同，只是键槽铣刀铣出的切痕是一个四方形的小平面（四方形边长接近铣刀直径）。调整对中心时，使旋转中的铣刀落在四方形小平面的中间位置，如图 3–28b 所示。

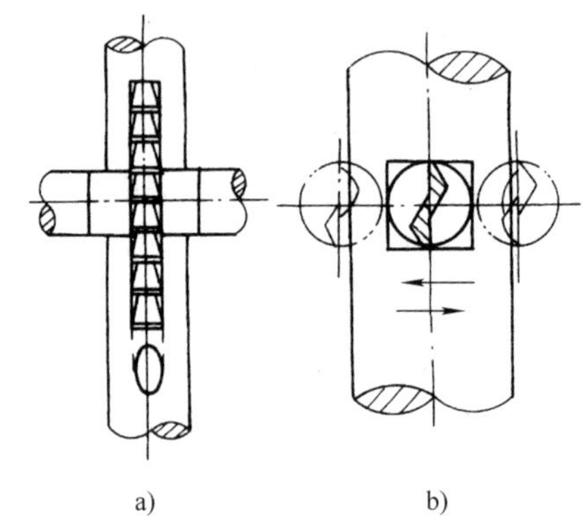

a)　　b)

图 3–28　按切痕调整对中心

a）盘形槽铣刀按切痕对中心

b）键槽铣刀按切痕对中心

2）擦侧面调整对中心　这种方法对中心精度较高，适用于工件直径不大，所用盘形槽铣刀或键槽铣刀能够擦到工件侧面的场合。调整时先在工件侧面贴一薄纸，开动机床，使回转的铣刀逐渐靠向工件，当铣刀的切削刃擦到薄纸后，降下工作台退出工件，再将工作台横向移动距离 A，实现对中心，如图 3–29 所示。

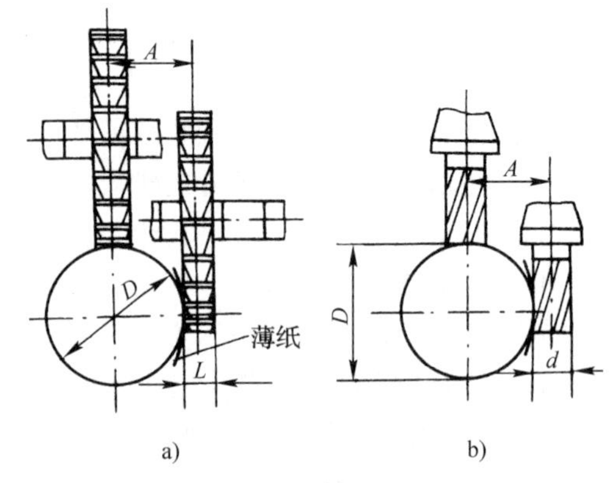

a)　　b)

图 3–29　擦侧面调整对中心

a）盘形槽铣刀对中心　b）键槽铣刀对中心

工作台横向移动的距离 A 可按式（3–3）或式（3–4）计算。

用盘形槽铣刀时：

$$A=\frac{D+L}{2}+\delta \tag{3-3}$$

用键槽铣刀时：

$$A=\frac{D+d}{2}+\delta \tag{3-4}$$

式中 D——工件直径，mm；

L——盘形槽铣刀宽度，mm；

d——键槽铣刀直径，mm；

δ——纸厚，mm。

3）用杠杆百分表调整对中心　这种方法对中心精度高，适合在立式铣床上采用，可对用分度头装夹的工件（借助两宽座角尺或三角形角尺）、装夹工件的平口钳、V 形垫铁进行对中心调整（分别见图 3–30a、b、c）。调整时，将杠杆百分表固定在立铣头主轴上，用手转动主轴，观察百分表在紧靠工件两侧的宽座角尺工作面、钳口两侧、V 形垫铁两侧的读数，横向移动工作台使两侧读数相同。

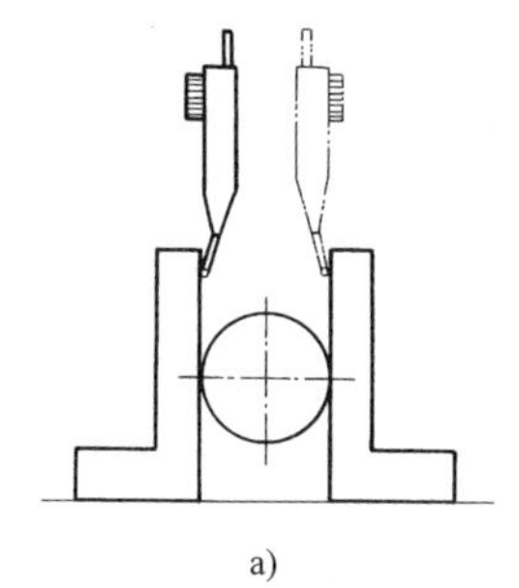
a)

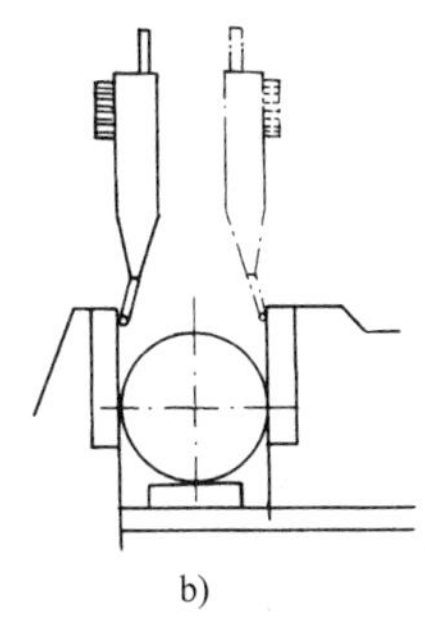
b)

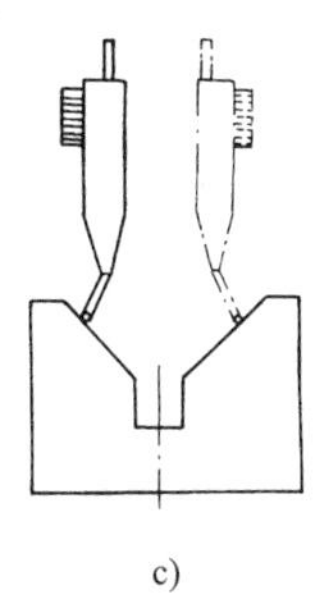
c)

图 3–30　用杠杆百分表调整对中心

（3）平键槽的铣削方法

1）铣通键槽　一般采用盘形槽铣刀来铣削。这种长的轴类工件，若外圆已经磨削准确，则可采用平口钳装夹进行铣削（图 3–31a）。为避免因工件伸出钳口太多而产生振动和弯曲，可在伸出的一端用千斤顶支承。若工件外圆只经粗加工，则采用三爪自定心卡盘和尾座顶尖装夹，且中间需用千斤顶支承。

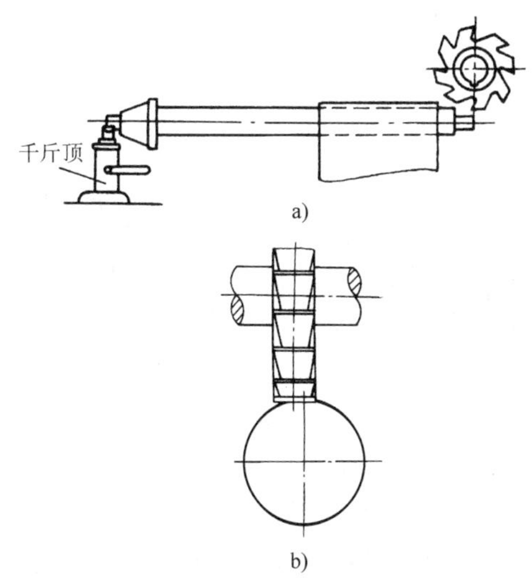

图 3–31　铣通键槽

工件装夹完毕并调整对中心后，应调整铣削宽度 a_e（即切削层深度）。调整时先使回转的铣刀切削刃和工件圆柱面（上素线）接触，然后退出工件，将工作台上升 a_e 到键槽的深度，即可开始铣削。

为了进一步校核对中心是否准确，在铣刀开始切到工件时，应手动进给缓慢移动工作台，不浇注切削液，并仔细观察在铣削深度 a_p（即切削层宽度）接近铣刀宽度时，轴的一侧是否有先出现台阶的现象，若有如图 3–31b 所示情形，则说明铣刀还未准确对中心，应将工件出现台阶的一侧向铣刀作横向的微调，直至轴的两侧同时出现小台阶（即对准中心）为止。

当工件采用 V 形垫铁或工作台中央 T 形槽与压板装夹时，可先将压板压在距工件端部 60 ~ 100 mm 处，由工件端部向里铣出一段槽长（图 3–25）后，停车，将压板移到工件端部，垫上铜皮重新压紧工件，如图 3–32 所示，观察确认铣刀不会碰到压板后，开车继续铣削全长。

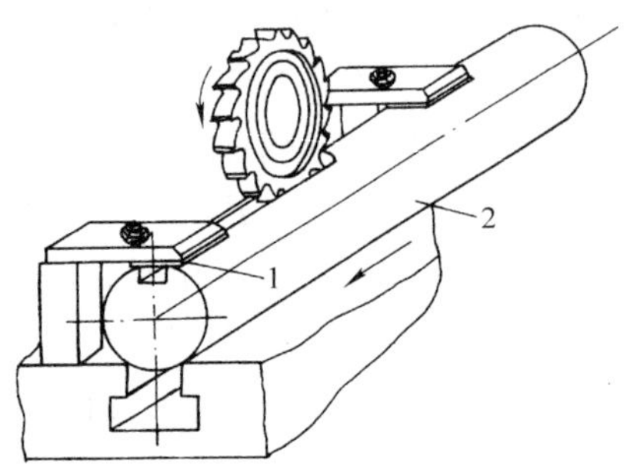

图 3–32 移动压板夹紧工件铣键槽
1—薄铜皮 2—工件

2）铣封闭键槽 用键槽铣刀铣削，常用方法有：

①分层铣削法 用符合键槽槽宽尺寸的键槽铣刀分层铣削键槽，如图 3–33 所示。铣削时，每次的铣削深度 a_p 为 0.5 ~ 1.0 mm，手动进给由键槽的一端铣向另一端，然后以较快的速度手动将工件退至原位，再吃深，重复铣削，铣削时应注意键槽两端应各留长度方向余量 0.2 ~ 0.5 mm。

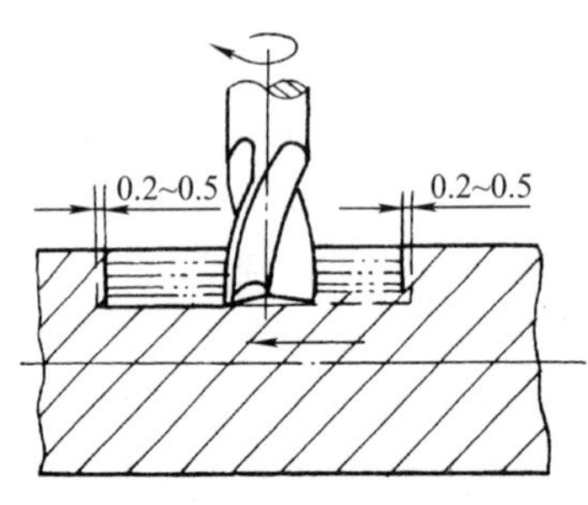

图 3–33 分层铣削键槽

分层铣削法的优点是铣刀磨钝后，只需刃磨端面，磨短 1 mm 左右，铣刀直径不受影响；因铣削深度 a_p 较小，铣削抗力小，铣削时不会产生明显的“让刀”现象。缺点是在普通铣床上进行加工，操作不方便，生产效率低。因此，分层铣削法主要适用于键槽长度尺寸较短、生产数量不多的键槽的铣削。

②扩刀铣削法 先用直径比槽宽尺寸小 0.5 mm 左右的键槽铣刀进行分层往复粗铣至接近槽深，槽深留余量 0.1 ~ 0.3 mm，槽长两端各留余量 0.2 ~ 0.5 mm，再用符合轴槽宽度尺寸的键槽铣刀精铣，如图 3–34 所示。精铣时，由于铣刀的两个侧切削刃的径向力能相互平衡，所以铣刀的偏让量较小，轴上键槽的对称性好。

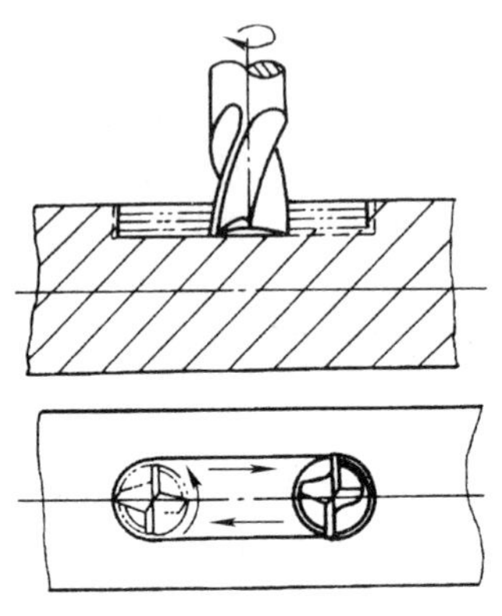
图 3–34 扩刀铣削键槽

3. 平键槽的检测和铣削质量分析

（1）平键槽的检测

1）键槽宽度的检测 如图 3–35 所示。

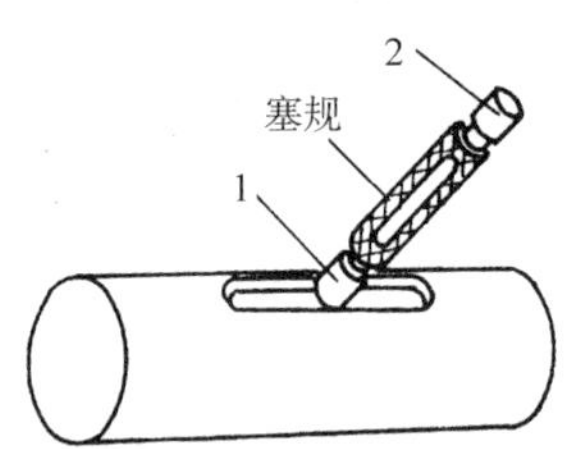

图 3–35 键槽宽度的检测
1—通端 2—止端

2）键槽深度的检测 如图 3–36 所示。

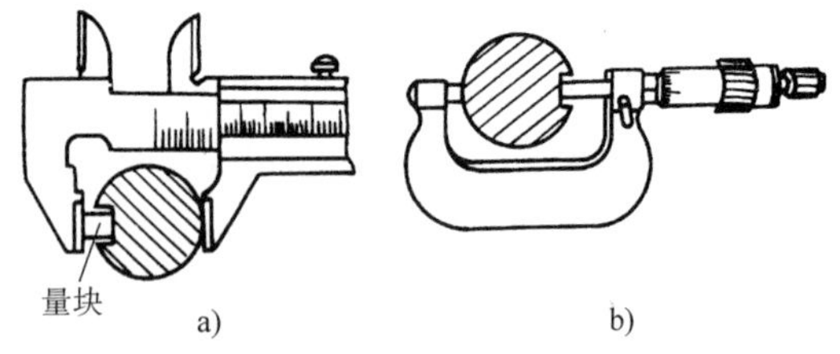

图 3–36 键槽深度的检测
a）用量块配合游标卡尺测量槽深
b）用千分尺测量槽深

3）键槽对称度误差的检测 如图 3–37 所示。

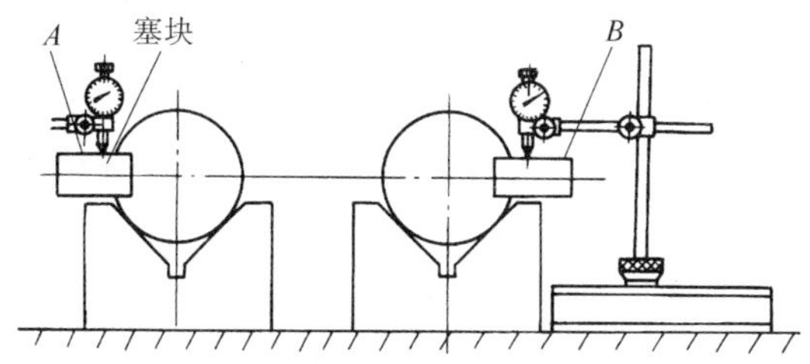

图 3–37　键槽对称度误差的检测

用百分表校正塞块的 A 面与平板或工作台台面平行并读数，然后将工件转动 180°，用百分表校正塞块 B 面与平板平行并读数，两次读数的差值即为键槽的对称度误差。

（2）平键槽铣削的质量分析

1）影响键槽宽度尺寸的因素

①铣刀的宽度或直径尺寸不合适，未经过试铣检查就直接铣削工件，造成键槽宽度尺寸不合适。

②铣刀有摆差，用键槽铣刀铣键槽，铣刀径向圆跳动太大；用盘形槽铣刀铣键槽，铣刀轴向圆跳动太大，导致将键槽铣宽。

③铣削时，吃刀深度过大，进给量过大，产生“让刀”现象，将键槽铣宽。

2）影响键槽两侧面对工件轴线对称度的因素

①铣刀对中心不准。

②铣削中，铣刀的偏让量太大。

③成批生产时，工件外圆尺寸公差太大。

④用扩刀法铣削时，键槽两侧扩铣余量不一致。

3）影响键槽两侧面与工件轴线平行度的因素（图 3–38）

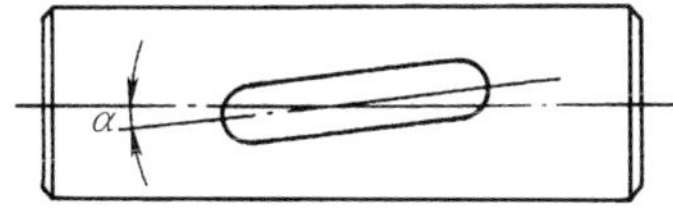

图 3–38　键槽两侧面与工件轴线不平行

①工件外圆直径不一致，有大小头。

②用平口钳或 V 形垫铁装夹工件时，固定钳口或 V 形垫铁没有校正好。

4）影响键槽底面与工件轴线平行度的因素（图 3–39）

①工件装夹时，上素线未校正水平。

②选用的平行垫铁平行度差，或选用的成组 V 形垫铁不等高。

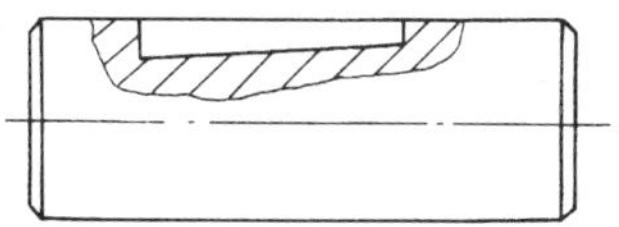
图 3–39　键槽底面与工件轴线不平行

二、半圆键槽的铣削

半圆键连接（图 3–40）也是用键侧面实现周向固定和传递转矩的一种键连接。其特点是制造容易，装拆方便，但只能传递较小的转矩。

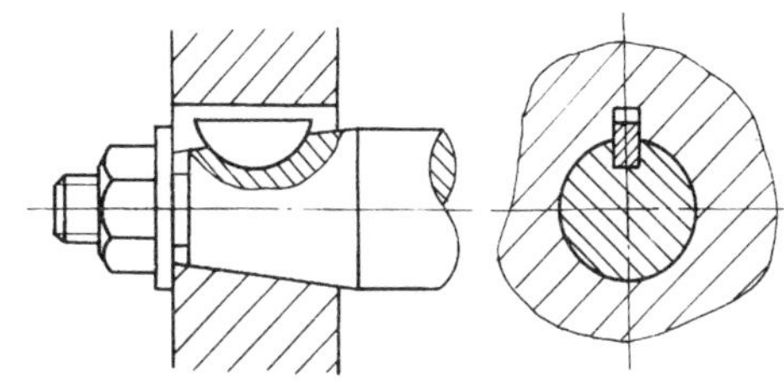
图 3–40　半圆键连接

1. 半圆键槽的技术要求

（1）半圆键槽的槽宽精度为 IT9 级，键槽侧面的表面粗糙度 Ra 值为 1.6 μm。

（2）半圆键槽的两侧面平行且对称于工件轴线。

2. 半圆键槽的铣削方法

半圆键槽用半圆键槽铣刀铣削。铣刀按半圆键槽的基本尺寸（宽度 × 直径）选取。图 3–41 和图 3–42 所示为半圆键槽的铣削方法。

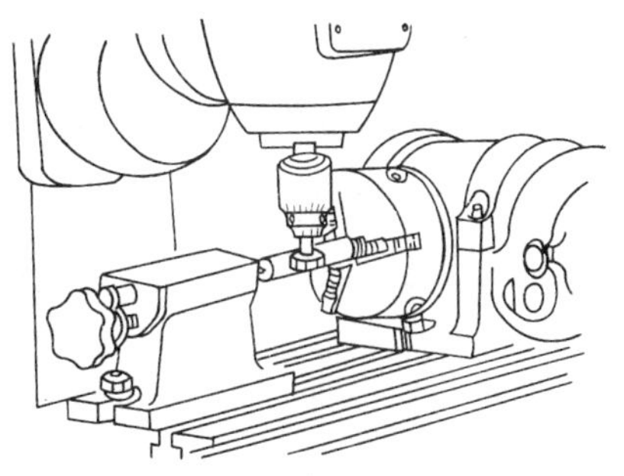

图 3–41　在立式铣床上铣半圆键槽

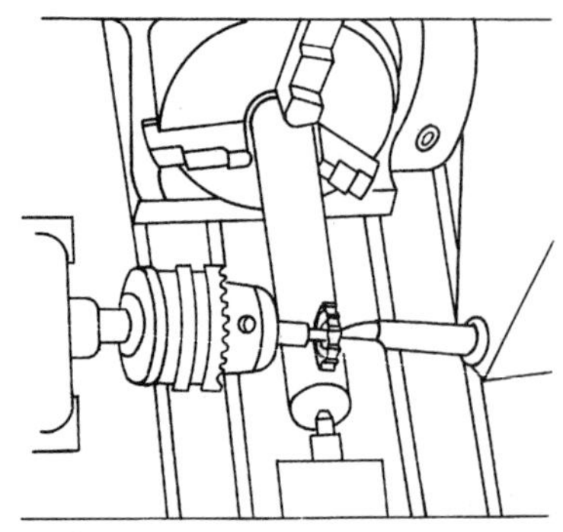

图 3-42　在卧式铣床上铣半圆键槽

3. 半圆键槽的检测

（1）半圆键槽的宽度一般用塞规或塞块检测。

（2）半圆键槽的槽深可用一厚度小于槽宽的样柱（直径为 d，d 小于半圆键槽直径），配合游标卡尺或千分尺间接测量，如图 3-43 所示。槽深 $H=S-d$。

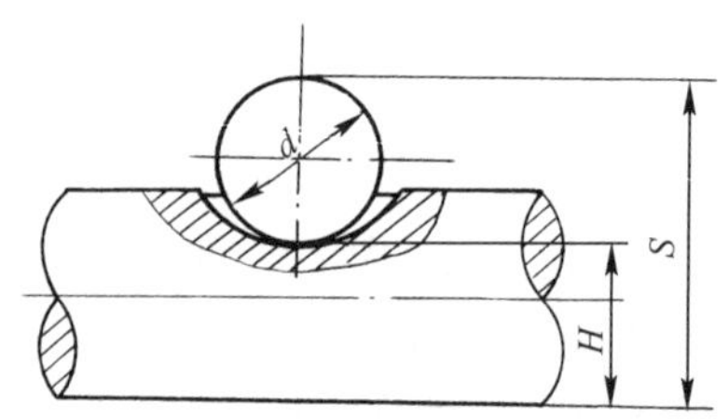

图 3-43　半圆键槽槽深测量

§3-3　特形沟槽的铣削

常见的特形沟槽有 V 形槽、T 形槽和燕尾槽等。特形沟槽一般用刃口形状与沟槽形状相应的铣刀铣削。

一、V 形槽的铣削

图 3-44 所示为具有 V 形槽的 V 形垫铁。V 形槽两侧面间的夹角（槽角）一般为 90°或 60°，也有 120°的，以槽角为 90°的 V 形槽最为常用。

1. V 形槽的技术要求

V 形槽的主要技术要求有：

（1）V 形槽的中心平面应垂直于工件的基准面。

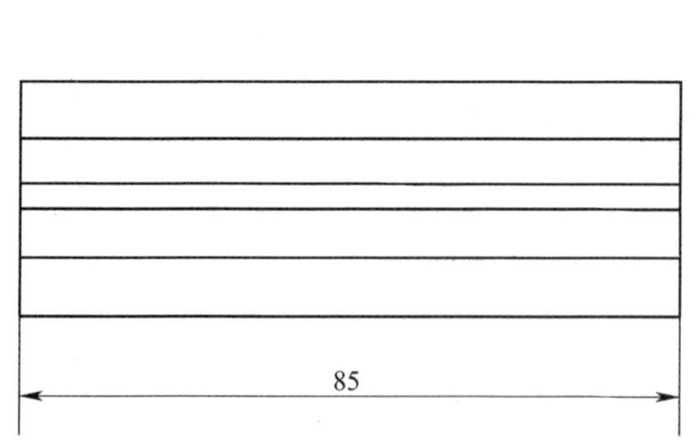

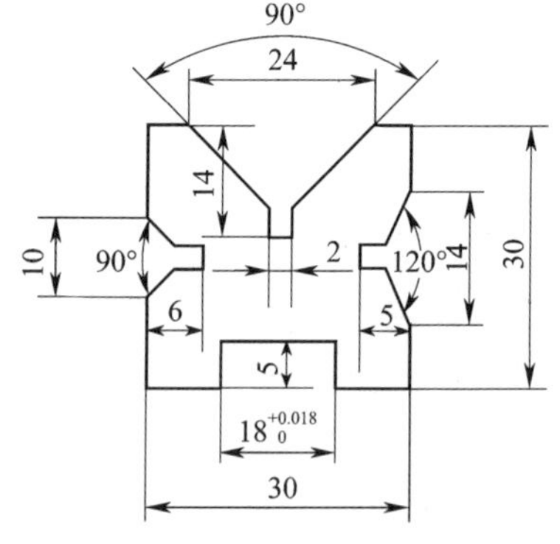

图 3-44　V 形垫铁

（2）工件的两侧面应对称于V形槽中心平面。

（3）V形槽窄槽的两侧面应对称于V形槽中心平面，窄槽的槽底面应略超出V形槽两侧面的延长交线。

2. V形槽的铣削方法

（1）倾斜立铣头铣V形槽　槽角大于或等于90°、尺寸较大的V形槽，可在立式铣床上调转立铣头，用立铣刀或面铣刀铣削，如图3–45所示。铣V形槽前应先铣出窄槽。铣V形槽时，铣完一侧槽面后，将工件松开调转180°后重新夹紧，再铣另一侧槽面；也可以将立铣头反方向调转角度后铣另一侧槽面。

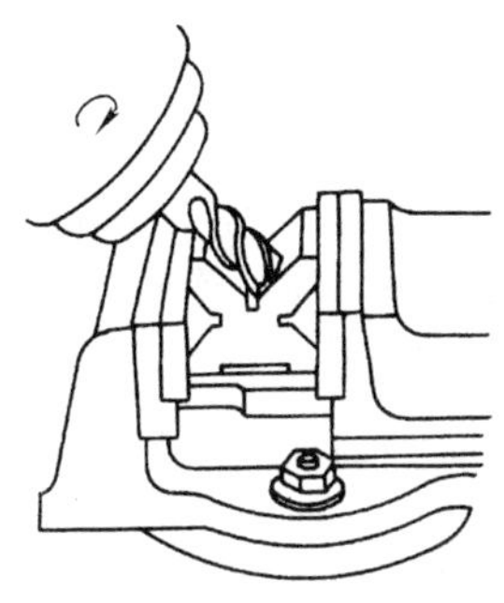

图3–45　倾斜立铣头铣V形槽

（2）倾斜工件铣V形槽　槽角大于90°、精度要求不高的V形槽，可以按划线校正V形槽的一侧槽面，使之与工作台台面平行后夹紧工件，铣完一侧槽面后，重新校正另一侧槽面并夹紧工件，铣削成形，如图3–46所示。槽角等于90°，且尺寸不太大的V形槽，则可以一次校正装夹铣成形。

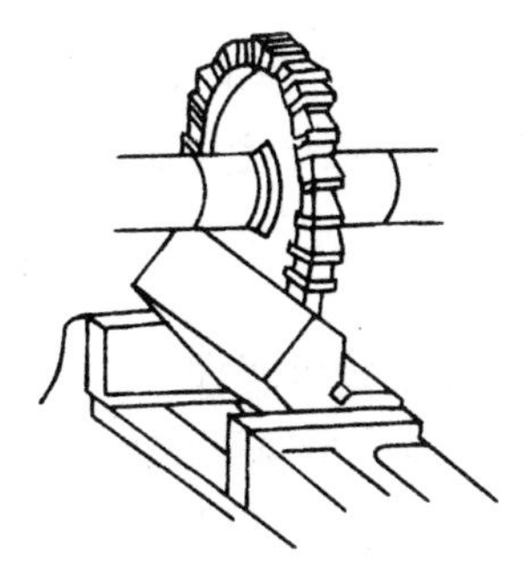

图3–46　倾斜工件铣V形槽

（3）用角度铣刀铣V形槽　槽角小于或等于90°的V形槽，一般采用与其角度相同的对称双角铣刀在卧式铣床上铣削，铣V形槽前应先用锯片铣刀铣出窄槽，夹具或工件的基准面应与工作台纵向进给方向平行（图3–47）。

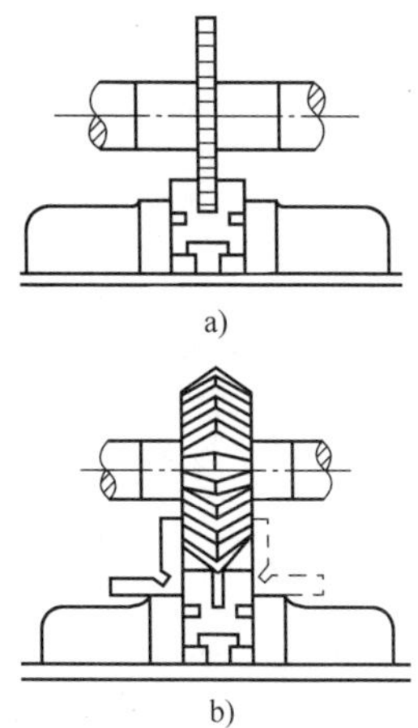

图3–47　用对称双角铣刀铣V形槽

a）用锯片铣刀铣窄槽　b）铣V形槽

3. V形槽的检测

V形槽的检测项目主要有：V形槽宽度B、V形槽槽角α和V形槽对称度。

（1）V形槽（槽口）宽度B的检测

如图3–48所示，先间接测得尺寸h，然后根据式（3–5）计算得出V形槽宽度B：

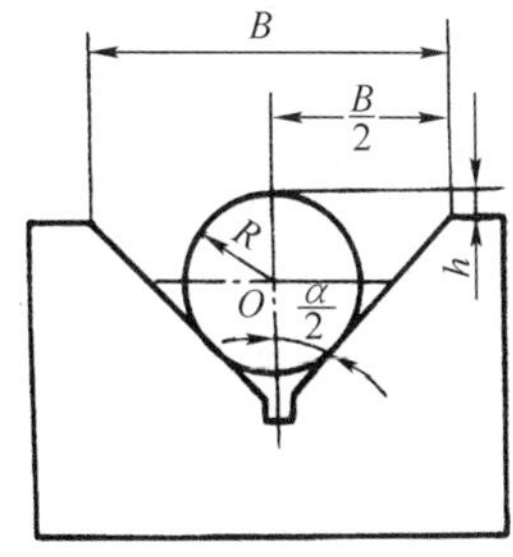

图3–48　V形槽宽度B的测量计算

$$B=2\tan\frac{\alpha}{2}\left(R/\sin\frac{\alpha}{2}+R-h\right) \qquad (3\text{–}5)$$

式中　R——标准量棒半径，mm；

α——V形槽槽角，（°）；

h——标准量棒上素线至V形槽上平

面的距离，mm。

也可用游标卡尺直接测量槽口宽度 B，测量简便，但测量精度差。

（2）V 形槽槽角 α 的检测　可以用角度样板检测，通过观察工件与样板间的缝隙判断 V 形槽槽角 α 是否合格。

也可以用游标万能角度尺测量，如图 3–49 所示。测量角度 A 或 B，间接测得 V 形槽半槽角 $\alpha/2$。

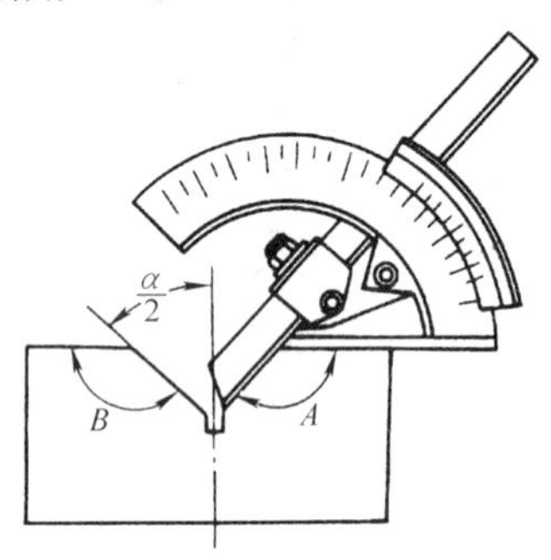

图 3–49　用游标万能角度尺测量 V 形槽槽角 α

还可用标准量棒间接测量槽角 α，如图 3–50 所示。此法测量精度较高，测量时，先后用两根不同直径的标准量棒进行间接测量，分别测得尺寸 H 和 h，然后根据式（3–6）计算，求出槽角 α 的实际值。

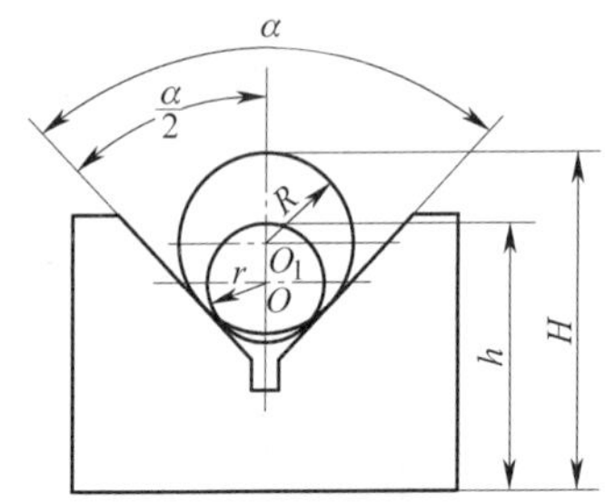

图 3–50　V 形槽槽角 α 的测量计算

$$\sin\frac{\alpha}{2}=\frac{R-r}{(H-R)-(h-r)} \quad (3\text{–}6)$$

式中　R——较大标准量棒的半径，mm；

r——较小标准量棒的半径，mm；

H——较大标准量棒上素线至 V 形垫铁底面的距离，mm；

h——较小标准量棒上素线至 V 形垫铁底面的距离，mm。

（3）V 形槽对称度的检测　检测时，在 V 形槽内放一标准量棒，分别以 V 形垫铁的两侧面为基准，放在平板上，用杠杆百分表测量量棒的最高点，读数之差即为对称度误差，如图 3–51 所示。如使用游标高度卡尺测量量棒最高点，则可求得 V 形槽中心平面至 V 形垫铁侧面的实际距离。

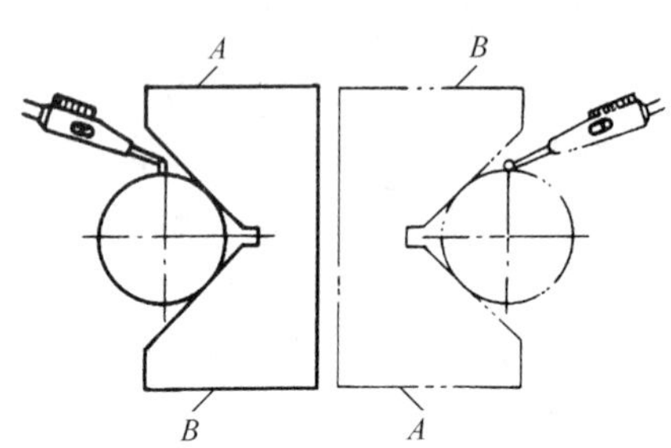

图 3–51　V 形槽对称度的检测

二、T 形槽的铣削

T 形槽多见于机床（如铣床、牛头刨床、平面磨床等）的工作台，用于与机床附件、夹具配套时的定位和固定，图 3–52 所示为带有 T 形槽的工件。T 形槽已标准化。

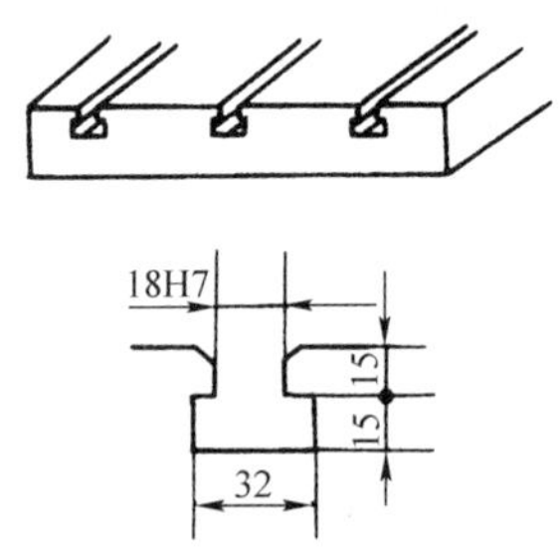

图 3–52　带有 T 形槽的工件

T 形槽由直槽和底槽组成，根据使用要求不同分基准槽和固定槽。基准槽的尺寸精度和形状、位置精度要求比固定槽高。X6132 型卧式铣床和 X5032 型立式铣床的工作台均有 3 条 T 形槽，中间的一条是基准槽，习惯称为中央 T 形槽，两侧的两条是固定槽。

1. T 形槽的技术要求

（1）T 形槽直槽宽度的尺寸精度，基准槽为 IT8 级，底槽为 IT12 级。

（2）基准槽的直槽两侧面应平行（或垂

直）于工件的基准面。

（3）底槽的两侧面应基本对称于直槽的中心平面。

（4）直槽两侧面的表面粗糙度 *Ra* 值，基准槽应不大于 2.5 μm，固定槽应不大于 6.3 μm。

2. T 形槽的铣削方法

（1）铣刀选择　铣削直槽可选用三面刃铣刀或立铣刀；铣削底槽时用 T 形槽铣刀。T 形槽铣刀应按直槽宽度尺寸（即 T 形槽的基本尺寸）选择。

（2）铣削方法　如图 3–53 所示。

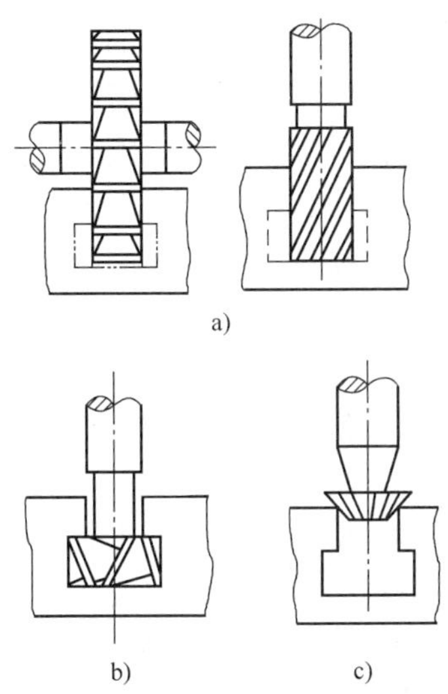

图 3–53　T 形槽的铣削方法

a）铣直槽　b）铣底槽　c）槽口倒角

（3）不穿通 T 形槽的铣削　铣削前应先在 T 形槽的一端钻落刀孔（图 3–54），落刀孔的直径应大于 T 形槽铣刀切削部分的直径，深度应大于 T 形槽底槽的深度。用立铣刀铣完直槽后，在落刀孔处进入 T 形槽铣刀，对正中心后铣出底槽。

3. 铣 T 形槽应注意的事项

（1）用 T 形槽铣刀铣削时，切削部分埋在工件内，切屑不易排出，容易将铣刀的容屑槽填满（塞刀）而使铣刀失去切削能力，致使铣刀折断。因此，铣削中应经常退刀，及时清除切屑。

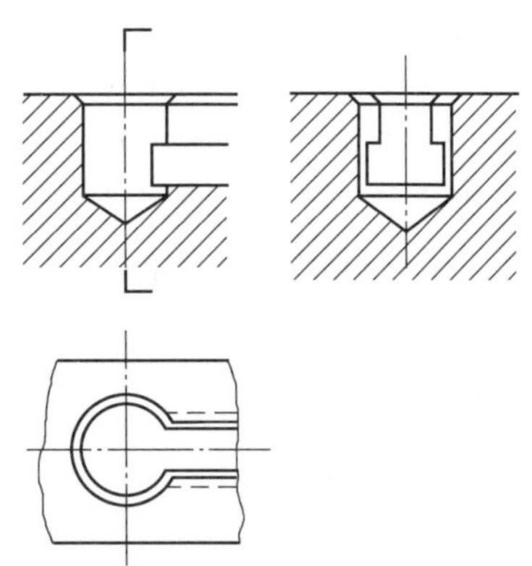

图 3–54　不穿通 T 形槽的落刀孔

（2）用 T 形槽铣刀铣削时，切削热因排屑不畅而不易散发，容易使铣刀受热产生退火而丧失切削能力，因而在铣削钢件时，应充分浇注切削液。

（3）用 T 形槽铣刀铣削时，切削条件差，所以应选用较小的进给量和较低的切削速度。

（4）T 形槽铣刀的颈部直径较小，使用中要注意防止铣刀因受过大的铣削抗力和突然的冲击力作用而折断。

4. T 形槽的检测

T 形槽的槽宽、槽深以及底槽与直槽的对称度可用游标卡尺测量，直槽对工件基准面的平行度可在平板上用杠杆百分表检测。

三、燕尾槽的铣削

1. 燕尾结构

燕尾结构由配合使用的燕尾槽与燕尾组成（图 3–55）。在机械设计制造中，常采用燕尾结构作为直线运动的引导件或紧固件，如燕尾导轨等。

燕尾结构的燕尾槽和燕尾之间有相对直线运动，因此，对角度、宽度、深度有较高的精度要求，斜面有较高的平面度要求，且其表面粗糙度 *Ra* 值较小。

燕尾、燕尾槽斜面的角度（槽角）α 有 45°、50°、55°、60° 等多种，一般采用 55°。

2. 燕尾槽和燕尾的铣削方法

（1）铣刀选择　燕尾槽和燕尾采用燕尾

槽铣刀铣削。所选择的铣刀其角度应与燕尾槽的槽角一致，铣刀锥面的宽度应大于工件燕尾槽斜面的宽度。单件生产时，若没有合适的燕尾槽铣刀，可用与燕尾槽槽角相等的单角铣刀来铣削燕尾槽、燕尾。

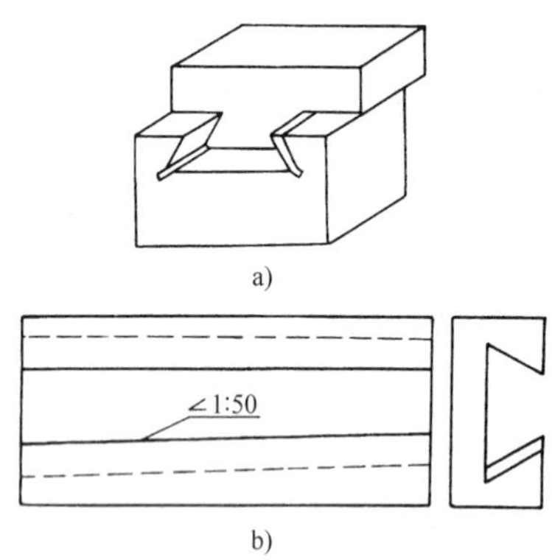

图 3–55　燕尾结构

a）燕尾槽与燕尾　b）带斜度的燕尾槽

（2）铣削方法　铣削燕尾槽、燕尾分两个步骤：

1）在立式铣床上用立铣刀或面铣刀铣燕尾槽的直槽、燕尾的台阶（图 3–56a）。

2）在立式铣床上用燕尾槽铣刀铣燕尾槽或燕尾（图 3–56b）。

用单角铣刀铣削燕尾槽和燕尾（图 3–57）时，立铣头应倾斜角度等于槽角 α。由于立铣头偏转角度较大，安装单角铣刀的刀杆长度应适当增长。

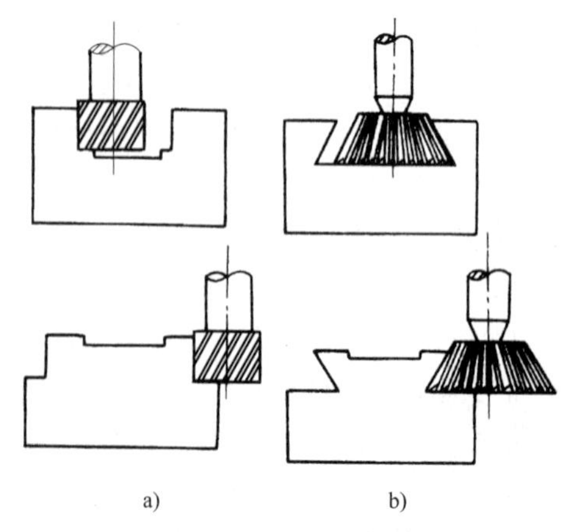

图 3–56　燕尾槽、燕尾的铣削

a）铣直槽或台阶　b）铣燕尾槽或燕尾

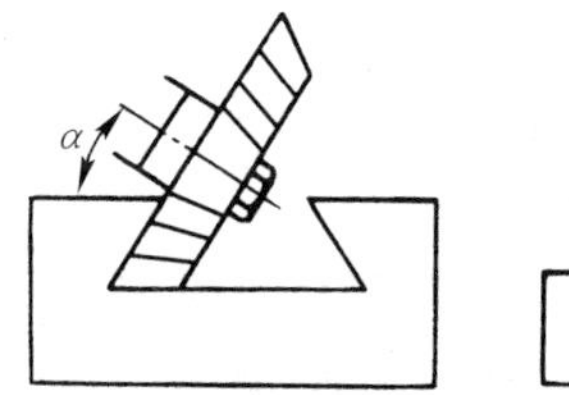

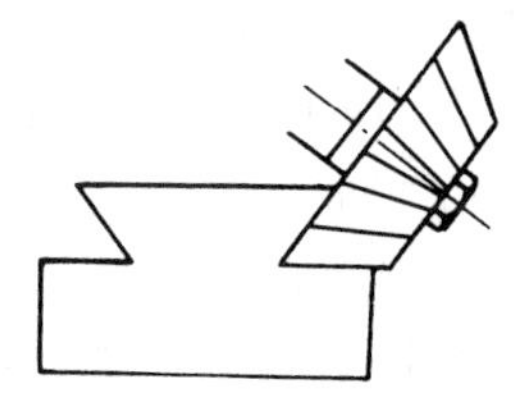

图 3–57　用单角铣刀铣削燕尾槽和燕尾

（3）带斜度燕尾槽的铣削　在铣完直槽后，先用燕尾槽铣刀铣削燕尾槽与相对直线运动方向平行的一侧斜面，然后松开压板，将工件按规定斜度调整到与进给方向成一斜角，紧固工件后铣削燕尾槽带斜度的另一侧。

3. 铣燕尾槽、燕尾应注意的事项

（1）铣燕尾槽、燕尾时的铣削条件与铣 T 形槽时大致相同，但燕尾槽铣刀刀尖部位的强度和切削性能都很差，因此，铣削中主轴转速不宜过高，进给量、切削层深度不可过大，以减小铣削抗力，还应及时排屑和充分浇注切削液。

（2）铣直槽时槽深可留 0.5 ~ 1.0 mm 的余量，留待铣燕尾槽时同时铣至槽深，以使燕尾槽铣刀铣削时平稳。

（3）燕尾槽的铣削应分粗铣、精铣两步进行，以提高燕尾槽斜面的表面质量。

4. 燕尾槽、燕尾的检测

（1）燕尾槽、燕尾的槽角 α 可用游标万能角度尺测量。

（2）燕尾槽的槽深、燕尾的高度可用游标深度卡尺、游标高度卡尺测量。

（3）燕尾槽、燕尾的宽度由于工件有空刀槽和倒角，须借助标准量棒间接测量。测量时两标准量棒直径应一致，方法如图 3–58 所示。用游标卡尺测得两标准量棒的内侧距离 M 或外侧距离 M_1，则可计算出燕尾槽或燕尾的宽度。

燕尾槽宽度的计算：

$$A = M + d\left(1 + \cot\frac{\alpha}{2}\right) - 2H\cot\alpha \tag{3-7}$$

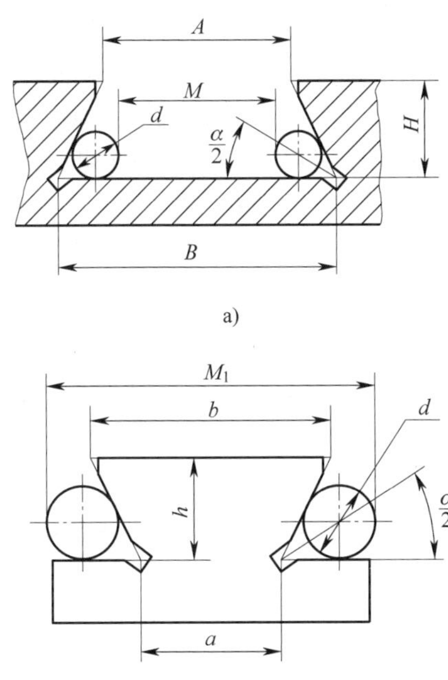

图 3–58　燕尾槽、燕尾宽度的测量
a）燕尾槽宽度的测量　b）燕尾宽度的测量

$$B = M + d\left(1 + \cot\frac{\alpha}{2}\right) \qquad (3\text{–}8)$$

式中　A——燕尾槽最小宽度，mm；
B——燕尾槽最大宽度，mm；
M——两标准量棒内侧距离，mm；
d——标准量棒直径，mm；
α——燕尾槽槽角，（°）；
H——燕尾槽槽深，mm。

燕尾宽度的计算：

$$a = M_1 - d\left(1 + \cot\frac{\alpha}{2}\right) \qquad (3\text{–}9)$$

$$b = M_1 + 2h\cot\alpha - d\left(1 + \cot\frac{\alpha}{2}\right) \qquad (3\text{–}10)$$

式中　a——燕尾最小宽度，mm；
b——燕尾最大宽度，mm；
M_1——两标准量棒外侧距离，mm；
d——标准量棒直径，mm；
α——燕尾角度，（°）；
h——燕尾高度，mm。

§3–4　工件的切断及窄槽的铣削

在铣床上使用锯片铣刀切断工件，如图 3–59 所示。

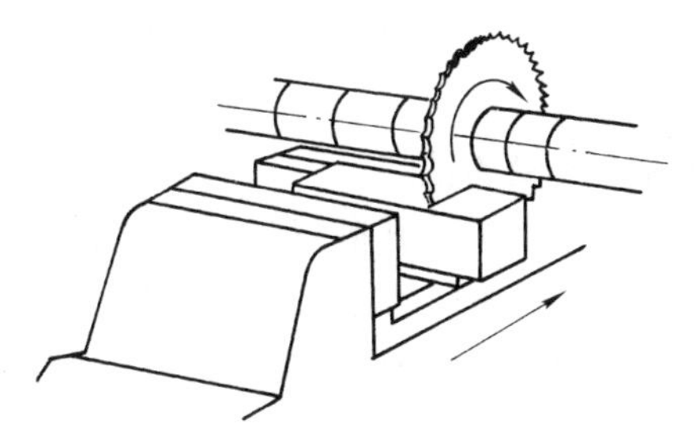

图 3–59　使用锯片铣刀切断工件

一、锯片铣刀及其选择

锯片铣刀分粗齿、中齿和细齿三种。粗齿锯片铣刀的齿数少（约为细齿齿数的 1/3），齿槽的容屑量大，用于切断工件；中齿锯片铣刀的齿数较多（约为细齿齿数的 1/2），细齿锯片铣刀的齿数更多，齿更细，排列更密，这两种铣刀适宜于切断较薄的工件，也常用来铣窄槽。

为了减小锯片铣刀的两侧面与工件切口之间的摩擦，铣刀的宽度自圆周向中心逐渐减薄，一直到铣刀的中部凸缘处为止。

用锯片铣刀切断时，主要选择锯片铣刀的直径和宽度。在能够把工件切断的前提下，尽量选择直径较小的锯片铣刀，铣刀直径可按式（3–11）确定：

$$D > d + 2t \qquad (3\text{–}11)$$

式中 D——锯片铣刀直径，mm；

d——铣刀杆垫圈直径，mm；

t——工件切断厚度，mm。

铣刀直径确定后，再确定铣刀宽度。一般情况下切断用锯片铣刀的宽度取 2 ~ 5 mm，铣刀直径大时选用宽度大的铣刀，铣刀直径小时选用宽度小的铣刀。

二、锯片铣刀的安装

锯片铣刀宽度小而直径较大，刚度较差，强度较低，切断时的深度又较深，受力较大，铣削中容易折断。安装锯片铣刀时应注意下列要点：

1. 安装锯片铣刀时，在刀杆与铣刀之间一般不安装键，铣刀紧固后，靠刀杆垫圈与铣刀两侧端面间的摩擦力带动铣刀旋转并切断工件。为了防止刀杆的紧刀螺母在铣削中松动，可在靠近紧刀螺母的刀杆垫圈内安装键，如图 3–60 所示。

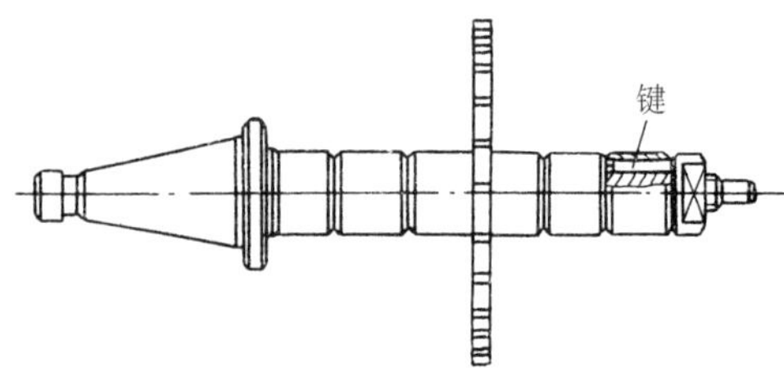

图 3–60　刀杆紧刀螺母的防松措施

2. 安装锯片铣刀时，铣刀应尽量靠近铣床主轴端部，安装刀杆支架时，刀杆支架尽量靠近铣刀，以增加刀杆刚度，减少切断中的振动。

3. 安装大直径锯片铣刀时，应在铣刀两侧端面处使用大直径的刀杆垫圈，以增加安装刚度和摩擦力，使切断工作平稳。

4. 锯片铣刀安装后，应检查刀齿的径向圆跳动和轴向圆跳动是否在规定要求范围内。

三、工件的装夹

工件装夹必须牢固可靠，在切断工作中往往会由于工件的松动而引起铣刀折断和工件报废。

1. 用平口钳装夹工件时，固定钳口一般应与主轴轴线平行，铣削力应朝向固定钳口。工件伸出钳口一端的长度尽可能短些，以铣刀铣不着钳口端为宜，这样可以增加工件支持刚度，减少切断中的振动。

2. 用压板装夹工件时，压板的压紧点尽可能靠近铣刀，工件侧面和端面处可安装定位靠铁，既可定位，又可承受一定的切削力，防止切断中工件位置移动而损坏铣刀。工件切口应处于工作台 T 形槽上方，以防切断中铣伤工作台台面。

3. 用专用夹具装夹工件时，夹具定位面应与主轴轴线平行，铣削力应朝向夹具的定位支承部位。

四、工件的切断

切断工件应尽量采用手动进给，进给速度要均匀。若采用机动进给时，应先手动进给使铣刀切入工件后再机动进给，进给速度不能太快，工件将要切断时，必须改为手动进给缓慢切出。切断时不使用的进给机构应紧固。切断钢件时应充分浇注切削液。

切断工件还必须注意：

1. 铣削开始前应检查工作台“零位”的正确性。

2. 不允许使用磨钝的铣刀切断工件，铣刀用钝后应及时更换、刃磨。

3. 应密切观察铣削过程，发现铣刀因夹持不紧或铣削力过大而产生停止转动现象时，应先停止工作台的进给，再停止主轴旋转，退出工件。

五、窄槽的铣削

在弹簧夹头、开槽螺钉等零件上都铣有较窄的直角沟槽，如图 3–61 所示。这种窄槽一般采用锯片铣刀或螺钉槽铣刀铣削。

图 3–61　铣有窄槽的零件

规格标准的开槽螺钉类零件一般在专业工厂采用自动或半自动机床、夹具，高效率地组织生产。对于少量和非标准的螺钉可在普通铣床上加工。由于这类零件带有螺纹，为了不使螺纹部分被夹伤，并尽量减少调整和装拆时间，可采用不易清扫切屑的对开螺母或采用容易清扫切屑的带硬橡胶的V形块装夹工件（图3-62），或采用装拆零件较费时的特制螺母装夹工件。

铣窄槽时，铣刀的安装和铣刀位置的调整方法与铣键槽、切断时基本相同，只是对工件的装夹和铣削用量的选择有所不同。

窄槽的技术要求一般不是很高，铣削用量也较小，在铣削时可采用比切断时大的铣削速度和进给量，以提高生产效率。

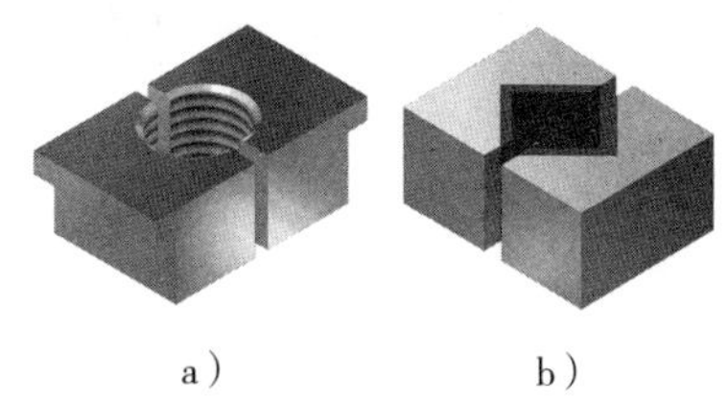

a） b）

图3-62 螺钉铣窄槽夹具

a）对开螺母 b）带硬橡胶的V形块

习题

1. 铣削台阶的方法有哪几种？各有何特点？

2. 铣削台阶和沟槽时为什么要精确地校正夹具？怎样校正？

3. 用两把三面刃铣刀组合铣削台阶，组合刀具时有什么要求？

4. 用三面刃铣刀铣削台阶，若工作台“零位”不准，会产生什么后果？

5. 用三面刃铣刀和用立铣刀铣直角沟槽有哪些特点？

6. 用三面刃铣刀或立铣刀铣直角沟槽，造成槽宽尺寸被铣大的原因是什么？怎样防止？

7. 在铣床上装夹轴类工件的方法有哪几种？各有何特点？

8. 铣轴上键槽时，常用的对中心方法有哪几种？如何选用？

9. 轴上键槽槽宽的对称度如何检验？

10. 铣出的轴槽槽宽尺寸超差，原因有哪些？

11. V形槽的铣削方法有哪几种？

12. 试述铣削T形槽时容易出现的问题和注意事项。

13. 如图3-48所示，测量α=120°的V形槽，使用的标准量棒直径为30 mm，测得量棒上素线至V形槽上平面的距离是17.87mm。试计算V形槽宽度B。

14. 如图3-50所示，用直径分别为40 mm和25 mm的标准量棒测量90° V形槽，测得H=55 mm，h=36.38 mm。试计算V形槽的实际槽角α。

15. 如图3-58a所示，测量55°燕尾槽，已测得槽深H=10.05 mm，用直径为8 mm的标准量棒间接测量，两量棒内侧间距离M=20.75 mm。求燕尾槽槽口宽度A。

16. 安装锯片铣刀时，应注意些什么？

第 四 章

分 度 方 法

§4–1 万能分度头

万能分度头是铣床的精密附件之一，用来在铣床及其他机床上装夹工件，以满足不同工件的装夹要求，并可对工件进行圆周等分、角度分度、直线移距分度和通过交换齿轮与工作台纵向丝杠连接加工螺旋线、等速凸轮等，从而扩大了铣床的加工范围。

一、万能分度头的规格和功用

1. 规格

万能分度头的规格通常用中心高表示，常用的规格有 100 mm、125 mm、160 mm 等，分度头的型号由大写的汉语拼音字母和数字两部分组成，通常表示如下：

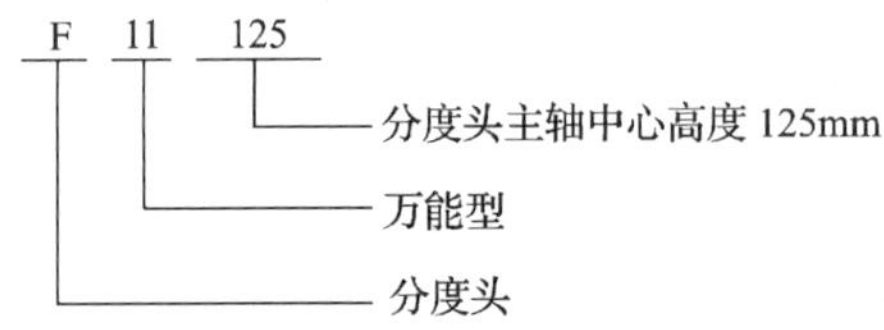

2. 功用

万能分度头的主要功用如下：

（1）能够将工件做任意的圆周等分或直线移距分度。

（2）可把工件的轴线置放成水平、垂直或任意角度的倾斜位置。

（3）通过交换齿轮，可使分度头主轴随铣床工作台的纵向进给运动做连续旋转，实现工件的复合进给运动。

二、万能分度头的结构和传动系统

1. 万能分度头的结构

万能分度头的结构如图 4–1 所示。

（1）基座　是分度头的本体，分度头的大部分零件均装在基座上。基座底面槽内装有两块定位键，可与铣床工作台台面上的中央 T 形槽相配合，以精确定位。

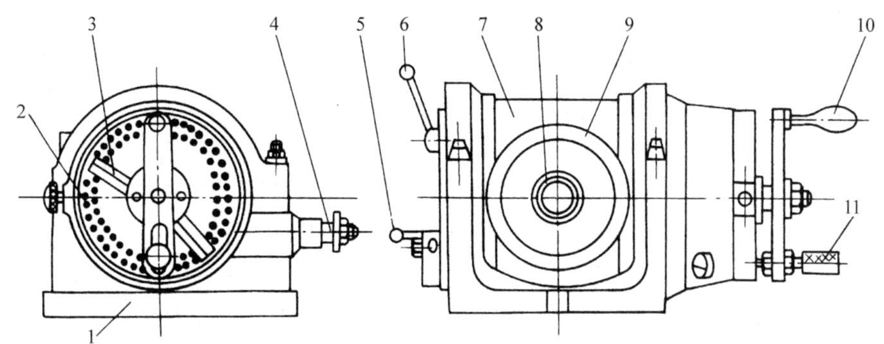

图 4–1　万能分度头的结构

1—基座　2—分度盘　3—分度叉　4—侧轴　5—蜗杆脱落手柄　6—主轴锁紧手柄
7—回转体　8—主轴　9—刻度盘　10—分度手柄　11—定位插销

（2）分度盘　又称孔盘。套装在分度手柄轴上，盘上（正、反面）有若干圈在圆周上均布的定位孔，作为各种分度计算和实施分度的依据。分度盘配合分度手柄完成不是整转数的分度工作。不同型号的分度头都配有 1 块或 2 块分度盘，F11125 型万能分度头有 2 块分度盘。分度盘上各孔圈的孔数见表 4–1。

分度盘的左侧有一紧固螺钉，用以在一般工作情况下固定分度盘；松开紧固螺钉，可使分度手柄随分度盘一起做微量的转动调整，或完成差动分度、螺旋面加工等。

（3）分度叉　又称扇形股。分度叉由两个叉脚组成，其开合角度的大小按分度手柄所需转过的孔距数予以调整并固定。分度叉的功用是防止分度差错和方便分度。

（4）侧轴　用于与分度头主轴间安装交换齿轮进行差动分度，或用于与铣床工作台纵向丝杠间安装交换齿轮进行直线移距分度或铣削螺旋面等。

（5）蜗杆脱落手柄　用以脱开蜗杆与蜗轮的啮合，按刻度盘直接进行分度。

（6）主轴锁紧手柄　通常用于在分度后锁紧主轴，使铣削力不致直接作用在分度头的蜗杆、蜗轮上，减小铣削时的振动，保持分度头的分度精度。

（7）回转体　安装分度头主轴等的壳体形零件，主轴随回转体可沿基座的环形导轨转动，使主轴轴线在以水平为基准的 $-6° \sim +90°$ 范围内做不同仰角的调整。调整时，应先松开基座上靠近主轴后端的两个螺母，调整后再予以固紧。

（8）主轴　分度头主轴是一空心轴，F11125 型分度头主轴前后两端均为莫氏 4 号

表 4–1　分度盘孔圈的孔数

分度头形式	分度盘孔圈的孔数	
带 1 块分度盘		正面：24、25、28、30、34、37、38、39、41、42、43 反面：46、47、49、51、53、54、57、58、59、62、66
带 2 块分度盘	第 1 块	正面：24、25、28、30、34、37 反面：38、39、41、42、43
	第 2 块	正面：46、47、49、51、53、54 反面：57、58、59、62、66

锥孔，前锥孔用来安装顶尖或锥度心轴，后锥孔用来安装挂轮轴，用以安装交换齿轮。主轴前端的外部有一段定位锥体（短圆锥），用来安装三爪自定心卡盘的法兰盘。

（9）刻度盘　固定在主轴的前端，与主轴一起转动。其圆周上有 0°~360° 的等分刻线，在直接分度时用来确定主轴转过的角度。

（10）分度手柄　用于分度，摇动分度手柄，主轴按一定传动比回转。

（11）定位插销　在分度手柄的曲柄的一端，可沿曲柄做径向移动调整到所选孔数的孔圈圆周，与分度叉配合准确分度。

2. 万能分度头的传动系统

万能分度头的传动系统如图 4–2 所示。

分度时，从分度盘定位孔中拔出定位插销，转动分度手柄，手柄轴随着一起转动，通过一对齿数相同（即传动比为 1∶1）的直齿圆柱齿轮，以及传动比为 40∶1 的蜗杆蜗轮副，使分度头主轴带动工件转动实现分度。

此外，右侧的侧轴通过一对传动比为 1∶1 的交错轴传动的斜齿圆柱齿轮与空套在手柄轴上的分度盘相连，当侧轴转动时，带动分度盘转动，用以进行差动分度或铣削螺旋面。

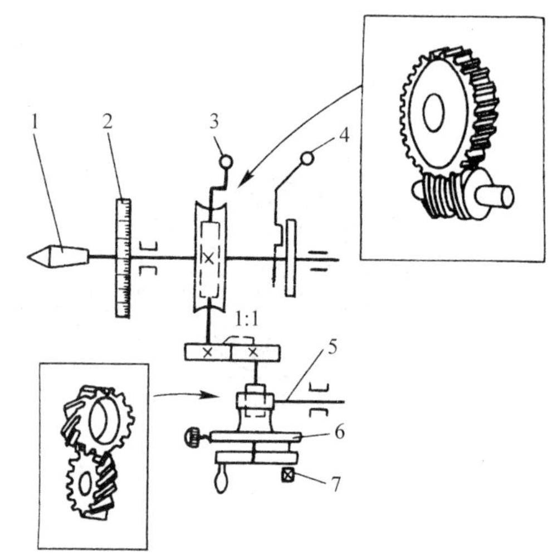

图 4–2　万能分度头的传动系统

1—主轴　2—刻度盘　3—蜗杆脱落手柄　4—主轴锁紧手柄　5—侧轴　6—分度盘　7—定位插销

三、万能分度头的附件及其功用

万能分度头的附件如图 4–3 所示，由三爪自定心卡盘、尾座、顶尖、拨盘、鸡心夹、挂轮轴、挂轮架、支承板、千斤顶和交换齿轮等组成。

1. 三爪自定心卡盘

三爪自定心卡盘通过连接盘安装在分度头主轴上，用来夹持工件。使用时将方头扳手插入卡盘体的方孔内，转动扳手通过三爪联动可将工件定心夹紧或松开。

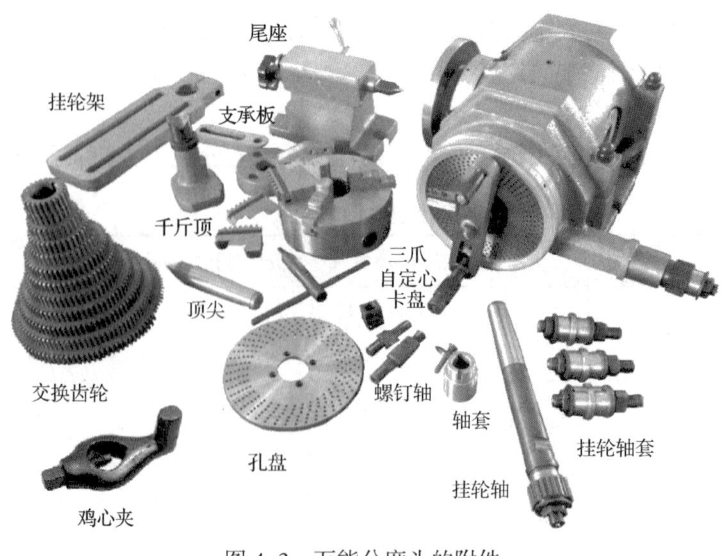

图 4–3　万能分度头的附件

2. 尾座

尾座又称尾架，尾座与分度头配合使用，用来支承较长的工件。对于特长、特细的轴类工件，还要配合千斤顶使用，图 4–4 为尾座配合三爪自定心卡盘在分度头上装夹细长轴的方法。

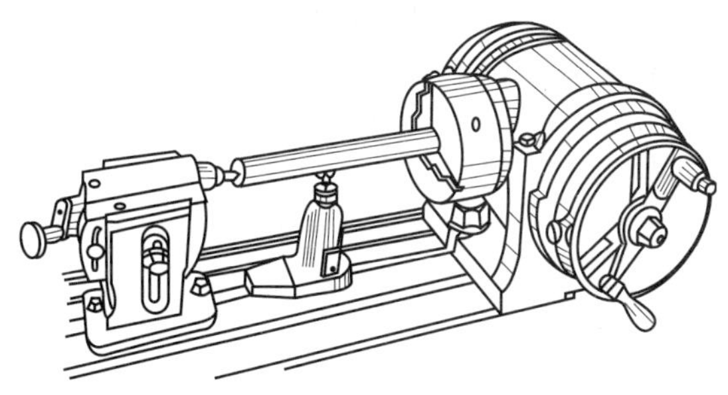

图 4–4　尾座配合三爪自定心卡盘在分度头上装夹细长轴的方法

转动尾座手轮，可使后顶尖沿轴线方向移动，以便装卸工件。尾座底下有两个定位键，用以保证后顶尖轴线与工作台纵向进给方向一致，其和分度头主轴轴线在同一直线上。

3. 顶尖、拨盘、鸡心夹

顶尖、拨盘、鸡心夹用来装夹带中心孔的轴类工件，如图 4–5 所示。使用时将顶尖装在分度头主轴锥孔内，将拨盘装在分度头主轴前端端面上，然后用内六角圆柱头螺钉紧固。用鸡心夹将工件夹紧放在分度头与尾座两顶尖之间，同时将鸡心夹的弯头放入拨盘的开口内，将工件顶紧后，紧固拨盘开口上的紧固螺钉，使拨盘与鸡心夹连接，用以将主轴的转动传递给工件，及保证主轴锁紧时工件不会发生转动。

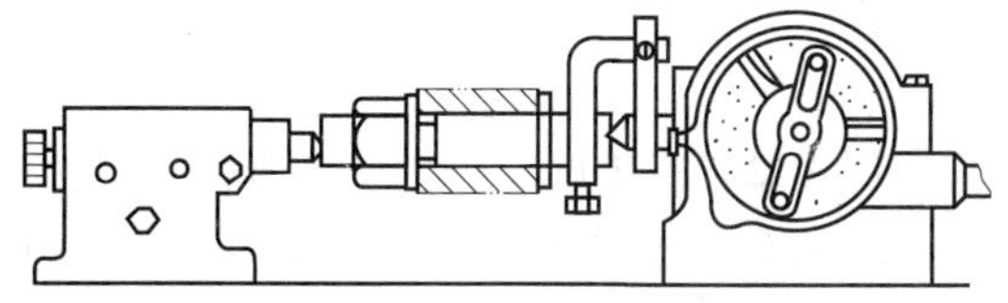

图 4–5　用顶夹、拨盘和鸡心夹装夹工件

4. 挂轮轴、挂轮架、支承板

挂轮轴、挂轮架和支承板用来安装交换齿轮。挂轮架利用开缝孔安装在分度头的侧轴上，短挂轮轴用来在挂轮架上安装交换齿轮，它的另一端安装在挂轮架的长槽内，调整好交换齿轮位置后将其紧固在挂轮架上。支承板通过螺钉轴安装在分度头基座后方的螺孔上，用来支承挂轮架。锥度挂轮轴安装在分度头主轴的后锥孔内，另一端安装交换齿轮。

5. 千斤顶

千斤顶用来支持刚度较差易弯曲变形的工件，以增加工件的支持刚度，减少变形。使用时先松开紧固螺钉，转动调整螺母，使顶头上下移动，当顶头的 V 形槽与工件接触稳固后，再拧紧紧固螺钉。

6. 交换齿轮

交换齿轮用来实现分度头主轴、侧轴及与铣床丝杠间的变速传动。当它与分度头主轴和侧轴连接时，用来进行差动分度；当交换齿轮与主轴（或侧轴）和铣床工作台丝杠连接时，用来进行直线精确移距及铣削螺旋槽等工作。F11125 型分度头的交换齿轮共 13 个，齿数分别为：25（两个）、30、35、40、45、50、55、60、70、80、90、100。

四、万能分度头的正确使用和维护

万能分度头是铣床上的重要精密附件，正确的使用及日常的维护对延长其使用寿命和保持其精度十分重要，为此，在使用和维护时应注意以下要点：

1. 分度头蜗杆和蜗轮的啮合间隙应保持在 0.02 ~ 0.04 mm，不允许随意调整。

2. 在装卸、搬运分度头时，要保护好主轴和两端锥孔以及基座底面，以免损坏。

3. 在分度头上夹持工件时，最好先锁紧分度头主轴，紧固工件时，切忌使用接长套管套在扳手上施力。

4. 分度前先松开主轴锁紧手柄，分度后紧固分度头主轴。铣削螺旋面时主轴锁紧手柄应松开。

5. 分度时，应顺时针转动分度手柄，如手柄摇错孔位，应将分度手柄逆时针转动半转后再顺时针转动到规定孔位。定位插销应缓慢插入分度盘的分度孔内，切勿突然将定位插销插入孔内，以免损坏定位插销和定位孔眼。

6. 调整分度头主轴的仰角时，不应将基座上部靠近主轴前端的两个内六角螺钉松开，否则会使主轴的“零位”位置变动。

7. 要经常保持分度头的清洁，使用前应清除其表面的脏物，并将主轴锥孔和基座底面擦拭干净。

8. 分度头各部分应按说明书规定定期加油润滑，分度头存放时应涂防锈油。

§4–2 简单分度法

简单分度法又称单式分度法，是最常用的分度方法。在铣床上对工件简单分度可在万能分度头或回转工作台上进行。

一、用万能分度头简单分度

在万能分度头上用简单分度法分度时，应先将分度盘固定，转动分度手柄，使蜗杆带动蜗轮旋转，从而带动主轴和工件转过一定的转（度）数。

1. 分度原理

由图 4–2 所示的万能分度头传动系统可知，分度手柄转过 40 r，分度头主轴转过 1 r，即传动比为 40∶1，“40”称为分度头的定数。各种常用的分度头（FK 型数控分度头除外）都采用这个定数。定数也就是分度头内蜗杆蜗轮副的传动比。

例如，要分度头主轴转过 1/2 r（即把圆周 2 等分），分度手柄需要转过 20 r。如果分度头主轴要转过 1/5 r（即把圆周 5 等分），分度手柄需要转过 8 r。由此可知，分度手柄的转数与工件等分数的关系如下：

$$40:1=n:\frac{1}{z}$$

即

$$n=\frac{40}{z} \qquad (4\text{–}1)$$

式中 n——分度手柄转数，r；

40——分度头的定数；

z——工件的等分数（齿数或边数）。

上式为简单分度的计算公式。当计算得到的转数 n 不是整数而是分数时，可利用分度盘上相应的孔圈进行分度。具体的方法是选择分度盘上某孔圈，其孔数为分母的整倍数，然后将该真分数的分子、分母同时增大该整数倍，利用分度叉实现非整转数部分的分度。

例 4–1 在 F11125 型万能分度头上铣削一个正八边形的工件，试求每铣一边后分度手柄的转数。

解： 以 z=8 代入式（4–1）得：

$$n=\frac{40}{z}=\frac{40}{8}=5\ \text{r}$$

答： 每铣完一边后，分度手柄应转过 5 r。

例 4–2 在 F11125 型万能分度头上铣削一六角头螺栓的六方，求每铣一面时，分度手柄应转过多少转。

解： 以 z=6 代入式（4–1）得：

$$n=\frac{40}{z}=\frac{40}{6}=6\frac{2}{3}=\left(6+\frac{44}{66}\right)\ \text{r}$$

答：分度手柄应转 6 r 又在分度盘孔数为 66 的孔圈上转过 44 个孔距数，这时工件转过 1/6 r。

例 4–3　铣削一个齿数为 48 的齿轮，分度手柄应转过多少转后再铣第二个齿？

解：以 z=48 代入式（4–1）得：

$$n=\frac{40}{z}=\frac{40}{48}=\frac{5}{6}=\frac{55}{66}\ \mathrm{r}$$

答：分度手柄应转 55/66 r，这时工件转过 1/48 r。

2. 分度盘和分度叉的使用

由例 4–2 和例 4–3 可以看出，当按式（4–1）计算得到的分度手柄转数为分数（带分数或真分数）时，其非整转数部分的分度需要用分度盘和分度叉进行。使用分度盘与分度叉时应注意以下两点：

（1）选择孔圈时，在满足孔数是分母整倍数的条件下，一般应选择孔数较多的孔圈。例如，例 4–2 中，$n=6\frac{2}{3}=6\frac{16}{24}=6\frac{20}{30}=6\frac{26}{39}=\cdots=6\frac{44}{66}$，可选择的孔圈孔数分别是 24、30、39、…、66 共 8 个，一般选择孔数为 42 或 66 的孔圈（分别在第 1 块和第 2 块分度盘的反面）。因为一方面在分度盘的第一面上孔数多的孔圈离轴心较远，操作方便；另一方面分度误差较小（准确度高）。

（2）分度叉两叉脚间的夹角可调，调整的方法是使两叉脚间的孔数比需摇的孔数多 1 个。如图 4–6 所示，两叉脚间有 7 个孔，但只包含了 6 个孔距。在例 4–2 中，$n=6\frac{2}{3}=6\frac{28}{42}$，如选择孔数为 42 的孔圈，分度叉两叉脚间应有 28+1=29 个分度孔。

每次分度时，将定位插销从叉脚 1 内侧的定位孔中拔出并转动 90° 锁住，然后摇动分度手柄所需的整数圈后，将定位插销摇到叉脚 2 内侧的定位孔上方，将定位插销转动

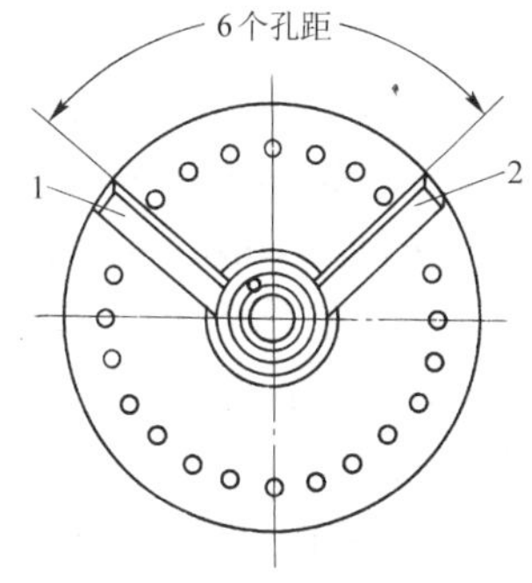

图 4–6　分度叉

90° 后轻轻插入该定位孔内，然后转动分度叉使叉脚 1 靠紧定位插销（此时叉脚 2 转动到下一次分度时所需的定位位置）。

二、用回转工作台简单分度

1. 回转工作台

回转工作台又称圆转台，是铣床的主要附件之一。按对其施力方式不同，又分成手动进给和机动进给两种。手动进给回转工作台（图 4–7）只能手动进给；机动进给回转工作台（图 4–8）既可机动进给，又可手动进给。

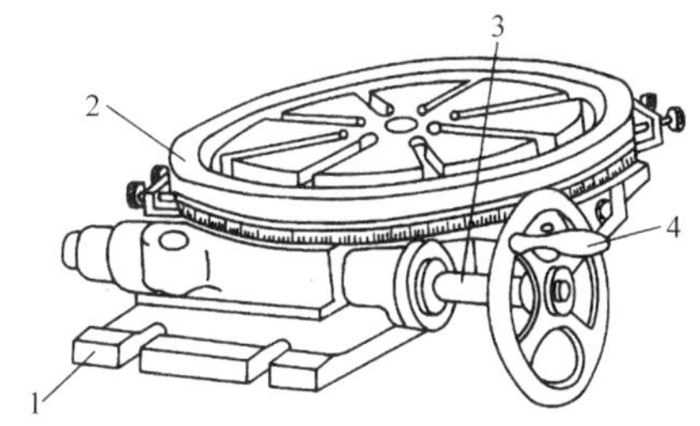

图 4–7　手动进给回转工作台

1—底座　2—圆工作台　3—蜗杆轴　4—手柄

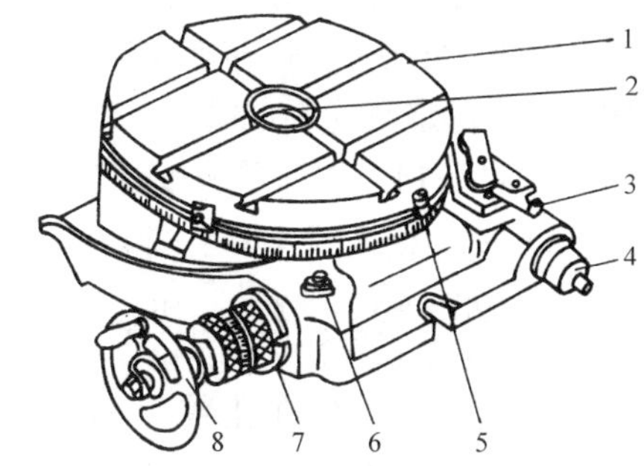

图 4–8　机动进给回转工作台

1—圆工作台　2—锥孔　3—离合器手柄　4—传动轴
5—挡铁　6—螺母　7—偏心环　8—手轮

回转工作台的规格以圆工作台的外径表示，有 160 mm、200 mm、250 mm、320 mm、400 mm、500 mm、630 mm、800 mm、1 000 mm 等规格，常用规格有 250 mm、320 mm、400 mm、500 mm 等。回转工作台的传动比，常用的有 60∶1、90∶1 和 120∶1 三种，即回转工作台的手轮转 1 r，圆工作台相应地转过 1/60 r（即 6°）、1/90 r（即 4°）和 1/120 r（即 3°）。也就是回转工作台的定数有 60、90 和 120 三种。

回转工作台主要用于在圆工作台台面上装夹中、小型工件，进行圆周分度和做圆周进给铣削回转曲面，如铣削多边形工件、有分度要求的槽或孔、工件上的圆弧形周边、圆弧形槽等。

回转工作台可配带分度盘，对工件进行简单分度（或角度分度）。

2. 分度计算

根据回转工作台三种不同的定数和手柄与圆工作台转数间的关系，与用万能分度头进行简单分度的原理相同，可导出回转工作台简单分度法的计算公式：

$$n=\frac{60}{z} \qquad (4\text{–}2)$$

$$n=\frac{90}{z} \qquad (4\text{–}3)$$

$$n=\frac{120}{z} \qquad (4\text{–}4)$$

式中 n——分度时回转工作台手柄转数，r；

z——工件的圆周等分数；

60、90、120——回转工作台的定数。

例 4–4 在定数为 90 的回转工作台上，工件的等分数 z=14，作简单分度计算。

解：以 z=14 代入式（4–3）得：

$$n=\frac{90}{z}=\frac{90}{14}=6\,\frac{3}{7}=6\,\frac{18}{42}\ \text{r}$$

答：分度时，手柄在孔数为 42 的孔圈上转 6 r 再加 18 个孔距。

例 4–5 在定数为 120 的回转工作台上，工件的等分数 z=22，作简单分度计算。

解：以 z=22 代入式（4–4）得：

$$n=\frac{120}{z}=\frac{120}{22}=5\,\frac{5}{11}=5\,\frac{30}{66}\ \text{r}$$

答：分度时，手柄在孔数为 66 的孔圈上转 5 r 再加 30 个孔距。

三、角度分度

角度分度法是简单分度法的另一种形式，只是计算的依据不同，简单分度时是以工件的等分数 z 作为分度计算的依据，而角度分度法是以工件所需转过的角度 θ 作为计算的依据。两者的分度原理相同，只是在具体计算方法上有些不同。

由分度头结构可知，分度手柄转过 40 r，分度头主轴带动工件转过 1 r，即 360°，分度手柄每转过 1 r，工件则转过 9° 或 540′。因此，可得出角度分度法的计算公式：

工件转动角度 θ 的单位为（°）时：

$$n=\frac{\theta}{9} \qquad (4\text{–}5)$$

工件转动角度 θ 的单位为（′）时：

$$n=\frac{\theta}{540} \qquad (4\text{–}6)$$

式中 n——分度手柄的转数，r；

θ——工件所需转的角度，（°）或（′）。

例 4–6 在 F11125 型万能分度头上装夹工件，铣削夹角为 116° 的两条槽，求分度手柄的转数。

解：以 θ=116° 代入式（4–5）得：

$$n=\frac{\theta}{9}=\frac{116}{9}=12\,\frac{8}{9}=12\,\frac{48}{54}\ \text{r}$$

答：分度手柄在孔数为 54 的孔圈上转 12 r 再加 48 个孔距。

例 4–7 在图 4–9 所示圆柱形带两槽的工件上铣两条直槽，其所夹圆心角 θ=38° 10′，求分度手柄应转的转数。

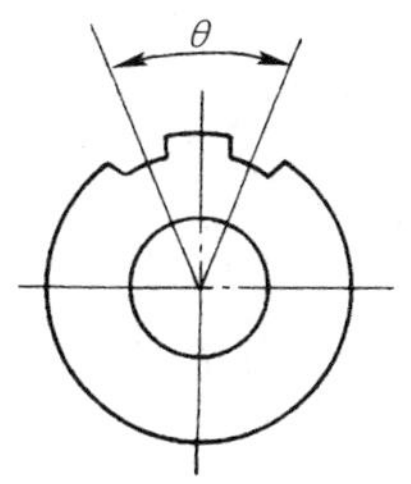

图 4-9　带两槽的工件

解：θ=38° 10′ =2 290′，代入式（4-6）得：

$$n=\frac{\theta}{540}=\frac{2\ 290}{540}=4\frac{13}{54}\ \mathrm{r}$$

答：分度手柄在孔数为 54 的孔圈上转 4 r 再加 13 个孔距。

§4-3　差动分度法

在实际生产中，有时会遇到工件所要求的等分数较大且与分度头的定数 40 不能相约$\left(如\ z=109，n=\frac{40}{109}\right)$，或相约后，分度盘上没有所需要的孔圈$\left(如\ z=126，n=\frac{40}{126}=\frac{20}{63}\right)$的情况，由于受到分度盘孔圈数的限制，就不能使用简单分度法分度，此时可采用差动分度法进行分度。

一、差动分度法原理

差动分度法就是在分度头主轴后锥孔中装上挂轮轴，用交换齿轮把分度头的主轴与侧轴连接起来，如图 4-10 所示。分度时松开分度盘的紧固螺钉，按预定的转数转动分度手柄进行分度，在分度头主轴转动的同时，分度盘相对于分度手柄以相同或相反的方向转动，因此分度手柄实际的转数 n 是分度手柄相对于分度盘的转数 n_o 与分度盘自身转数 n_P 之和或差，即：$n=n_o \pm n_P$。差动分度的原理示意图如图 4-11 所示。分度时，先取一个与工件要求的等分数 z 相近且能进行简单分度的假定等分数 z_o，并按 z_o 计算每次分度时分度手柄的转数 $n_o$$\left(即\ n_o=\frac{40}{z_o}\right)$，并选择确定分度盘孔圈和调整分度叉夹角（包含的孔距数）。准确分度时分度手柄应转

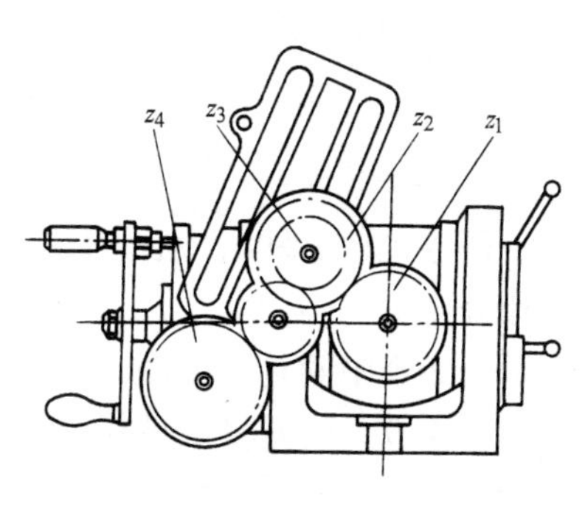

a)

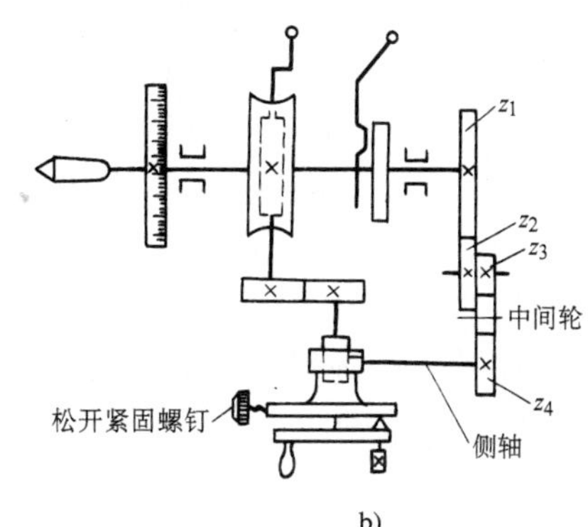

b)

图 4-10　差动分度法
a）交换齿轮安装　b）传动系统

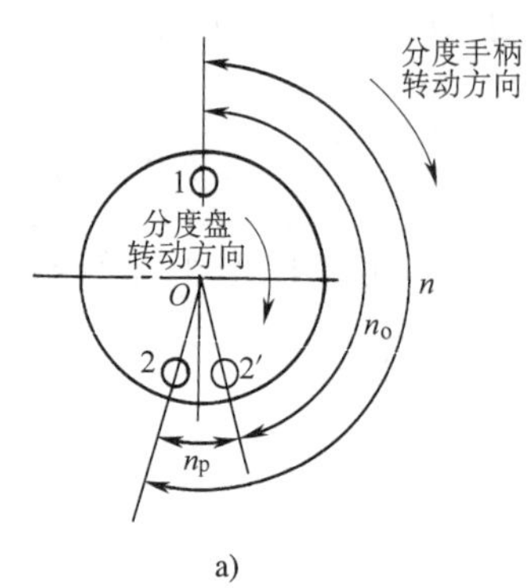

a）

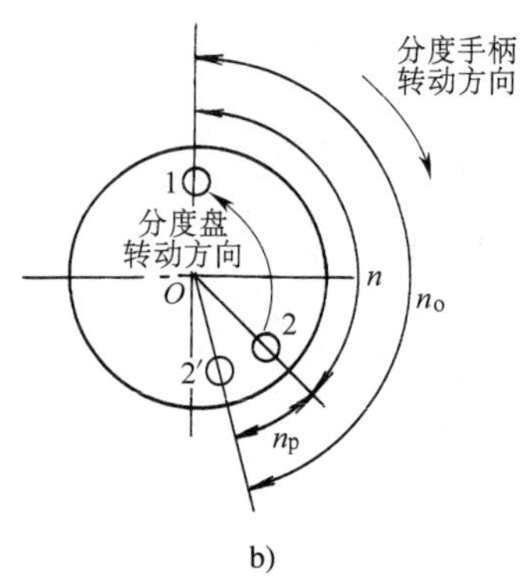

b）

图 4-11　差动分度的原理示意图

a）分度盘与分度手柄的转动方向相同　b）分度盘与分度手柄的转动方向相反

的转数 $n=\frac{40}{z}$，n 与 n_o 的差值由分度头主轴通过交换齿轮带动分度盘相对分度手柄转动（差动）来补偿，由差动分度传动结构（图 4-10b）可知，当分度头主轴转过 $1/z$ r 时，分度盘转过 $n_P=\frac{1}{z}\times\frac{z_1z_3}{z_2z_4}$ r。根据差动分度原理，$n=n_o+n_P$，得：

$$\frac{40}{z}=\frac{40}{z_o}+\frac{1}{z}\times\frac{z_1z_3}{z_2z_4}$$

则交换齿轮的传动比：

$$\frac{z_1z_3}{z_2z_4}=\frac{40(z_o-z)}{z_o} \tag{4-7}$$

式中　z_1、z_3——主动交换齿轮的齿数；

z_2、z_4——从动交换齿轮的齿数；

z——实际等分数；

z_o——假定等分数。

由式（4-7）可知，当 $z_o<z$ 时，交换齿轮的传动比为负值，说明分度盘与分度手柄的转向相反；当 $z_o>z$ 时，交换齿轮的传动比为正值，分度盘与分度手柄的转向相同。分度盘的转向可通过在交换齿轮中加入或不加中间轮来调整。实践证明，当采用 $z_o<z$ 时，分度盘与分度手柄的转向相反，可以避免分度头传动副间隙的影响，使分度均匀。因此，在差动分度时，选取的假定等分数通常都小于实际等分数。

二、差动分度的计算

差动分度的具体计算按以下步骤进行。

（1）选取假定等分数 z_o，一般 $z_o<z$。

（2）根据 z_o，按 $n_o=\frac{40}{z_o}$ 计算分度手柄相对分度盘的转数 n_o，并选择分度盘相应孔圈（孔数）。

（3）按式（4-7）计算交换齿轮的传动比，确定交换齿轮齿数。

例 4-8　现需将工件做 83 等分，试计算交换齿轮、分度手柄转数和选择分度盘孔圈。

解：选取假定等分数 z_o，设 z_o=80。

计算分度手柄转数 n_o，$n_o=\frac{40}{z_o}=\frac{40}{80}=\frac{1}{2}=\frac{27}{54}$。即每分度 1 次，分度手柄相对分度盘在 54 孔的孔圈上转过 27 个孔距（分度叉内包含 28 个孔）。

计算交换齿轮：

$$\frac{z_1z_3}{z_2z_4}=\frac{40(z_o-z)}{z_o}=\frac{40\times(80-83)}{80}$$

$$=-\frac{3}{2}=-\frac{90}{60}$$

得主动轮 z_1=90，从动轮 z_4=60。即分度盘和分度手柄转向相反，交换齿轮采用单式轮系加 2 个中间轮，如图 4-12a 所示。

例 4-9　现需将工件作 119 等分，试计算交换齿轮、分度手柄转数和选择分度盘孔圈。

解：选取假定等分数 z_o，设 z_o=110。

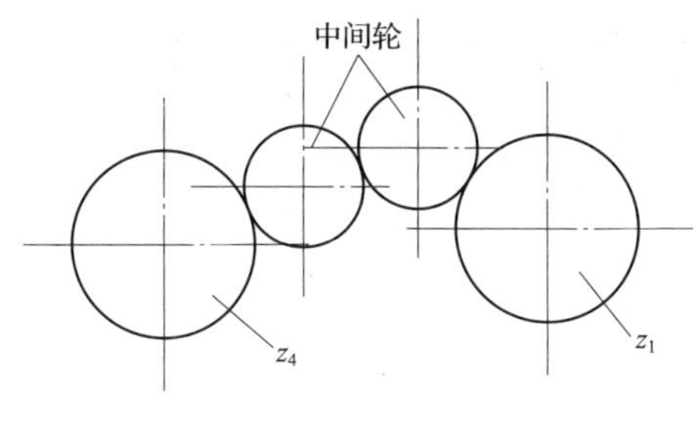

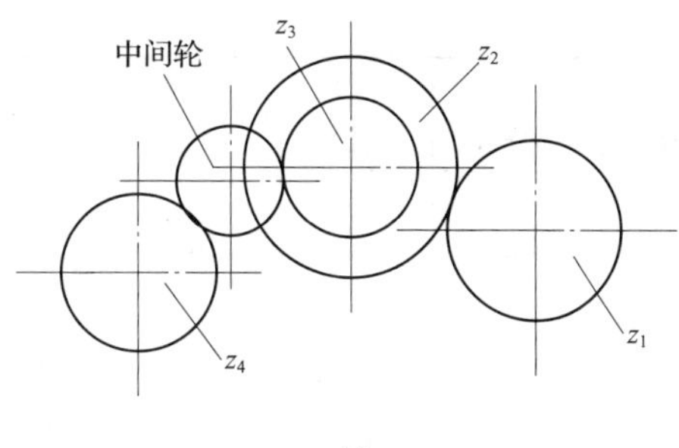

图 4-12　F11125 型万能分度头交换齿轮形式

a）单式轮系　b）复式轮系

计算分度手柄转数 n_o，$n_o = \frac{40}{z_o} = \frac{40}{110} = \frac{4}{11} = \frac{24}{66}$。即每分度 1 次，分度手柄相对分度盘在 66 孔的孔圈上转过 24 个孔距（分度叉内包含 25 个孔）。

计算交换齿轮：

$$\frac{z_1 z_3}{z_2 z_4} = \frac{40(z_o - z)}{z_o} = \frac{40 \times (110 - 119)}{110}$$

$$= -\frac{36}{11} = -\frac{90}{55} \times \frac{60}{30}$$

得主动轮 z_1=90，z_3=60；从动轮 z_2=55，z_4=30。即分度盘和分度手柄转向相反，交换齿轮采用复式轮系，并加 1 个中间轮，如图 4-12b 所示。

在实际使用差动分度法时，为方便分度，可由表 4-2 直接查得各相关数据。表中数据均按 $z_o < z$ 得出，适用于定数为 40 的各型万能分度头。在配置中间轮时，应使分度盘与分度手柄转向相反。

表 4-2　　差动分度表（分度头定数为 40）

工件等分数	假定等分数	分度盘孔数	转过的孔距数	交换齿轮齿数				F11125 型分度头交换齿轮形式
				z_1	z_2	z_3	z_4	
61	60	30	20	40			60	a
63				60			30	
67	64	24	15	90	40	50	60	b
69	66	66	40	100			55	a
71	70	49	28	40			70	
73				60			35	
77	75	30	16	80	60	40	50	b
79				80	50	40	30	
81	80	30	15	25			50	a
83				60			40	
87	84	42	20	50			35	
89	88	66	30	25			55	
91	90	54	24	40			90	
93				40			30	
97	96	24	10	25			60	
99				50			40	
101	100	30	12	40			100	
103				60			50	
107				70			25	

续表

工件等分数	假定等分数	分度盘孔数	转过的孔距数	交换齿轮齿数				F11125 型分度头交换齿轮形式
				z_1	z_2	z_3	z_4	
109	105	42	16	80	30	40	70	b
111				80			35	a
113	110	66	24	60			55	
117				70	55	50	25	b
119				90	55	60	30	
121	120	54	18	30			90	a
122				40			60	
123				25			25	
126				50			25	
127				70			30	
128				80			30	
129				90			30	
131	125	25	8	80	25	30	50	b
133				80	50	40	25	
134	132	66	20	50	55	40	60	
137				100	30	25	55	
138	135	54	16	80			90	a
139				80	30	40	90	b
141	140	42	12	40	50	25	70	
142				40			70	a
143				30			35	
146				60			35	
147				50			25	
149				90	25	50	70	b
151	150	30	8	40	50	30	90	
153				40			50	a
154				40	60	80	50	b
157				70	30	40	50	
158				80	30	40	50	
159				90	30	40	50	

续表

工件等分数	假定等分数	分度盘孔数	转过的孔距数	交换齿轮齿数				F11125型分度头交换齿轮形式
				z_1	z_2	z_3	z_4	
161	160	28	7	25			100	a
162				25			50	
163				30			40	
166				60			40	
167				70			40	
169				90			40	
171	168	42	10	50			70	
173				100	35	25	60	b
174				50			35	a
175				50			30	
177	176	66	15	40	55	25	80	b
178				40	55	50	80	
179				60	55	50	80	
181	180	54	12	40	50	25	90	
182				40			90	a
183				40			60	
186				40			30	
187	180	54	12	40	60	70	30	b
189				50			25	a
191				80	60	55	30	b
193	192	24	5	30	90	50	80	b
194				25			60	a
197				100	30	25	80	b
198				60			40	a
199				70	30	50	80	b

注：表中交换齿轮形式a代表单式轮系，b代表复式轮系；交换齿轮采用单式轮系时需配置两个中间轮，而采用复式轮系分度时只需配置一个中间轮。

§4–4 直线移距分度法

有些工件需要在直线上进行等分，如直尺刻线和铣削齿条时的移距。在一般情况下，移距时可直接转动工作台纵向丝杠，并以刻度盘作为移距时的依据。这种移距方法虽操作简单，但移距精度不高，且操作时容易造成差错。利用分度头进行直线移距分度，不仅操作简便，且移距精度高。

直线移距分度法是用交换齿轮将分度头主轴或侧轴与工作台纵向丝杠连接起来，操作时，转动分度手柄，经由齿轮传动，实现工作台的精确移距。

常用的直线移距分度法有主轴挂轮法和侧轴挂轮法两种。

一、主轴挂轮法

1. 分度原理

主轴挂轮法是在分度头主轴后锥孔中装上挂轮轴，用交换齿轮把分度头主轴与工作台纵向丝杠连接起来，如图 4–13 所示。转动分度手柄，使工作台产生移距。

这种直线移距分度法利用了分度头的减速作用，分度手柄转动若干转，工作台纵向移动一个很小的距离。这种方法适用于间隔距离较小或移距精度要求较高的分度场合。

2. 交换齿轮计算

由图 4–13 可知：

$$n\frac{1}{40}\frac{z_1z_3}{z_2z_4}P_{丝}=L$$

$$\frac{z_1z_3}{z_2z_4}=\frac{40L}{nP_{丝}} \qquad (4\text{–}8)$$

式中 z_1、z_3——主动交换齿轮的齿数；

z_2、z_4——从动交换齿轮的齿数；

40——分度头定数；

L——每次分度工作台（工件）移动距离，mm；

$P_{丝}$——工作台纵向进给丝杠螺距，mm；

n——每次分度时分度手柄的转数，r。

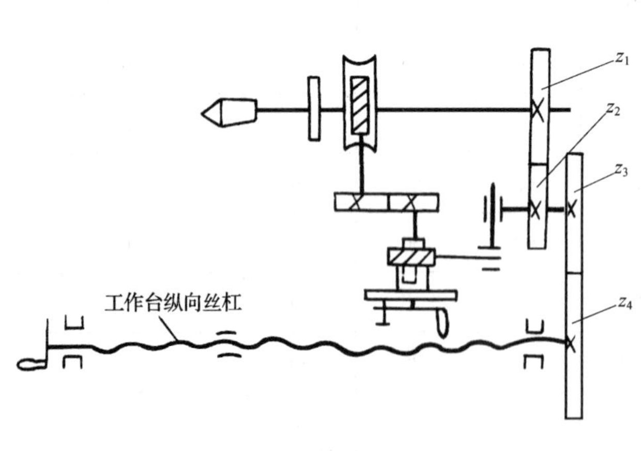

a)

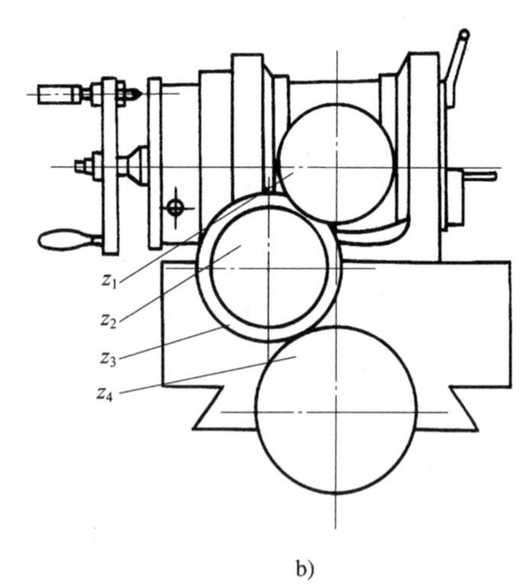

b)

图 4–13 主轴挂轮法

a）传动系统 b）交换齿轮安装

计算交换齿轮时，一般应先确定分度手柄的转数 n，计算出的交换齿轮，其传动比$\frac{z_1 z_3}{z_2 z_4}$不大于 6 或不小于 1/6 时，采用单式轮系；当传动比大于 6 或小于 1/6 时，应采用复式轮系，并满足交换齿轮正常啮合的条件：

$$\begin{cases} z_1 + z_2 > z_3 + (15 \sim 20) \\ z_3 + z_4 > z_2 + (15 \sim 20) \end{cases} \quad (4\text{–}9)$$

例 4–10 在 X6132 型铣床上进行刻线，线的间隔为 0.35 mm，工作台纵向丝杠螺距 $P_{丝}$=6 mm，求分度手柄转数和交换齿轮齿数。

解：取分度手柄转数 n=1 r，由式（4–8）得：

$$\frac{z_1 z_3}{z_2 z_4} = \frac{40L}{nP_{丝}} = \frac{40 \times 0.35}{1 \times 6} = \frac{14}{6} = \frac{70}{30}$$

即交换齿轮采用单式轮系，z_1=70，z_2=30。每次分度时，拔出定位插销，将分度手柄转过 1 r，再把插销插入即可。

例 4–11 在 X6132 型铣床上铣削模数 m=1.5 mm 的齿条，求分度手柄转数和交换齿轮齿数。

解：取分度手柄转数 n=5 r。齿条的齿距 $p=L=\pi m=1.5\pi$ mm，$P_{丝}$=6 mm，取$\pi = \frac{22}{7}$，由式（4–8）得：

$$\frac{z_1 z_3}{z_2 z_4} = \frac{40L}{nP_{丝}} = \frac{40 \times 1.5 \times 22}{5 \times 6 \times 7} = \frac{44}{7} = \frac{100 \times 55}{35 \times 25}$$

即分度手柄每次转 5 r，交换齿轮采用复式轮系，z_1=100，z_2=35，z_3=55，z_4=25。

二、侧轴挂轮法

1. 分度原理

侧轴挂轮法是在分度头侧轴与工作台纵向丝杠之间安装交换齿轮，并将分度头主轴锁紧，此时分度手柄被固定。松开分度盘左侧的紧固螺钉，分度时分度盘转动，以分度手柄上的定位插销作为衡量分度盘转动多少的依据，如图 4–14 所示。移距时，用扳手转动分度头侧轴，通过侧轴左端的一对斜齿圆柱齿轮（1∶1）带动分度盘相对分度手柄的定位插销旋转，同时侧轴右端的交换齿轮带动工作台纵向丝杠旋转，实现工作台纵向移距。

侧轴挂轮的直线移距分度方法由于不经过分度头内蜗杆蜗轮副的减速传动，分度盘转过一个较小的转数时，就能得到较大的直线移距量。

2. 交换齿轮计算

由图 4–14 可知：

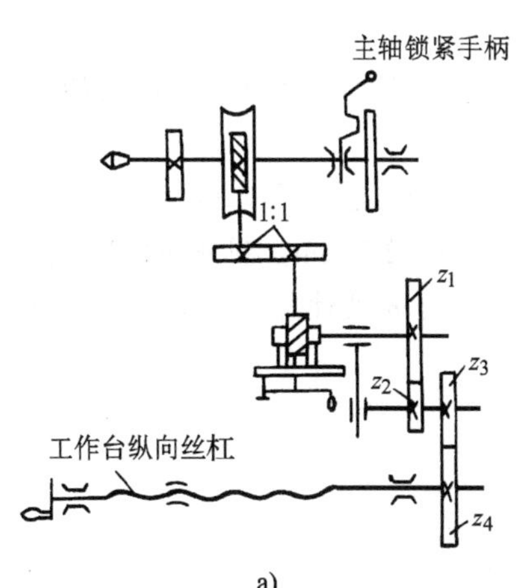

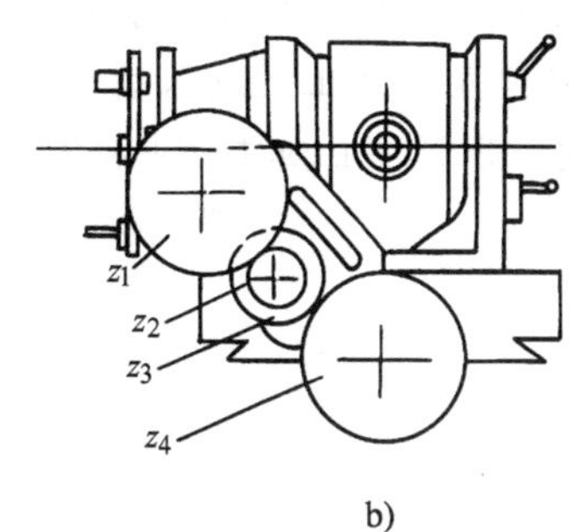

图 4–14 侧轴挂轮法
a）传动系统 b）交换齿轮安装

$$n\frac{z_1z_3}{z_2z_4}P_{丝}=L$$

$$\frac{z_1z_3}{z_2z_4}=\frac{L}{nP_{丝}} \qquad (4\text{–}10)$$

式中 z_1、z_3——主动交换齿轮的齿数；

z_2、z_4——从动交换齿轮的齿数；

L——每次分度时工件移动距离，mm；

$P_{丝}$——工作台纵向进给丝杠螺距，mm；

n——每次分度时分度盘的转数，r。

例 4–12 在 X6132 型铣床上铣削长齿条，齿条模数 m=4 mm，用 F11125 万能分度头作侧轴挂轮法直线移距，试进行分度计算。

解： 每次分度的移距量等于齿条齿距，即

$$L=P=\pi m=4\pi\approx 4\times\frac{22}{7}\text{ mm}$$

由式（4–10）得：

$$\frac{z_1z_3}{z_2z_4}=\frac{L}{nP_{丝}}=\frac{4\times\frac{22}{7}}{6n}=\frac{8}{6n}\times\frac{11}{7}$$

取 $n=\frac{8}{6}=1\frac{1}{3}=1\frac{18}{54}$ r

则 $\frac{z_1z_3}{z_2z_4}=\frac{11}{7}=\frac{55}{35}$

即交换齿轮采用单式轮系，z_1=55，z_4=35。移距时，分度盘每次相对分度手柄定位插销在孔数为 54 的孔圈上转过 1 r 又 18 个孔距。

习题

1. 什么叫万能分度头的定数？常用分度头的定数是多少？

2. 试进行下列等分数在 F11125 型万能分度头上的简单分度计算：

（1）z=18 （2）z=35 （3）z=64 （4）z=88

3. 在 F11125 型万能分度头上，试进行下列角度分度计算：

（1）θ=20° （2）θ=67° （3）θ=42° 50′ （4）θ=85° 20′

4. 已知工件的圆周等分数为 35，求在定数为 90 的回转工作台上的简单分度计算。

5. 用 F11125 型万能分度头铣削齿数 z=73 的直齿圆柱齿轮，应如何分度？

6. 差动分度时，如何选择假定等分数？为什么通常选择的假定等分数都小于实际等分数（即 $z_0<z$）？

7. 作 133 等分，写出所选定的孔圈数、分度叉间的孔数和交换齿轮的齿数，并画出交换齿轮的配挂简图。

8. 什么是直线移距分度法？怎样用主轴挂轮法进行直线移距分度？

9. 在 X6132 型铣床上铣削长齿条，齿条模数 m=2.5 mm。现用 F11125 型万能分度头作直线移距分度，分别按主轴挂轮法和侧轴挂轮法进行分度计算。（取 π=22/7）

第五章

外花键和牙嵌离合器的铣削

§5-1 外花键的铣削

一、花键连接简介

花键连接是两零件上等距分布且齿数相同的键齿相互连接，并传递转矩或运动的同轴偶件，即花键连接是由带键齿的轴（外花键）和轮毂（内花键）所组成。

花键连接是一种能传递较大转矩和定心精度较高的连接形式，在机械传动中应用广泛，机床、汽车、拖拉机等机械的变速箱内，大都用花键齿轮套与花键轴（图 5-1）配合的滑移实现变速传动。

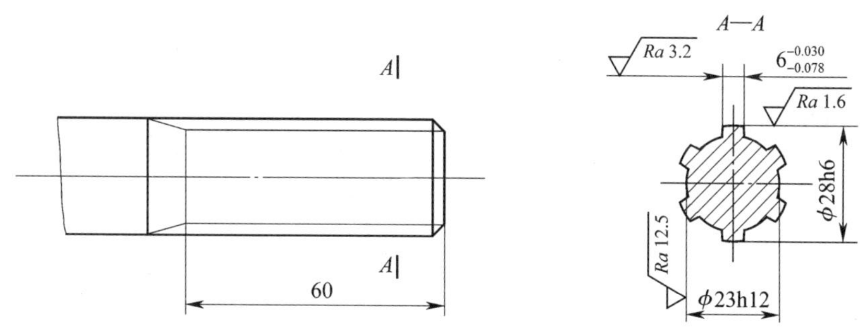

图 5-1 花键轴（外花键）

根据键齿的形状（齿廓）不同，常用的花键分为矩形花键和渐开线花键两类。端平面上外花键的键齿或内花键的键槽的两侧齿形为相互平行的直线，且对称于轴平面的花键称为矩形花键。

由于矩形花键的齿廓呈矩形，容易加工，所以得到广泛的应用。矩形花键连接的定心（即花键副工作轴线位置的限定）方式有三种：小径定心、大径定心和齿侧（即键宽）定心，如图 5-2 所示。

成批、大量的外花键（花键轴）在花键铣床上用花键滚刀按展成原理加工，这种加工方法具有较高的加工精度和生产效率，但必须具备花键铣床和花键滚刀。在单件、小批量生产或缺少花键铣床等专用设备的情况下，常在普通卧式或立式铣床上利用分度头分度加工。

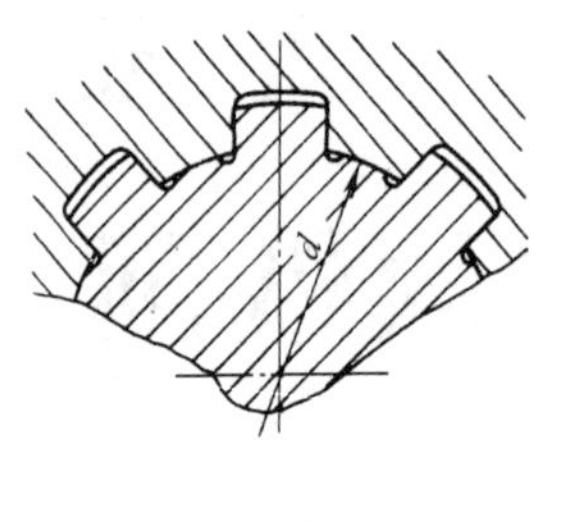

a)

b)

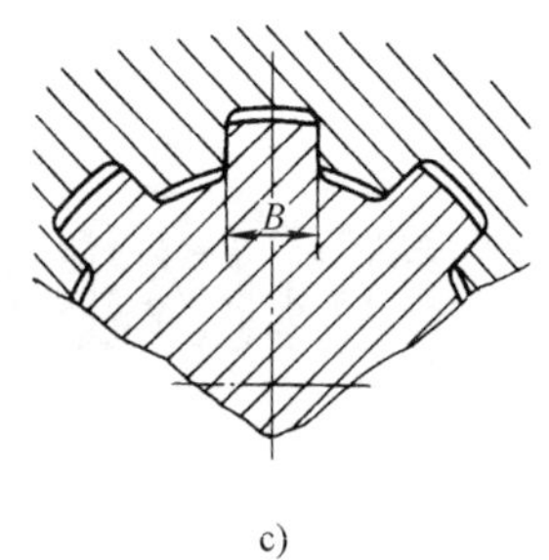

c)

图 5-2 矩形花键连接的定心方式

a）小径定心 b）大径定心 c）齿侧定心

加工方法有单刀铣削、组合铣刀铣削和成形铣刀铣削三种。花键成形铣刀制造较困难，只有在零件数量较多且具备成形铣削条件下才使用成形铣刀铣削，因此，本书不再详细介绍。

二、用单刀铣削矩形齿外花键

在铣床上用单刀铣削矩形齿外花键，主要适用于单件生产或维修加工，以加工大径定心的矩形齿花键轴为主，对以小径定心的花键轴，一般只进行粗加工。

1. 工件的装夹和校正

工件用分度头与尾座两顶尖或三爪自定心卡盘与尾座顶尖装夹，然后用百分表按下述要求对工件进行校正：

（1）工件两端处的径向圆跳动校正至符合要求。

（2）工件的上素线与铣床工作台台面平行。

（3）工件的侧素线与工作台纵向进给方向平行。

对细长的工件，在校正之后还应在长度的中间位置下面用千斤顶支承。

2. 铣刀的选择及切削位置的调整

（1）铣刀的选择　花键键齿侧面的铣削选择外径尽可能小一些、宽度适当（铣削中不应伤及邻键齿）的标准三面刃铣刀进行，这样可以减小铣刀的轴向圆跳动，以保证键齿侧面的表面粗糙度要求（一般为 $Ra3.2 \sim 1.6\ \mu m$）。花键槽底圆弧面（小径）的铣削可选用宽度为 2 ~ 3 mm 的细齿锯片铣刀粗铣和用成形刀头精铣。

（2）切削位置的调整（即对刀）　调整切削位置的目的：使三面刃铣刀的侧面切削刃与花键齿侧面重合，以保证花键的键宽和两键侧面的对称性。常用的对刀方法有：

1）侧面对刀法（图 5-3）　先使铣刀侧面切削刃轻轻接触工件侧素线处的贴纸，然后垂直向下退出工件，再将工作台向铣刀方向横向移动一个距离 S：

$$S = \frac{1}{2}（D - B）+\delta \qquad (5\text{-}1)$$

式中　S——工作台（工件）横向移动距离，mm；

D——花键大径（工件外径），mm；

B——花键键宽，mm；

δ——贴纸厚度，mm。

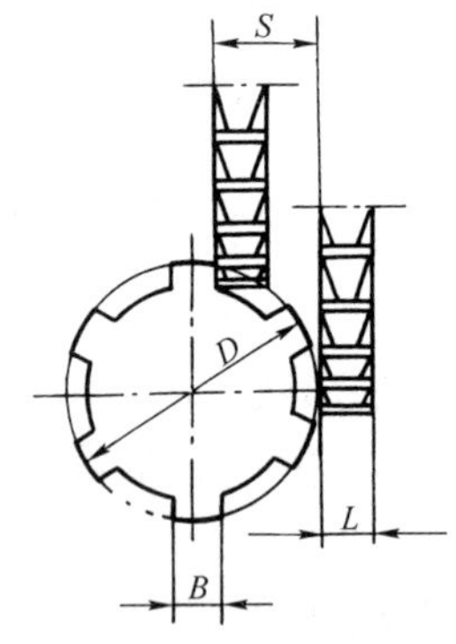

图 5-3　侧面对刀法

侧面对刀法方法简单，但应用上有一定局限性，当工件的外径较大时，由于受三面刃铣刀直径的限制，铣刀杆可能会与工件相碰，这时就不能采用此法对刀。

2）按划线对刀法　采用此法对刀，关键是划线要准确。划线的方法：先在工件上划出中心线，然后用游标高度卡尺在工件外圆柱面的两侧比中心高二分之一键宽处各划一条线，接着通过分度头将工件转过 180°后，用游标高度卡尺再各划一条线。检查两次所划线之间的宽度是否等于键宽，如不等，则应调整游标高度卡尺的高度重划，直到划出正确的宽度为止。再次通过分度头将工件转过 90°，并使划线部分外圆朝上，再用游标高度卡尺在工件端面划出花键的深度线$\left(\text{按}\ \dfrac{D-d}{2}+0.5\ \text{确定，即比实际深度深}\ 0.5\ \text{mm 左右}\right)$。

铣削时使三面刃铣刀的侧面切削刃对准键侧线，圆周切削刃对准花键深度线。

3）试切对刀法　在分度头的三爪自定心卡盘与尾座顶尖之间装夹一根直径与工件直径大致相同的试件，先用侧面对刀法或划线对刀法初步对刀，并在试件上铣出适当长度的花键键侧面 1，退出工件，经 180°分度再铣出键侧面 2（图 5–4a）；接着横向移动工作台（移动量等于键宽 B 与铣刀宽度 L 之和，即 $S_1=B+L$），铣出另一键侧面 3（图 5–4b）；退出工件后，使工件转过 90°，用杠杆百分表比较键侧面 1 与 3 的高度（图 5–4c）。如高度一致，说明花键的对称性很好；如高度不一致，则可按高度差值的一半重新调整工作台的横向位置，并使工件转过一个齿距，重复进行试切、测量，直至花键对称度达到要求且键宽 B 合格为止。对刀完毕后可换上工件正式进行铣削。

试切对刀法可以获得比侧面对刀法和按划线对刀法更高的对刀精度。

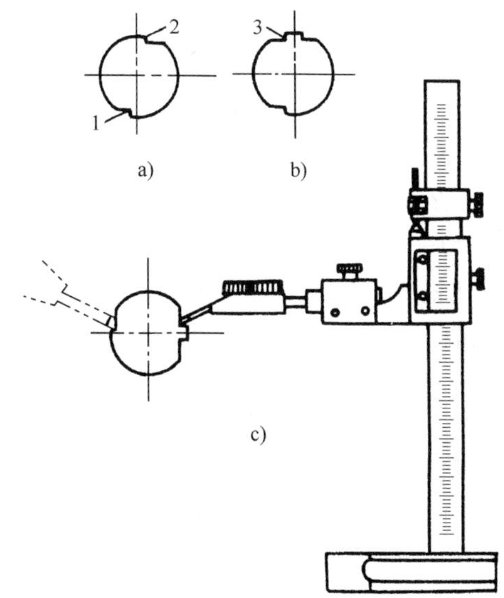

图 5–4　试切对刀法的步骤

a）铣键侧面 1 和 2　b）铣键侧面 3

c）比较测量键侧面 1 和 3 的高度

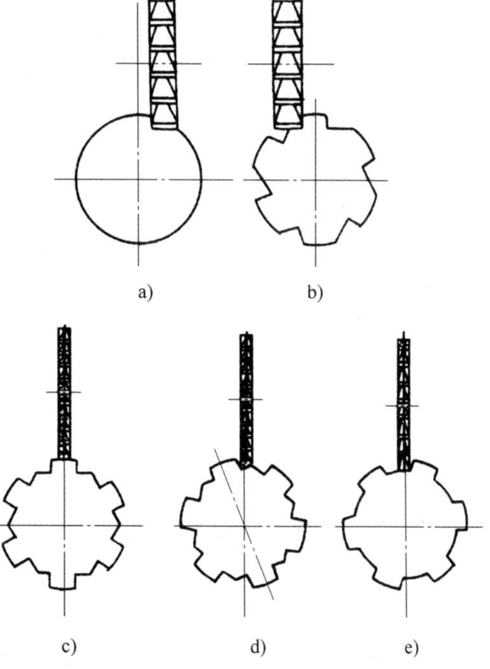

图 5–5　单刀铣削矩形齿外花键的顺序

a）铣花键右侧面　b）铣花键左侧面

c）锯片铣刀对中心　d）、e）铣槽底圆弧面（小径）

3. 花键的铣削

用单刀铣削矩形齿外花键的顺序如图 5–5 所示。

（1）铣键侧面　对刀之后，工作台纵向进给铣削键齿的右侧面（图 5–5a），并按齿分度依次铣完花键各齿的同一侧侧面。然后，横向移动工作台一个距离 S_1 后，依次铣削花键各齿的另一侧（左侧）侧面（图 5–5b）。S_1 按式（5–2）计算：

$$S_1=B+L \qquad (5\text{–}2)$$

式中 S_1——工作台横向移动距离，mm；

B——花键键宽，mm；

L——三面刃铣刀宽度，mm。

在铣花键的另一侧侧面时，应在铣削第一条键一小段后，测量键宽是否符合规定要求。

（2）铣键槽底圆弧面　在铣完全部键侧面以后，槽底部的凸起余量可用装在同一铣刀杆上的锯片铣刀铣去。铣削前应使锯片铣刀对准工件中心（图 5–5c），然后使工件转过一个角度，调整好切深（图 5–5d），开始铣削槽底圆弧面。每完成一次走刀，应将工件转过一些后再次走刀，直至将槽底铣完（图 5–5e）。铣出的槽底截面呈多边形，每次走刀后工件转过的角度越小，铣削的走刀次数越多，槽底截面就越接近圆弧形。

槽底圆弧面也可采用凹圆弧形的成形单刀头一次铣出，如图 5–6 所示。但必须注意，使用这种方法铣削时，对刀不准会使铣出的槽底圆弧中心与工件不同心。

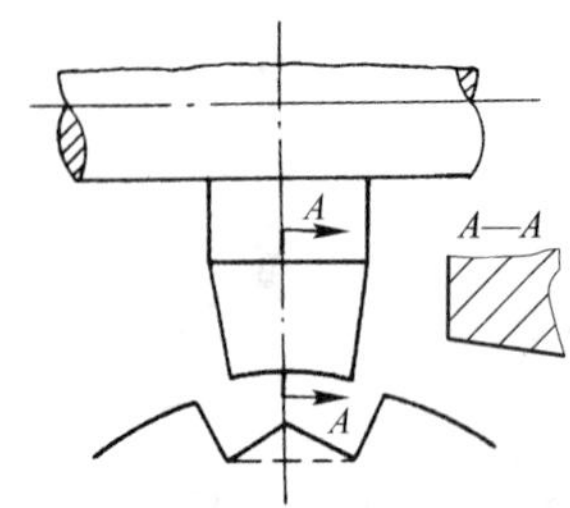

图 5–6　用成形单刀头铣槽底圆弧面

三、用组合铣刀铣削矩形齿外花键

用两把三面刃铣刀组合在一起铣削外花键，可使外花键的左、右键侧面一次同时铣出，如图 5–7a 所示。与用单刀铣削相比较，不仅生产效率高，还可简化操作步骤。因此，在工件数量较多时，常采用组合铣刀铣削。

用组合铣刀铣削外花键时，工件的装夹和校正方法与用单刀铣削时相同，但在选择和安装组合铣刀时，必须注意以下几点：

1. 选择的两把三面刃铣刀必须规格相同、直径相等（必要时应一起一次磨出）。

2. 安装铣刀时，应使两铣刀内侧切削刃间的距离等于花键键宽，以保证铣出的键宽符合规定的尺寸要求。

3. 对刀调整铣刀的切削位置时，两铣刀内侧切削刃应对称于工件轴线。

组合铣刀对刀的方法一般可用试件试切并校对调整，也可以采用铣刀外侧切削刃与工件侧素线贴纸对刀的方法，此时工作台（工件）横向移动的距离 S 按式（5–3）计算：

$$S=\frac{1}{2}(D+B)+L+\delta \qquad (5\text{–}3)$$

式中 S——工件横向移动距离，mm；

D——工件外径（花键大径），mm；

B——花键键宽，mm；

L——三面刃铣刀宽度，mm；

δ——贴纸厚度，mm。

对刀结束后，紧固工作台横向进给，按需要换装工件，调整好切深后即可开始铣削。采用组合铣刀铣削花键的键侧面与槽底圆弧面，工件可以两次装夹分别铣削，因此，可避免每铣一根花键轴都要横向移动工作台和调整切深的麻烦。花键槽底圆弧面的铣削采用成形铣刀，如图 5–7b 所示。

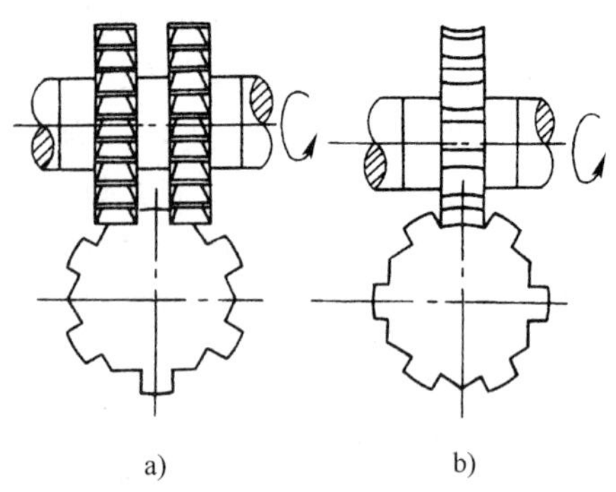

图 5–7　用组合铣刀铣削矩形齿外花键
a）用组合铣刀铣花键键侧面
b）用成形铣刀铣花键槽底（小径）圆弧面

铣削生产批量较大的花键轴时，可使用硬质合金组合铣刀铣削花键（图 5–8），铣削速度可达 120 m/min，进给速度可达 375 mm/min，每一侧的精铣余量一般为 0.15 ~ 0.20 mm。经精铣后的键侧面表面粗糙度 Ra 值可达 1.6 ~ 0.8 μm，在一定程度上可代替花键磨床的加工。

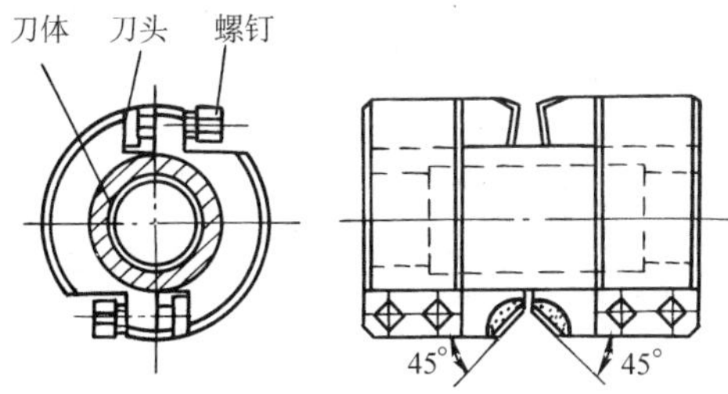

图 5–8　精铣花键用硬质合金组合铣刀盘

四、外花键的检测与质量分析

1. 外花键的检测

外花键的各几何要素及偏差的检测，在单件、小批量生产中，一般用通用量具（游标卡尺、千分尺和百分表等）进行，检测项目如下：

（1）用千分尺或游标卡尺测量外花键的键宽 B 和小径尺寸 d。

（2）用百分表检测外花键键侧面对工件轴线的平行度和对称度误差。对称度误差的检测方法与试切对刀法所用的比较测量方法相同，如图 5–4 所示。

在成批、大量生产中则采用综合量规和单项止端量规结合的检测方法。外花键综合量规（图 5–9）同时检验花键的小径、大径、键宽、大径对小径的同轴度、花键的对称度与等分度等项目的综合影响，以保证花键连接的配合要求和安装要求。外花键综合量规（环规）只有通端，因此，还需用单项止端量规（卡板）分别检验小径、大径、键宽的最小极限尺寸，以保证其实际尺寸不小于最小极限尺寸。检测时，综合量规通过，单项止端量规不通过，则花键合格。

2. 铣削外花键的注意事项

在铣床上用三面刃铣刀铣削外花键时应注意下列事项：

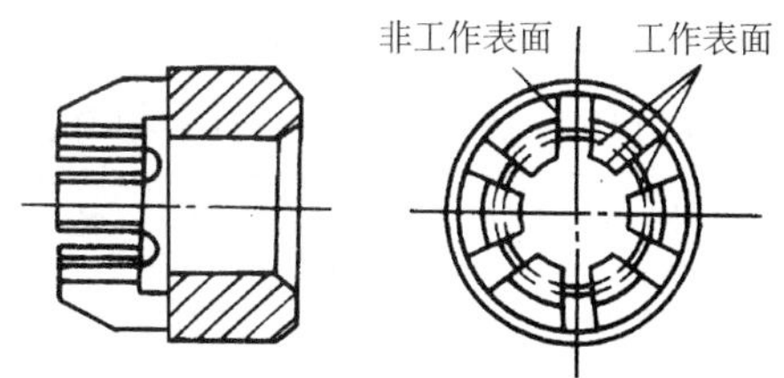

图 5–9　外花键综合量规

（1）准确校正夹具（分度头、尾座）的位置，保证工件轴线平行于工作台台面，且与工作台纵向进给方向一致。

（2）在保证不铣切到邻键侧面的条件下，三面刃铣刀的宽度尺寸尽量选择大的，以增强铣刀的刚度。

（3）铣刀的切削刃应锋利，安装后侧面切削刃的偏摆量要小。

（4）仔细调整铣刀的切削位置，用单刀铣削时，尤应保证对刀准确。

（5）分度操作要细心，防止因分度错误或未消除分度间隙而引起等分不准。

（6）合理选择铣削用量，避免加工中因振动引起键侧面产生波纹。对刚度差的细长花键轴应采取提高工件加工中刚度的措施。

3. 外花键铣削的质量分析

外花键铣削中常见的质量问题、产生原因及防止措施见表 5–1。

表 5–1　　外花键铣削质量分析

质量问题	产生原因	防止措施
键宽尺寸超差	1. 用单刀铣削时，切削位置调整不准 2. 刀具端面刃跳动量过大	1. 准确调整铣刀切削位置 2. 更换垫圈，重新安装铣刀

续表

质量问题	产生原因	防止措施
花键对称度超差	1. 切削位置计算、调整不准 2. 分度不准	1. 重新对刀 2. 正确分度
花键等分不准	1. 工件轴线与分度头不同轴 2. 分度头传动间隙过大 3. 分度头摇错	1. 准确校正工件轴线与分度头同轴 2. 分度手柄转动方向一致，消除间隙 3. 正确分度
花键与基准轴线不平行	分度头主轴轴线与纵向进给方向不平行，尾座顶尖与分度头不同轴	重新校正夹具
花键两端小径尺寸不一致	工件轴线与工作台台面不平行	重新校正工件
花键轴中段产生波纹	花键轴细长，刚度差	工件中段用千斤顶支承，增大刚度
键侧产生波纹，表面粗糙度值大	1. 铣刀杆弯曲或垫圈不平行 2. 铣刀杆与刀杆支架轴承配合间隙大 3. 铣刀磨钝 4. 尾座顶尖未顶紧工件	1. 校正铣刀杆或更换垫圈 2. 调整间隙，加注润滑油 3. 更换铣刀 4. 调整、顶紧工件

§5-2 牙嵌离合器的铣削

牙嵌离合器是用爪牙状零件组成嵌合副的机械离合器。按其齿形可分为矩形齿（矩形牙嵌离合器）、梯形齿（正梯形牙嵌离合器）、尖齿形齿（等腰三角形牙嵌离合器）和锯齿形齿（锯齿形牙嵌离合器）等几种；按其轴向截面中齿高的变化可分为等高齿离合器和收缩齿离合器两种。常见牙嵌离合器的齿形如图 5-10 所示。

一、牙嵌离合器的技术要求

牙嵌离合器一般都是成对使用的。为了保证准确嵌合，获得一定的运动传递精度和可靠地传递转矩，两相互嵌合的离合器必须同轴，齿形必须吻合，齿形角必须一致。牙嵌离合器的主要技术要求如下：

1. 齿形（包括齿形角、槽底的倾角和齿槽深等）准确。

2. 同轴精度高。齿形的轴线（汇交轴线）应与离合器装配基准孔轴线重合（偏移要小）。

3. 等分精度高。包括对应齿侧的等分性和齿形所占圆心角的一致性。

4. 表面粗糙度值小。牙嵌离合器的工作表面是两齿侧面，其表面粗糙度 *Ra* 值一般为 3.2 ~ 1.6 μm。

5. 齿部强度高，齿面耐磨性好。

二、矩形齿离合器的铣削

矩形齿离合器的齿顶面和槽底面相互平行且均垂直于工件轴线，沿圆周展开齿形为矩形（图 5-10a），按齿数不同分为奇数齿和偶数齿两种。

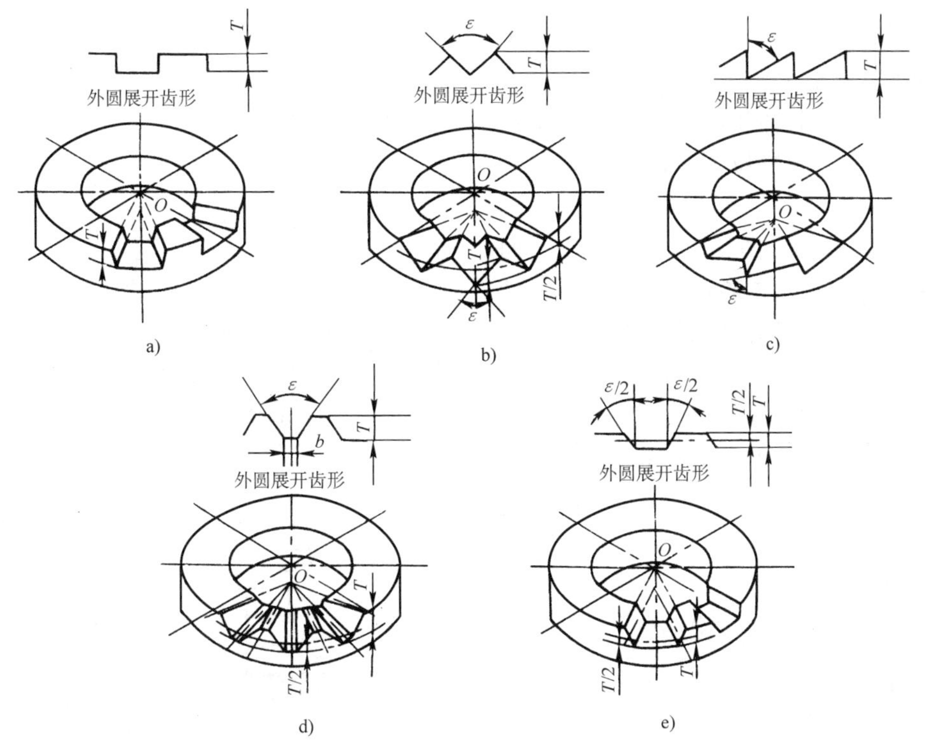

图 5–10　常见牙嵌离合器的齿形

a）矩形齿　b）尖齿形齿　c）锯齿形齿　d）梯形收缩齿　e）梯形等高齿

1. 奇数矩形齿离合器的铣削

奇数矩形齿离合器用三面刃铣刀或立铣刀加工。铣削时，铣刀可穿过离合器整个端面，一次进给铣削两个齿侧面，进给次数与离合器齿数相等。

（1）铣刀选择　为了不致在铣削中切到相邻的齿，三面刃铣刀的宽度 L 或立铣刀的直径 d 应等于或小于齿槽的最小宽度 b，由图 5–11 可知：

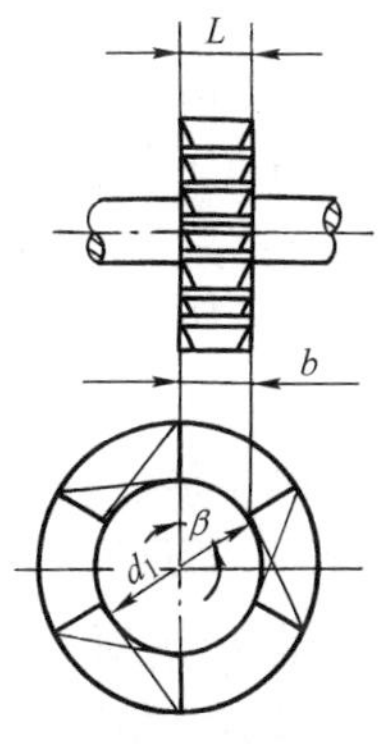

图 5–11　三面刃铣刀宽度的计算

$$L（或 d）\leqslant b=\frac{d_1}{2}\sin\beta=\frac{d_1}{2}\sin\frac{180°}{z} \quad （5–4）$$

式中　d_1——离合器齿圈内径，mm；

β——离合器齿槽（中心）角，（°）；

z——离合器的齿数。

当按式（5–4）计算所得的 b 值不符合铣刀的宽度或直径标准时，应就近选择略小于计算值的标准规格铣刀。

（2）工件的装夹与校正　工件装夹在分度头的三爪自定心卡盘上，并校正工件的径向圆跳动和轴向圆跳动至符合要求。

（3）调整切削位置（对刀）　铣削时，三面刃铣刀的侧面切削刃或立铣刀的圆周切削刃应通过工件中心。调整的方法是使旋转的三面刃铣刀的侧面切削刃或立铣刀的圆周切削刃与工件的外圆柱表面（离合器齿圈的外圆柱面）刚刚接触，下降工作台退出工件，再使工件向着铣刀横向移动等于工件半径（齿圈外圆半径）的距离，切削位置调整结束。铣刀对中心后，按齿槽深 T 调整工作台的垂直距离，并将工作台横向进给和升降台垂直进给紧固，同时将对刀时工件上被切伤的部分转到齿槽位置，以便铣削时切去。

（4）铣削方法　图 5–12 所示为用三面刃铣刀铣削奇数矩形齿离合器。铣削时，铣刀每次进给可以穿过离合器整个端面，一次铣出两个齿的各一个侧面。每次进给结束，退出工件后用分度头分度，使工件转到新的切削位置，然后继续下一次进给，直至铣削结束。

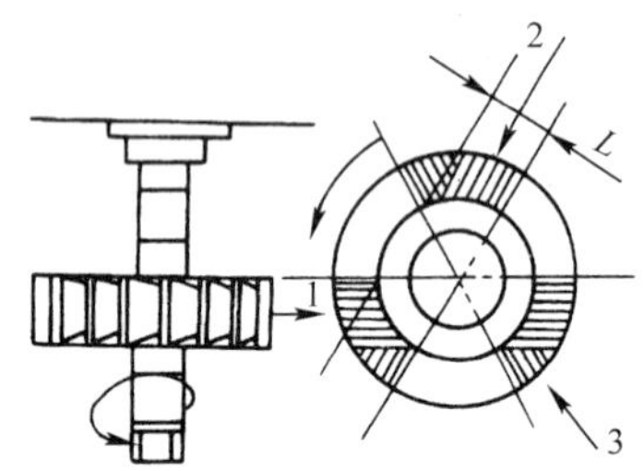

图 5–12　奇数矩形齿离合器的铣削顺序

（5）铣齿侧间隙　为了使离合器工作时能顺利地嵌合和脱开，矩形齿离合器的齿侧应有一定的间隙。铣齿侧间隙的方法有以下两种：

1）偏移中心法　铣刀对中心后，使三面刃铣刀的侧面切削刃或立铣刀的圆周切削刃向齿侧面方向偏过工件中心 0.2 ~ 0.3 mm，如图 5–13a 所示，依次铣削各齿槽，这样铣后的离合器齿略为减小，嵌合时就产生间隙。由于铣后齿侧面不通过工件轴线，离合器工作时齿侧面贴合差，接触面减小，影响离合器的承载能力。因此，这种方法只用于精度要求不高的离合器的加工。

2）偏转角度法　铣刀对中心后，依次将全部齿槽铣完，然后将工件转过一个角度 $\Delta\theta$（$\Delta\theta$=2° ~ 4° 或按图样规定要求），再对各齿的一侧铣一次，使齿侧产生间隙。由于齿侧面仍通过工件轴线（图 5–13b），离合器工作时齿侧面贴合好，接触面大。这种方法适用于精度要求较高的离合器的加工，缺点是需要增加铣削次数。

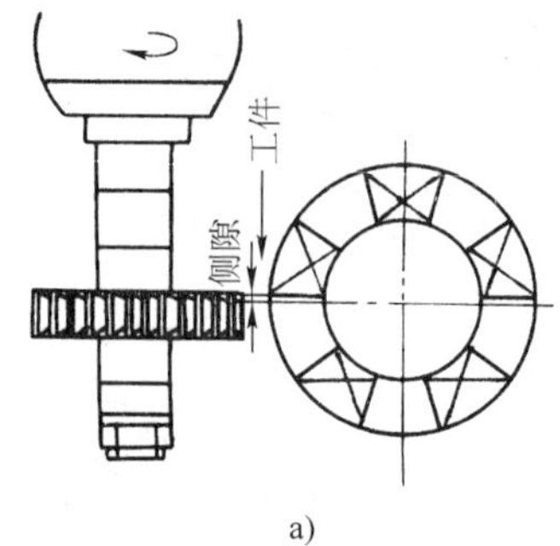

a）

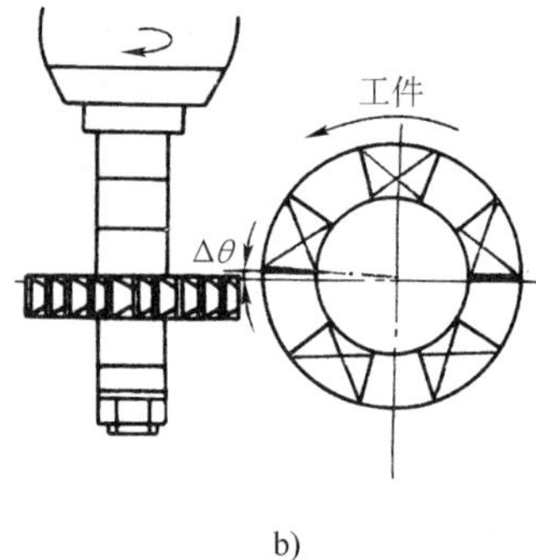

b）

图 5–13　铣齿侧间隙

a）偏移中心法　b）偏转角度法

2. 偶数矩形齿离合器的铣削

偶数矩形齿离合器用三面刃铣刀或立铣刀加工。铣削时，铣刀不能穿过离合器整个端面，以免对面的齿被铣刀切伤；同时进给时铣刀杆轴线应超过离合器齿圈的内圆，以保证加工出的齿侧平面的完整和槽底是平面。一次进给只能加工一个齿侧面，进给次数是离合器齿数的 2 倍。

（1）铣刀选择　三面刃铣刀的宽度 L 或立铣刀的直径 d 按式（5–4）计算，三面刃铣刀的直径 D 按式（5–5）计算（图 5–14）：

$$D \leqslant \frac{T^2 + d_1^2 - 4L^2}{T} \qquad (5\text{–}5)$$

式中　T——离合器齿槽深，mm；

d_1——离合器齿圈内径，mm；

L——三面刃铣刀宽度，mm。

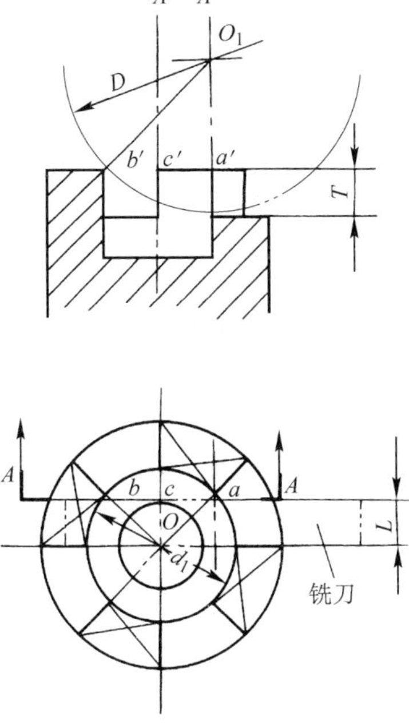

图 5–14　三面铣刀直径的计算

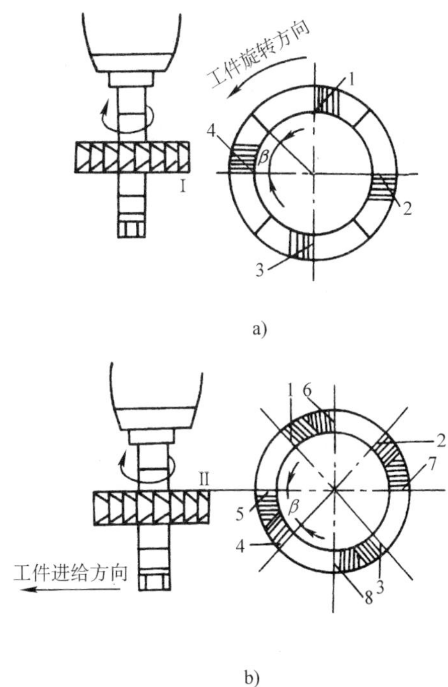

图 5–15　偶数矩形齿离合器的铣削顺序

必须注意：铣削小直径的偶数矩形齿离合器，当三面刃铣刀直径 D 无法满足式（5–5）的要求时，应改用立铣刀在立式铣床上铣削，以免因三面刃铣刀直径偏大而铣伤与齿槽相对的一个齿。此外，铣削直径大、齿数少的矩形齿离合器（齿槽宽度大于 25 mm）时，也应选用立铣刀加工。

（2）铣削方法　偶数矩形齿离合器的铣削，要经过两次调整切削位置才能铣出准确的齿形。图 5–15 所示为一齿数 z=4 的偶数矩形齿离合器的铣削顺序。第一次调整切削位置，使三面刃铣刀侧面切削刃Ⅰ对准工件中心，通过分度依次铣出各齿的同侧齿侧面 1、2、3 和 4；然后进行切削位置的第二次调整，将工作台横向移动一个铣刀宽度 L 的距离，使三面刃铣刀的另一侧面切削刃Ⅱ对准工件中心，同时使工件转过一个齿槽（中心）角 β $\left(\beta=\dfrac{180°}{z}\right)$，再通过分度依次铣出各齿的另一侧侧面 5、6、7 和 8。

为了得到一定的齿侧间隙，在第二次调整切削位置时，可将工件转过的角度增大 2° ~ 4°。

不难看出，奇数矩形齿离合器的工艺性比偶数矩形齿离合器好，被广泛采用。

三、尖齿形齿离合器的铣削

尖齿形齿离合器的齿形特征是整个齿形都向轴线上的一点收缩，所以沿径向由外圆到轴心不仅齿槽宽逐渐变窄，而且齿槽深逐渐变浅，槽底是倾斜的。为了获得正确的齿形，铣削收缩齿时，必须将分度头主轴倾斜一个角度 α，如图 5–16 所示，以保证槽底线与工作台台面平行。

尖齿形齿的两侧齿面对称于轴中心平面，沿圆周展开的齿形角（即槽形角）ε，常用的有 60° 和 90° 两种。

1. 铣刀选择

铣削尖齿形齿离合器，一般都选用对称双角铣刀。对称双角铣刀的廓形角 $\theta=\varepsilon$。在满足切深（即铣削宽度 a_e）要求的前提下，铣刀直径应尽量选小些。

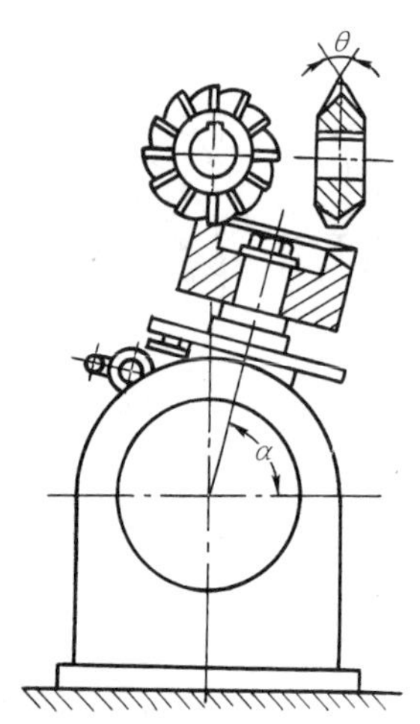

图 5-16　铣收缩齿离合器时分度头主轴倾斜 α 角

必须指出，尖齿形齿的齿形角 ε 是标注在离合器的外圆柱展开面上（图 5-10b），而实际铣削时，对称双角铣刀的廓形是在垂直于槽底的截面内与离合器的齿侧面相贴合，因此，铣刀的廓形角 θ 与齿形角 ε 并不相等。由于 θ 与 ε 的实际差值很小，且一对离合器的铣削采用的是同一把对称双角铣刀，因而完全可以保证铣削后的齿面在嵌合时能良好接触，所以可以按 $\theta=\varepsilon$ 选择铣刀。

2. 分度头主轴倾斜角度（起度角）α 的计算

分度头主轴相对工作台台面的倾斜角 α 按式（5-6）计算：

$$\cos\alpha=\tan\frac{90^\circ}{z}\cot\frac{\varepsilon}{2} \qquad (5\text{-}6)$$

式中　α——分度头起度角，(°)；

z——离合器齿数；

ε——齿形角，(°)。

例 5-1　铣削齿形角 $\varepsilon=60^\circ$、齿数 $z=80$ 的尖齿形齿离合器，试确定分度头主轴的倾斜角度 α。

解： 选用对称双角铣刀的廓形角 $\theta=\varepsilon=60^\circ$

$$\cos\alpha=\tan\frac{90^\circ}{z}\cot\frac{\varepsilon}{2}=\tan\frac{90^\circ}{80}\cot\frac{60^\circ}{2}$$

$$\approx 0.0196\times1.732\approx0.0340$$

$$\alpha\approx88^\circ03'$$

答： 分度头主轴倾斜角 $\alpha\approx88^\circ03'$。

3. 铣削方法

（1）对刀　铣削尖齿形齿离合器时，必须使对称双角铣刀的刀尖（或中心平面）通过工件轴线。在实际生产中，一般都采用试切法对刀。对刀时，先使刀尖大致对准工件中心，在工件表面铣一条浅印，退出工件并将工件转过 180°，再铣一条浅印，如两条浅印不重合，横向调整工作台，将工件转过一齿再铣浅印，直至两条浅印重合为止。

（2）齿形铣削　铣削尖齿形齿离合器时，无论齿数是奇数还是偶数，每分度一次只能铣出一条齿槽。调整切深应在外径处按大端齿槽深进行。为了避免一对离合器嵌合时齿顶与齿槽接触，要防止齿形太尖，因此，往往采用试切法调整切深，使大端齿顶留有 0.2 ~ 0.3 mm 宽的平面，以保证嵌合时齿形的工作面相接触。

四、锯齿形齿离合器的铣削

锯齿形齿离合器也是收缩齿离合器，因此，同样具有收缩齿的齿形特征。锯齿形齿的一个齿侧面与通过工件轴线的纵截面重合，另一个齿侧面则由外圆周向中心收缩汇交于轴线上一点，因此，相当于半个尖齿形齿离合器（图 5-10c）。常用的齿形角 ε 有 60°、70°、75°、80° 和 85° 等几种。

锯齿形齿离合器的铣削方法与铣削尖齿形齿离合器基本相同，只是使用的铣刀和分度头起度角 α 的计算方法不同。

1. 铣刀选择

铣削锯齿形齿离合器，一般选用单角铣刀。单角铣刀的廓形角 θ 等于离合器的齿形角（即槽形角）ε，即 $\theta=\varepsilon$。

2. 对刀

对刀时，应使单角铣刀的端面侧刃通过工件轴线。在实际生产中，除了采用铣削尖齿形齿离合器时的试切法对刀外，还可采用如图 5-17 所示的擦侧边对刀方法。

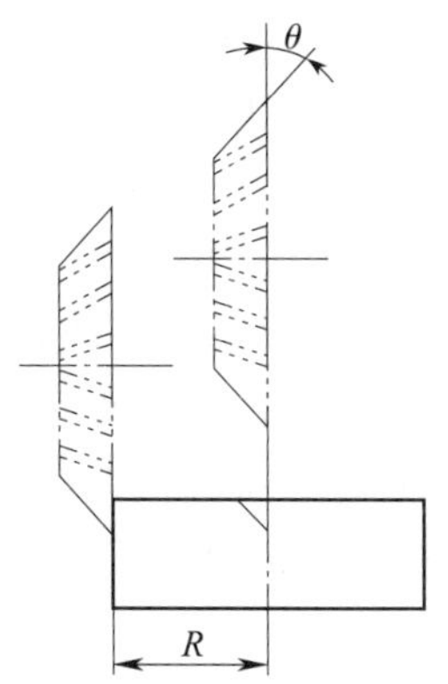

图 5–17　铣锯齿形齿离合器的擦侧边对刀方法

3. 分度头起度角 α 的计算

分度头主轴相对工作台台面的倾斜角 α 按式（5–7）计算：

$$\cos\alpha = \tan\frac{180°}{z}\cot\varepsilon \qquad (5\text{–}7)$$

式中　α——分度头起度角，（°）；

z——锯齿形齿离合器的齿数；

ε——齿形角，（°）。

例 5–2　铣削锯齿形齿离合器，已知离合器齿数 z=30，齿形角 ε=75°，试计算分度头主轴的倾斜角度 α。

解：已知 z=30，ε=75°

$$\cos\alpha = \tan\frac{180°}{z}\cot\varepsilon = \tan\frac{180°}{30}\cot 75°$$

$$= \tan 6°\ \cot 75°$$

$$\approx 0.105\ 1 \times 0.267\ 9 \approx 0.028\ 2$$

$$\alpha \approx 88°23'$$

答：分度头主轴倾斜角 $\alpha \approx 88°\ 23'$。

五、梯形齿离合器的铣削

梯形齿离合器分为梯形收缩齿和梯形等高齿两种离合器，如图 5–10d、e 所示。这两种梯形齿离合器的铣削方法是完全不同的。

1. 梯形收缩齿离合器的铣削

梯形收缩齿离合器的齿形，实际上就是把尖齿形齿的齿顶和槽底分别用平行于齿顶线和槽底线的平面截去了一部分，其齿顶及槽底在齿长方向上都是等宽的，并且它们的中线都通过离合器的轴线（图 5–10d）。因此，梯形收缩齿离合器的铣削方法和步骤与尖齿形齿离合器的铣削方法和步骤基本相同。铣削时，分度头主轴的倾斜角 α 的计算公式与铣削尖齿形齿离合器时的计算公式（5–6）相同。仅是选择的铣刀和对刀方法不同。

例 5–3　铣削梯形收缩齿离合器，已知齿数 z=12，齿形角 ε=40°，试计算分度头起度角 α。

解：已知 z=12，ε=40°

根据式（5–6）

$$\cos\alpha = \tan\frac{90°}{z}\cot\frac{\varepsilon}{2} = \tan\frac{90°}{12}\cot\frac{40°}{2}$$

$$= \tan 7.5°\cot 20°$$

$$\approx 0.131\ 7 \times 2.747\ 5 \approx 0.361\ 8$$

$$\alpha \approx 68°47'$$

答：分度头起度角 $\alpha \approx 68°\ 47'$。

（1）铣刀选择　铣削梯形收缩齿离合器使用梯形槽成形铣刀。铣刀的廓形角 θ 等于离合器的齿形角 ε，铣刀齿顶宽度 B 等于离合器的槽底宽度 b，铣刀廓形的有效工作高度 H 大于离合器外圆（齿槽大端）处齿槽的深度 T。梯形槽成形铣刀如图 5–18 所示。

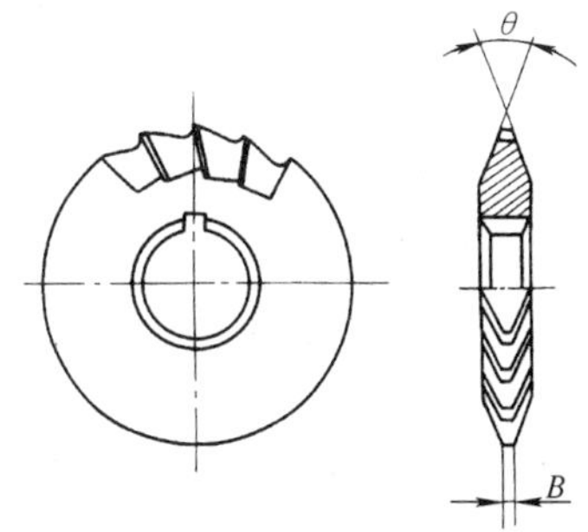

图 5–18　梯形槽成形铣刀

当缺少这种梯形槽成形铣刀时，可利用廓形角 θ 等于离合器齿形角 ε 的对称双角铣刀改制，把双角铣刀的刀尖磨去，使铣刀的齿顶宽度 B 等于离合器的槽底宽度 b 即可。

（2）对刀　对刀时应使梯形槽成形铣刀廓形的对称线对准工件轴线。一般采用试切法对刀（图 5–19），先使分度头主轴处于垂直位置，目测使铣刀廓形对称线大致对准工件轴线，并按齿高（齿槽深）的一半

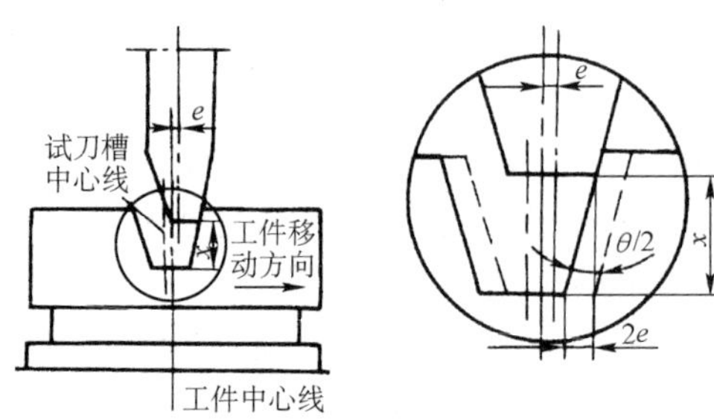

图 5-19　铣削梯形收缩齿离合器的对刀方法

在工件径向试切一刀，同时记下升降台手轮刻线的读数。然后降下升降台退出工件，将工件转过 180°，纵向移动工作台使已铣出的齿槽仍处于铣刀下方。再慢慢地将升降台升高，同时观察铣刀两侧切削刃与齿槽两侧的接触情况。如果铣刀两侧切削刃与齿槽两侧同时接触，则说明已经对中心；如果仅是一侧接触，则说明未对中心。此时可根据升降台手轮刻线读数的差值 x（即铣刀刀齿顶离槽底的距离）按式（5–8）计算出工件（工作台）应横向偏移的距离 e，并按 e 值调整对中心。

$$e=\frac{x}{2}\tan\frac{\theta}{2} \qquad (5\text{–}8)$$

式中　e——工件横向偏移量，mm；

x——升降台两次读数差值，mm；

θ——铣刀廓形角，(°)。

对刀结束后，将分度头主轴按起度角扳转铣削离合器。

必须指出，铣削各种收缩齿离合器时，由于分度头主轴是倾斜的，因此无论齿廓形状对称与否，或齿数为奇数还是偶数，都只能一个齿一个齿地铣出。

2. 梯形等高齿离合器的铣削

梯形等高齿离合器的齿顶面与槽底面平行，且垂直于离合器轴线，因此齿侧高度不变（图 5–10e），齿侧的中线通过离合器的轴线。

（1）铣刀选择　铣削梯形等高齿离合器采用专用的成形铣刀。铣刀的廓形角 θ 等于离合器的齿形角 ε，铣刀廓形有效工作高度 H 应大于离合器的齿高（齿槽深）T；铣刀齿顶宽度 B 应小于齿槽的最小宽度，以免铣伤小端的齿面。专用成形铣刀也可按上述要求用三面刃铣刀改制。

（2）对刀　刀具切削位置的调整必须保证铣出的齿侧面的中线通过离合器的轴线，因此，调整时应使铣刀侧刃离刀齿顶 $T/2$ 处的 K 点通过离合器的轴线（图 5–20）。具体调整方法如下：

1）采用试切法对中心，使铣刀廓形的对称线对准离合器的轴线。

2）横向移动工作台，使铣刀按图 5–20 所示偏离工件轴线距离 e，偏移量 e 按式（5–9）计算：

$$e=\frac{B}{2}+\frac{T}{2}\tan\frac{\theta}{2} \qquad (5\text{–}9)$$

式中　B——铣刀的齿顶宽度，mm；

T——离合器齿高（齿槽深），mm；

θ——铣刀廓形角，(°)。

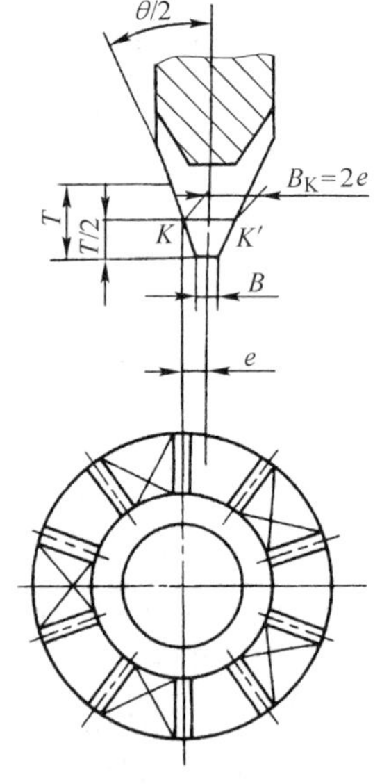

图 5–20　铣梯形等高齿离合器铣刀的切削位置

（3）铣削方法　梯形等高齿离合器一般都设计成奇数齿，其铣削方法与铣奇数矩形齿离合器的方法基本相同。铣削时，分度头主轴垂直于工作台台面，铣刀穿过离合器整个端面，一次进给可铣出两个齿不同侧的各一个侧面。齿侧面有嵌合间隙要求时，在各齿槽铣削完毕后，可参照铣矩形齿离合器齿侧间隙的方法，将工件偏转一个角度（2°～4°）后，铣出齿侧间隙。

六、牙嵌离合器的检测和铣削质量分析

1. 牙嵌离合器的检测

（1）牙嵌离合器的检测内容

1）齿形　其中包括齿形角、槽底倾角和齿槽深等。

2）同轴度　齿形汇交轴对离合器装配基准孔轴线的偏移。

3）等分度　包括对应齿侧的等分和齿面或齿形所占的圆心角。

4）表面粗糙度　包括齿侧面和槽底面的表面粗糙度。

（2）牙嵌离合器的检测方法

1）齿槽深度 T 的检测　对齿顶面与槽底面平行的等高齿离合器，可直接用游标深度卡尺等深度量具测量。对齿顶面与槽底面不平行的收缩齿离合器，可用钢直尺平放在外圆处的齿顶面上，然后用游标卡尺的两内测量爪测量槽底到钢直尺的距离（即外圆处的齿槽深度）。

2）齿形角 ε 的检测　用角度量具直接测量齿形角的数值或用角度样板透光检验齿形是否正确。

3）槽底倾角的检测　对梯形收缩齿离合器的齿槽槽底倾角可直接用角度量具测量其角度值。在无法直接测量时，可先校平某一个齿形与基准面平行，然后测量外圆柱与基准面之间的角度即可。

4）齿形同轴度的检测　将离合器的装配基准孔套在水平的标准心棒上。对直齿侧面的离合器，用杠杆百分表逐次校平各直齿侧面，并记录下每次百分表的读数，与基准孔中心位置（读数）比较；对斜齿侧面的离合器，则用杠杆百分表逐次找平齿侧面中线，并记录下每次百分表的读数，与基准孔中心位置（读数）比较。

5）离合器接触齿数和贴合面积的检测

这种方法是在成批生产中常用的一种综合检测方法。检测时，将一对离合器同时以装配基准孔相对套在标准心棒上，嵌合后用塞尺或涂色法检查其接触齿数和贴合面积。一般接触齿数应不少于总齿数的一半，贴合面积应不少于 60%。这种检测方法效率很高，但当出现不合格品时，还需要用上面的方法逐项检测找出原因。

2. 牙嵌离合器的铣削质量分析

牙嵌离合器的铣削，实质上是对位置精度要求较高的特形沟槽的铣削。在铣削过程中，如果调整不当，铣出的离合器齿形将不能相互嵌合，或接触齿数不够、贴合面积太少等。牙嵌离合器铣削中常见的质量问题、产生原因及防止措施见表 5–2。

表 5–2　　牙嵌离合器铣削质量分析

质量问题	产生原因	防止措施
矩形齿、梯形等高齿槽底面未接平，有较明显的凸台	1. 分度头主轴与工作台台面不垂直 2. 三面刃铣刀圆柱面齿刃口或立铣刀端刃缺陷 3. 升降工作台走动，铣刀杆松动 4. 立铣头主轴轴线与工作台台面不垂直	1. 精确调整分度头主轴位置 2. 刃磨或更换刀具 3. 固定紧工作台、铣刀杆 4. 精确调整立铣头主轴位置
齿侧工作面表面粗糙度值大	1. 铣刀不锋利，刀具跳动太大 2. 传动系统间隙过大 3. 工件装夹不稳固 4. 进给量太大 5. 切削液浇注不充分	1. 更换铣刀 2. 调整传动系统，使间隙合理 3. 重新装夹 4. 合理选择进给量 5. 充分润滑与冷却

续表

质量问题	产生原因	防止措施
各齿在外圆处的弦长不等	1. 工件装夹时不同轴 2. 分度不均匀 3. 分度装置精度太低	1. 精确校正工件装夹位置，使基准孔轴线与分度头主轴同轴 2. 准确分度 3. 更换分度装置
一对离合器嵌合时，接触齿数太少或无法嵌合	1. 分度错误 2. 工件装夹不同轴 3. 对刀不准 4. 齿槽（中心）角铣得较小	1. 准确分度 2. 准确找正、装夹工件 3. 准确对刀 4. 增大齿槽（中心）角，保证嵌合间隙
一对离合器嵌合时，贴合面积太小	1. 工件装夹不同轴 2. 对刀不准 3. 铣直齿面齿形时，分度头主轴与工作台台面不垂直或不平行 4. 铣斜齿面齿形时，刀具廓形角不符，或分度头起度角计算、调整错误	1. 准确找正、装夹工件 2. 准确对刀 3. 精确调整分度头主轴位置 4. 更换刀具，正确计算和调整分度头起度角
一对尖齿形齿或锯齿形齿离合器嵌合时齿侧不贴合	1. 铣得太深，齿顶过尖，齿顶抵在槽底使齿侧不能贴合 2. 分度头起度角计算或调整错误	1. 准确调整切深 2. 正确计算和调整

习题

1. 在铣床上铣削外花键的方法有哪几种？
2. 用组合铣刀铣削外花键时，选择和组合铣刀应注意些什么？
3. 铣削外花键时，工件一般用什么方法装夹？如何进行校正？
4. 外花键铣削完毕，需要检测哪些内容？如何检测？
5. 铣削矩形齿离合器用的三面刃铣刀的宽度 L 或立铣刀的直径 d 应如何确定？
6. 铣削奇数矩形齿离合器与铣削偶数矩形齿离合器的方法有何不同？哪一个工艺性好？为什么？
7. 矩形齿离合器的齿侧间隙有什么用？铣削时用什么方法保证齿侧间隙？
8. 为什么铣削所有收缩齿离合器时，都必须将分度头主轴倾斜一个角度？
9. 铣削齿形角 $\varepsilon=60°$、齿数 $z=12$ 的尖齿形齿离合器，试计算分度头主轴的倾斜角 α。
10. 铣削齿形角 $\varepsilon=60°$、齿数 $z=26$ 的锯齿形齿离合器，试计算分度头主轴的倾斜角 α。
11. 梯形等高齿离合器的齿数为什么都设计成单数？
12. 一对牙嵌离合器嵌合时，接触齿数太少或无法嵌入的原因是什么？

第六章

在铣床上加工孔

§6-1 在铣床上钻孔

用钻头在实体材料上加工孔的方法称为钻孔。

在铣床上钻孔时，钻头的回转运动是主运动，工件（工作台）或钻头（主轴箱）沿钻头轴向的移动是进给运动。

在铣床上，一般使用麻花钻（图 6-1）钻孔，主要钻削中、小型工件上的孔和相互位置不太复杂的孔系。

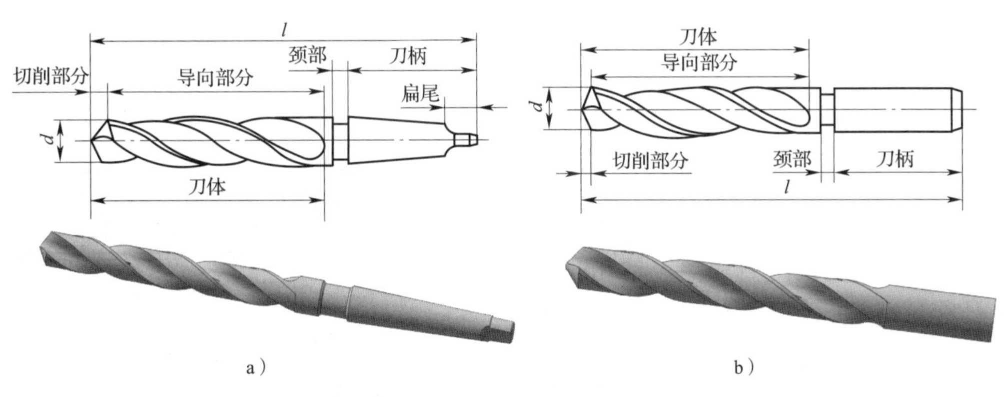

图 6-1 麻花钻
a）锥柄 b）直柄

一、钻孔方法

1. 孔的技术要求

（1）孔的尺寸精度　主要是孔的直径，其次是孔的深度。用麻花钻钻孔，孔的尺寸经济精度可达 IT12 ~ IT11。

（2）孔的形状精度　主要包括孔的圆度、圆柱度和孔轴线的直线度。

（3）孔的位置精度　主要有孔与孔或孔与外圆之间的同轴度、孔与孔的轴线或孔轴线与基准面间的平行度、孔轴线与基准面间的垂直度以及孔轴线对基准的偏移量的位置要求。

（4）孔的表面粗糙度　用麻花钻钻孔，孔的表面粗糙度 *Ra* 值可达 12.5 ~ 6.3 μm。

2. 钻削用量（图 6–2）

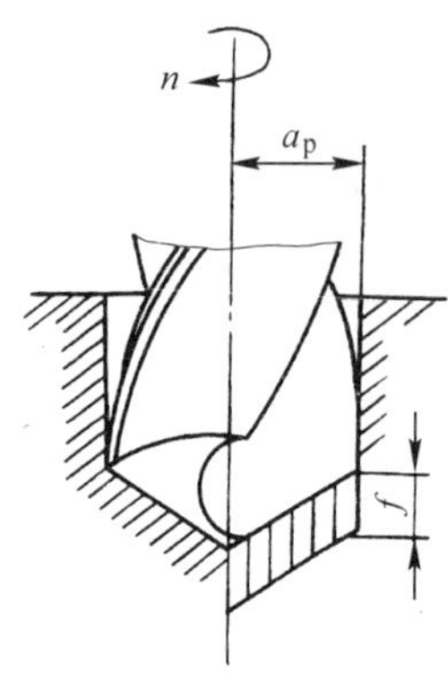

图 6–2 钻削用量

（1）钻削速度 v_c 麻花钻切削刃外缘处的线速度，表达式为：

$$v_c = \frac{\pi dn}{1\ 000} \qquad (6\text{–}1)$$

式中 v_c——钻削速度，m/min；

d——麻花钻直径，mm；

n——麻花钻转速，r/min。

（2）进给量 f 麻花钻每回转一转，麻花钻与工件在进给方向（麻花钻轴向）上的相对位移量，称为每转进给量 f，单位为 mm/r。麻花钻为多刃刀具，有两条切削刃（即刀齿），其每齿进给量 f_z（单位为 mm/z）等于每转进给量的一半，即 $f_z=f/2$。

（3）背吃刀量 a_p 一般指已加工表面与待加工表面间的垂直距离。钻孔时的背吃刀量等于麻花钻直径的一半，即 $a_p=d/2$。

钻孔时，钻削速度 v_c 的选择主要根据被钻孔工件的材料和所钻孔的表面粗糙度要求及麻花钻的耐用度来确定。一般在铣床上钻孔，由于工件做进给运动，因此钻削速度应选低一些。此外，当所钻直径较大时，也应在钻削速度规定范围内选择低一些。钻削速度的选择见表 6–1。

进给量的选择与所钻孔直径的大小、工件材料及孔的表面质量要求等有关。在铣床上钻孔一般采用手动进给，但也可采用机动进给。每转进给量 f，在加工铸铁和有色金属材料时可取 0.15 ~ 0.50 mm/r，加工钢件时可取 0.10 ~ 0.35 mm/r。

表 6–1 钻削速度 v_c 的选择 m/min

加工材料	v_c	加工材料	v_c
低碳钢	25 ~ 30	铸铁	20 ~ 25
中、高碳钢	20 ~ 25	铝合金	40 ~ 70
合金钢、不锈钢	15 ~ 20	铜合金	20 ~ 40

3. 钻孔方法

（1）划线钻孔 如图 6–3 ~图 6–5 所示。

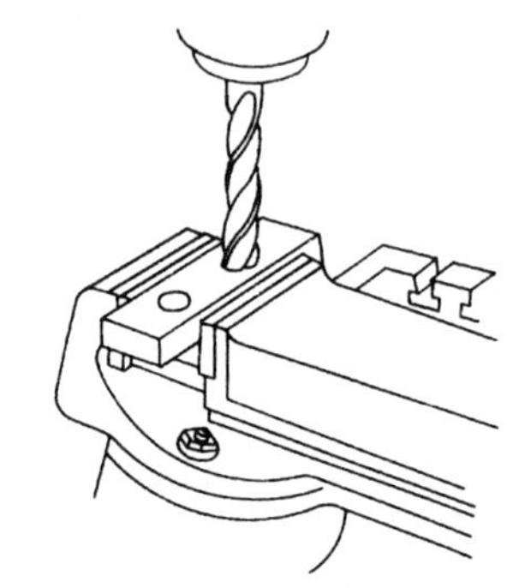

图 6–3 用平口钳装夹工件钻孔

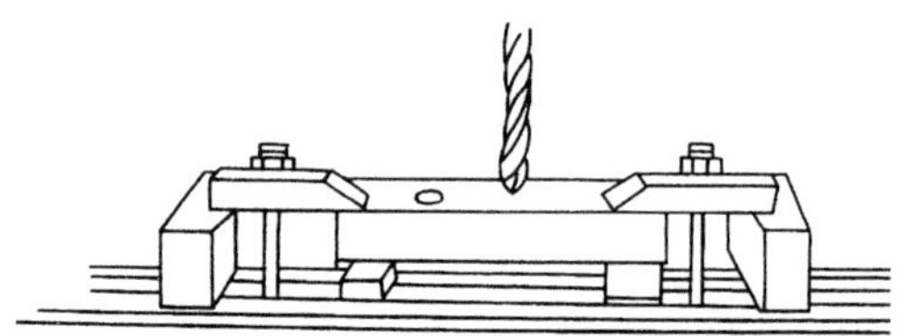

图 6–4 用压板、螺栓装夹工件钻孔

（2）靠刀法钻孔 当孔对基准的孔距尺寸精度要求较高时，用划线法钻孔不易控制，此时可利用铣床的纵向、横向手轮刻度，采用靠刀法对刀钻孔。如钻削如图 6–6 所示工件上 3 孔时，先将平口钳固定钳口校正到与纵向进给方向平行（或垂直），工件装夹好后将标准圆棒或中心钻装夹在铣床主轴的钻夹头中，使标准圆棒外圆柱面与工件一基准面刚好靠到，摇进距离 S_1，再靠另一基准后摇过距离 S，则已对准左起第一个孔的中心位置。

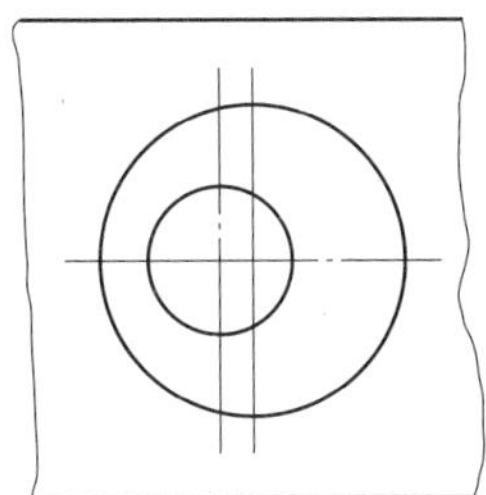

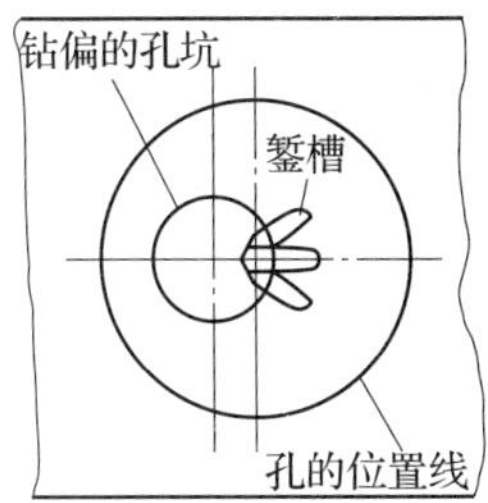

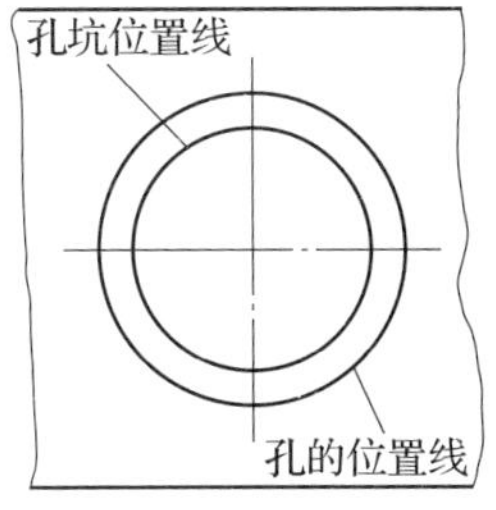

图 6–5　按划线钻孔

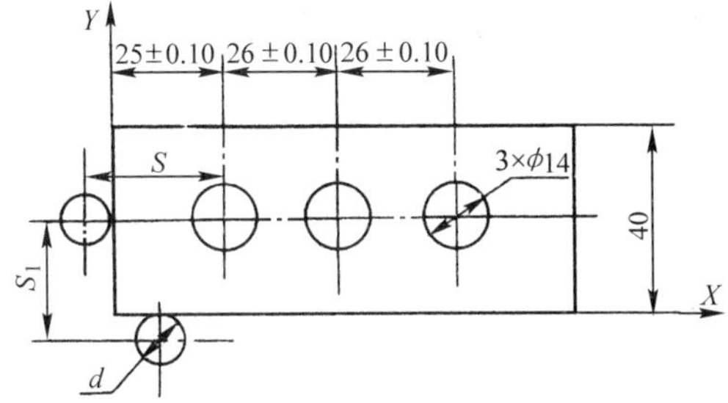

图 6–6　用靠刀法移距确定孔的中心位置

由于直接用麻花钻钻孔会因钻头横刃较长或顶角对称性不好而产生定心不准造成钻偏，所以一般先用中心钻钻出锥坑，用以导向定位。

在一个孔钻削完后，将工作台移动一个中心距，再以相同的方法钻第二个孔……依次完成各孔的加工，孔距公差容易得到保证。

（3）用分度头或回转工作台装夹工件钻孔　在盘类工件上钻削圆周等分孔时，可在分度头或回转工作台上装夹工件钻孔。

1）在分度头上分度钻孔（图 6–7）　直径不大的盘类工件可安装在分度头上分度钻孔。钻孔前先校正分度头主轴轴线与立铣头主轴轴线平行，并平行于工作台台面，两主轴轴线要处于同一轴向平面内，并校正工件的径向圆跳动和轴向圆跳动符合要求。

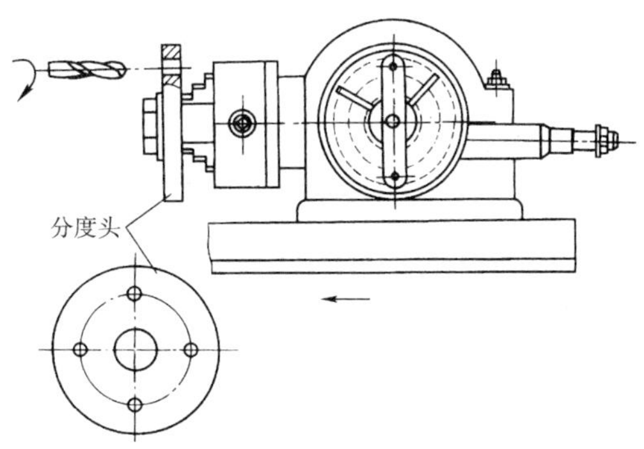

图 6–7　在分度头上分度钻孔

2）在回转工作台上装夹工件钻孔（图 6–8）　工件尺寸较大时，可将工件用压板装夹在回转工作台上钻孔。钻孔前先校正回转工作台主轴轴线与立铣头主轴轴线同轴，并垂直于工作台台面。

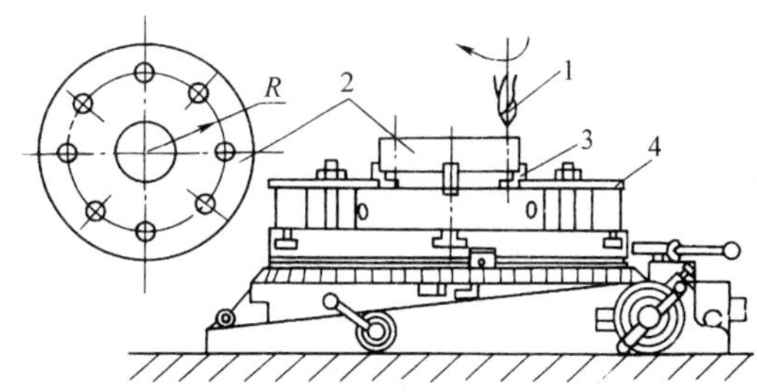

图 6–8　在回转工作台上装夹工件钻孔

1—钻头　2—工件　3—三爪自定心卡盘　4—压板

二、钻孔的质量分析

在铣床上钻孔常见的质量问题和产生原因见表 6–2。

表 6–2　　钻孔的质量分析

质量问题	产生原因
孔大于规定尺寸	1. 钻头两切削刃长度不等，高低不一致 2. 立铣头主轴径向偏摆或工作台未锁紧有松动 3. 钻头本身弯曲或装夹不好，使钻头有过大的径向跳动现象

续表

质量问题	产生原因
孔壁粗糙	1. 钻头不锋利 2. 进给量太大 3. 切削液选用不当或供应不足 4. 钻头过短、排屑槽堵塞
孔位偏移	1. 工件划线不正确 2. 钻头横刃太长定心不准，起钻过偏而没有校正
孔歪斜	1. 工件上与孔垂直的平面与主轴不垂直或立铣头主轴与台面不垂直 2. 工件安装时，安装接触面上的切屑未清除干净 3. 工件装夹不牢，钻孔时产生歪斜，或工件有砂眼 4. 进给量过大使钻头产生弯曲变形
钻孔呈多角形	1. 钻头后角太大 2. 钻头两主切削刃长短不一，角度不对称
钻头工作部分折断	1. 钻头用钝仍继续钻孔 2. 钻孔时未经常退钻排屑，使切屑在钻头螺旋槽内阻塞 3. 孔将钻通时没有减小进给量 4. 进给量过大 5. 工件未夹紧，钻孔时产生松动 6. 在钻黄铜一类的软金属时，钻头后角太大，前角又没有修磨小造成扎刀

§6–2 在铣床上铰孔

铰孔是指用铰刀从工件孔壁上切除微量金属层，以提高其尺寸精度和减小其表面粗糙度值的方法。铰孔是应用较普遍的孔的精加工方法之一，尺寸经济精度可达 IT9 ~ IT7，表面粗糙度 *Ra* 值可达 1.6 ~ 0.4 μm。

一、铰刀

铰刀分为手用和机用两大类，其结构如图 6–9 所示。

1. 工作部分

铰刀的工作部分由引导锥、切削部分和校准部分组成。引导锥是铰刀工作部分最前端的 45° 倒角部分，铰削开始时便于将铰刀引导入孔中，并起保护切削刃的作用。紧接引导锥的是切削部分，切削部分是承担主要切削工作的一段锥体。再后面是校准部分，校准部分分圆柱部分与倒锥部分：圆柱部分起导向、校准和修光作用，也是铰刀的备磨部分；倒锥部分起减小摩擦和防止铰刀将孔径扩大的作用。

2. 颈部

在铰刀制造和刃磨时起空刀作用。

3. 柄部

它是铰刀的夹持部分，铰削时用来传递转矩，有直柄和锥柄（莫氏标准锥度）两种。

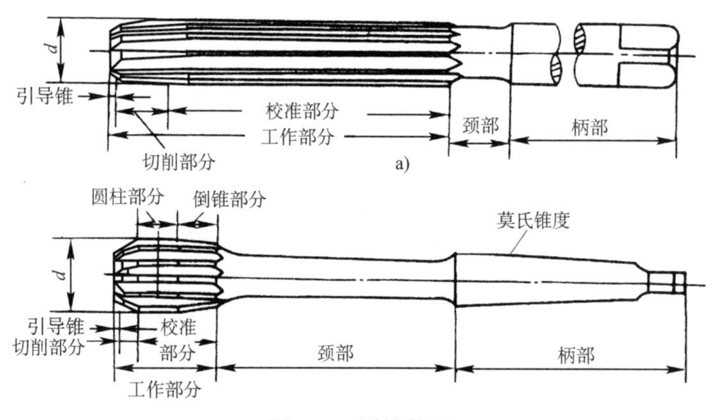

图 6–9　圆柱铰刀

a）手用铰刀　b）机用铰刀

二、铰孔方法

1. 铰孔前的孔加工

铰孔是用铰刀对已粗加工或半精加工的孔进行精加工。在铰孔之前，一般先经过钻孔或扩孔，要求较高的孔，需先扩孔或镗孔。精度要求高的孔，还需要分成粗铰和精铰两次铰孔。

2. 铰孔余量的确定

铰孔余量的大小直接影响铰孔的质量。余量太小时，上道工序所残留的加工痕迹不能被全部铰去；余量太大时，会使孔的精度降低，表面粗糙度值增大。

选择铰孔余量时，应考虑铰孔精度、表面粗糙度、孔径的大小、工件材料的软硬和铰刀类型等因素。表 6–3 列出的铰孔余量可供参考。

3. 铰削用量

在铣床上使用普通高速钢铰刀铰孔，加工材料为铸铁时，切削速度 $v_c \leqslant 10$ m/min，进给量 $f \leqslant 0.8$ mm/r；加工材料为钢时，$v_c \leqslant 8$ m/min，$f \leqslant 0.4$ mm/r。使用硬质合金铰刀铰孔时，v_c 为 8 ~ 14 m/min，f 为 0.3 ~ 1.0 mm/r。

4. 切削液的选择

为了获得较小的表面粗糙度值和延长刀具的耐用度，所选用的切削液应具有较好的流动性，以冲去切屑和降低温度，并应具有良好的润滑性。具体选择时：铰削韧性材料可采用乳化液或极压乳化液；铰削铸铁等脆性材料时，一般采用煤油或煤油与矿物油的混合油。

三、铰孔的质量分析

在铣床上铰孔的质量分析见表 6–4。

表 6–3　铰孔余量　mm

孔的直径	≤ 6	>6 ~ 10	>10 ~ 18	>18 ~ 30	>30 ~ 50	>50 ~ 80	>80 ~ 120
粗铰	0.10	0.10 ~ 0.15	0.10 ~ 0.15	0.15 ~ 0.20	0.20 ~ 0.30	0.35 ~ 0.45	0.50 ~ 0.60
精铰	0.04	0.04	0.05	0.07	0.07	0.10	0.15

注：如仅用一次铰孔，铰孔余量为表中粗铰、精铰余量之总和。

表 6–4　在铣床上铰孔的质量分析

质量问题	产生原因
表面粗糙度值太大	1. 铰刀刃口不锋利或有崩裂，铰刀切削部分和校准部分不光洁 2. 铰刀切削刃上黏附有积屑瘤，容屑槽内切屑黏附过多 3. 铰削余量太大或太小 4. 切削速度太高，以致产生积屑瘤 5. 铰刀退出时反转 6. 切削液选择不当或浇注不充分 7. 铰刀偏摆过大

续表

质量问题	产生原因
孔径扩大	1. 铰刀与孔的中心不重合，铰刀偏摆过大 2. 铰削余量和进给量过大 3. 切削速度太高，铰刀温度上升导致铰刀直径增大 4. 操作者粗心，未仔细检查铰刀直径和铰孔直径
孔径缩小	1. 铰刀超过磨损标准，尺寸变小仍继续使用 2. 铰刀磨钝后继续使用，造成孔径过度收缩 3. 铰削钢料时加工余量太大，铰后孔弹性变形恢复，使孔径缩小 4. 铰铸铁时加了煤油
孔轴线不直	1. 铰孔前的预加工孔不直，铰小孔时由于铰刀刚度小，未能纠正原有的弯曲 2. 铰刀导向不良，使铰削时方向发生偏歪
孔呈多棱形	1. 铰削余量太大和铰刀切削刃不锋利，使铰削时发生“啃切”现象，发生振动而出现多棱形 2. 铰前预加工孔圆度误差太大，使铰孔时铰刀发生弹跳现象 3. 机床主轴振摆太大

§6–3 在铣床上镗孔

镗削是镗刀旋转做主运动，工件或镗刀做进给运动的切削加工方法。用镗削的方法扩大工件的孔称为镗孔。镗孔除在镗床上进行外，由于铣床也是以刀具的旋转运动为主运动，且进给运动的情况类似，所以镗孔也可在铣床上进行。在铣床上，主要镗削中、小型工件上不太大的孔和相互位置不太复杂的孔系。

在铣床上镗孔，孔径尺寸经济精度可达 IT9 ~ IT7，表面粗糙度 Ra 值可达 3.2 ~ 0.8 μm。孔距精度可控制在 0.05 mm 左右。

一、镗刀、镗刀杆和镗刀盘

1. 镗刀

镗孔所用的刀具称为镗刀。镗刀的种类很多，一般可分为单刃镗刀（图 6–10）和双刃镗刀两大类，按刀头装夹形式可分为机械固定式和浮动式两种。在铣床上镗削大多使用单刃镗刀。

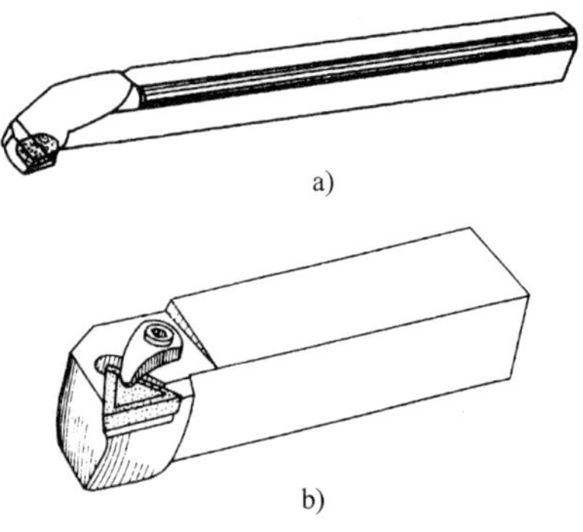

图 6–10　单刃镗刀

单刃镗刀如图 6–10 所示，镗刀用整条高速工具钢制成，也可把硬质合金刀片用机械方法装夹或焊接在刀体上。如图 6–10a 所示为整体式镗刀，镗刀头和刀杆是一体的，这种镗刀一般直接装在可调镗刀盘上使用，借助镗刀盘的调节来控制孔径，大多用于镗削直径较小的孔。图 6–10b 所示的镗刀常作为镗刀头装在镗刀杆上，组成机械固定式镗刀，通常用镗刀杆上的紧固螺钉将其紧固在镗刀杆的方孔内，大多用于镗削直径比较大的孔。

单刃镗刀结构简单，制造方便，通用性高。

双刃镗刀如图 6–11 所示。双刃镗刀两端都有切削刃，图 6–11a 中，双刃镗刀块是整体式的，尺寸不可调节，用作粗镗和半精镗时，镗刀块用螺钉固定；用作精镗时，镗刀块可以固定，也可以浮动。图 6–11b 为一种浮动式双刃镗刀，它的镗刀块 3 由两部分组成，松开内六角螺钉 2 可以调节镗刀块尺寸。镗刀块在镗刀杆 1 的槽与端盖 4 形成的方孔中能沿槽滑动。这种浮动式双刃镗刀用于孔的精镗。精镗时，镗刀块通过作用在两端切削刃上大小相等、方向相反的切削抗力，保持自身的平衡状态，实现自动定心。

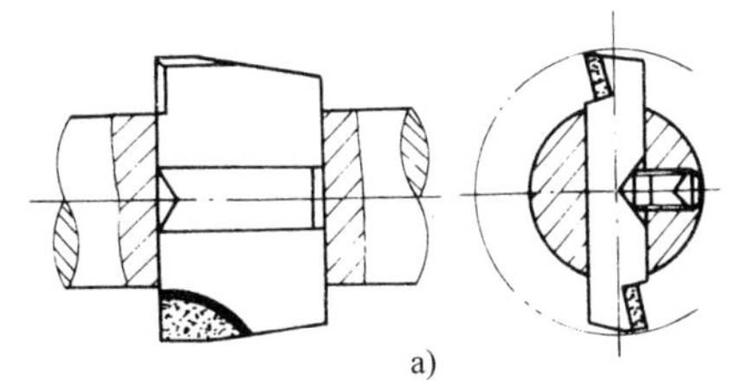

a)

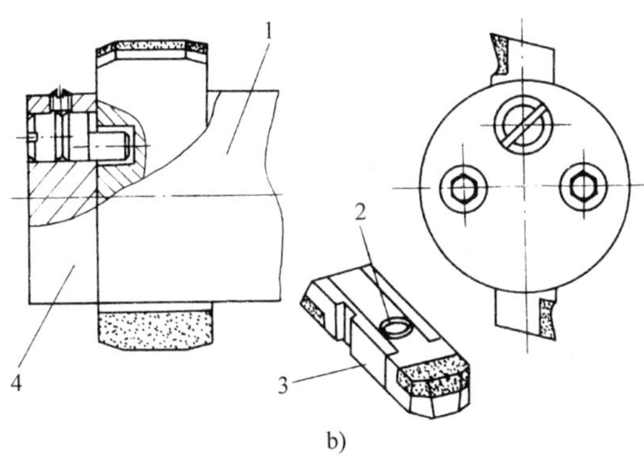

b)

图 6–11 双刃镗刀

1—镗刀杆 2—内六角螺钉 3—镗刀块 4—端盖

2. 镗刀杆

镗刀杆是装在机床主轴孔中，用以夹持镗刀头的杆状工具。

简易式镗刀杆如图 6–12 所示。图 6–12a 所示的镗刀杆用于通孔的镗削；图 6–12b 所示的镗刀杆可镗削通孔、台阶孔或不通孔；图 6–12c 所示的镗刀杆适宜镗削较深的孔，镗刀杆的前端可伸入支架孔（或导套孔）中，以提高镗刀杆的刚度。

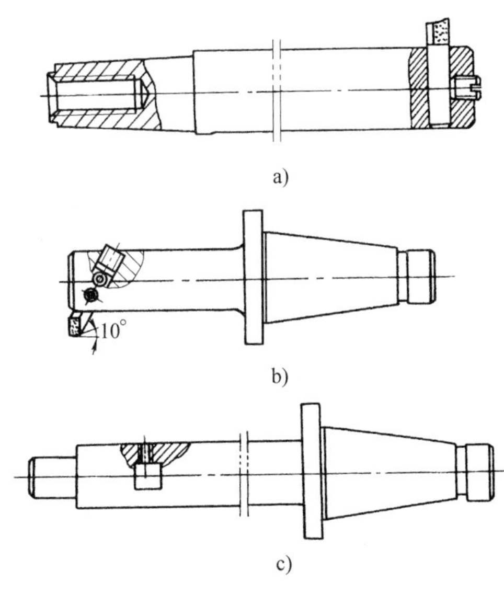

图 6–12 简易式镗刀杆

简易式镗刀杆结构简单，制造容易。其缺点是孔径尺寸的控制一般采用敲刀法调整，调整费时。

为了提高孔径尺寸的调整精度，可采用图 6–13 所示的微调式镗刀杆。

微调式镗刀杆是通过刻度和精密螺纹来进行微调的。装有可转位镗刀片 4 的镗刀头 3 上有精密螺纹，镗刀头的外圆柱与镗刀杆 1 上的孔相配，并在其后端用内六角紧固螺钉 8 及垫圈 7 拉紧。镗刀头的螺纹上旋有带刻度的调整螺母 2，调整螺母的背部是一个圆锥面，与镗刀杆孔口的内锥面紧贴。调整时，先松开内六角紧固螺钉，然后转动调整螺母，使镗刀头前伸或退缩，实现微调。在转动调整螺母时，为防止镗刀头在镗刀杆孔内转动，在镗刀头与孔之间装有只能沿孔壁上的直槽做轴向移动而不能转动的止动销 6。

3. 镗刀盘

镗刀盘又称镗头或镗刀架。图 6–14 所示是一种结构简单的镗刀盘，它具有良好的

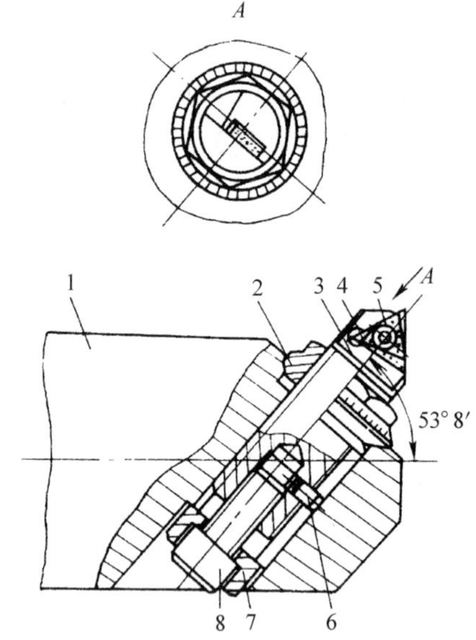

图 6–13　微调式镗刀杆

1—镗刀杆　2—调整螺母　3—镗刀头　4—可转位镗刀片　5—刀片固紧螺钉　6—止动销　7—垫圈　8—内六角紧固螺钉

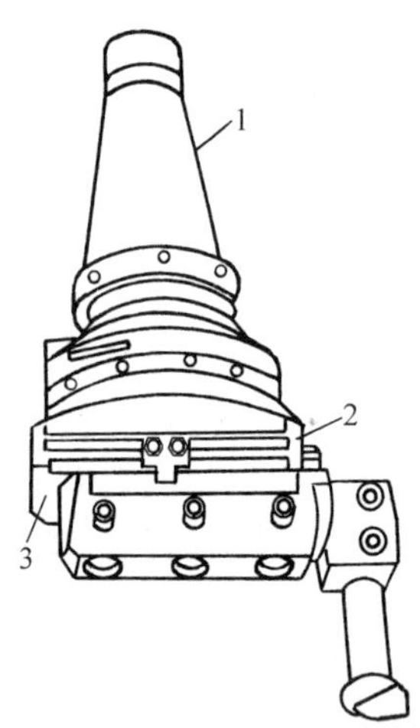

图 6–14　镗刀盘

1—锥柄　2—螺杆　3—燕尾块

刚度，而且能够精确地控制镗孔的直径尺寸。镗刀盘的锥柄 1 与铣床主轴锥孔相配合，转动螺杆 2 时，可精确地移动带刻线的燕尾块 3，从而微量改变镗刀的位置，达到改变孔径尺寸的目的。燕尾块带有几个装刀孔，用内六角螺钉将各种规格的镗刀刀杆固定在装刀孔内，就可以方便地镗削各种尺寸规格的孔。

二、镗孔方法

1. 单孔镗削

用简易式镗刀杆在铣床上镗削如图 6–15 所示的单孔工件，其镗削方法和步骤如下：

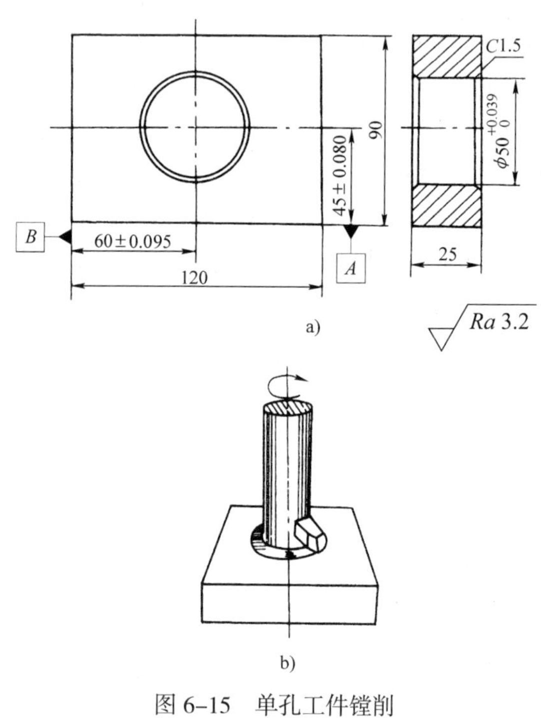

图 6–15　单孔工件镗削

a）单孔工件　b）镗孔

（1）划线和钻孔　根据图样，划出孔的中心线和轮廓线，并在孔中心打样冲眼，然后把工件装夹在铣床工作台上，装夹时应注意把工件垫高、垫平。用钻头钻出直径 40 ~ 45 mm 的孔（先用直径为 20 ~ 25 mm 的钻头钻孔，然后扩孔到要求），钻孔也可在钻床上完成后再将工件装夹到铣床上。

（2）选择镗刀杆直径和镗刀头截面尺寸　为了保证镗刀杆和镗刀头有足够的刚度，被加工孔的直径在 30 ~ 120 mm 时，镗刀杆的直径一般为孔径的 7/10 ~ 8/10；镗刀杆上方孔的边长（或圆柱孔的直径）为镗刀杆直径的 1/2 ~ 2/5。具体选择时见表 6–5。

表 6–5 镗刀杆直径和镗刀头截面尺寸

mm

孔径	30 ~ 40	40 ~ 50	50 ~ 70	70 ~ 90	90 ~ 120
镗刀杆直径	20 ~ 30	30 ~ 40	40 ~ 50	50 ~ 65	65 ~ 90
镗刀头截面尺寸 $a\times a$	8×8	10×10	12×12	16×16	16×16 20×20

镗削如图 6–15 所示工件时，因孔的深度尺寸不大，工件形状较简单，可采用较短的镗刀杆，如镗刀杆直径采用 35 mm，镗刀头截面尺寸采用 8 mm×8 mm。

（3）检查机床主轴或立铣头主轴轴线位置　机床主轴或立铣头主轴轴线应与垂直进给方向平行（即与机床工作台台面垂直），若平行度（或垂直度）误差大，镗出的孔圆度误差大，孔呈椭圆形。检查时，主轴轴线对工作台台面的垂直度误差在 150 mm 范围内应不大于 0.02 mm。

（4）选择切削用量　切削用量随刀具材料、工件材料以及粗、精镗的不同而有所区别。粗镗时的背吃刀量 a_p 主要根据加工余量和工艺系统的刚度来决定。镗孔的切削速度可比铣削略高。镗削钢等塑性较好的材料时还需充分浇注切削液。当使用高速工具钢镗刀时，切削用量为：

粗镗：a_p=0.5 ~ 2 mm，f=0.2 ~ 1 mm/r，v_c=15 ~ 40 m/min；

精镗：a_p=0.1 ~ 0.5 mm，f=0.05 ~ 0.5 mm/r，v_c=15 ~ 40 m/min。

（5）对刀　在铣床上镗孔，铣床主轴轴线与所镗孔的轴线必须重合。镗孔前，常用的调整方法如下：

1）按划线对刀　调整时，在镗刀顶端用油脂粘一枚大头针，并使镗刀杆轴线大致对准孔的中心，然后用手慢慢转动主轴，把针尖拨到靠近孔的轮廓线，同时移动工作台，使针尖与孔轮廓线间的间隙尽量均匀相等。用这种方法对刀，准确度较低，对操作者的要求较高，一般用于对孔的位置精度要求不高的场合。

2）用靠镗刀杆法对刀　当镗刀杆圆柱部分的圆柱度误差很小，并与铣床主轴同轴时，可使镗刀杆先与基准面 A 刚好接触，再横向移动距离 S_1，然后使镗刀杆与基准面 B 接触，并纵向移动距离 S_2。为了控制镗刀杆与基准面之间接触的松紧程度，可在镗刀杆与基准面之间放置一量块，如图 6–16 所示。接触的松紧程度以用手能轻轻推动量块，而手松开时量块又不落下为宜。此法也可用标准圆棒或心棒进行对刀。

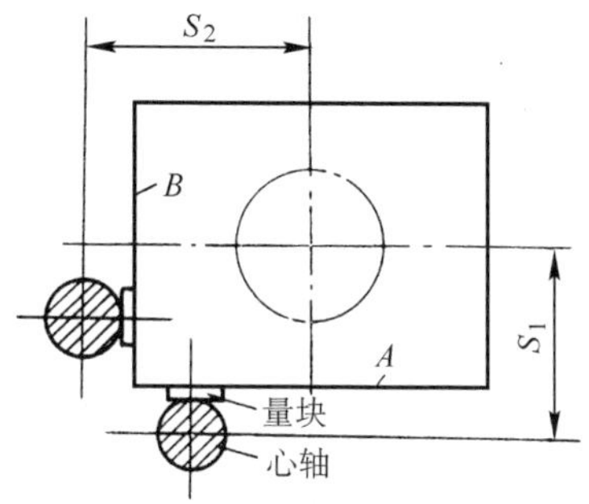

图 6–16　靠镗刀杆法对刀

3）用测量法对刀　如图 6–17 所示，用游标深度卡尺或深度千分尺测量镗刀杆（或心轴）圆柱面至基准面 A 和 B 的距离，应等于图样尺寸与镗刀杆（或心轴）半径之差。若测量值与计算结果不符，则调整工作台位置直至相符为止。

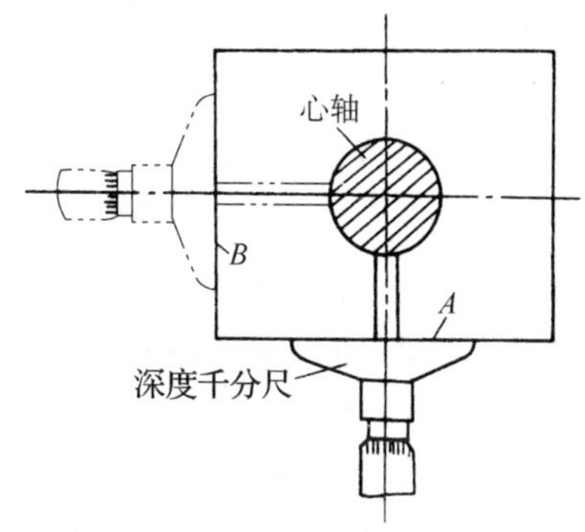

图 6–17　测量法对刀

在实际工作中，为了证实对刀精度是否符合要求，常在粗镗后，用壁厚千分尺和内径千分尺分别测出壁厚和孔径。壁厚与孔的半径之和应等于孔轴线至基准面之间的尺寸，若不符合图样规定要求，则需根据差值和方向，调整工作台位置，并经半精镗后再检测，直至准确为止。在没有壁厚千分尺时，则可使用普通的外径千分尺，在其砧座上，用铜管套一粒钢球进行测量，如图 6–18 所示。此时壁厚应等于千分尺读数与钢球直径之差。

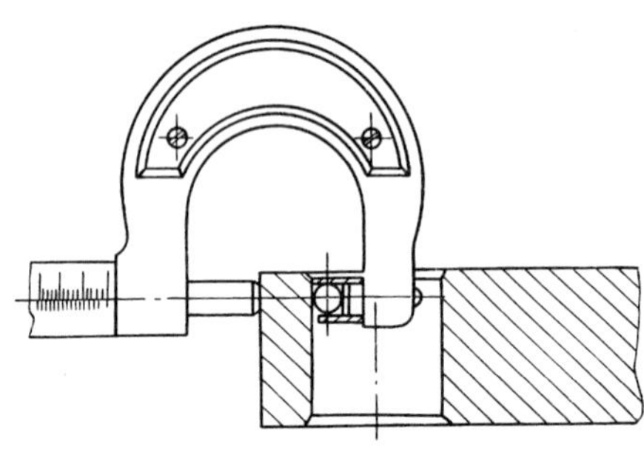

图 6–18　检测壁厚

4）用寻边器对刀　寻边器（图 6–19）又称偏心式对刀棒，是一种专用的对刀工具。寻边器上有一个内置弹簧的浮动杆，其端部是一个定尺寸精密的圆柱测量头，直径有 5 mm、10 mm、13 mm 三种规格。对刀时，先将其夹持在铣床的主轴上，端部推至一侧使其偏心，将主轴转速调整到 600 ~ 800 r/min。启动主轴并调整工作台，使其靠向工件要对刀的侧面。移动工作台使工件慢慢地接触正在旋转的寻边器端部。当寻边器偏心合拢后再突然偏向一侧时，立即停止移动（图 6–20）。此时寻边器端部圆柱测量头的半径即为铣床主轴轴线距工件对刀侧面的距离（误差小于 0.01 mm）。随后，按要求将工作台移动相应的距离即可，移距方法与靠镗刀杆法相同。

（6）孔径尺寸控制　用简易式镗刀杆镗孔时，孔径尺寸的控制，一般都用敲刀法来调整。敲出的量大多凭手感经验，也可借助游标卡尺、百分表来控制敲出量，如图 6–21 所示。用敲刀法调整，需经几次试镗

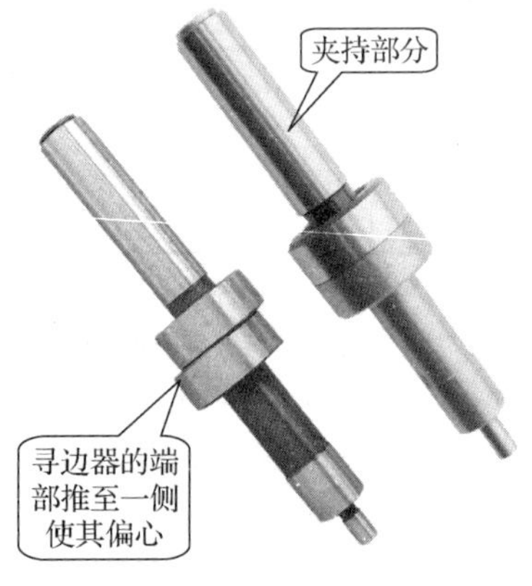

图 6–19　寻边器

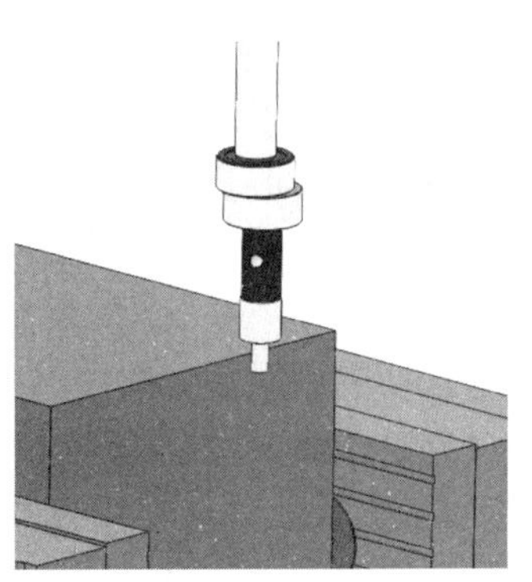

图 6–20　用寻边器对中心

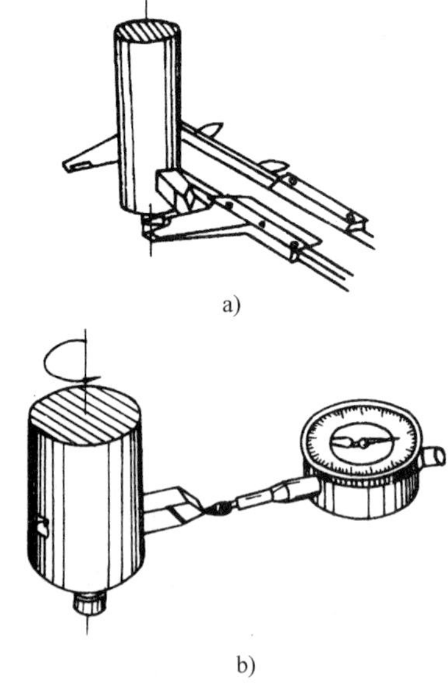

图 6–21　镗刀敲出量的控制

a）用游标卡尺测量敲出量　b）用百分表测量敲出量

才能获得准确的尺寸。试镗时，一般只在孔口镗深 1 mm 左右，经测量尺寸符合要求后再正式镗孔。

（7）镗孔　在镗刀与工件的相对位置调整好后，应将铣床的纵向与横向运动锁紧，然后开始镗孔。镗孔分粗镗与精镗：粗镗时，单边留 0.3 mm 左右的精镗余量，粗镗结束后，换上调整好的精镗刀杆，精镗至规定要求。

精镗结束后，应使镗刀刀尖指向操作者，即与床身相反，然后退刀。这时可利用工作台下降时的外倾，使刀尖不致在孔壁上拉出刀痕，影响孔的表面质量。

2. 孔系镗削

在铣床上主要镗削各孔轴线平行的孔系，常见的有圆周等分孔系和坐标孔系。

（1）圆周等分孔系的镗削　镗削各孔在工件表面的圆周上均匀分布的孔系，可将工件装夹在分度头或回转工作台上进行，如图 6–22 所示。

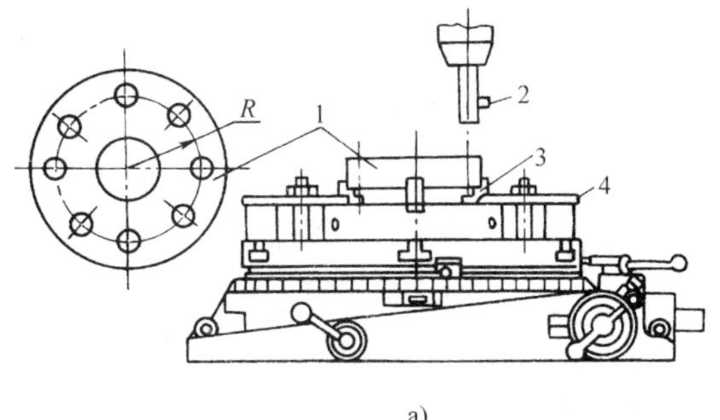

a)

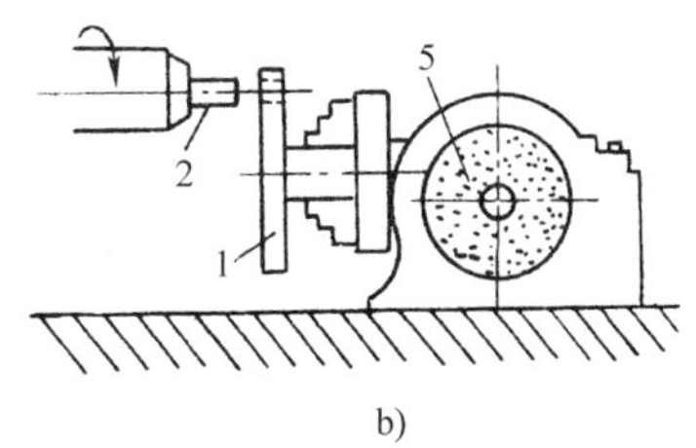

b)

图 6–22　镗削圆周等分孔系

a）在回转工作台上镗削　b）在分度头上镗削

1—工件　2—镗刀　3—三爪自定心卡盘

4—压板　5—分度盘

（2）坐标孔系的镗削　轴线平行的孔系的镗削，除了孔本身有精度要求外，还必须严格控制和保证孔间中心距的要求。

三、镗孔的质量分析

镗孔时，镗刀的尺寸和镗刀杆的直径受孔径大小的限制，镗刀杆的长度必须满足镗孔深度的要求，因此，镗刀与镗刀杆的刚度较差，在镗削过程中，容易产生振动和“让刀”等现象，影响镗孔的质量。

在铣床上镗削圆柱孔质量分析见表 6–6。

表 6–6　　圆柱孔镗削质量分析

质量问题	产生原因	防止措施
表面粗糙度值大	1. 刀尖角或刀尖圆弧半径太小 2. 进给量过大 3. 刀具磨损 4. 切削液使用不当	1. 修磨刀具，增大刀尖圆弧半径 2. 减小进给量 3. 修磨刀具 4. 合理选择及使用切削液
孔呈椭圆形	立铣头“零”位不准，并用升降台垂向进给	重新校正立铣头“零”位
孔壁产生振纹	1. 镗刀杆刚度差，刀杆悬伸太长 2. 工作台进给爬行 3. 工件夹持不当	1. 选择合适镗刀杆，镗刀杆另一端尽可能增加支承 2. 调整机床镶条并润滑导轨 3. 改进夹持方法或增加支承面积
孔壁有划痕	1. 退刀时刀尖背向操作者 2. 主轴未停稳，快速退刀	1. 退刀时将刀尖拨转到指向操作者 2. 主轴停止转动后再退刀

续表

质量问题	产生原因	防止措施
孔径尺寸超差	1. 镗刀回转半径调整不准 2. 测量不准 3. 镗刀产生偏让	1. 重新调整镗刀回转半径 2. 仔细测量 3. 增加镗刀杆刚度
孔呈锥形	1. 切削过程中刀具磨损 2. 镗刀松动	1. 修磨刀具，合理选择切削速度 2. 安装刀头时要紧牢紧固螺钉
孔的轴线歪斜（与基准面的垂直度误差太大）	1. 工件定位基准选择不当 2. 装夹工件时，清洁工作未做好 3. 采用主轴进给时，“零”位未校正	1. 选择合适的定位基准 2. 装夹时做好基准面与工作台台面的清洁工作 3. 重新校正主轴“零”位
圆度误差大	1. 工件装夹变形 2. 主轴回转精度差 3. 立镗时，工作台纵、横向进给未紧固 4. 镗刀杆、镗刀弹性变形	1. 薄壁工件装夹要适当；精镗时，应重新压紧，并注意适当减小压紧力 2. 检查机床，调整主轴精度 3. 工作台不进给的方向应紧固 4. 增加镗刀杆、镗刀的刚度；选择合理的切削用量
平行度误差大	1. 不在一次装夹中镗几个平行孔 2. 在钻孔和粗镗时，孔已不平行，精镗时镗刀杆产生弹性偏让 3. 定位基准面与进给方向不平行，使镗出的孔与基准不平行	1. 在一次装夹中镗削所有轴线平行的孔；至少要采用同一个基准面 2. 提高钻孔、粗镗的加工精度；增加镗刀杆的刚度 3. 精确校正基准面

§6–4 在铣床上加工椭圆孔和椭圆柱

一、椭圆柱面的几何特点

椭圆柱面是端截面为一椭圆的柱面，它的显著几何特征：用某一个通过椭圆的长轴，并且和端面成一定交角的平面 A—A 与其相截，截形是一个圆，如图 6–23 所示。显然，沿着椭圆柱面的轴线平移 A—A 截面，可截出无数个相同的圆。如图 6–23 所示，该截形圆的直径等于椭圆的长轴直径。根据椭圆柱面的几何特点，若在立式铣床上使立铣头轴线倾斜角度 α，并使刀尖运动轨迹和 A—A 截面中的截形圆重合，而工件则沿着其本身轴线做进给运动，即可加工出一定的椭圆柱面。

根据上述加工原理，椭圆柱面铣削的三个基本原则：

（1）铣刀回转轴线必须落在椭圆柱面通过短轴的轴向平面内。

（2）铣刀回转直径 d_c 决定椭圆柱面的长轴 D。

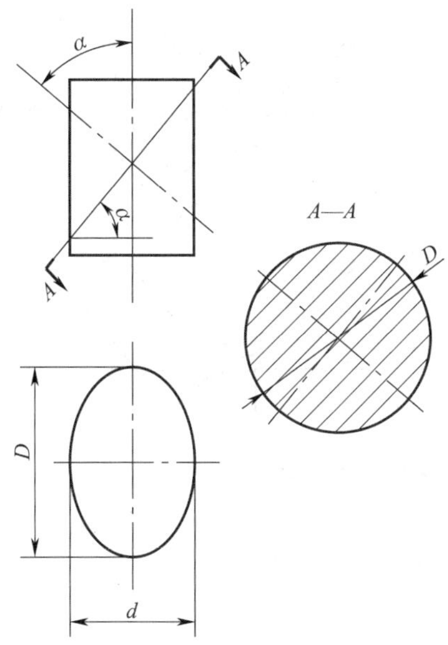

图 6-23　椭圆柱面几何特点

（3）铣刀回转直径 d_c 与轴线倾斜角 α 决定椭圆柱面的短轴 d。

它们之间的关系可用下式表示：

$$\cos\alpha=\frac{d}{D} \qquad (6\text{-}2)$$

二、椭圆柱面的加工方法

椭圆柱面可在立式铣床上采用镗刀或三面刃铣刀进行加工。加工时，必须将立铣头轴线转动一个角度，使铣刀轴线和工件轴线倾斜一个 α 角度，然后进行其他调整操作。常见的椭圆柱面零件有：椭圆孔、椭圆半孔、椭圆柱等。

1. 镗削椭圆孔

在立式铣床上镗削椭圆孔，如图 6-24 所示。镗削椭圆孔的操作步骤如下：

（1）在椭圆孔加工前，一般应用钻和镗的方法加工出圆柱孔，将大部分余量切去。这时须注意圆柱孔的孔径应小于椭圆短轴直径 d。

（2）粗镗椭圆孔时，刀尖回转直径 d_c 应小于长轴直径 D。

（3）工件椭圆孔不能过长，否则倾斜的镗杆会和孔壁相碰，刀杆直径 $d_{刀杆}$ 应满足下列条件：

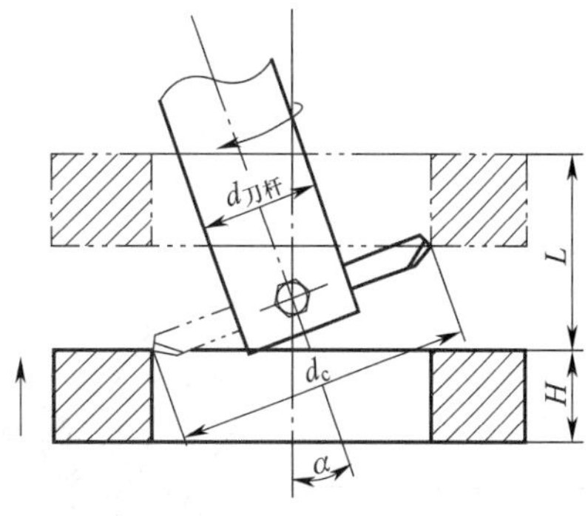

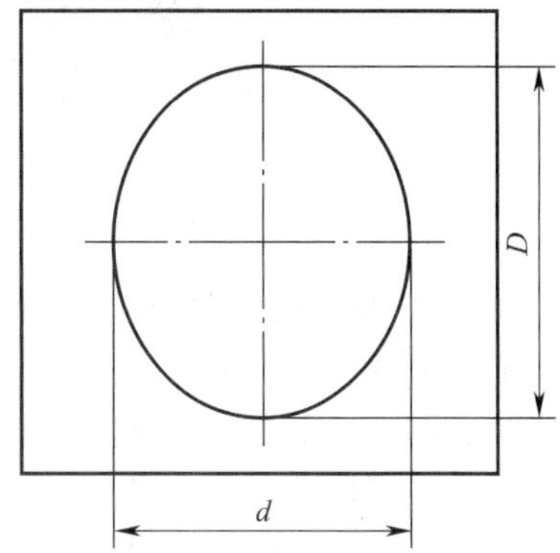

图 6-24　镗削椭圆孔

$$d_{刀杆} \leqslant D\cos\alpha - H\sin\alpha \qquad (6\text{-}3)$$

式中　D——椭圆长轴直径，mm；

α——主轴倾斜角，(°)；

H——工件椭圆孔长度，mm。

2. 镗削椭圆半孔

当椭圆孔较长时，无法一次镗出，这时，常将工件设计成对半合成件。加工这类工件时，应使椭圆半孔的轴线与工作台台面和纵向进给方向平行，而铣床主轴的倾斜角应为 β（β=90°−α）。由于加工这种不完整的椭圆柱面，无法直接测量长、短轴尺寸，因而要求事先将主轴倾斜角 β 及刀尖回转直径 d_c 调整得非常准确。

这类工件一般采用图 6-25 所示的两种方法进行加工，当采用三面刃铣刀铣削时，铣刀的外径应与椭圆长轴直径 D 严格相等。当采用镗刀加工时，一般可采用下列方法调整刀尖回转直径 d_c：

（1）在试件上精镗一圆柱孔，当镗出的圆柱孔孔径与椭圆长轴直径 D 相等时，刀

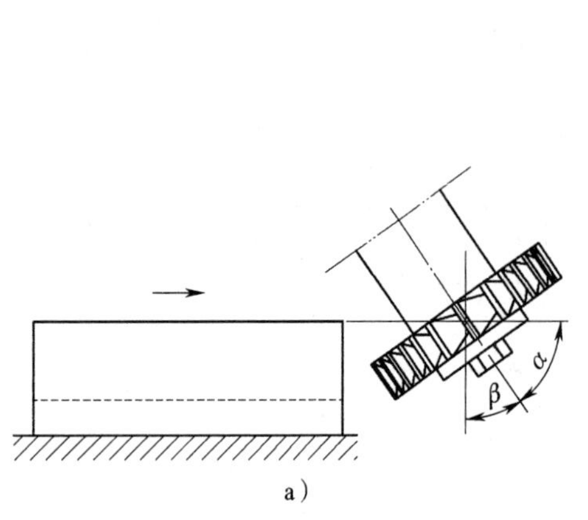

a）

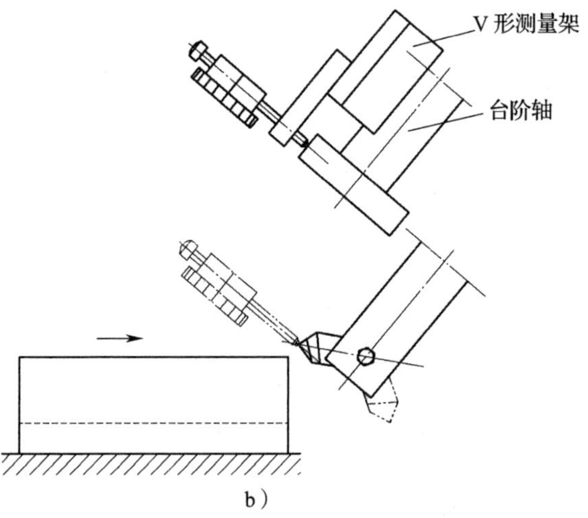

b）

图 6–25　镗削椭圆半孔

尖回转直径 d_c 即已调整到预定尺寸，可直接用来加工椭圆半孔。

（2）如图 6–25b 所示，调整镗刀刀尖回转直径时，可用预制的台阶轴进行校正。台阶轴的大端直径与椭圆长轴直径 D 相等；小端直径与镗杆直径相等。调整时，可先利用 V 形测量架测出台阶轴大小端的半径差 ΔR，然后利用测定的百分表读数，控制镗刀伸出距离，使之恰好等于 ΔR，从而使刀尖回转直径符合要求。

（3）主轴倾斜角 β 的精确调整，则可借助专用锥度心轴或正弦规进行。

3. 铣削椭圆柱

椭圆柱的铣削如图 6–26 所示。具体操作步骤如下：

（1）用三爪自定心卡盘装夹工件，并使工件轴线与工作台台面垂直。若椭圆柱与某一基准部位有位置要求时，可在工件端面划出椭圆长、短轴位置，然后使短轴与纵向工作台进给方向平行。

（2）用对中心的方法，调整工作台，使主轴轴线和椭圆短轴在同一平面内。

（3）调整铣刀刀尖回转直径 d_c，一般可先使回转直径 $d_{c粗}$ 大于椭圆长轴直径 D，以便对刀，同时留有一定余量进行精铣。

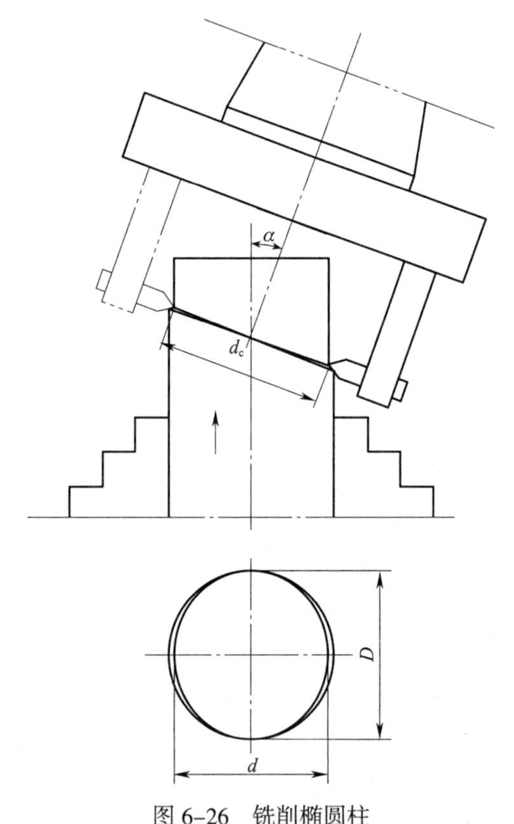

图 6–26　铣削椭圆柱

（4）试切对刀时，可将铣刀置于最低点，调整纵向工作台，使刀尖和椭圆中心的距离为：$\dfrac{d_{c粗}}{2}\times\cos\alpha$。然后将工件垂向进给，待端面铣出椭圆时，应检查周边余量是否均匀，以确定铣刀是否位于正确的切削位置。

在铣床上加工椭圆柱比在其他机床加工方便，无须使用特殊的附件，但是受到铣刀刀头伸出长度的限制，因而只能加工厚度不太大的椭圆齿轮轮坯等。

习题

1. 在铣床上钻孔，常用的方法有哪几种？
2. 按划线钻孔时，造成钻孔位置偏移的原因有哪些？如何防止位置偏移？
3. 铰孔余量的大小对铰孔质量有何影响？怎样确定铰孔余量？
4. 铰孔时，造成铰出的孔孔径扩大的原因有哪些？
5. 铰出的孔表面粗糙度值太大，原因何在？
6. 什么是镗削？为什么在铣床上也可以镗孔？在铣床上适宜镗削什么样的孔？
7. 在铣床上常用的简易式镗刀杆有哪几种？各有何特点？
8. 镗单孔时，常用的对刀方法有哪几种？
9. 镗孔时，镗刀杆和镗刀头截面的尺寸怎样选择？
10. 镗削沿圆周等分的孔系的步骤有哪些？
11. 在镗平行孔系时，怎样控制孔的中心距？
12. 椭圆柱面铣削的三个基本原则是什么？

第七章

简单特形面和球面的铣削

§7-1 简单特形面的铣削

一个或一个以上方向截面内的形状为非圆曲线的型面称为特形面。只在一个方向截面内的形状为非圆曲线的特形面称为简单特形面。简单特形面是由一直素线沿非圆曲线平行移动而形成的。本章只介绍简单特形面的铣削。

根据零件形状的不同，简单特形面分为两种类型。直素线较短的简单特形面一般称为曲面，如图 7–1 所示的工件，其外形轮廓中一部分即为曲面；直素线较长的简单特形面称为成形面。

曲面可用立铣刀在立式铣床或仿形铣床上加工。成形面则一般用成形铣刀在卧式铣床上加工，如图 7–2 所示。

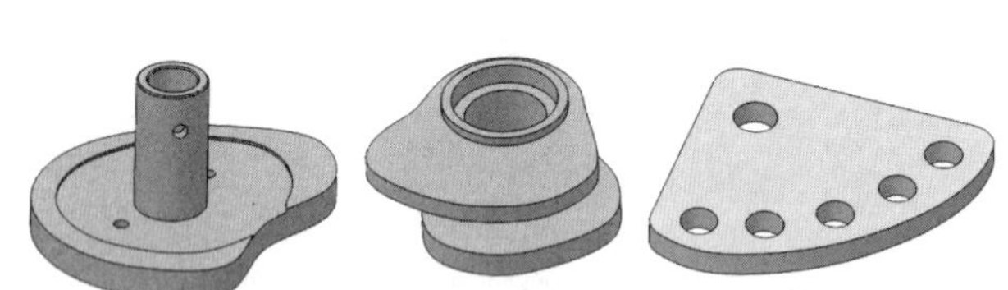

图 7–1　具有曲面的工件

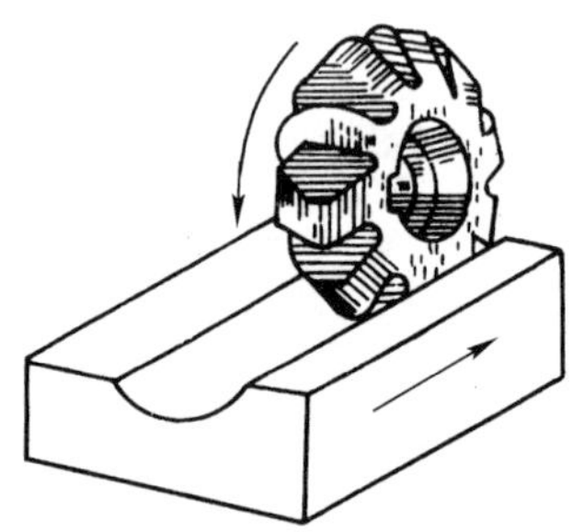

图 7–2　用成形铣刀铣削成形面

一、曲面的铣削

1. 铣削曲面的工艺要求

铣削曲面在工艺上必须保证如下要求：

（1）曲线的形状应符合图样要求，曲线连接的切点位置准确。

（2）曲面对基准应处于要求的正确相对位置。

（3）曲面连接处圆滑，无明显的啃刀和凸出余量，曲面铣削刀痕平整均匀。

在立式铣床上铣削曲面的方法有三种：按划线手动进给铣削、用回转工作台铣削和用仿形法（按靠模）铣削。

2. 按划线手动进给铣削曲面

单件、小批量生产，且精度要求不高的曲面，常采用按划线由双手配合手动进给的方法，在立式铣床上用立铣刀的圆周刃铣削。

（1）工件的装夹　如图 7–3 所示。

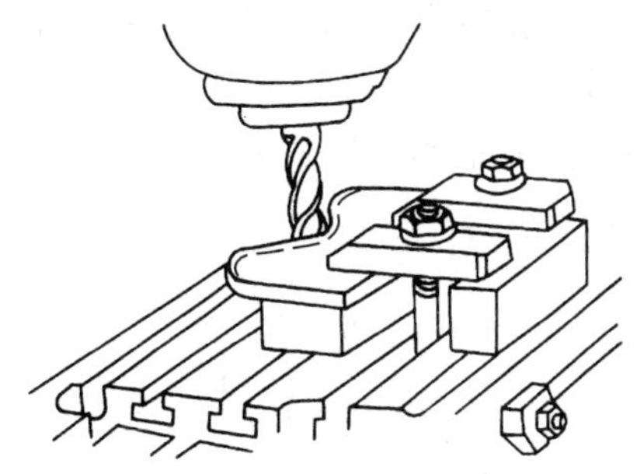

图 7–3　手动进给铣削曲面

（2）铣刀的选择　铣削只有凸弧的曲面，立铣刀的直径不受限制；铣削有凹弧的曲面，立铣刀的半径必须等于或小于凹弧的曲率半径，否则曲线外形将被破坏。为了保证铣削时铣刀有足够的刚度，在条件允许的情况下，尽可能选用直径较大的立铣刀。

（3）铣削方法

1）曲线外形各处余量不均匀，有时相差悬殊，因此，首先进行粗铣，把大部分余量分若干次切除，使划线轮廓周围剩下的余量大致相等。

2）精铣时，与进给方向平行的直线部分，可以用一个方向的机动进给；外形较长又较平坦的部分，可以一个方向采用机动进给，另一个方向采用手动进给配合；其他的部分应双手同时操作纵、横两个方向的进给手柄，协调配合进给。操作时要集中注意力，密切注视铣刀切削刃与划线相切的部位，用逐渐趋近的方法分几次铣至要求。

3）铣削应始终保持逆铣，尤其是在两个方向同时进给时更应注意，以免因顺铣而折断铣刀和铣废工件。

按划线手动进给铣削曲面，生产率低，加工质量不稳定，且要求操作者技术熟练，因此，仅适用于单件、小批量生产，在成批、大量生产时则常用靠模铣削。

3. 用回转工作台铣削曲面

曲线外形由圆弧或由圆弧和直线组成的曲面（如图 7–4 所示的扇形板工件），在数量不多的情况下，大多采用回转工作台在立式铣床上加工，如图 7–5 所示。为了保证工件圆弧中心位置和圆弧半径尺寸，以及使圆弧面与相邻表面圆滑相切，铣削前应保证或确定以下几点：工件圆弧面中心必须与回转工作台中心重合；准确地调整回转工作台与铣床主轴的中心距；确定工件圆弧面开始铣削时回转工作台的转角；若工件圆弧面的两端都与相邻表面相切，要确定圆弧面铣削过程中回转工作台应转过的角度。

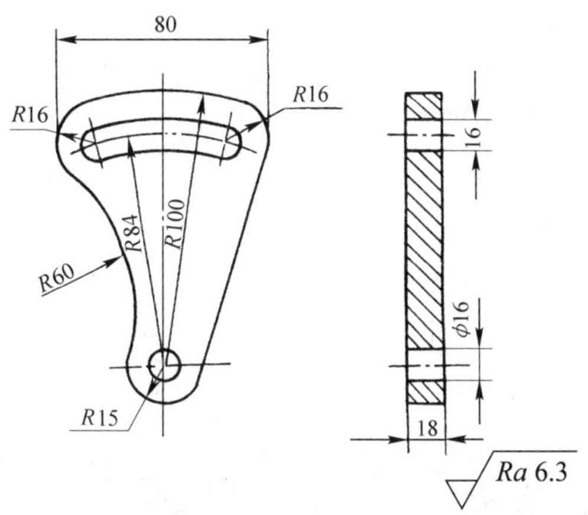

图 7–4　扇形板工件

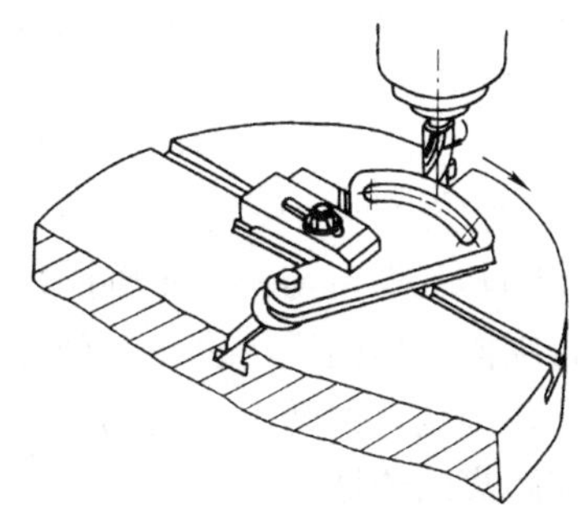

图 7–5　用回转工作台铣削圆弧曲面

（1）回转工作台轴线与铣床主轴轴线同轴度的校正　回转工作台安装后，必须校正其轴线与铣床主轴轴线同轴，其目的是便于以后找正工件圆弧面中心和回转工作台中心的同轴度，这也是精确地控制回转工作台与铣床主轴的中心距及确定工件圆弧面开始铣削位置的一个重要步骤。校正的方法有：

1）顶尖校正法　如图 7–6a 所示，在回转工作台主轴孔内插入带有中心孔的校正心棒，在铣床主轴中装入顶尖。利用两者内、外锥面配合的定心作用，使回转工作台与铣床主轴同轴。这种校正方法操作简便，校正迅速，适用于铣削一般精度要求的工件时的同轴度校正。

2）环表校正法　如图 7–6b 所示，将百分表固定在铣床主轴上，然后用手转动铣床主轴，根据表的测量头与回转工作台中央圆柱孔表面间间隙的大小调整工作台，待间隙基本均匀后，再使表的测量头接触回转工作台中央圆柱孔的表面，然后根据百分表读数的差值调整工作台，直到符合规定要求。环表校正法的校正精度高，适用于铣削精度要求高的工件时的同轴度校正。

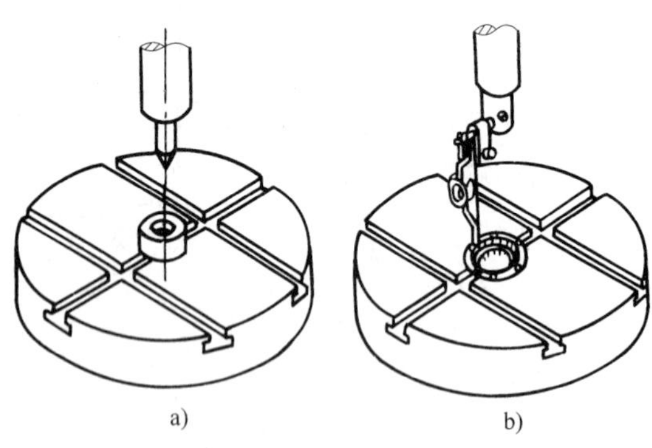

图 7–6　校正回转工作台与铣床主轴同轴
a）顶尖校正法　b）环表校正法

校正回转工作台与铣床主轴同轴后，应在工作台纵向、横向进给手轮的刻度盘上做好标记，作为调整回转工作台轴线与铣床主轴轴线间距离的依据。

（2）工件圆弧面中心与回转工作台中心同轴度的校正

1）划线校正法　将已经划线的工件放在回转工作台上，在铣床主轴孔中装入顶尖。从回转工作台与铣床主轴已校正的同轴位置将工作台纵向或横向移动等于划线圆弧半径的距离，然后转动回转工作台，调整工件位置，使顶尖尖端在工件上描出的轨迹与圆弧的划线重合，如图 7–7a 所示。也可以在铣刀上用油脂粘上大头针进行校正，如图 7–7b 所示。

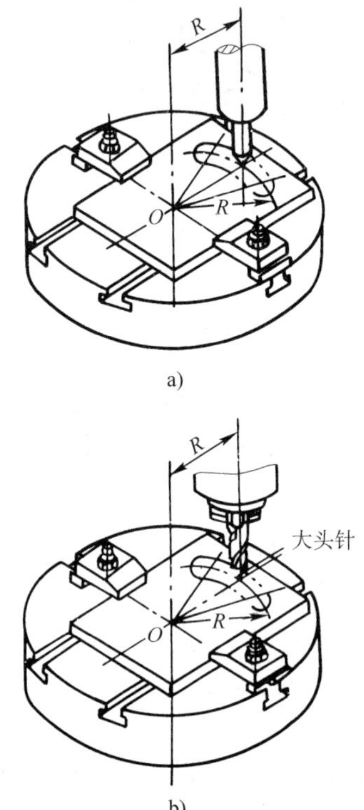

图 7–7　按划线校正工件装夹位置
a）用顶尖校正　b）用大头针校正

2）按中心孔校正法　如果工件圆弧面以内孔为基准（即圆弧面中心与内孔中心重合），只需将工件内孔校正到与回转工作台中心同轴即可。当工件数量较少时，可用环表校正法；工件数量较多时，可在回转工作台主轴孔中装上专用心轴进行定位。

（3）铣刀与回转工作台中心距的调整

为了保证所铣得的圆弧面半径的准确，

必须准确地调整铣刀与回转工作台的中心距。铣削凸圆弧面时，中心距等于凸圆弧半径与铣刀半径之和；铣削凹圆弧面时，中心距等于凹圆弧半径与铣刀半径之差。

（4）工件切点位置的校正　校正工件切点位置，即圆弧面铣削的起始及终止位置，也就是圆弧面开始及终止铣削时，铣刀外圆与圆弧面的接触点应和圆弧面与相邻表面的切点重合。如果不重合，就会使圆弧面与相邻表面连接不圆滑。

图 7–8 所示是工件的平面与圆弧面一次连续铣削时，工件由铣床工作台做直线进给变换成由回转工作台做圆周进给，若过早与过迟变换，回转工作台开始圆周进给的起点 K 与图样规定的圆弧面与平面的切点 P 不重合，使工件圆弧面与相邻的平面不能圆滑连接，有凸起或凸棱。

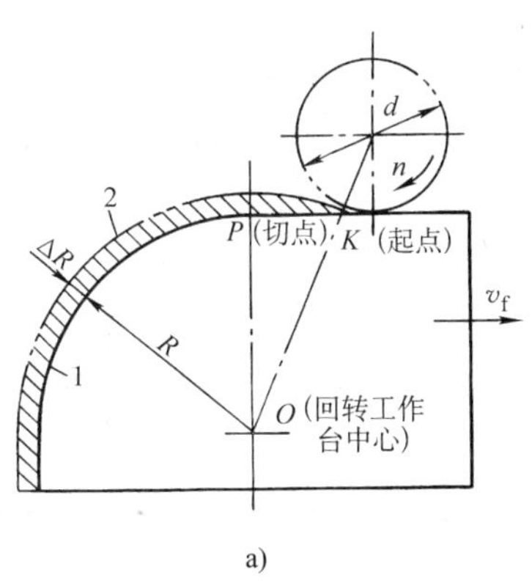

a)

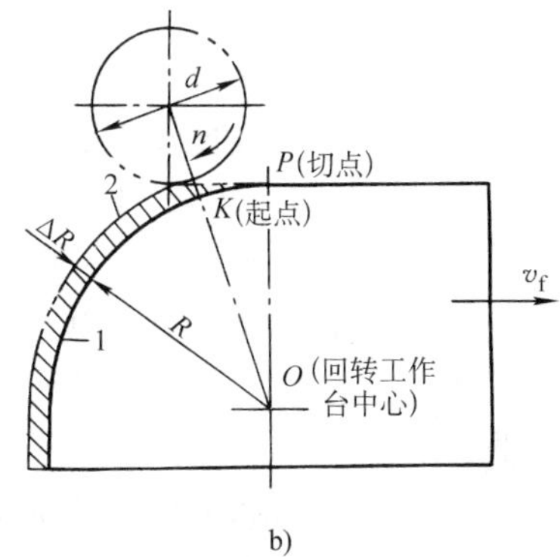

b)

图 7–8　起刀位置与切点位置不重合时对工件形状的影响

1—圆弧面理论位置　2—圆弧面实际铣削位置

工件切点位置的校正依据：当圆弧与直线相切时，切点必定落在垂直于相切直线的圆弧半径上；当圆弧与圆弧相切时，切点必定落在两圆弧中心的连线或连线的延长线上。因此，校正时，必须使铣刀中心通过工件圆弧（面）的中心至切点的连线。

（5）用回转工作台铣削曲面的注意要点

1）在校正过程中，工作台的移动方向和回转工作台的回转方向，应与铣削时的进给方向一致，以消除传动丝杠及蜗杆蜗轮副间隙的影响。

2）铣削时，铣床工作台及回转工作台的进给方向均须处于逆铣状态，以免发生“扎刀”现象和造成立铣刀折断。对回转工作台来说，铣削凸圆弧面时，回转工作台的转动方向应与铣刀的旋转方向相同；铣削凹圆弧面时，两者的旋转方向则相反。

3）为保证轮廓表面各部分连接圆滑以及便于操作，应按下列次序进行铣削：

①凡凸圆弧面与凹圆弧面相切的部分，应先铣削凹圆弧面。

②凡凸圆弧面与凸圆弧面相切的部分，应先铣削半径较大的凸圆弧面。

③凡凹圆弧面与凹圆弧面相切的部分，应先铣削半径较小的凹圆弧面。

④凡平面与圆弧面相切的部分，先铣削凹圆弧面后铣削平面；先铣削平面后铣削凸圆弧面。

4. 用仿形法（按靠模）铣削曲面

用仿形法铣削曲面是指制造一个与工件形状相同或近似的模型（靠模板），依靠它使铣刀沿着其外形轮廓做相对进给运动，从而获得准确的曲面。仿形法铣削可在立式铣床或仿形铣床上进行。

用仿形法铣削曲面，不仅可以提高加工质量和生产效率，还可以使操作简便省力。

（1）按靠模手动进给铣削曲面　将工件和靠模一起装夹在夹具体上（图 7–9a）或直接装夹在铣床工作台上（图 7–9b），然后用手动进给使立铣刀柄部外圆始终与靠模的型面接触，立铣刀的圆柱面切削刃就可将工件的曲面逐渐铣成。

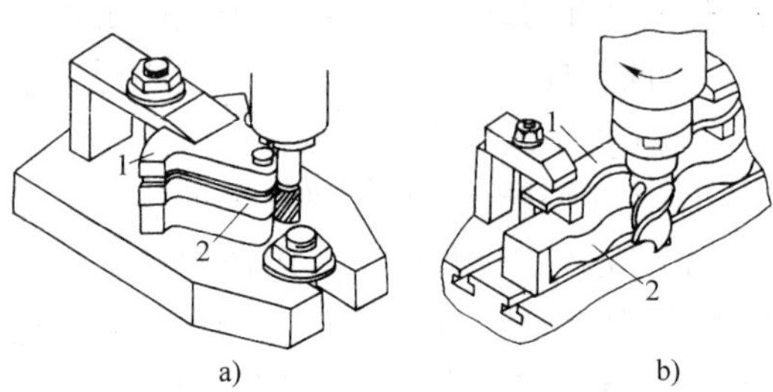

图 7–9　按靠模手动进给铣削曲面

1—靠模　2—工件

1）靠模　靠模（板）是仿形铣削的依据，为了获得准确的工件外形，靠模应具有高的形状精度和尺寸精度，靠模型面的形状和尺寸与工件的形状和尺寸有相同的和相似（扩大或缩小）的两种，靠模的型面必须具有较高的硬度（一般为 45 ~ 55HRC），以提高其耐磨性。靠模如果与工件贴合在一起定位装夹，在贴合的部位必须具有一定的斜度，以免铣削时被铣刀铣坏靠模的工作型面。

2）靠模铣刀　仿形铣削时用的靠模铣刀是根据靠模的形状确定的，当靠模型面的形状与工件形状相同时，靠模铣刀的柄部外圆与切削部分外圆的直径应相同，如图 7–10a 所示，因此，一般不能借用标准立铣刀而必须定做或改制。为了减少靠模的磨损，可在铣刀柄部套一衬套，如图 7–10b 所示。衬套一般用耐磨铸铁或青铜制成，衬套内孔与铣刀柄部采用过盈配合，外径则与铣刀切削部分外圆直径相等。

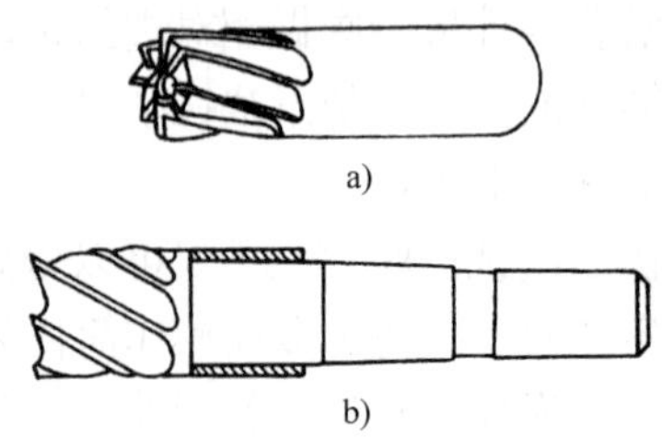

图 7–10　靠模铣刀

a）直柄靠模铣刀　b）装有衬套的立铣刀

有时在铣刀柄部加装滚动轴承，以减少与靠模型面的摩擦，如图 7–11 所示。此时，由于轴承的外圆直径比铣刀切削部分直径大，靠模的形状与工件的形状不能相同，而需根据轴承外径和铣刀切削部分直径之差将靠模的凸圆弧半径缩小，凹圆弧半径放大。

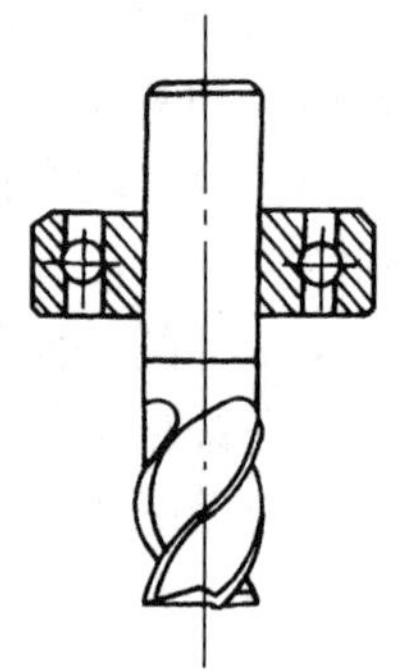

图 7–11　装有滚动轴承的立铣刀

3）铣削方法　铣削时，用双手分别操纵纵向和横向进给手轮，使靠模铣刀的柄部外圆始终沿着靠模的型面做进给运动，即可将工件的曲面铣出。粗铣时，铣刀的柄部外圆不与靠模型面直接接触，而是保持一定距离，以使精铣的余量均匀；精铣时，双手配合均匀进给，铣刀与靠模型面之间接触压力适当、稳定，以保证获得平整、圆滑的加工表面。

用手动进给仿形铣削，铣刀柄部与靠模型面之间的接触压力大小完全由操作者凭感觉确定，不容易稳定，而且铣刀伸出长度较长，刚度差，因此加工表面质量比较低。

（2）用靠模装置铣削时的注意事项

1）铣削时，铣刀、滚轮的中心和靠模的中心必须校正到在同一直线上。精铣时的铣刀直径及铣刀与滚轮间的中心距应该与靠模设计时的预定数据相符，否则将无法加工出正确的曲面。

2）铣削过程中，应防止切屑嵌入滚轮与靠模之间而影响加工精度。

二、成形面的铣削

成形面是直素线较长的简单特形面。由

于直素线较长，不能用立铣刀的圆周刃进行加工，而需使用成形铣刀在卧式铣床上进行加工，如图 7–12 所示。

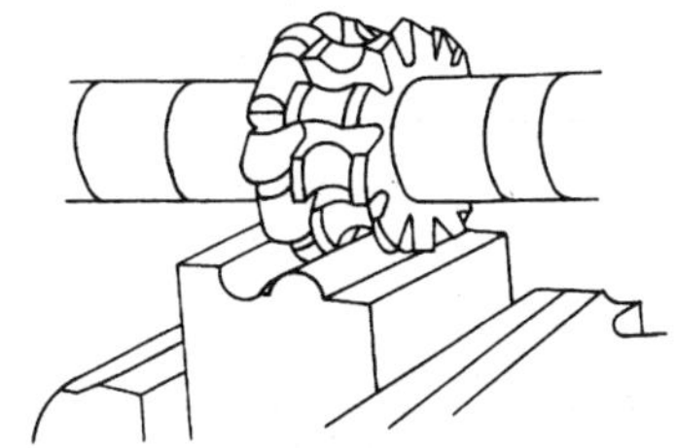

图 7–12　用成形铣刀铣削成形面

1. 成形铣刀

成形铣刀又称特形铣刀，其切削刃截面形状与工件成形表面形状完全一样。成形铣刀分整体式和组合式两种，后者一般用于铣削较宽的特形表面。为了便于制造和节约贵重材料，大型的成形铣刀很多做成镶齿的组合铣刀。

成形铣刀的切削性能较差，制造费用较高，使用时切削用量应适当降低，用钝后应及时刃磨，以减少刃磨量，提高铣刀的使用寿命。

2. 成形面的铣削方法

先在工件的基准面上划出成形面的加工线，然后安装和校正夹具和工件，再按划线对刀进行粗铣和精铣。粗铣时，工件加工余量很大，可以用形状不很准确的并磨成具有正前角的成形铣刀铣削，也可以先用普通铣刀铣去大部分余量，再用精确的成形铣刀精铣，以减小成形铣刀的磨损。成形面的铣削过程如图 7–13 所示。

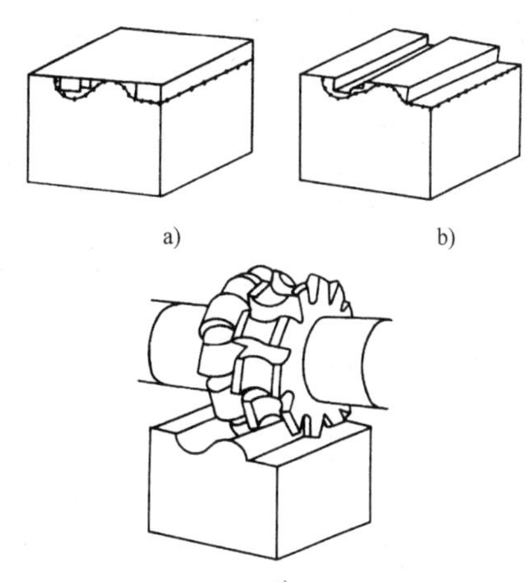

图 7–13　成形面的铣削过程

a）按粗铣和精铣划线

b）铣出直槽和台阶（粗铣）　c）精铣

成形面的加工质量由成形铣刀的精度来保证，一般采用样板进行检验，如图 7–14 和图 7–15 所示。

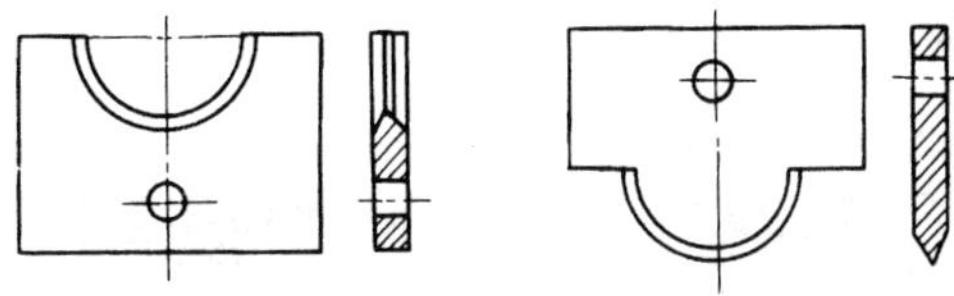

图 7–14　凹、凸圆弧检验样板

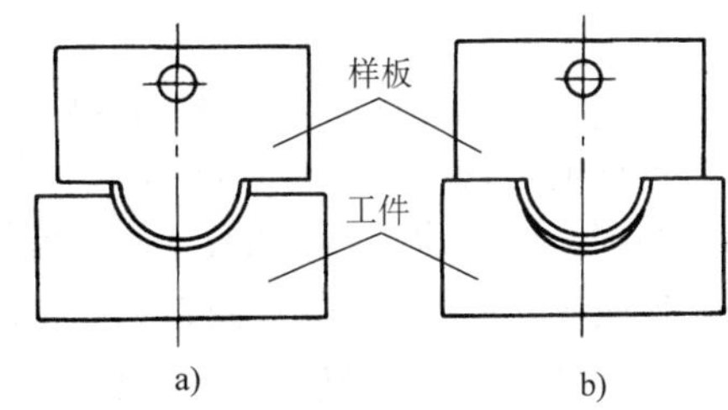

图 7–15　用凸圆弧样板检验工件

a）铣削深度不够　b）铣削过深

3. 铣削成形面的注意事项

（1）铣削时应采用较小的铣削用量，其铣削速度一般比普通尖齿铣刀的铣削速度低 20% ~ 30%。精铣时，不宜选取过小的铣削宽度 a_e 和进给量 f，以免铣削中产生振动，影响成形面的表面质量。

（2）成形铣刀的切削刃应保持锋利，不允许用得很钝，以免增加铣刀刃磨的难度和影响铣削特形面的精确度。

（3）成形铣刀在铣削时承受较大的铣削抗力，因此，安装铣刀的刀杆应具有可靠的刚度。在铣刀接近、切入工件直至铣削到铣刀中心为止的过程中应采用手动缓慢进给，以免损坏成形铣刀。

三、简单特形面铣削的质量分析

简单特形面铣削中常见的质量问题及产生原因见表 7–1。

表 7–1　　简单特形面铣削的质量分析

质量问题	产生原因
曲线外形连接不圆滑	1. 划线不准确 2. 切点位置确定错误 3. 回转工作台转角错误
圆弧尺寸不准确	1. 划线错误或偏差较大 2. 铣削过程中检测不准确 3. 圆弧加工位置找正不准确 4. 操作过程中铣削深度过量
表面质量差	1. 铣削用量不当，回转工作台进给速度过大或进给不均匀 2. 铣削方向选择错误（顺铣），引起“扎刀”现象 3. 铣刀用钝后未及时更换，精铣表面质量差 4. 回转工作台及机床传动系统间隙过大，引起较大的铣削振动

§7–2　球面的铣削

在铣床上铣削球面是一种采用展成法加工球面零件的方法。铣削球面时计算和调整都比较烦琐，效率也比车削低，但铣削的进给方式比较灵活，加工适应性较强，加工出的球面具有几何形状准确等特点，所以特别适宜于模具等复杂零件上的球面的切削加工。图 7–16 所示为经铣削而具有球面的零件。

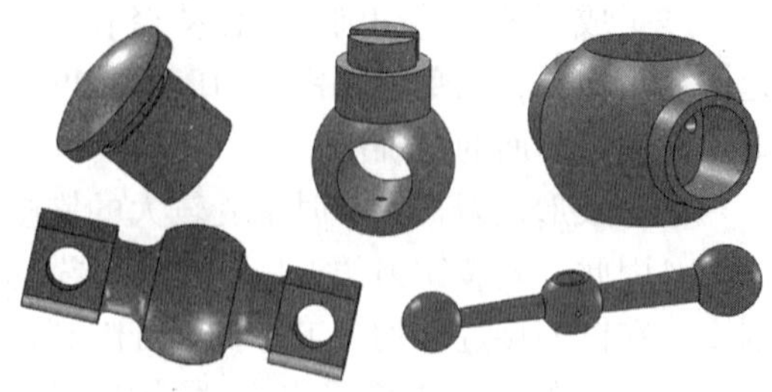

图 7–16　具有球面的零件

一、球面铣削的展成原理

半圆曲线绕其直径回转一周所形成的曲面称为球面。球面上任意一点到其中心（球心）的距离都相等，这个距离称为球面半径 R。

用一平面与球面相截，所得截面图形是一个圆。截形圆的圆心 O_1 是球心 O 在截平面上的投影，截形圆的半径 r 由球的半径 R 和球心到截平面的距离 e 的大小决定，如图 7–17 所示。由图可知：

$$r = \sqrt{R^2 - e^2} \qquad (7\text{–}1)$$

式中　r——截形圆的半径，mm；

R——球面半径，mm；

e——球心到截平面的距离，mm。

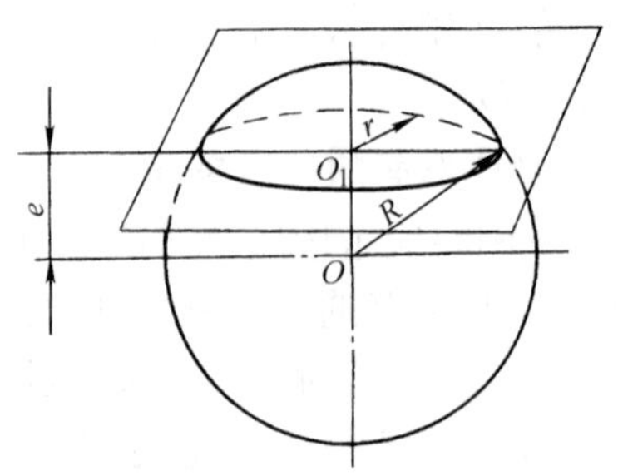

图 7–17　平面截球的截形圆

由式（7–1）可知：到球心距离相等的不同截平面截同一个球时，截得的各截形圆半径都相等。球面铣削就是基于这一原理的一种加工方法。铣削时，只要铣刀回转时刀尖运动的轨迹与被加工球面的截形圆重合，同时使工件绕与铣刀回转轴线相交的自身轴线回转，就能加工出所需的球面。铣刀回转轴线与工件轴线的交点即是球心。

根据上述加工原理，球面铣削的三个基本原则是：

1. 铣刀回转轴线必须通过球心，以使刀尖的回转运动轨迹与球面的某一截形圆重合。

2. 以铣刀刀尖的回转直径 d_c（或半径 r_c）及截形圆所在截平面与球心的距离 e 确定球面的尺寸（球面半径 R）和形状精度。

3. 以铣刀回转轴线与球面工件轴线的交角（轴交角）β 确定球面的加工位置。

二、外球面的铣削

球面被截平面分割成两部分，每部分称为球冠。球面被两平行平面相截时，两截平面之间的球面部分称为球带，如图 7–18 所示。

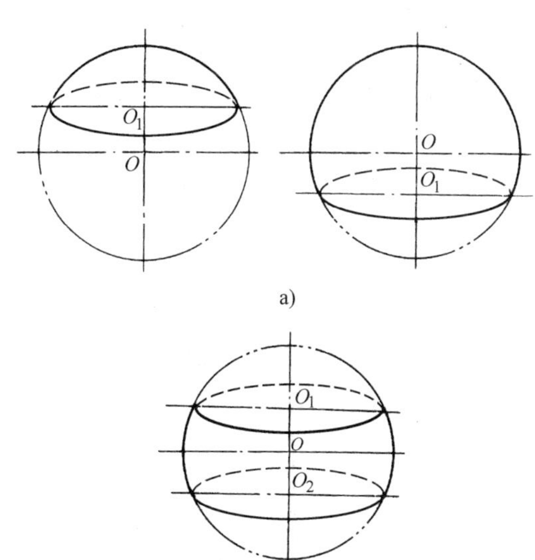

图 7–18 球冠和球带
a）球冠 b）球带

外球面的铣削有带柄球面铣削、不带柄球冠面和球带面铣削及整球面铣削等。外球面铣削常用硬质合金铣刀盘在立式铣床或卧式铣床上加工，工件的回转运动通过回转工作台或分度头实现（图 7–19）。下面介绍常见的几种外球面加工方法。

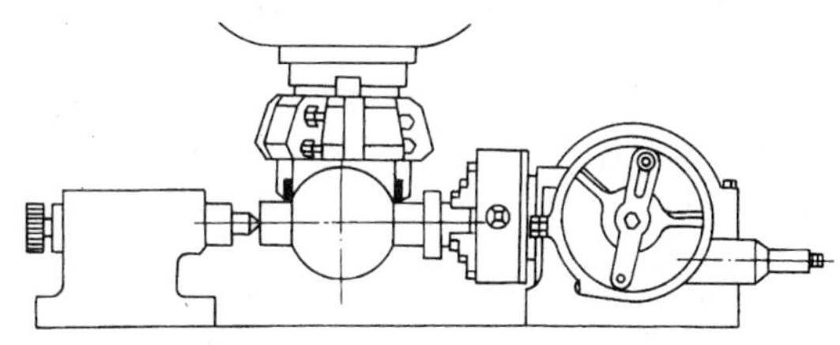

图 7–19 铣削带球面的工件

1. 等直径双柄外球面铣削

带柄球面有带单柄和带双柄两种，带双柄的球面又分两端柄部直径相等与两端柄部直径不等两种。等直径双柄外球面是球面铣削中最简单的一种，如图 7–20 所示。铣削时，铣刀盘轴线与工件回转轴线的交角等于 90°（β=90°），可在立式铣床或卧式铣床上加工。

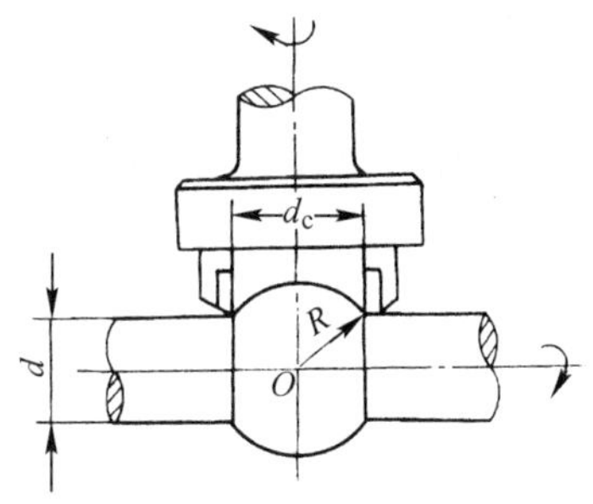

图 7–20 等直径双柄外球面铣削

铣刀刀尖的回转半径 r_c 按式（7–2）确定：

$$r_c = \frac{1}{2}d_c = \sqrt{R^2 - r^2} = \frac{1}{2}\sqrt{D^2 - d^2} \tag{7–2}$$

$$d_c = \sqrt{D^2 - d^2} = \sqrt{4R^2 - d^2}$$

式中 r_c、d_c——铣刀刀尖回转半径、直径，mm；

R、D——球面半径、直径，mm；

r、d——与球面相接的柄部半径、直径，mm。

铣刀刀头从铣刀盘中伸出的长度应大于被加工球面半径与柄部半径之差（$R-r$）。

2. 单柄外球面铣削

图 7–21 所示为单柄外球面。铣削时，铣刀盘轴线与工件回转轴线的交角 β 不等于 90°，因此，在立式铣床上铣削时，可以采取将立铣头主轴偏转一个角度 α，或将工件轴线相对于工作台仰起一个角度 α 进行铣削；在卧式铣床上铣削时，则应将工件轴线水平偏转一个角度 α。轴交角 β 与工件轴线倾斜角（或铣刀轴线倾斜角）α 之间的关系为：

$$\alpha+\beta=90°$$

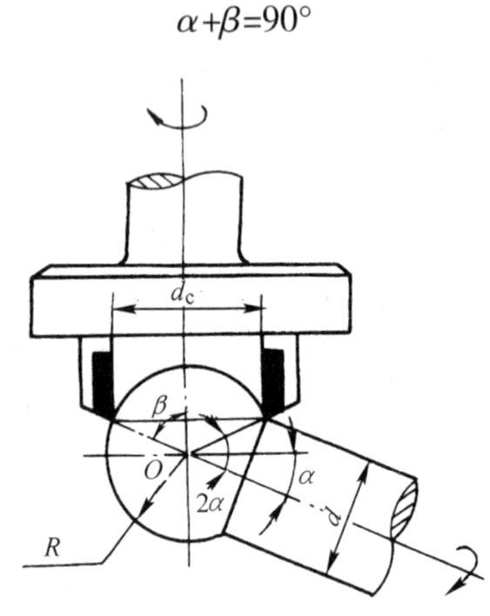

图 7–21　单柄外球面铣削

由图 7–21 可知，立铣头倾斜或分度头主轴（工件轴线）仰起的角度 α 应满足：

$$\sin 2\alpha=\frac{d}{2R}$$

或
$$\alpha=\frac{1}{2}\arcsin\frac{d}{2R} \qquad (7\text{–}3)$$

铣刀刀尖的回转半径 r_c 为：

$$r_c=R\cos\alpha \qquad (7\text{–}4)$$

式中　α——立铣头或工件轴线倾斜角，（°）；

d——与球面相接的柄部直径，mm；

R——球面半径，mm；

r_c——铣刀刀尖回转半径，mm。

铣刀刀头从铣刀盘中伸出的长度应大于 R（$1-\sin\alpha$）。

例 7–1　加工一单柄外球面，其柄部直径 d=28 mm，球面半径 R=32.5 mm，求倾斜角 α 和刀尖回转半径 r_c。

解：按式（7–3）和式（7–4）可得：

$$\alpha=\frac{1}{2}\arcsin\frac{d}{2R}=\frac{1}{2}\arcsin\frac{28}{2\times 32.5}$$

$$\approx\frac{1}{2}\arcsin 0.430\,8$$

$$\approx\frac{1}{2}\times 25°31'=12°45'30''$$

$$r_c=R\cos\alpha\approx 32.5\times\cos 12°45'30''$$

$$\approx 32.5\times 0.975\,3\approx 31.70\ \text{mm}$$

铣刀刀头伸出铣刀盘的长度应大于 R（$1-\sin\alpha$）≈ 32.5 ×（$1-\sin 12°45'30''$）≈ 32.5 × 0.779 2 ≈ 25.32 mm。

3. 球冠状球面铣削

机械零件上的球冠状球面大多小于半球面，如图 7–22 所示。这类工件通常利用三爪自定心卡盘装夹于回转工作台上，在立式铣床上加工。

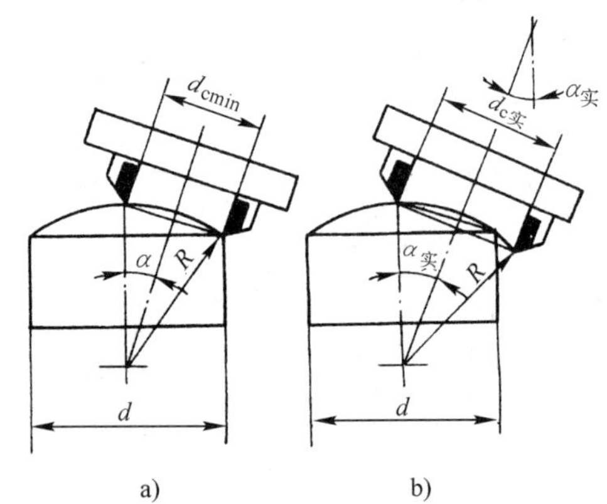

图 7–22　球冠状球面铣削

由图 7–22a 可得：

$$\alpha=\frac{1}{2}\arcsin\frac{d}{2R}$$

$$r_{cmin}=\frac{1}{2}d_{cmin}=R\sin\alpha \qquad (7\text{–}5)$$

式中　r_{cmin}、d_{cmin}——铣刀盘刀尖最小回转半径和直径，mm。

铣削时，铣刀盘刀尖实际回转半径 $r_{c实}$ 应不小于 r_{cmin}，并根据实测的 $r_{c实}$值，按式（7–6）计算立铣头实际的偏转角 $\alpha_{实}$：

$$\alpha_{实} = \arcsin \frac{r_{c实}}{R} \tag{7–6}$$

4. 球带状球面铣削

机械零件上的球带状球面，其球带的两截平面大多处在同一半球内，如图 7–23 所示。这类工件通常装夹在回转工作台上，工件轴线与回转工作台轴线重合，且垂直于机床工作台面，在立式铣床上用主轴倾斜法加工。

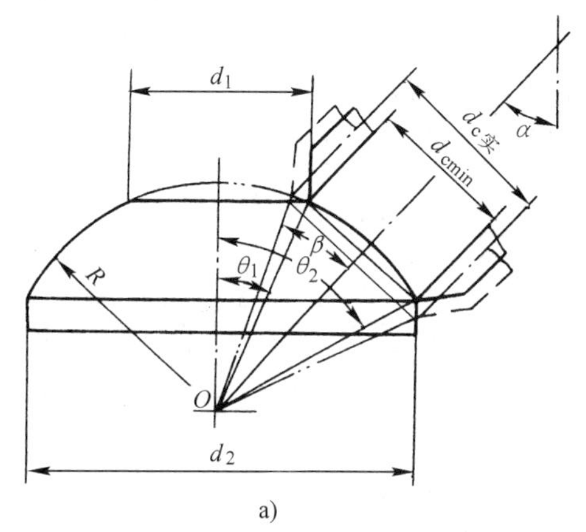

a)

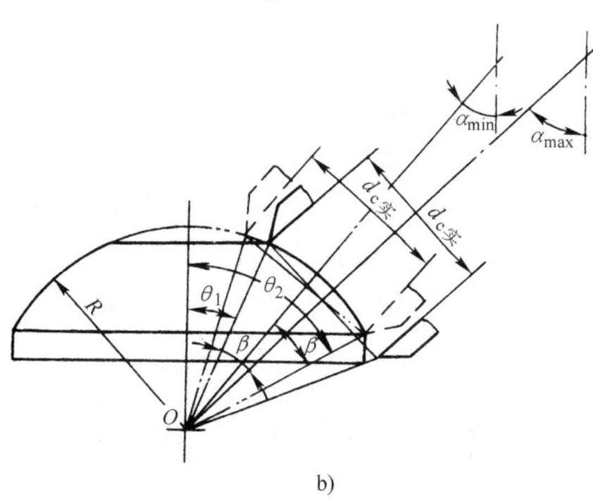

b)

图 7–23　球带状球面铣削

由图 7–23a 可得：

$$r_{cmin} = \frac{1}{2}d_{cmin} = R\sin\frac{\theta_2 - \theta_1}{2} \tag{7–7}$$

其中　$\theta_1 = \arcsin\frac{d_1}{2R}$，$\theta_2 = \arcsin\frac{d_2}{2R}$

式中　d_1、d_2——球带状球面两端截形圆直径，mm；

R——球面半径，mm；

r_{cmin}、d_{cmin}——铣刀盘刀尖最小回转半径和直径，mm。

确定铣刀盘刀尖实际回转半径 $r_{c实}$时，可使 $r_{c实}$略大于 r_{cmin}。$r_{c实}$确定后，立铣头的偏转角 α 可在一定范围内选择，即

$$\alpha_{min} \leqslant \alpha \leqslant \alpha_{max}$$

由图 7–23a 可得：

$$\sin\beta = \frac{r_{c实}}{R} = \frac{d_{c实}}{2R} \tag{7–8}$$

由图 7–23b 可得：

$$\alpha_{max}=\theta_1+\beta \tag{7–9}$$

$$\alpha_{min}=\theta_2-\beta \tag{7–10}$$

例 7–2　已知球面半径 R=400 mm，两端截形圆直径分别为 d_1=300 mm，d_2=500 mm，且两截平面在同一半球内。试确定铣刀盘刀尖回转半径 $r_{c实}$及立铣头倾斜角 α。

解： 由 $\theta_1 = \arcsin\frac{d_1}{2R}$，$\theta_2 = \arcsin\frac{d_2}{2R}$ 可得：

$$\theta_1 = \arcsin\frac{300}{2\times400} = \arcsin\frac{3}{8}$$

$$\approx 22°1'28'' \approx 22°1'$$

$$\theta_2 = \arcsin\frac{500}{2\times400} = \arcsin\frac{5}{8}$$

$$\approx 38°40'56'' \approx 38°41'$$

由式（7–7）可得：

$$r_{cmin} = \frac{1}{2}d_{cmin} \approx R\sin\frac{\theta_2 - \theta_1}{2}$$

$$= 400\times\sin\frac{38°41' - 22°1'}{2}$$

$$= 400\times\sin 8°20' \approx 400\times 0.144\,9$$

$$= 57.96\ \text{mm}$$

$$d_{cmin} = 2\times57.96 = 115.92\ \text{mm}$$

可选用 $r_{c实}$=60 mm，即 $d_{c实}$=120 mm。

由式（7–8）可得：

$$\sin\beta = \frac{r_{c实}}{R} = \frac{60}{400} = 0.15$$

$$\beta \approx 8°37'37'' \approx 8°38'$$

由式（7–9）、式（7–10）可得：

$\alpha_{max}=\theta_1+\beta\approx 22°\ 1'+8°\ 38'=30°\ 39'$

$\alpha_{min}=\theta_2-\beta\approx 38°\ 41'-8°\ 38'=30°\ 3'$

可选用 $\alpha=30°\ 15'$。

三、内球面的铣削

内球面铣削主要有球冠状内球面铣削和球带状内球面铣削。内球面的展成原理与加工外球面时相同。但内球面的加工表面处于工件内部，相当于内孔加工，铣削时对刀杆直径等有一定限制，与外球面铣削相比较，难度要大一些。内球面常用立铣刀、镗刀在立式铣床上加工，立铣刀适用于铣削半径较小的内球面，镗刀则能铣削直径较大的内球面，球面半径很大时可使用铣刀盘加工。

1. 球冠状内球面铣削

（1）用镗刀铣削　用镗刀铣削球冠状内球面，通常在立式铣床上用主轴（立铣头）倾斜的方法加工，如图 7–24 所示。对于小型工件，可装夹在分度头上，使分度头主轴相对于铣床主轴偏转一个相应的角度进行加工，这种倾斜工件的加工方法可在立式铣床或卧式铣床上进行，如图 7–25 所示。

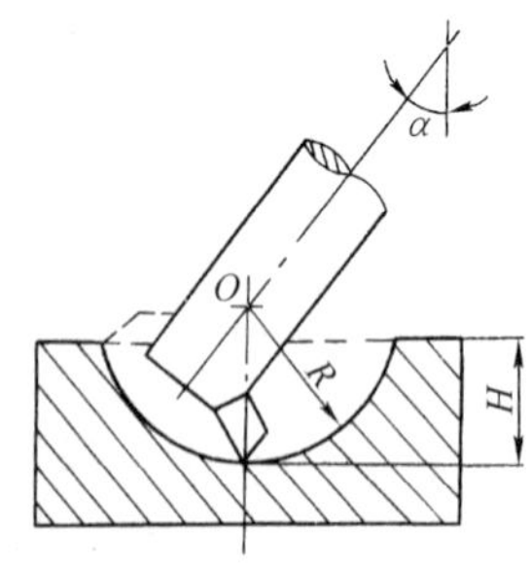

图 7–24　主轴倾斜法铣削球冠状内球面

由图 7–24、图 7–25 可得：

$$\sin 2\alpha_{min}=\frac{d}{2R}=\frac{\sqrt{2RH-H^2}}{R}$$

$$\alpha_{min}=\frac{1}{2}\arcsin\frac{\sqrt{2RH-H^2}}{R} \qquad (7\text{–}11)$$

取 $\alpha\geqslant\alpha_{min}$（$\alpha$ 取略大于 α_{min} 的整数值）。

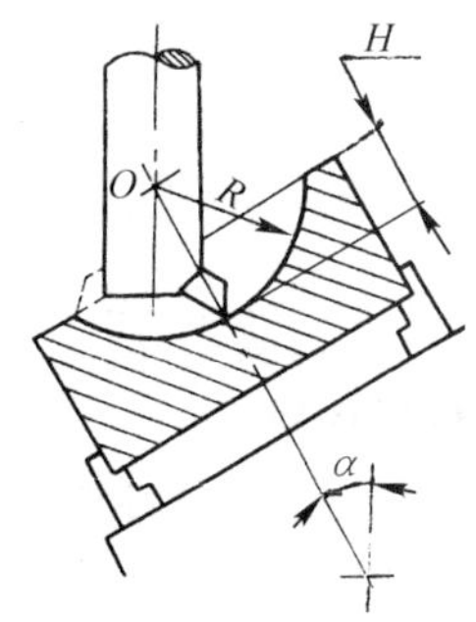

图 7–25　工件倾斜法铣削球冠状内球面

镗刀刀尖回转半径 r_c：

$$r_c=R\sin\alpha \qquad (7\text{–}12)$$

例 7–3　铣削 R=40 mm、H=30 mm 的球冠状内球面，确定立铣头主轴倾斜角度 α 和镗刀刀尖回转半径 r_c。

解：按式（7–11）可得：

$$\begin{aligned}\alpha_{min}&=\frac{1}{2}\arcsin\frac{\sqrt{2RH-H^2}}{R}\\&=\frac{1}{2}\arcsin\frac{\sqrt{2\times40\times30-30^2}}{40}\\&=\frac{1}{2}\arcsin\frac{\sqrt{15}}{4}\approx\frac{1}{2}\times75.52°\\&=37.76°\approx37°46'\end{aligned}$$

取 $\alpha=40°$

$r_c=R\sin\alpha=40\times\sin40°\approx40\times0.642\ 8$

≈25.71 mm

（2）用立铣刀铣削　球冠高度 H 小于球半径 R 的小型球冠状内球面，除用镗刀铣削外，还可用立铣刀进行加工，如图 7–26 所示。

立铣刀直径 d_c 可在下述范围内选择：

$$d_{cmin}\leqslant d_c\leqslant d_{cmax}$$

$$d_{cmin}=\sqrt{2RH}=\sqrt{DH} \qquad (7\text{–}13)$$

$$d_{cmax}=\sqrt{4R^2-2RH}=\sqrt{D^2-DH} \qquad (7\text{–}14)$$

式中　d_{cmin}——可选择的立铣刀最小直径，mm；

d_{cmax}——可选择的立铣刀最大直径，mm；

R、D——球面半径、直径，mm；

H——球冠高度，mm。

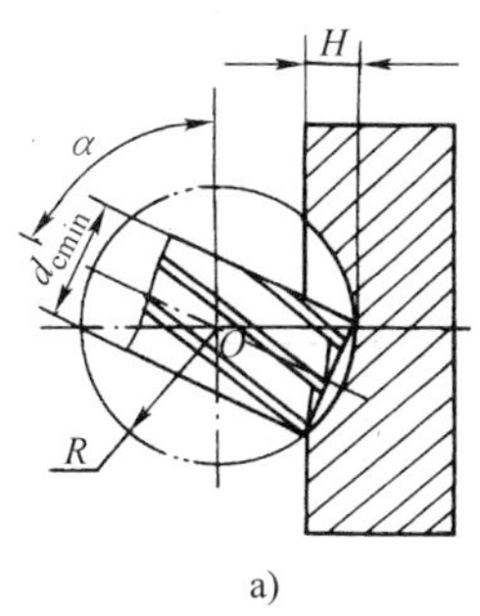

a)

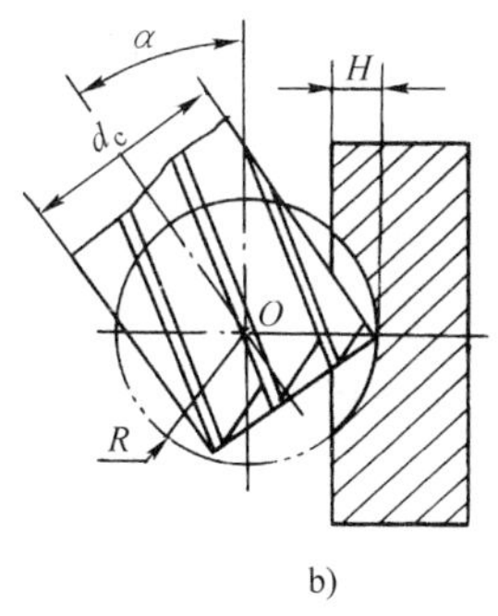

b)

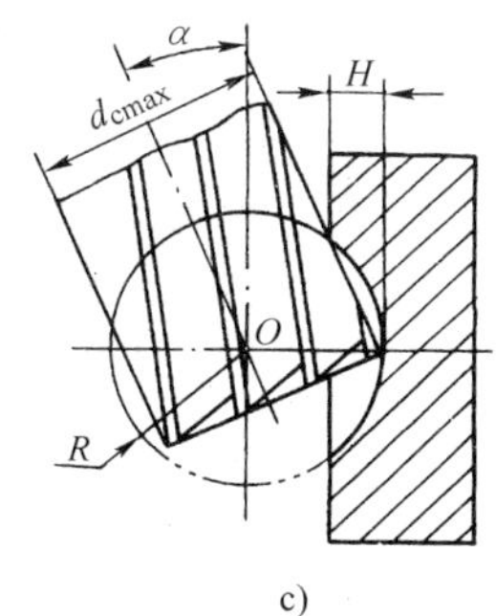

c)

图 7–26　用立铣刀铣削球冠状内球面

a）立铣刀直径最小值铣削位置

b）立铣刀直径取中间值

c）立铣刀直径最大值铣削位置

应选择直径尽可能大一些的标准规格的立铣刀，这样可以使立铣头偏转角度尽可能小一些。当立铣刀直径 d_c 确定后，立铣头的偏转角度 α 可按式（7–15）计算：

$$\cos\alpha=\frac{d_c}{D}=\frac{d_c}{2R} \qquad (7\text{–}15)$$

例 7–4　工件球冠状内球面半径 R=20 mm，深度 H=12 mm，试确定立铣刀直径 d_c 和立铣头倾斜角度 α。

解：按式（7–13）和（7–14）可得：

$$d_{cmin}=\sqrt{2RH}=\sqrt{2\times20\times12}=\sqrt{480}$$
$$\approx21.91\ \text{mm}$$

$$d_{cmax}=\sqrt{4R^2-2RH}=\sqrt{4\times20^2-2\times20\times12}$$
$$=\sqrt{1\,120}\approx33.47\ \text{mm}$$

选取立铣刀直径 d_c=32 mm，按式（7–15）可得：

$$\cos\alpha=\frac{d_c}{2R}=\frac{32}{2\times20}=0.8$$

$$\alpha\approx36°52'$$

2. 球带状内球面铣削

球带状内球面的球带两截面一般在同一半球内，如大型球面轴承座的内球面就是球带状内球面。

球带状内球面的铣削方法与球带状外球面的铣削方法基本相同，如图 7–27 所示。铣削时，常选择大的刀尖回转半径和小的立铣头偏转角，以免刀杆直径受工件的影响。

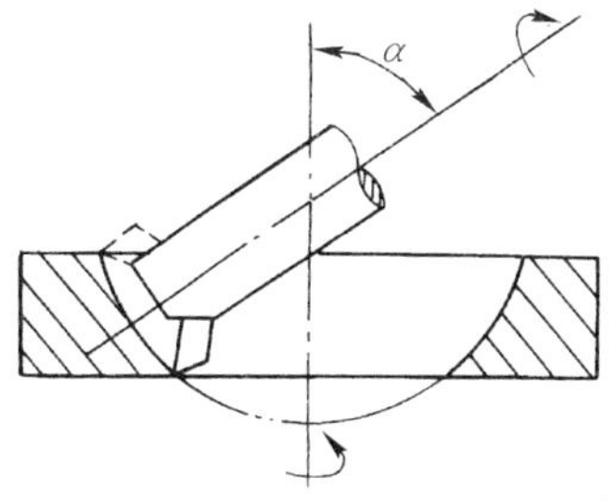

图 7–27　球带状内球面的铣削

四、球面铣削的注意事项和质量分析

1. 球面铣削的注意事项

铣削球面时应注意下列事项：

（1）铣刀盘的刀尖回转半径 r_c 的大小影响加工球面的半径 R，因此，加工前必须正确计算和精确调整。

（2）对刀的目的是使铣刀刀尖的回转轴线通过球心，对刀误差的大小将直接影响加工后球面的几何形状误差。对刀可采用划线对中心法或试切法。准确对刀铣出的球面应呈网状刀纹。

（3）铣削球面时，大多采用单刀片做高速切削，所以铣削深度及进给量均取小值。通常，粗铣时铣削深度 a_p 为 1 ~ 4 mm，半精铣时 a_p 为 0.5 ~ 1.0 mm，精铣时 a_p<0.5 mm。铣削速度：对于钢件（200 ~ 280HBW），v_c 取 80 ~ 120 m/min；对于灰铸铁件，v_c 取 60 ~ 110 m/min。

（4）铣削球面时，回转工作台或分度头的回转运动是进给运动。在条件许可的情形下应尽量采用机动，实现自动进给，使进给均匀平稳，球面获得较好的表面质量，同时能降低操作者的劳动强度。

2. 球面铣削的质量分析

球面铣削的质量主要与刀尖回转半径、铣削位置、铣削用量及铣削方法等有关。常见的质量问题及产生原因见表 7–2。

表 7–2 球面铣削的质量分析

质量问题	产生原因
球面直径（或半径）不符合要求	1. 铣刀刀尖回转半径 r_c 调整不准 2. 铣刀刀尖到球心距离不准（铣刀沿轴向进给量不当）
球面形状误差大，形状呈橄榄形，表面呈单向切削纹	铣刀轴线与工件轴线异面（即不相交于同一平面内）
球面位置不准：球冠顶端出现残留未切除的凸尖；球冠或球带的截形圆尺寸不符合要求	1. 铣削时，铣刀刀尖未通过球冠的顶点 2. 立铣头或分度头主轴的偏转角调整不准 3. 工件在纵向或垂直方向（在卧式铣床上加工时为纵向或横向）的位置调整不准 4. 工件与回转工作台不同轴
球面表面粗糙度值大	1. 铣刀切削角度刃磨不当 2. 铣刀磨损 3. 铣削用量过大，圆周进给（手动）不均匀 4. 使用顺铣引起窜动、梗刀

习题

1. 什么是简单特形面？简单特形面中的曲面与成形面如何区分？它们在铣削方法上有什么不同？

2. 在立式铣床上铣削曲面的方法有哪几种？在应用上各有何特点？

3. 用回转工作台铣削曲面应注意哪些要点？

4. 什么是仿形法铣削？对仿形法铣削中使用的靠模有什么要求？

5. 用附加靠模装置进行仿形铣削有什么特点？铣削时的注意事项有哪些？

6. 用成形铣刀铣削成形面时要注意哪些问题？

7. 铣削曲面时，曲线外形连接不圆滑的原因是什么？

8. 造成简单特形面铣削表面质量差的原因有哪些？

9. 简述球面铣削的展成原理。

10. 在万能铣床上铣削球面，应按照哪三个原则进行调整？

11. 铣削单柄外球面时，立铣头主轴或分度头主轴扳转的角度 α 和铣刀刀尖回转半径 r_c 与哪些因素有关？如何确定？

12. 加工一单柄外球面，球面半径 R=35 mm，柄部直径 d=30 mm，试确定立铣头主轴倾斜角 α 和铣刀刀尖回转半径 r_c。

13. 什么是球冠、球带？用立铣刀铣削高度（深度）H 小于球半径 R 的小型球冠状内球面时，立铣刀直径如何选择？立铣头偏转角度 α 如何确定？

14. 球冠状内球面半径 R=10 mm，深度 H=6 mm，试确定立铣刀直径 d_c 和立铣头扳转角度 α。

15. 铣出的球面直径（或半径）不符合要求，原因是什么？怎样排除？

16. 铣削外球面时，球面呈橄榄形的原因是什么？应采取什么措施解决？

第八章 螺旋槽和凸轮的铣削

§8-1 螺旋线的基本概念

在机械零件中有许多具有螺旋线形状的零件，其中具有圆柱螺旋线运动轨迹的螺旋槽零件最为常见，如螺旋传动轴、等速圆柱凸轮、等速盘形凸轮等，如图 8-1 所示。本章将介绍圆柱螺旋槽和具有相似铣削加工原理的等速圆柱凸轮的铣削。

图 8-1 具有等速螺旋线形状的零件

一、圆柱螺旋线

1. 圆柱螺旋线的形成

如图 8-2a 所示，直径为 *D* 的圆柱绕自身轴线匀速回转一周，铅笔沿圆柱的一条素线由 *A* 点匀速移动到 *B* 点，铅笔在圆柱表面划出的空间曲线即为圆柱螺旋线。用一个两直角边边长 $AC=\pi D$、$BC=P_h$ 的直角三角形纸片，在直径为 *D* 的圆柱体上回绕一周，则斜边 *AB* 在圆柱面上形成的曲线与铅笔所划轨迹重合，可知圆柱螺旋线的平面展开图形是一条与圆周展开线成交角为 λ 的倾斜直线，如图 8-2b 所示。

2. 圆柱螺旋线的要素

圆柱螺旋线的主要要素如下：

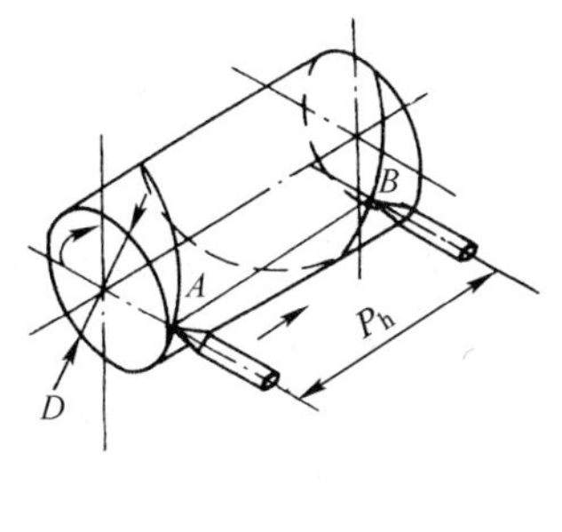

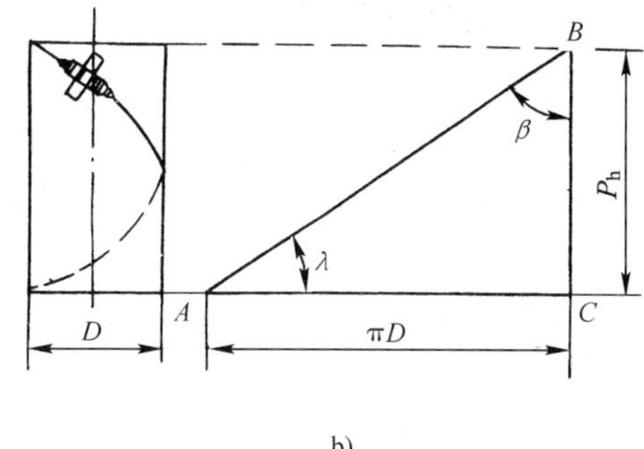

图 8-2　圆柱螺旋线的形成

（1）螺旋角 β　圆柱螺旋线的切线与通过切点的圆柱面直素线之间所夹的锐角。

（2）导程角 λ　圆柱螺旋线的切线与圆柱端平面之间所夹的锐角。

（3）导程 P_h　圆柱面上的一条螺旋线与该圆柱面的一条直素线的两个相邻交点之间的距离。

（4）螺距 P　圆柱面上相邻两螺旋线间的轴向距离。

（5）线数 n　圆柱面上螺旋线的条数（头数）。

（6）旋向　圆柱螺旋线有左旋和右旋两种旋向。

各要素之间的关系如下：

$$P_h = \pi D\cot\beta \quad (8\text{-}1)$$

$$\lambda = 90° - \beta \quad (8\text{-}2)$$

$$P_h = nP \quad (8\text{-}3)$$

圆柱面上的螺旋线有 2 条或 2 条以上，称为多头螺旋线，图 8-3 所示为双头螺旋线展开图。

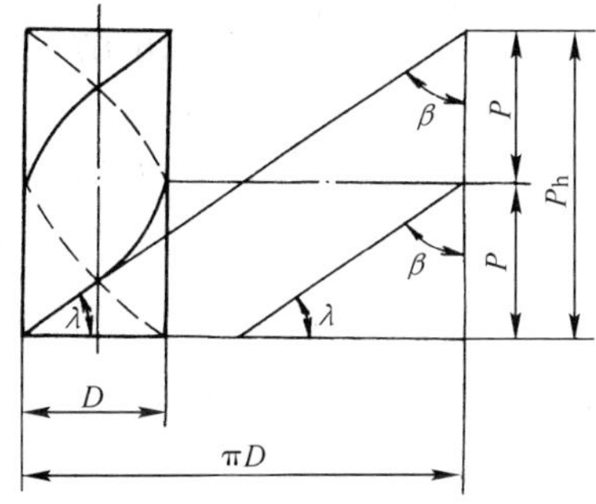

图 8-3　双头螺旋线展开图

螺旋线的旋向有左旋和右旋之分。将圆柱轴线垂直于水平面，看螺旋线走向，若螺旋线由左下方向右上方升起则为右旋，若螺旋线由右下方向左上方升起则为左旋，如图 8-4 所示。

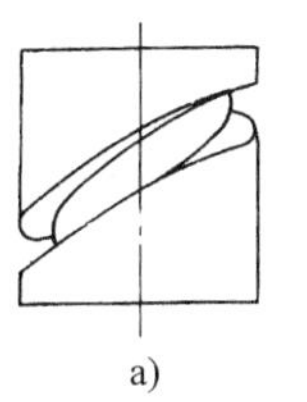

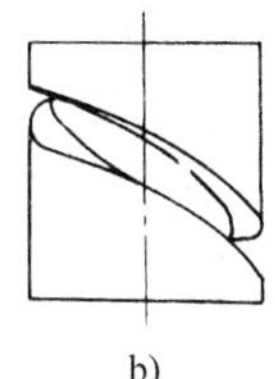

图 8-4　螺旋线（槽）的旋向
a）右旋　b）左旋

二、平面螺旋线

1. 平面螺旋线的形成

如图 8-5 所示，在圆盘做等速旋转的同时，点 A 沿圆盘的径向做等速直线运动，点 A 在圆盘端面上的轨迹就是一条平面螺旋线，这种平面螺旋线又称为阿基米德螺旋线。

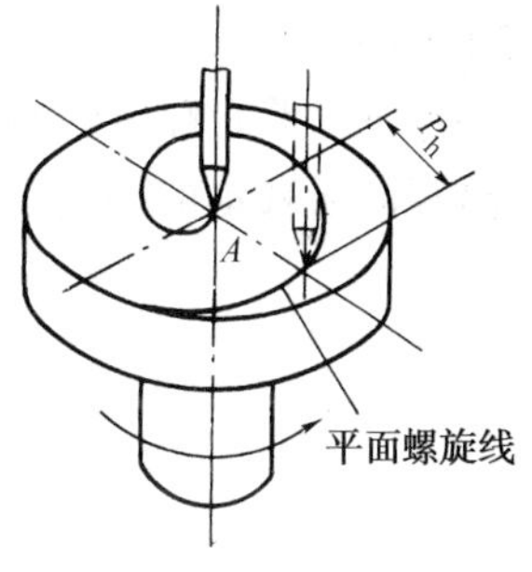

图 8-5　平面螺旋线的形成

平面螺旋线常用作等速盘形凸轮的工作廓线，如图 8-6 所示。

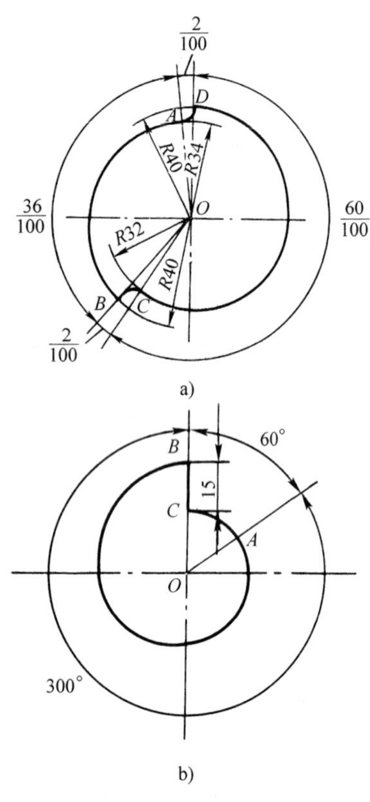

图 8-6 等速盘形凸轮

2. 平面螺旋线的要素

（1）升高量 H 某段平面螺旋线的最大半径与最小半径之差。在图 8-6a 所示的具有两条匀速升高曲线的盘形凸轮中，工作曲线 AB 的 A 点半径为 34 mm，B 点半径为 40 mm，则工作曲线 AB 的升高量 H_{AB}=40−34=6 mm；工作曲线 CD 的 C 点半径为 32 mm，D 点半径为 40 mm，则工作曲线 CD 的升高量 H_{CD}=40−32=8 mm。

（2）升高率 h 平面螺旋线转过单位角度时，动点沿径向所移动的距离。

$$h=\frac{H}{\theta} \qquad (8\text{–}4)$$

或

$$h=\frac{H}{z} \qquad (8\text{–}5)$$

式中 θ——某段平面螺旋线在圆周上所占的度数，（°）；

z——某段平面螺旋线在圆周上所占的等分格数。

在图 8-6b 所示盘形凸轮中，工作曲线 AB 占 300°，非工作曲线（圆弧）CA 占 60°，升高量 H=15 mm，其升高率为：

$$h=\frac{H}{\theta}=\frac{15}{300}=0.05\ \text{mm/（°）}$$

在图 8-6a 所示凸轮中，圆周按 100 格等分，工作曲线 AB 占 36 格，工作曲线 CD 占 60 格，则：

$$h_{AB}=\frac{H_{AB}}{z_{AB}}=\frac{6}{36}\approx 0.1667\ \text{mm/格}$$

$$h_{CD}=\frac{H_{CD}}{z_{CD}}=\frac{8}{60}\approx 0.1333\ \text{mm/格}$$

（3）导程 P_h 平面螺旋线转过 1 周时的升高量。

$$P_h=\frac{360H}{\theta} \qquad (8\text{–}6)$$

或

$$P_h=\frac{ZH}{z} \qquad (8\text{–}7)$$

式中 Z——1 周的等分（格）数。

图 8-6b 所示凸轮工作曲线 AB 的导程为：

$$P_h=\frac{360H}{\theta}=\frac{360\times 15}{300}=18\ \text{mm}$$

图 8-6a 所示凸轮工作曲线 AB 和 CD 的导程为：

$$P_{hAB}=\frac{ZH_{AB}}{z_{AB}}=\frac{100\times 6}{36}\approx 16.67\ \text{mm}$$

$$P_{hCD}=\frac{ZH_{CD}}{z_{CD}}=\frac{100\times 8}{60}\approx 13.33\ \text{mm}$$

§8-2 圆柱螺旋槽的铣削

所谓圆柱螺旋槽，即圆柱上若干条螺旋线的组合。

一、圆柱螺旋槽铣削的工艺特征

1. 在铣床上铣削圆柱螺旋槽，铣刀与工件的相对运动必须符合螺旋线的成形运动规律，也就是除铣刀的回转运动外，在工作台带动工件做纵向进给的同时，工件还需做匀速转动，并保证当工件随工作台移动一个等于螺旋线导程 P_h 的距离时，工件匀速回转一周。铣削过程中，在工作台纵向进给时，通过交换齿轮由工作台丝杠带动分度头主轴实现工件的转动。在铣削多线螺旋槽时，还需要按线数进行分度调整。

2. 因具有螺旋槽的工件的用途不同，螺旋槽的截面形状也多种多样。如圆柱螺旋齿刀具齿槽的截面呈三角形或曲线形，等速圆柱凸轮的螺旋槽的法向截面形状为矩形，阿基米德蜗杆的轴向截面形状是梯形等。加工螺旋槽用铣刀的廓形应与螺旋槽法向截面形状相符合，因此，正确选择铣刀是保证螺旋槽截面形状的关键。

3. 铣削圆柱螺旋槽时，由于不同直径圆柱表面上的螺旋角不相等，圆柱面直径大处螺旋角大，直径小处螺旋角小，因此，加工中存在着干涉现象，引起螺旋槽侧面被过切而产生槽形畸变。使用盘形铣刀铣削时，过切现象比使用立铣刀铣削时严重，因此，法向截面为矩形的螺旋槽只能用立铣刀铣削。铣削其他截面形状的螺旋槽采用盘形铣刀时，铣刀直径应尽可能小，以减小干涉的过切量。

4. 使用盘形铣刀在卧式铣床上铣削圆柱螺旋槽时，为使加工后的螺旋槽其法向截面形状尽可能地接近铣刀的廓形，必须将铣床工作台在水平面内扳转一个角度，使盘形铣刀的回转平面与螺旋槽的切向一致。扳转角度的大小等于螺旋角 β，扳转的方向：铣左旋螺旋槽时，左手推动工作台顺时针方向扳转 β 角；铣右旋螺旋槽时，右手推动工作台逆时针方向扳转 β 角。即“左旋左推，右旋右推”，如图 8-7 所示。

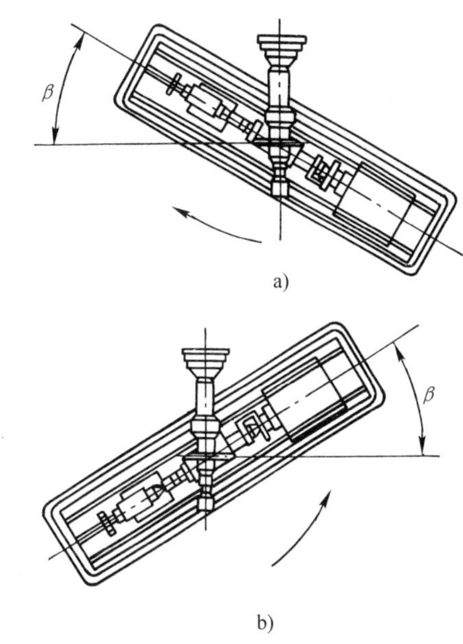

图 8-7　工作台偏转方向及大小
a）铣削左旋螺旋槽　b）铣削右旋螺旋槽

生产中为了减少干涉现象，常采取适当减小工作台扳转角度的方法进行铣削，也就是按照螺旋槽槽深一半处的直径计算该处的螺旋角 β_m，$\beta_m<\beta$，然后按 β_m 扳转工作台。

二、交换齿轮计算

铣削圆柱螺旋槽时，将工件装夹在分度头上，铣刀与工件的相对运动规律由交换齿轮将工作台丝杠与分度头连接起来来实现，通常采用侧轴挂轮法，如图 8-8 所示。

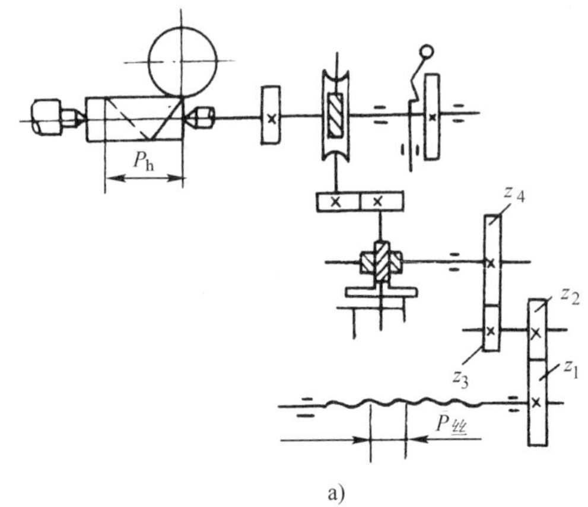

a)

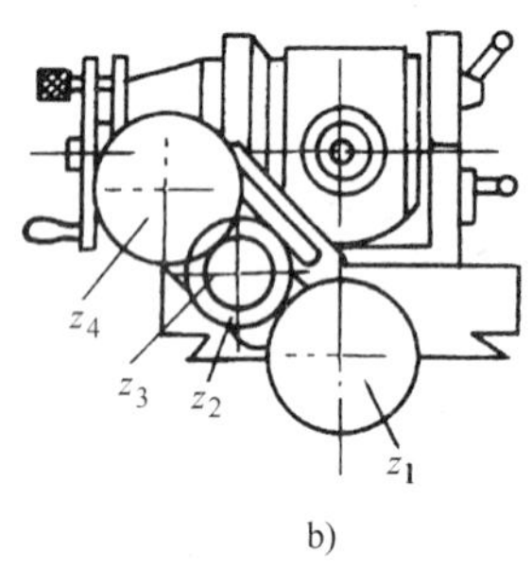

b)

图 8–8　铣螺旋槽时交换齿轮的配置

a）传动系统　b）挂轮位置

由图 8–8a 的传动系统图可知：当工作台每移动一个导程 P_h 时，分度头主轴必须回转一周，则交换齿轮的速比计算如下：

$$\frac{P_h}{P_{丝}}=\frac{z_2z_4}{z_1z_3}\times\frac{1}{1}\times\frac{1}{1}\times 40$$

$$\frac{z_1z_3}{z_2z_4}=\frac{40P_{丝}}{P_h} \qquad (8\text{–}8)$$

式中　z_1、z_3——主动交换齿轮齿数；

z_2、z_4——从动交换齿轮齿数；

40——分度头定数；

P_h——工件螺旋槽导程，mm；

$P_{丝}$——铣床工作台纵向传动丝杠螺距，mm。

X6132 型卧式铣床等大多数国产铣床的纵向传动丝杠螺距为 6 mm，所以式（8–8）可简化为：

$$\frac{z_1z_3}{z_2z_4}=\frac{240}{P_h} \qquad (8\text{–}9)$$

例 8–1　在 X6132 型卧式铣床上，用 F11125 型分度头装夹工件，铣工件上的圆柱螺旋槽，圆柱外径 D=70 mm，螺旋角 β=30°，试计算交换齿轮齿数。

解：由式（8–1）计算螺旋槽导程：

$$P_h=\pi D\cot\beta\approx 3.14\times 70\times\cot 30^\circ$$
$$\approx 380.70\ \text{mm}$$

由式（8–9）计算交换齿轮：

$$\frac{z_1z_3}{z_2z_4}=\frac{240}{P_h}\approx\frac{240}{380.70}\approx 0.63=\frac{63}{100}=\frac{7\times 9}{20\times 5}$$
$$=\frac{90\times 35}{50\times 100}$$

即：z_1=90，z_2=50，z_3=35，z_4=100。

在实际工作中，为方便起见，可根据计算所得的导程 P_h 或$\frac{z_1z_3}{z_2z_4}$比值从有关手册中的速比、导程挂轮表中直接查得交换齿轮的齿数。

当交换齿轮确定后，在安装交换齿轮时必须注意以下几点：

1. 主动齿轮与从动齿轮的位置不可颠倒，但有时为了便于搭配，两主动齿轮 z_1、z_3 的位置可以互换，同样，两从动齿轮 z_2、z_4 的位置也可以互换。

2. 交换齿轮之间应保持一定的啮合间隙，切勿过紧或过松。

3. 由于工件螺旋槽有左旋与右旋之分，所以安装交换齿轮时要注意工件的回转方向，若转向不对，可增加或减少中间齿轮来纠正。

4. 交换齿轮安装后，应检查交换齿轮的计算与搭配是否正确，检查方法可采用摇动工作台纵向进给手轮，使工件回转一周（或 180°、90°），然后检查工作台是否移动了一个导程（或 $P_h/2$、$P_h/4$）。

三、圆柱螺旋槽的铣削

1. 铣刀的选择

正确选择铣刀是保证圆柱螺旋槽截面形状的关键，选用铣刀的廓形应与螺旋槽法向截面形状相符。常用的铣刀有立铣刀、角度铣刀、成形铣刀等。具体选择时应注意：

（1）铣削法向截面为矩形的圆柱螺旋槽时应使用立铣刀。

（2）选用角度铣刀、成形铣刀等盘状的铣刀时，铣刀直径应尽可能小些。

2. 铣削矩形截面螺旋槽时的干涉现象

在铣床上铣削螺旋槽时，工件回转一周，铣刀相对于工件在轴线方向移动的距离等于导程。在一条螺旋槽上，不论是槽口还是槽底的螺旋线，其导程是相等的，即一条螺旋槽上各处的导程是相等的。

由螺旋角 β 的计算公式 $\tan\beta=\dfrac{\pi D}{P_h}$ 可知，在导程 P_h 不变时，直径 D 越大，螺旋角 β 越大；D 减小则 β 也减小。因此，在一条螺旋槽上，自槽口到槽底，不同直径处的螺旋角是不相等的。由于螺旋角大小不同，在同一截面上切线的方向也不同，在切削过程中会出现将不应切去的部分切去，使槽的截面形状发生偏差的干涉现象。

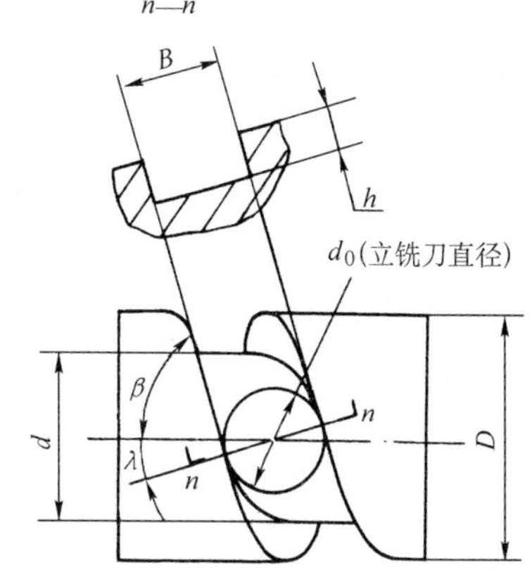

图 8-9　法向截面为矩形的螺旋槽

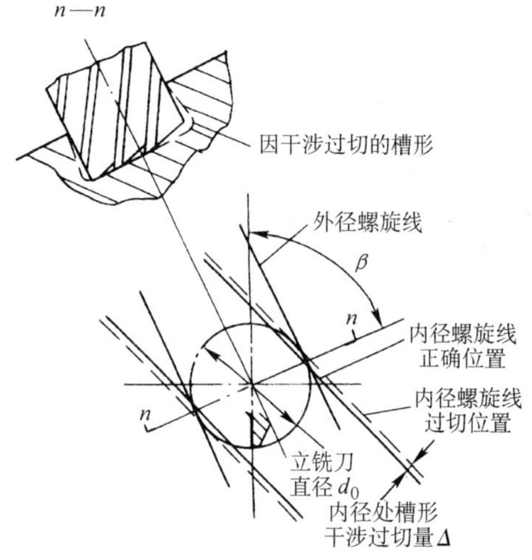

图 8-10　用立铣刀铣矩形螺旋槽时的干涉现象

图 8-9 所示的圆柱螺旋槽，其法向截面形状是一矩形，当用直径等于螺旋槽宽度的立铣刀铣削时，只有外圆柱面（槽口）上的螺旋线与立铣刀外圆在法向截面 $n—n$ 处相切，而内圆柱面（槽底）上的螺旋线，其螺旋角比槽口处螺旋角小而不可能与立铣刀外圆在法向截面处相切，而成相割，因此，铣刀在铣削中必然将外圆柱面以内的螺旋面多切去一些（即图 8-10 中两弓形部分），使螺旋槽法向截面形状变成内凹，如图 8-10 所示。

用直径等于螺旋槽宽度的立铣刀铣削矩形截面的螺旋槽时：

（1）从螺旋槽的槽口到槽底，不同直径上的螺旋线的螺旋角 β 逐渐减小，到槽底时螺旋角最小，立铣刀铣削时产生的干涉从零开始逐渐增大，到槽底处干涉最严重，槽底宽度被扩到最大。

（2）螺旋槽的螺旋角 β 越小，产生的干涉现象也越小，当 β=0°时则不产生干涉现象。

（3）螺旋槽的深度尺寸越小，干涉也越小。

由图 8-10 可以看出，立铣刀的半径越小，则槽口和槽底在铣刀外圆表面上的切点就越靠近，干涉的现象也越小。因此，在矩形螺旋槽的螺旋角 β 和槽深 h 确定后，要获得好的法向截面形状，应使用直径小的立铣刀铣削，且立铣刀的直径越小越好。铣削时还必须使立铣刀与螺旋槽的侧面相切在 N_A 和 N_B 两处，如图 8-11 所示。调整铣削位置时，必须将铣刀中心偏离工件中心向左（铣削侧面 A）或向右（铣削侧面 B）移动一个 e_x 值和一个相应的 e_y 值，e_x 和 e_y 可按下式计算：

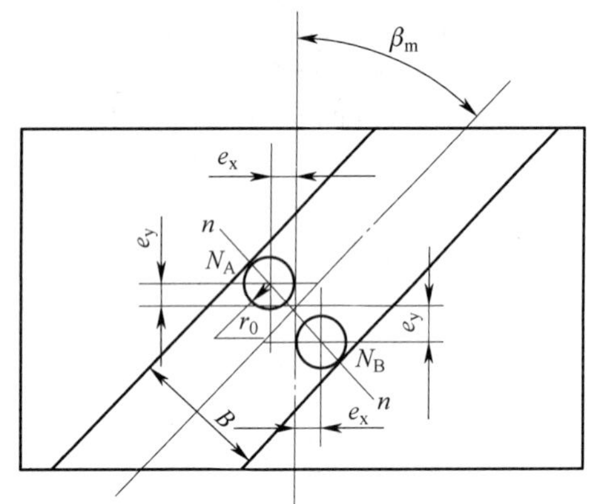

图 8-11　用小直径立铣刀铣矩形螺旋槽时的中心偏移量

$$e_x = \left(\frac{B}{2} - r_0\right)\cos\beta_m \qquad (8\text{-}10)$$

$$e_y = \left(\frac{B}{2} - r_0\right)\sin\beta_m \qquad (8\text{-}11)$$

式中　B——矩形槽法向槽宽，mm；

r_0——立铣刀半径，mm；

β_m——螺旋槽平均直径处的螺旋角，（°）。

如果矩形螺旋槽使用三面刃铣刀铣削，由于三面刃铣刀侧面切削刃的运动轨迹是一个圆形平面，而矩形螺旋槽两侧是螺旋形曲面，导致无法贴合（图 8-12），即产生过切干涉现象。三面刃铣刀直径越大，螺旋槽越深，槽侧与铣刀接触长度就越长，干涉越严重。另外，槽侧越接近槽口，干涉越多，切去量也越多。所以，用三面刃铣刀铣矩形螺旋槽时，槽口会被铣大，干涉现象比用立铣刀铣削时严重得多，因此，铣矩形螺旋槽时一般不采用三面刃铣刀而用立铣刀。

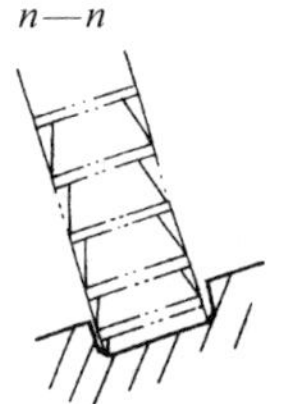

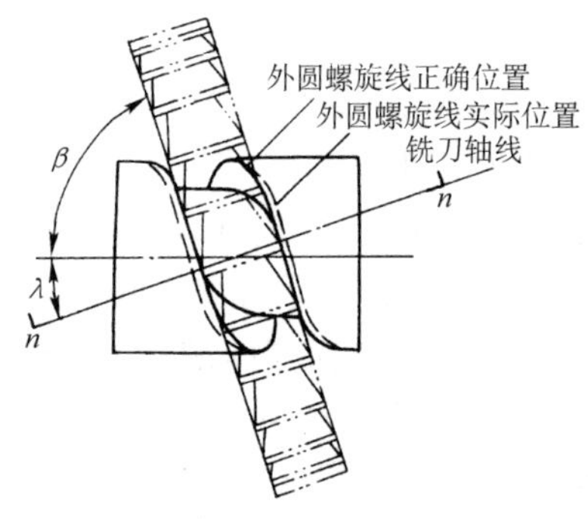

图 8-12　用三面刃铣刀铣矩形螺旋槽时的干涉现象

四、铣削圆柱螺旋槽的注意事项

1．铣螺旋槽时，分度头主轴须随工作台移动而回转，因此需松开分度头主轴的紧固手柄和分度盘的紧固螺钉，并将分度手柄的插销插入分度盘孔中，铣削时不允许拔出，以免铣坏螺旋槽。

2．在圆柱体上铣矩形螺旋槽时，应选用直径小于槽宽尺寸的立铣刀或键槽铣刀，铣刀直径越小，干涉越小。不能采用三面刃铣刀铣削，以免产生过切现象使干涉严重。

3．安装交换齿轮，应注意螺母须紧固在挂轮轴的端面上，而不要紧固在过渡套或齿轮上，以免影响交换齿轮正常回转。

4．铣削导程 P_h<60 mm 的螺旋槽时，由于 $\frac{z_1z_3}{z_2z_4}>4$，工作台纵向移动时，会使分度头回转过快，容易造成铣削时“打刀”，使铣出的槽侧面表面粗糙度较大。这时应将工作台的进给由机动进给改为手动进给，即手摇分度头进刀，使进给量变小，切削平稳。

5．铣削多线螺旋槽，在铣完一槽以后分度时，分度手柄插销拔出孔盘后，不能移动工作台位置，以免使工件误差增大而出现废品。

§8-3 等速圆柱凸轮的铣削

凸轮是具有曲线或曲面轮廓的一种构件。常用的凸轮有盘形凸轮和圆柱凸轮，通常在铣床上加工的是等速凸轮，即工作型面一般为阿基米德螺旋面。凸轮机构工作时，凸轮做匀速回转，从动件做等速移动。

铣削凸轮的工艺要求如下：

1. 凸轮的工作型面应符合所规定的导程（或升高量）、旋向、槽深等要求。

2. 凸轮的工作型面应与凸轮的某一基准部位处于正确的相对位置。

3. 凸轮的工作型面应符合预定的形状，以满足从动件接触方式的要求。

4. 凸轮的工作型面应具有较小的表面粗糙度值。

一、等速圆柱凸轮的导程计算

等速圆柱凸轮的工作廓线是圆柱螺旋线，即凸轮圆柱面上的一动点在凸轮转过相等转角时，沿圆柱轴线方向的位移相等。图 8-13 所示为一等速圆柱凸轮，凸轮槽宽 16 mm，由凸轮沿圆周的展开图可知：工作段 *AB* 及返程段 *CD* 为等速圆柱矩形螺旋槽，*AB* 段为右旋，*CD* 段为左旋。

等速圆柱凸轮的导程计算与一般圆柱螺旋槽的导程计算基本相同。由于实际工作中图样给定的条件各有差异，使具体计算时方法有所不同，常用的方法有：

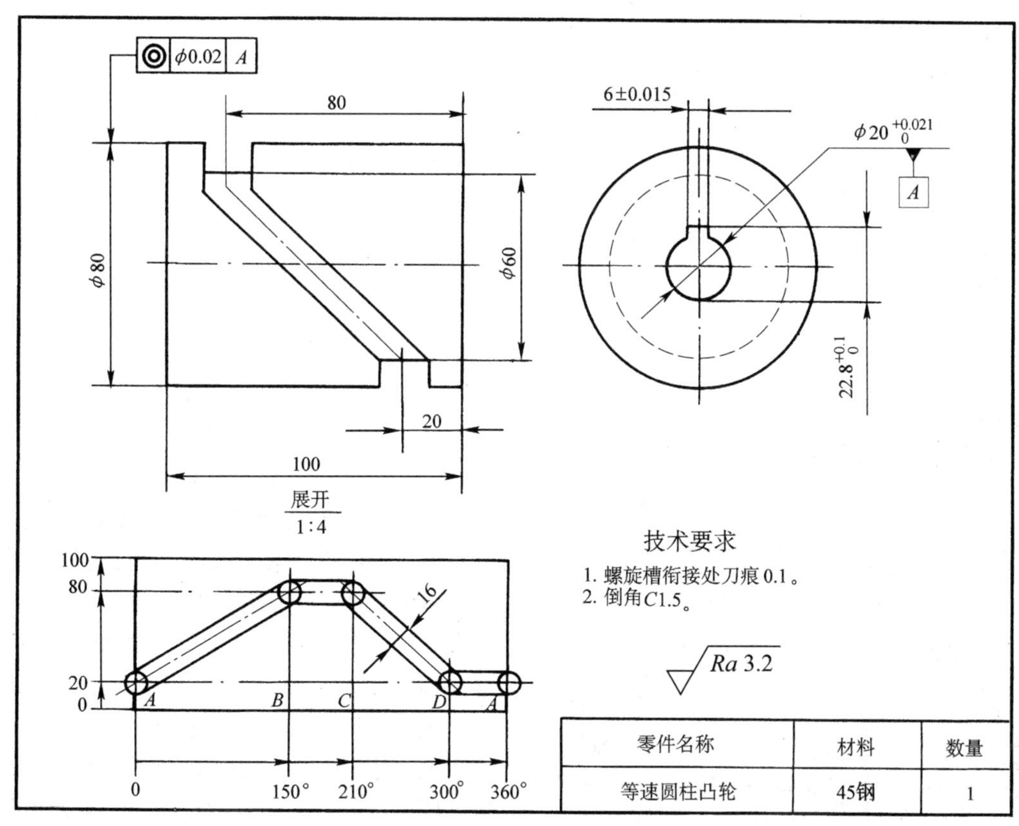

图 8-13　等速圆柱凸轮

1. 按图样标注的螺旋角 β 计算导程 P_h

$$P_h = \pi D\cot\beta \qquad (8-12)$$

2. 按图样给出的螺旋槽所占的圆周角及升高量计算导程 P_h

$$P_h = \frac{360}{\theta}H \qquad (8-13)$$

式中 H——凸轮廓线的升高量，mm；

θ——凸轮廓线在圆周上所占的角度，(°)。

如图 8–13 所示等速圆柱凸轮，工作段 AB 的导程为 $P_{hAB}=\frac{360}{\theta_{AB}}H_{AB}=\frac{360}{150}\times(80-20)=144$ mm；返程段 CD 的导程为 $P_{hCD}=\frac{360}{\theta_{CD}}H_{CD}=\frac{360}{300-210}\times(20-80)=-240$ mm。负号表示回程，螺旋槽旋向相反（左旋）。

3. 按放大图实测螺旋角 β 计算导程 P_h

用 5∶1 或 10∶1 的放大比例将凸轮外圆柱面展开成平面图，用量角器测出螺旋角 β，然后根据 β 值计算出导程 P_h。这种方法有一定误差，但如测绘准确，一般能达到凸轮的加工要求。

由于等速凸轮在工作中存在较大的刚性冲击，实际使用时常在螺旋线的起始及终了位置设置有过渡圆弧段，以减小冲击，如图 8–14 所示某机械动力头进给凸轮展开图，图中 AB 段螺旋槽所占的圆周角为 124°，升高量 H_{AB}=120–20=100 mm，由于曲线两端各有 R20 mm 的圆弧，因此，螺旋线升高量 100 mm 所占的圆周角并不是 124°。如果按式（8–13）直接计算导程 P_h，就会产生很大的误差，这时一般均采用作放大图实测螺旋角计算导程的方法。

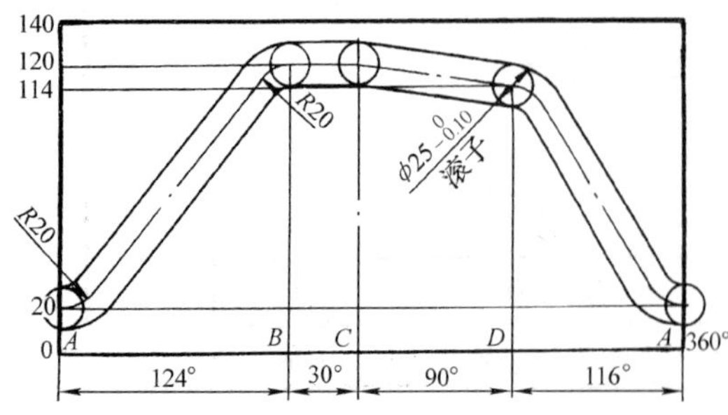

图 8–14 某机械动力头进给凸轮展开图

二、等速圆柱凸轮的铣削

等速圆柱凸轮一般是在立式铣床或卧式万能铣床上进行铣削，其加工方法与铣削螺旋槽工件方法相似，但比一般螺旋槽铣削复杂。凸轮工件多采用分度头装夹，配置一组交换齿轮进行加工，通过各种不同的交换齿轮速比来达到不同的导程要求。交换齿轮的配置有侧轴挂轮和主轴挂轮两种方法。

1. 侧轴挂轮法

采用侧轴挂轮法（图 8–8）铣削等速圆柱凸轮时，其交换齿轮的计算方法与铣削圆柱螺旋槽工件相同：

$$\frac{z_1 z_3}{z_2 z_4} = \frac{40P_{丝}}{P_h}$$

2. 主轴挂轮法

由于圆柱凸轮的导程 P_h 一般都比较小，当导程 P_h<16.67 mm 时，交换齿轮的速比 $\frac{z_1 z_3}{z_2 z_4}$ 太大，主动齿轮与从动齿轮齿数相差悬殊，难于实现配置，因而按常规的侧轴挂轮法无法进行铣削。这时一般采用主轴挂轮法来减小交换齿轮的速比 $\frac{z_1 z_3}{z_2 z_4}$。主轴挂轮法是将交换齿轮配置在工作台纵向丝杠与分度头主轴后端的挂轮轴之间，如图 8–15 所示。由于传动链不再经过分度头的蜗杆蜗轮副，此时交换齿轮齿数按式（8–14）计算：

$$\frac{z_1 z_3}{z_1 z_4} = \frac{P_{丝}}{P_h} \qquad (8-14)$$

三、铣削等速圆柱凸轮的注意事项

1. 凸轮工件用心轴定位装夹时，最好用键连接，且轴向用螺母紧固。

2. 必须松开分度头锁紧手柄，以免损坏分度头。

3. 应采用逆铣方法铣削。

4. 铣削导程 P_h<60 mm 的凸轮螺旋槽时，应采用手摇分度手柄带动分度盘转动实现手动进给，不允许采用机动进给，以免发生事故。

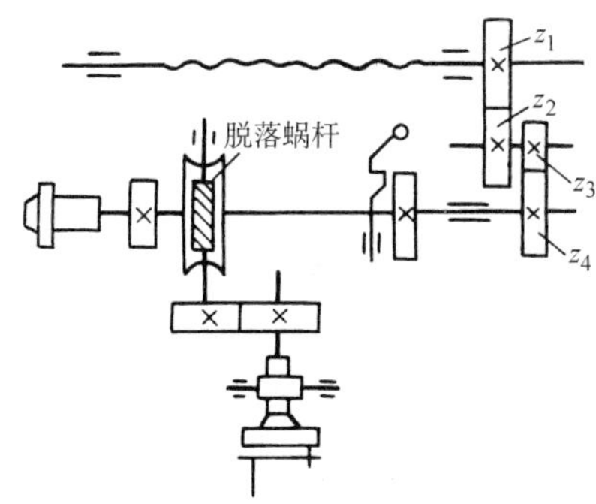

图 8-15　主轴挂轮法传动系统

四、等速圆柱凸轮的检测与质量分析

1. 等速圆柱凸轮的检测

等速圆柱凸轮检测的内容主要包括：凸轮的导程、升高量、工作型面的形状精度、工作型面的起始位置等。

等速圆柱凸轮的升高量可利用塞规检测，如图 8-16a 所示。检测时将与槽宽尺寸相同的塞规塞入凸轮螺旋槽的拐点处，用百分表分段测量。

对于等速圆柱凸轮工作型面形状精度的检测，可使用塞规和塞尺检测螺旋槽各处法向截面的形状精度，如图 8-16b 所示。对于圆柱凸轮工作型面起始位置的检测，可用游标卡尺测量或将凸轮的基准端面放在平板上用百分表检测，型面到基准端面距离最小的临界位置即是工作型面的起始位置。

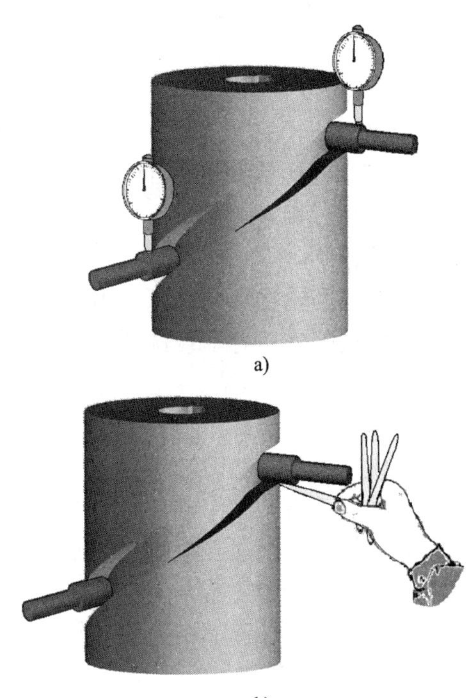

图 8-16　等速圆柱凸轮的检测

a）升高量的检测　b）工作型面形状精度的检测

2. 等速圆柱凸轮铣削的质量分析

等速圆柱凸轮铣削中常见的质量问题及产生原因见表 8-1。

表 8-1　　凸轮铣削的质量分析

质量问题	产生原因
凸轮导程或升高量不正确	1. 导程、交换齿轮齿数、分度头起度角（仰角）计算错误 2. 交换齿轮配置错误，如齿数错误，主、从动轮颠倒 3. 铣刀直径选择不正确 4. 调整精度差，如分度头、立铣头主轴位置及立铣刀切削位置
凸轮工作型面形状误差大	1. 未区别不同类型的螺旋面，铣刀切削位置不准确 2. 铣刀几何形状误差大，如有锥度、素线不直等 3. 分度头与立铣头相对位置不正确 4. 铣削非对心凸轮时，铣刀对凸轮中心的偏移量计算错误
表面粗糙度值大	1. 铣刀不锋利；立铣刀过长，刚度差 2. 进给量过大，铣削方向选择不当 3. 工件装夹刚度差，切削时振动大 4. 传动系统间隙过大；纵向工作台镶条调整过松，进给时工作台晃动 5. 手动操纵，两手操作不协调，进给不均匀或中途停顿

§8-4 等速盘形凸轮的铣削

等速盘形凸轮的工作廓线是平面等速螺旋线（阿基米德螺旋线），凸轮周边上的一动点在凸轮转过相等转角时，沿凸轮半径方向上的位移相等。

等速盘形凸轮在立式铣床上用立铣刀加工。常用的铣削方法有垂直铣削法和倾斜铣削法两种。

一、垂直铣削法

垂直铣削法是立铣刀轴线与工件轴线互相平行，并均垂直于工作台台面的铣削凸轮的工艺方法。这种铣削方法适用于加工只有一条工作廓线（即单导程），或虽有几条工作廓线，但它们的导程都相等的等速盘形凸轮。其加工情形如图 8-17 所示。

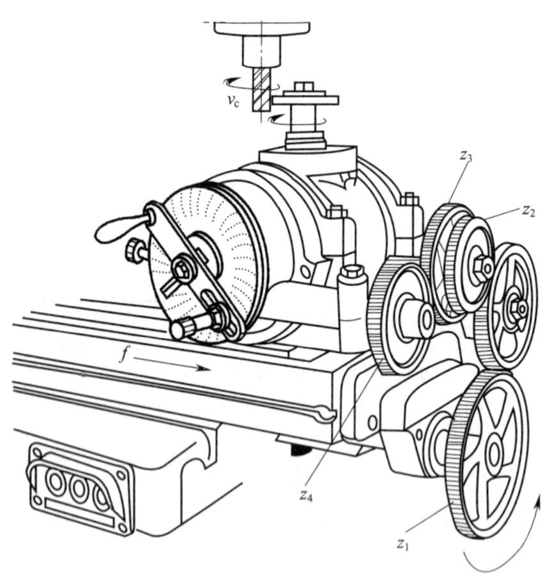

图 8-17 垂直铣削法铣等速盘形凸轮

1. 垂直铣削法铣等速盘形凸轮的工作要点

（1）划线和粗加工　在凸轮的坯件上划出凸轮的外形，并打样冲眼。划线时要特别注意准确地划出凸轮工作廓线的起点和终点位置，以便铣削时准确地进行控制。凸轮型面的加工余量是不均匀的，在铣削凸轮型面前应进行粗加工切除大部分余量，使凸轮型面的加工余量尽可能均匀一致，一般凸轮型面周边半径上的余量为 2 mm 左右为宜。

（2）铣刀选择　对于采用滚子从动件的等速盘形凸轮来说，滚子中心的运动轨迹是一条真正的平面螺旋线，而凸轮实际的工作廓线只是滚子外圆在各个不同瞬时位置的包络线，因此，立铣刀的直径应与滚子直径相等。

（3）工件装夹　工件一般通过心轴装夹在分度头上，为了防止在铣削过程中工件发生转动，在工件与心轴之间用平键连接。

（4）计算和安装交换齿轮　采用垂直铣削法时，应按凸轮平面螺旋线的实际导程来计算交换齿轮齿数，计算公式如下：

$$\frac{z_1 z_3}{z_2 z_4}=\frac{40P_{丝}}{P_h}$$

交换齿轮采用侧轴挂轮法安装，安装后要检查导程是否准确及凸轮的转向是否符合铣削方向的要求。

（5）铣削方向的确定　为避免铣削力拉动工作台和分度头主轴，造成立铣刀损坏和工件被深啃，成为废品，必须保证铣削处于逆铣状态。铣削等速盘形凸轮时，工件的旋转方向应与铣刀的旋转方向相同，并且应从最小的半径开始铣削，逐渐铣向最大半径处，如图 8-18 所示。

（6）对刀　从动件是对心直动的凸轮，对刀时，应使铣刀和工件的中心连线与工作台纵向移动方向相平行。

（7）铣削　铣削时，应注意进刀和退刀的方法。

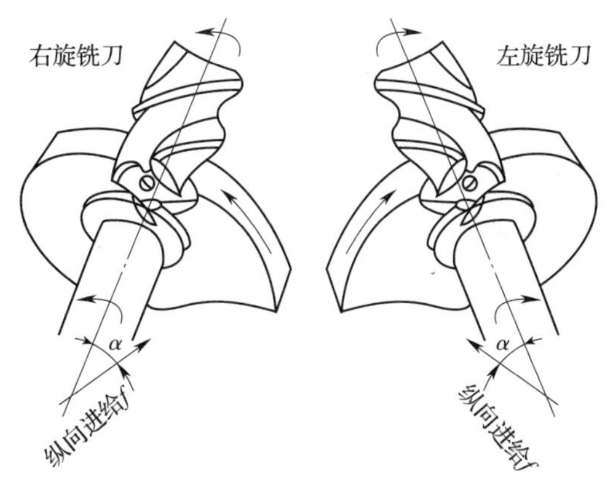

图 8-18　铣削方向的确定

进刀时，应先将分度手柄的定位销拔出，以防止工作台纵向移动时工件回转。然后摇动工作台纵向进给手轮（当导程较小，手轮摇动困难时，可转动分度盘）使工件靠向铣刀，这时工件不转动而只是直线移动，待铣刀切入工件到预定深度（从最低点往最高点铣削）时，再将分度手柄的定位销插入分度盘孔中，此后便可摇动分度手柄，使工件在转动的同时沿纵向移动进行铣削。

退刀时，可移动滑鞍（移动前记准刻度盘位置）使工作台带动工件横向移动离开铣刀，再反向摇动分度手柄（手柄上的定位销不能拔出），使工件反向回转并退回到起始位置。如需再次进刀，应先移动滑鞍使工作台横向复位。调整再次进刀位置后重复铣削过程，如此经数次铣削，即可得到符合要求的凸轮工作型面。

2. 垂直铣削法的特点

采用垂直铣削法加工等速盘形凸轮的优点：铣床调整、计算简单；操作方便；铣刀伸出长度较短。但存在下列不足之处：

（1）由于交换齿轮是直接按凸轮的平面螺旋线的导程计算的，在多数情况下，交换齿轮所保证的导程只是一个近似值，因此会影响凸轮的加工精度。

（2）当凸轮具有几段导程不同的工作廓线时，采用垂直铣削法，则铣削过程中需几次更换交换齿轮，操作烦琐不便。

（3）当凸轮的直径比较小（一般小于 160 mm）时，为了保证铣刀能触及工件进行正常的铣削，分度头的安装不能靠近工作台的右端尽头，必须在分度头的侧轴与挂轮架之间安装接长装置。

（4）当工件的安装高度较大时，采用垂直铣削法有可能出现机床升降台降到最低位置时也无法铣削的情况。

二、倾斜铣削法

为了弥补垂直铣削法的不足，可以改用倾斜铣削法来铣削等速盘形凸轮。

倾斜铣削法是立铣刀轴线与工件轴线互相平行，并在相对于工作台台面倾斜一定角度的状况下铣削凸轮的工艺方法，如图 8-19 所示。

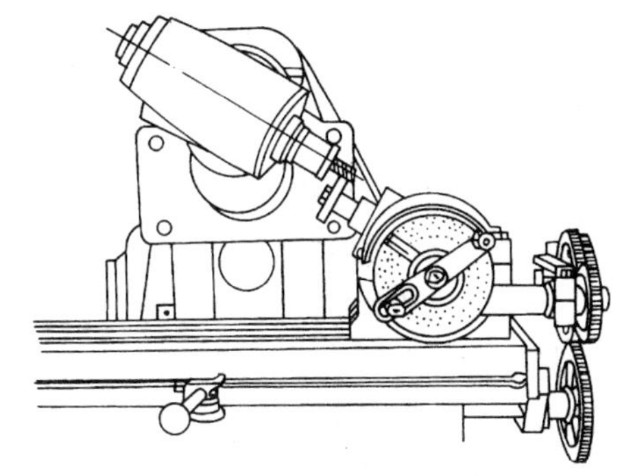
图 8-19　倾斜铣削法铣等速盘形凸轮

1. 倾斜铣削法原理

倾斜铣削法的原理如图 8-20 所示。当分度主轴仰起角度 α 后，立铣头也必须相应回转一个角度 β，以使分度头主轴与立铣

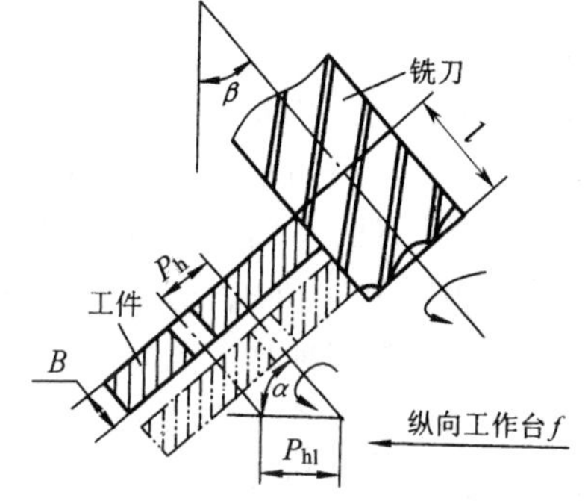

图 8-20　倾斜铣削法的原理

头主轴相互平行，$\beta=90°-\alpha$。选择一个便于计算交换齿轮的假设导程 P_{h1}，并以此假设导程计算、确定并安装交换齿轮。工件回转一周，工作台则带着工件水平移动距离 P_{h1}。由于立铣刀与工件的轴线位置是倾斜的，立铣刀切入工件径向的距离小于 P_{h1}，且应等于凸轮的导程 P_h，由图 8–20 可得到 P_h 与 P_{h1} 之间的关系：

$$P_h=P_{h1}\sin\alpha \qquad (8\text{–}15)$$

用倾斜铣削法铣削等速盘形凸轮，由于立铣刀轴线和工件轴线位置是倾斜的，铣削开始时，在立铣刀的下部切削，随着铣刀沿着凸轮廓线的不断切削，工件相对于铣刀沿铣刀轴线不断向上移动，当切削到廓线终点时，工件相应上升到铣刀上部。因此，采用倾斜铣削法铣削凸轮时，应在加工前对立铣刀切削刃长度 l 进行预算，计算公式如下：

$$l=B+H\cot\alpha+(5\sim10) \qquad (8\text{–}16)$$

式中 B——凸轮的厚度，mm；

H——被加工凸轮廓线的升高量，mm；

α——分度头仰角，(°)。

采用倾斜铣削法铣削等速盘形凸轮，具体操作方法与垂直铣削法基本相同。

2. 倾斜铣削法的特点

与垂直铣削法相比较，倾斜铣削法具有下列优点：

（1）铣削具有几条不同导程廓线的凸轮时，只需选择一个适当的假设导程 P_{h1}，用一组交换齿轮即可。当廓线的导程不同时，只需改变立铣头和分度头主轴的倾斜角度就可以加工。

（2）对于一些导程是大质数或带小数的凸轮，可以避免用垂直铣削法加工时交换齿轮不易搭配的困难，只需根据假设导程 P_{h1} 计算所得的倾斜角 α 和 β，分别调整分度头和立铣头，即可准确地加工凸轮廓线。

（3）可以弥补垂直铣削法因行程不够而限制加工或需要接长装置等的缺陷。

（4）垂直铣削法加工凸轮时，进、退刀都较麻烦，用倾斜铣削法加工凸轮，只需操纵升降台即可方便地实现进刀和退刀。

由于倾斜铣削法具有诸多优点，因此在铣削等速盘形凸轮时最为常用。

倾斜铣削法加工凸轮的缺点是铣刀切削刃较长，铣刀从主轴伸出的长度长，立铣刀的刚度受影响。

3. 采用倾斜铣削法的注意事项

（1）假设的导程 P_{h1} 必须大于或等于凸轮上各段工作廓线中的最大导程，并且能方便地计算交换齿轮齿数。

（2）假设的导程 P_{h1} 与凸轮上各段工作廓线中最大导程之差应尽量小，否则会使分度头仰角 α 减小（$\sin\alpha=P_h/P_{h1}$），α 的减小又会使选择立铣刀的切削刃长度 l 增大，立铣刀刚度减弱和选择困难。

（3）铣削时，立铣头和分度头主轴的扳转角度 β 和 α 调整应尽量准确，因为它们的误差将直接影响凸轮导程的精度。

例 8–2 铣削如图 8–21 所示的等速盘形凸轮，试确定各项数据。

解： 凸轮具有两条导程不等的平面等速螺旋线，其中工作廓线 AB 段升高量 $H_{AB}=45-30=15$ mm，升程角 $\theta_{AB}=90°$；工作廓线 BC 段升高量 $H_{BC}=66-45=21$ mm，升程角 $\theta_{BC}=240°$。从动件滚子直径为 20 mm，凸轮厚度 $B=20$ mm。

导程计算：

$$P_{hAB}=\frac{360}{\theta_{AB}}H_{AB}=\frac{360}{90}\times15=60\ \text{mm}$$

$$P_{hBC}=\frac{360}{\theta_{BC}}H_{BC}=\frac{360}{240}\times21=31.5\ \text{mm}$$

两条工作廓线的导程都便于交换齿轮的计算，因此，在铣削 AB 段时可采用简单的垂直铣削法，铣削 BC 段时则采用倾斜铣削法，选择假设导程，只要 $P_{h1}=60$ mm 则交换齿轮不变。本例中由于凸轮直径较小，为避免使用接长装置，两条廓线均采用倾斜铣削法。设假设导程 $P_{h1}=70$ mm。

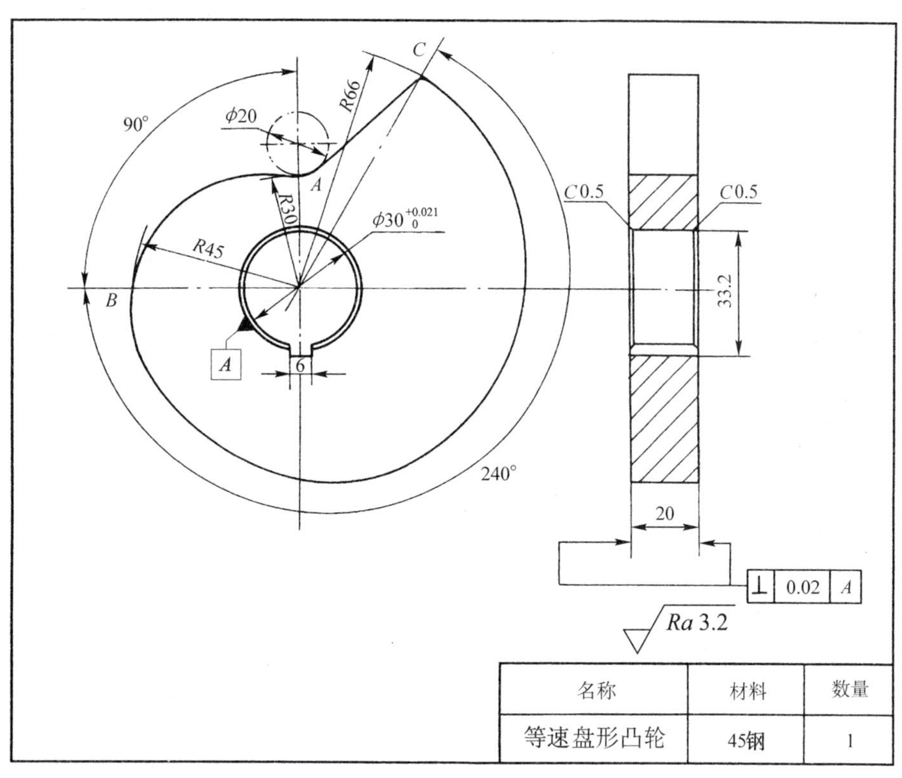

图 8-21 等速盘形凸轮

交换齿轮齿数计算：

$$\frac{z_1 z_3}{z_2 z_4}=\frac{40P_{丝}}{P_{h1}}=\frac{240}{70}=\frac{24}{7}=\frac{100}{25}\times\frac{60}{70}$$

$z_1=100$，$z_2=25$，$z_3=60$，$z_4=70$。

分度头仰角计算：

铣 *AB* 段时：

$$\sin\alpha_{AB}=\frac{P_{hAB}}{P_{h1}}=\frac{60}{70}\approx 0.857\ 14$$

$$\alpha_{AB}\approx 59°$$

铣 *BC* 段时：

$$\sin\alpha_{BC}=\frac{P_{hBC}}{P_{h1}}=\frac{31.5}{70}=0.45$$

$$\alpha_{BC}\approx 26°45'$$

立铣头转角计算：

铣 *AB* 段时：

$\beta_{AB}=90°-\alpha_{AB}\approx 90°-59°=31°$

铣 *BC* 段时：

$\beta_{BC}=90°-\alpha_{BC}\approx 90°-26°45'=63°15'$

根据式（8-16）计算铣刀切削刃长度：

$l=B+H\cot\alpha+（5\sim 10）$

$=B+H_{BC}\cot\alpha_{BC}+（5\sim 10）$

$\approx 20+21\times\cot 26°45'+（5\sim 10）$

$\approx 61.7+（5\sim 10）$

$=66.7\sim 71.7$ mm

选择铣刀直径等于滚子直径 20 mm、铣刀切削刃长度 l>71.7 mm 的长形立铣刀。

习题

1. 什么是螺旋线？常见螺旋线有哪几种类型？
2. 圆柱螺旋线是怎样形成的？

3. 圆柱螺旋线的要素主要有哪些？导程 P_h 与螺距 P 两者有何区别？它们之间的关系怎样？

4. 平面螺旋线是怎样形成的？它的要素有哪些？

5. 在铣床上铣削圆柱螺旋槽时需要具备哪些运动？

6. 在铣床上铣削圆柱螺旋槽时，如何确定交换齿轮？

7. 什么是圆柱螺旋槽铣削中的“干涉”现象？为什么铣削圆柱矩形螺旋槽要采用立铣刀而不采用三面刃铣刀？

8. 用盘形铣刀铣削圆柱螺旋槽时，工作台为什么要扳转角度？对于不同旋向的螺旋槽，应如何扳转？

9. 铣削圆柱螺旋槽时要注意哪些问题？

10. 铣削凸轮的工艺要求有哪些？

11. 确定等速圆柱凸轮导程的方法有哪几种？各用在什么场合？

12. 铣削等速圆柱凸轮时，交换齿轮有哪两种配置方法？如何选用？交换齿轮齿数如何计算？

13. 铣削一般圆柱矩形螺旋槽和铣削等速圆柱凸轮的螺旋槽，在立铣刀的选择上有何不同？为什么？

14. 在立式铣床上用立铣刀铣削等速盘形凸轮有哪两种方法？各有什么优缺点？如何选用？

15. 用倾斜铣削法铣削等速盘形凸轮时，分度头仰角 α 和立铣头倾斜角 β 如何计算？立铣刀怎样选择？

16. 用倾斜铣削法铣削等速盘形凸轮时，确定假设导程 P_{h1} 有什么具体要求？

17. 用倾斜铣削法铣削等速盘形凸轮，已知凸轮两段工作廓线的导程 P_{hAB}=36.5 mm 和 P_{hBC}=40.15 mm，试确定交换齿轮齿数、分度头仰角和立铣头倾斜角。

18. 在 X6132 型卧式万能铣床上，利用分度头铣削一右旋螺旋槽，已知螺旋角 β=20°，圆柱工件外径为 100 mm，计算交换齿轮齿数、工作台旋转方向和旋转角度大小。

19. 铣削凸轮时，造成凸轮导程或升高量不正确的原因有哪些？

第九章

圆柱齿轮和齿条的铣削

常见的齿轮有圆柱齿轮和锥齿轮两大类。分度曲面为圆柱面的齿轮称为圆柱齿轮。按齿线形状不同，圆柱齿轮又分为直齿和斜齿两种。分度圆柱面齿线为直母线的圆柱齿轮称为直齿圆柱齿轮（简称直齿轮）；齿线为螺旋线的圆柱齿轮称为斜齿圆柱齿轮（简称斜齿轮）。直齿轮用于平行轴传动，斜齿轮用于平行轴或交错轴传动。

除特殊需要外，用于一般机械传动中的齿轮，其齿廓曲线都采用渐开线。在机械制造业中，应用最多、最普遍的齿轮是渐开线直齿圆柱齿轮。

§9-1 直齿圆柱齿轮的基本参数和几何尺寸计算

一、直齿圆柱齿轮的基本参数

直齿圆柱齿轮的基本参数有五个：齿数 z、模数 m、齿形角 α、齿顶高系数 h_a^* 和顶隙系数 c^*。基本参数是齿轮各部几何尺寸计算的依据。

1. 齿数 z

一个齿轮轮齿的总数称为齿数。当齿轮的模数一定时，齿数越多，齿轮的几何尺寸越大，轮齿渐开线的曲率半径也越大，齿廓曲线越趋于平直。

2. 模数 m

齿距除以圆周率 π 所得到的商称为模数。模数是齿轮几何尺寸计算中最基本的一个参数，它的大小反映了齿距的大小，也就是反映了齿轮轮齿的大小。模数越大，齿轮的轮齿越大，齿轮所能承受的载荷就越大。

《通用机械和重型机械用圆柱齿轮　模数》（GB/T 1357—2008）规定了渐开线圆柱齿轮的模数系列。其中法向模数 m_n<1 mm 的渐开线圆柱齿轮称为小模数渐开线圆柱齿轮。

3. 齿形角 α

渐开线上任意点处的齿形角是不相等的，在同一基圆的渐开线上，离基圆越远的点处，齿形角越大。齿轮分度圆上齿形角的大小对轮齿的形状有影响，在分度圆直径不变时，齿形角小，轮齿齿顶变宽、齿根变瘦，齿轮的承载能力降低；齿形角大，轮齿齿顶变尖、齿根变厚，齿轮承载能力增大，但传动较费力。综合考虑齿轮副的传动性能和轮齿的承载能力，我国规定渐开线圆柱齿轮分度圆上的齿形角 α=20°。

4. 齿顶高系数 h_a^*

齿顶高与模数的比值称为齿顶高系数。标准直齿轮的齿顶高系数 h_a^*=1。

5. 顶隙系数 c^*

为了保证一对齿轮啮合时，一个齿轮的齿顶面不至于与另一个齿轮齿槽底面相抵触，应使它们之间有一定的径向间隙，这个径向间隙称为顶隙。顶隙在齿轮副传动时还可储存润滑油，有利于齿面的润滑。顶隙与模数的比值称为顶隙系数。标准直齿轮的顶隙系数 c^*=0.25。

二、标准直齿圆柱齿轮几何尺寸的计算

采用标准模数 m，齿形角 α=20°，齿顶高系数 h_a^*=1，顶隙系数 c^*=0.25，端面齿厚 s 等于端面齿槽的槽宽 e 的渐开线直齿圆柱齿轮称为标准直齿圆柱齿轮，简称标准直齿轮。

标准直齿圆柱齿轮几何要素（图 9–1）的名称、代号、定义和计算公式见表 9–1。

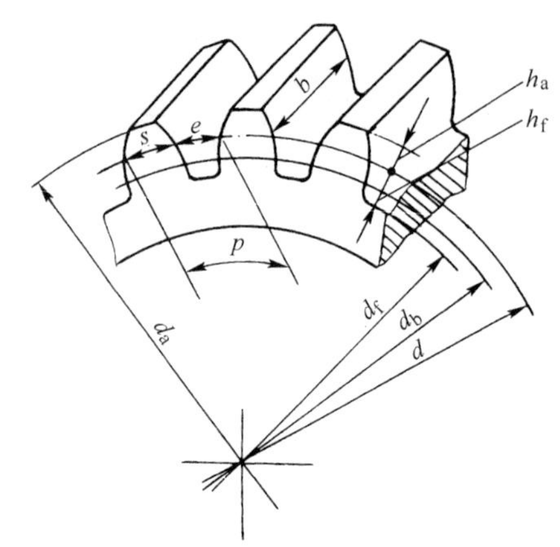

图 9–1　直齿圆柱齿轮的几何要素

例 9–1　一对相啮合的标准直齿圆柱齿轮，已知齿数 z_1=24，z_2=40，模数 m=5 mm。试计算其分度圆直径 d、齿顶圆直径 d_a、齿根圆直径 d_f、基圆直径 d_b、齿距 p、齿厚 s、齿顶高 h_a、齿根高 h_f、齿高 h 和中心距 a。

解： 按表 9–1 所列有关公式计算，结果列于表 9–2。

表 9–1　标准直齿圆柱齿轮几何要素的名称、代号、定义和计算公式

名称	代号	定义	计算公式
模数	m	齿距除以圆周率 π 所得到的商	$m=p/\pi=d/z$，取标准值
齿形角	α	基本齿条的法向压力角	α=20°
齿数	z	齿轮的轮齿总数	由传动比计算确定，一般 z_1 约为 20
分度圆直径	d	分度圆柱面和分度圆的直径	$d=mz$
齿距	p	两个相邻而同侧的端面齿廓之间的分度圆弧长	$p=\pi m$
齿顶高	h_a	齿顶圆与分度圆之间的径向距离	$h_a=h_a^*m=m$
齿根高	h_f	齿根圆与分度圆之间的径向距离	$h_f=(h_a^*+c^*)m=1.25m$
齿高	h	齿顶圆与齿根圆之间的径向距离	$h=h_a+h_f=2.25m$
齿顶圆直径	d_a	齿顶圆柱面和齿顶圆的直径	$d_a=d+2h_a=m(z+2)$
齿根圆直径	d_f	齿根圆柱面和齿根圆的直径	$d_f=d-2h_f=m(z-2.5)$
齿厚	s	一个齿的两侧端面齿廓之间的分度圆弧长	$s=p/2=\pi m/2$
槽宽	e	一个齿槽的两侧端面齿廓之间的分度圆弧长	$e=p/2=\pi m/2=s$
基圆直径	d_b	基圆柱面和基圆的直径	$d_b=d\cos\alpha=mz\cos\alpha$
齿宽	b	齿轮的有齿部位沿分度圆柱面的直素线方向量度的宽度	$b=(6\sim10)m$
中心距	a	齿轮副的两轴线间的最短距离	$a=d_1/2+d_2/2=m(z_1+z_2)/2$

表 9–2　　例 9–1 计算结果　　mm

名称	计算公式	计算结果	
分度圆直径 d	$d=mz$	$d_1=5\times24=120$	$d_2=5\times40=200$
齿顶圆直径 d_a	$d_a=m(z+2)$	$d_{a1}=5\times(24+2)=130$	$d_{a2}=5\times(40+2)=210$
齿根圆直径 d_f	$d_f=m(z-2.5)$	$d_{f1}=5\times(24-2.5)=107.5$	$d_{f2}=5\times(40-2.5)=187.5$
基圆直径 d_b	$d_b=d\cos\alpha$	$d_{b1}=120\times\cos20°\approx112.76$	$d_{b2}=200\times\cos20°\approx187.94$
齿距 p	$p=\pi m$	$p_1=p_2\approx3.14\times5=15.7$	
齿厚 s	$s=p/2$	$s_1=s_2\approx15.7/2=7.85$	
齿顶高 h_a	$h_a=m$	$h_{a1}=h_{a2}=5$	
齿根高 h_f	$h_f=1.25m$	$h_{f1}=h_{f2}=1.25\times5=6.25$	
齿高 h	$h=2.25m$	$h_1=h_2=2.25\times5=11.25$	
中心距 a	$a=m(z_1+z_2)/2$	$a=5\times(24+40)/2=160$	

§ 9–2　直齿圆柱齿轮的测量

在生产现场，铣削直齿圆柱齿轮经常应用的测量方法有齿厚测量和公法线长度测量两种。

一、齿厚测量

齿厚测量有分度圆弦齿厚测量和固定弦齿厚测量两种。测量使用的量具均为游标齿厚卡尺。游标齿厚卡尺由互相垂直的两个尺身和两个游标尺组成（图 9–2），是专门用来测量齿轮、齿条、蜗轮和蜗杆弦齿厚的量具。测量时，先将垂直游标尺调整到弦齿高（$\bar{h}_a$ 或 $\bar{h}_c$）的高度后予以锁紧，并靠上齿顶圆柱面，然后移动水平游标尺，使两个量爪与轮齿的两侧面接触，即可测出弦齿厚（$\bar{s}$ 或 $\bar{s}_c$）。其测量原理和读数方法与一般游标卡尺相同。但使用时要注意：必须使垂直游标尺的量爪底面、水平游标尺两量爪的测量面，分别与所测轮齿的齿顶圆柱面和两齿廓侧面都接触，才能测得正确的尺寸。

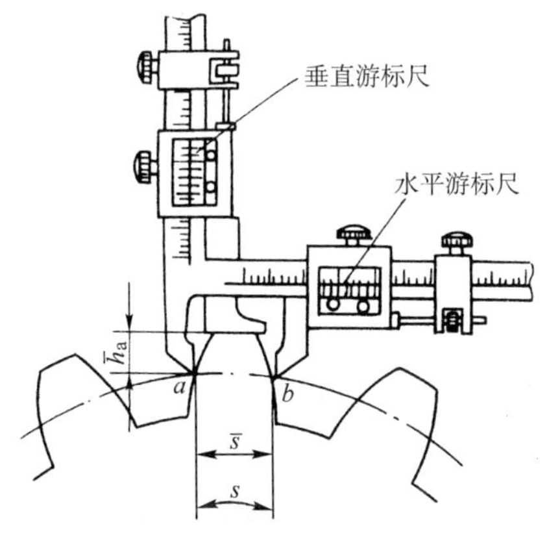

图 9–2　用游标齿厚卡尺测量分度圆弦齿厚

1. 分度圆弦齿厚 $\bar{s}$ 的测量

分度圆弦齿厚 $\bar{s}$ 要在分度圆周上测得，测量时水平游标尺两量爪尖应落在分度圆周上（图 9–2 中 a、b 两点），测得的齿厚实际上是 a、b 两点间的弦长，故称为分度圆弦齿厚 $\bar{s}$，而不是齿厚 s（即 a、b 两点间分度圆弧长）。齿厚 s 可根据几何学关系由 $\bar{s}$ 计算求出。为保证测量时两量爪尖落在分度圆上，还需要确定垂直游标尺的分度圆弦齿高 $\bar{h}_a$ 的数值。分度圆弦齿厚 $\bar{s}$ 与弦齿高 $\bar{h}_a$

的计算式为：

$$\bar{s}=mz\sin\frac{90^\circ}{z} \qquad (9\text{–}1)$$

$$\bar{h}_a=m\left[1+\frac{z}{2}\left(1-\cos\frac{90^\circ}{z}\right)\right] \qquad (9\text{–}2)$$

式中 $\bar{s}$——分度圆弦齿厚，mm；

m——齿轮模数，mm；

z——齿轮的齿数；

$\bar{h}_a$——分度圆弦齿高，mm。

测量时，如果水平游标尺上的读数与按式（9–1）计算的 $\bar{s}$ 值相等（若不考虑齿厚公差值），则齿厚准确。

在生产实践中，常通过查有关手册求得分度圆弦齿厚 $\bar{s}$ 和弦齿高 $\bar{h}_a$。

表 9–3 所列为模数 m=1 mm 的圆柱齿轮的分度圆弦齿厚 $\bar{s}^*$ 和弦齿高 $\bar{h}_a^*$ 的数值。对于模数 m 不为 1 mm 的圆柱齿轮，其分度圆弦齿厚 $\bar{s}$ 和弦齿高 $\bar{h}_a$ 可由齿数 z 从表 9–3 中查得 $\bar{s}^*$ 和 $\bar{h}_a^*$，然后按下列公式计算：

$$\bar{s}=m\bar{s}^* \qquad (9\text{–}3)$$

$$\bar{h}_a=m\bar{h}_a^* \qquad (9\text{–}4)$$

例 9–2 已知标准直齿圆柱齿轮的模数 m=3 mm，齿数 z=40。试求分度圆弦齿厚和弦齿高的值。

解： 查表 9–3 得：$\bar{s}^*$=1.570 4，$\bar{h}_a^*$=1.015 4

代入式（9–3）和式（9–4）得：

$\bar{s}=m\bar{s}^*$=3 × 1.570 4=4.711 2 mm

$\bar{h}_a=m\bar{h}_a^*$=3 × 1.015 4=3.046 2 mm

表 9–3　分度圆弦齿厚与弦齿高（摘录）（m=1 mm）

齿数 z	弦齿厚 $\bar{s}^*$	弦齿高 $\bar{h}_a^*$	齿数 z	弦齿厚 $\bar{s}^*$	弦齿高 $\bar{h}_a^*$
20	1.569 2	1.030 8	41	1.570 4	1.015 0
21	1.569 3	1.029 4	42		1.014 7
22	1.569 5	1.028 0	43		1.014 3
23	1.569 6	1.026 8	44	1.570 5	1.014 0
24	1.569 7	1.025 7	45		1.013 7
25	1.569 8	1.024 7	46		1.013 4
26		1.023 7	47		1.013 1
27	1.569 9	1.022 8	48		1.012 8
28	1.570 0	1.022 0	49		1.012 6
29		1.021 3	50		1.012 3
30	1.570 1	1.020 6	51		1.012 1
31		1.019 9	52	1.570 6	1.011 9
32	1.570 2	1.019 3	53		1.011 6
33		1.018 7	54		1.011 4
34		1.018 1	55		1.011 2
35	1.570 3	1.017 6	56		1.011 0
36		1.017 1	57		1.010 8
37		1.016 7	58		1.010 6
38		1.016 2	59		1.010 5
39	1.570 4	1.015 8	60		1.010 3
40		1.015 4			

注：本表也适用于斜齿轮和锥齿轮，但应按当量齿数查表；如当量齿数为非整数，则需用线性插补法，把小数部分考虑进去。

2. 固定弦齿厚 $\bar{s}_c$ 的测量

固定弦齿厚的测量方法和分度圆弦齿厚的测量方法相同，只是测量的部位不同。

固定弦齿厚是指齿轮的一个轮齿和基本齿条的两个齿对称接触时，分布于该齿轮轮齿两侧齿面上的那两条接触线之间的最短距离，如图 9–3 所示。

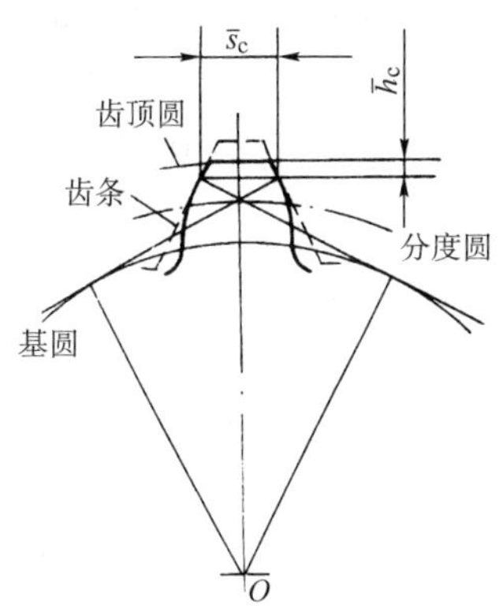

图 9–3　齿轮的固定弦齿厚

固定弦齿厚 $\bar{s}_c$ 及固定弦齿高 $\bar{h}_c$ 只与齿轮的模数 m 和齿形角 α 有关，而与齿数 z 的多少无关。其计算公式为：

$$\bar{s}_c=\frac{\pi m}{2}\cos^2\alpha \qquad (9\text{–}5)$$

$$\bar{h}_c=m\left(1-\frac{\pi}{8}\sin 2\alpha\right) \qquad (9\text{–}6)$$

式中　$\bar{s}_c$——固定弦齿厚，mm；

$\bar{h}_c$——固定弦齿高，mm；

m——模数，mm；

α——齿形角，(°)。

当齿形角 α=20°时：

$$\bar{s}_c\approx 1.387m \qquad (9\text{–}7)$$

$$\bar{h}_c\approx 0.7476m \qquad (9\text{–}8)$$

α=20°时的固定弦齿厚和弦齿高的值也可直接由表 9–4 查得。

必须注意：在齿厚测量中，由于以齿顶圆作为测量基准，齿顶圆的加工误差将影响弦齿高的实际值，因此，应该从理论计算（或查表）所得到的弦齿高（$\bar{h}_s$ 或 $\bar{h}_c$）的值中减去误差修正值 $\Delta\bar{h}$。

例 9–3　已知一标准直齿圆柱齿轮，模数 m=2 mm，z=40，α=20°，量得齿顶圆直径 d_a=83.82 mm。试求分度圆弦齿厚 $\bar{s}$、弦齿高 $\bar{h}_a$ 和固定弦齿厚 $\bar{s}_c$、弦齿高 $\bar{h}_c$。

解： 齿顶圆直径

$d_a=m（z+2）=2\times（40+2）=84$ mm

齿顶圆误差修正值

$$\Delta h=\frac{1}{2}\times(84-83.82)=0.09\ \text{mm}$$

由表 9–3 得：

$\bar{s}^*=1.5704$，$\bar{h}_a^*=1.0154$

$\bar{s}=m\bar{s}^*=2\times 1.5704=3.1408$ mm

$h_a=m\bar{h}_a^*-\Delta h=2\times 1.0154-0.09$

$=1.9408$ mm

表 9–4　固定弦齿厚与弦齿高（摘录）

（α=20°）　mm

模数 m	固定弦齿厚 $\bar{s}_c$	固定弦齿高 $\bar{h}_c$
1.75	2.427 3	1.308 3
2	2.774 1	1.495 2
2.25	3.120 9	1.682 1
2.5	3.467 6	1.868 9
2.75	3.814 4	2.055 8
3	4.161 1	2.242 7
3.25	4.507 9	2.429 6
3.5	4.854 7	2.616 5
3.75	5.201 4	2.803 4
4	5.548 2	2.990 3
4.5	6.241 7	3.364 1
5	6.935 2	3.737 9
5.5	7.628 8	4.111 7
6	8.322 3	4.485 5
6.5	9.015 8	4.859 3
7	9.709 3	5.233 0
8	11.096 4	5.980 6
9	12.483 4	6.728 2
10	13.870 5	7.475 7

注：测量斜齿轮时，应按法向模数查表；测量锥齿轮时，应按大端模数查表。

由表 9–4 得：

$\bar{s}_c=2.7741$ mm

$\bar{h}_c=1.4952-\Delta h=1.4952-0.09$

$=1.4052$ mm

二、公法线长度测量

公法线长度测量是使用公法线千分尺或普通游标卡尺作为测量工具，用千分尺的两个相互平行的测量面或游标卡尺两量爪的测量面与被测齿轮按规定齿数（2 个或 2 个以上）的轮齿不相对、不同侧的齿面相切时，测量两测量面之间的垂直距离（即公法线长度）W_k，如图 9–4 所示。这种测量方法的优点是方便、简单，精确度高，且 W_k 值的大小不受齿轮齿顶圆直径误差的影响。

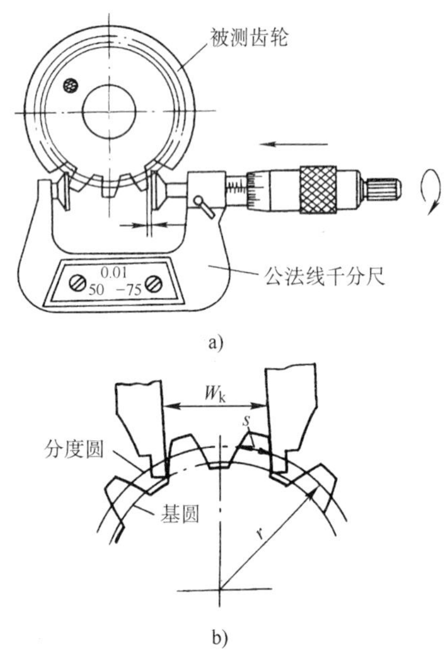

图 9–4 公法线长度的测量

a）用公法线千分尺测量 b）用游标卡尺测量

测量公法线长度必须按规定的跨测齿数 k 进行。跨测齿数是根据齿轮的齿数 z 和齿形角 α 确定的，规定跨测齿数的目的是使公法线千分尺或游标卡尺的两测量面与齿轮轮齿齿面的接触处尽量接近分度圆周，因为这个部位的齿廓曲线比较准确。

公法线长度 W_k 和跨测齿数 k 可按式（9–9）和式（9–10）计算：

$$W_k=m\cos\alpha\left[(k-0.5)\pi+z\,\mathrm{inv}\alpha\right] \tag{9–9}$$

$$k=\frac{\alpha}{180}z+0.5 \tag{9–10}$$

当齿形角 α=20°时：

$$W_k\approx m\left[2.952\,1(k-0.5)+0.014z\right] \tag{9–11}$$

$$k\approx 0.111z+0.5 \tag{9–12}$$

计算跨测齿数 k 时，其结果有小数部分出现时，可用四舍五入的方法圆整成整数。

标准直齿圆柱齿轮的跨测齿数 k 和公法线长度 W_k，可根据齿轮齿数 z 由相关表查得 m=1 mm 的齿轮公法线长度的数值 W_k^*，再乘以模数 m 后求得，即

$$W_k=mW_k^* \tag{9–13}$$

例 9–4 标准直齿圆柱齿轮，模数 m=5 mm，齿数 z=50，齿形角 α=20°。试求它的公法线长度 W_k。

解： 由式（9–12）和式（9–11）可得：

$k\approx 0.111z+0.5=0.111\times 50+0.5=6.05\approx 6$

$W_k\approx m\left[2.952\,1(k-0.5)+0.014z\right]$

$\approx 5\times\left[2.952\,1\times(6-0.5)+0.014\times 50\right]$

≈ 84.683 mm

§9-3 直齿圆柱齿轮铣刀及其选择

在铣床上铣削齿轮的齿形使用齿轮铣刀。铣齿的方法属于成形法，它是利用切削刃形状和齿槽形状相同的齿轮铣刀，在铣床上分齿切制齿形的方法。齿轮铣刀是成形铣刀。

一、直齿圆柱齿轮铣刀

1. 直齿圆柱齿轮铣刀的种类

铣削直齿圆柱齿轮的齿轮铣刀有盘形和指形两种，即盘形齿轮铣刀（图 9–5）和指形齿轮铣刀。盘形齿轮铣刀用于在卧式铣床上铣制齿轮，铣刀已标准化；指形齿轮铣刀在立式铣床上铣削齿轮，用于加工大模数（$m \geqslant 10$ mm）的圆柱齿轮。一般齿轮的铣削都是在卧式铣床上用盘形齿轮铣刀进行。

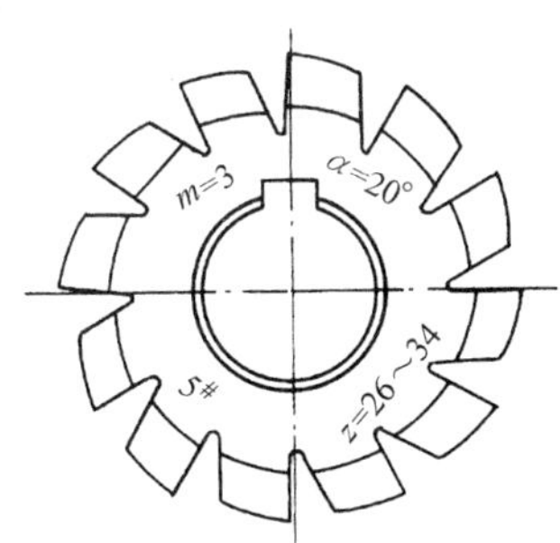

图 9–5 盘形齿轮铣刀

2. 盘形齿轮铣刀的刀号

渐开线的形状与基圆的大小有关，而基圆的直径 d_b 又与齿轮模数 m、齿数 z 和齿形角 α 有关（$d_b=mz\cos\alpha$），因齿形角 $\alpha=20°$ 是标准值，因此基圆的直径大小只与模数 m 和齿数 z 有关。模数不同、齿数不同，基圆直径就不同，齿轮的渐开线齿形也不一样。要铣出正确的齿形，理论上对于每一个模数，每一种齿数的齿轮就应相应地使用一把齿轮铣刀，这对齿轮铣刀的制造、使用、管理，既不经济，又不方便。因此，在实际生产中，将齿数为 12 齿及 12 齿以上齿数的齿轮进行分段，齿形廓线接近的划分在同一段，每一段定一个铣刀的刀号，并以这一段中齿数最少的齿轮的齿槽形状作为铣刀的齿形，以避免发生干涉。这样，相同模数、齿数相近（同一段内）的齿轮就使用同一把铣刀加工，大大地减少了铣刀的种数。实践证明：用这种方法铣出的齿轮，所产生的齿形误差极小，对精度要求不高的齿轮（铣齿的经济精度为 IT9 级）是可行的。

直齿圆柱齿轮铣刀在同一个模数中分成 8 个或 15 个刀号，每个刀号的铣刀所铣齿数的范围是不同的。齿轮的齿数越少，相邻齿数齿轮的齿形之间的差异越大；齿轮的齿数越多，相邻齿数齿轮的齿形之间的差异就越小。

表 9–5 是一套 8 把和一套 15 把标准盘形齿轮铣刀刀号表。一套 15 把齿轮铣刀的每个刀号对应的齿数段范围窄，因此产生的最大齿形误差较小，主要用于模数较大的齿轮的铣制。GB/T 28247—2012 中规定的一套 8 把盘形齿轮铣刀的模数范围为 0.3 ~ 8 mm；一套 15 把盘形齿轮铣刀的模数范围为 9 ~ 16 mm。

二、直齿圆柱齿轮铣刀的选择

选择齿轮铣刀时，先按所铣齿轮的齿数从表 9–5 中查得铣刀的刀号，然后选择与所铣齿轮相同模数的该刀号的铣刀。

例 9–5 铣削模数 $m=3$ mm、齿数 $z=32$、齿形角 $\alpha=20°$的标准直齿圆柱齿轮，应选用哪种刀号的铣刀？

解：根据 $z=32$，查表 9–5 中一套 8 把的刀号为 5 号，所以应选用模数 $m=3$ mm、齿形角 $\alpha=20°$的 5 号盘形直齿圆柱齿轮铣刀。

表 9-5 标准盘形齿轮铣刀刀号

铣刀刀号		1	1½	2	2½	3	3½	4	4½
加工齿轮齿数	一套 8 把	12 ~ 13		14 ~ 16		17 ~ 20		21 ~ 25	
	一套 15 把	12	13	14	15 ~ 16	17 ~ 18	19 ~ 20	21 ~ 22	23 ~ 25
铣刀刀号		5	5½	6	6½	7	7½	8	
加工齿轮齿数	一套 8 把	26 ~ 34		35 ~ 54		55 ~ 134		135 ~∞	
	一套 15 把	26 ~ 29	30 ~ 34	35 ~ 41	42 ~ 54	55 ~ 79	80 ~ 134	135 ~∞	

§9-4 直齿圆柱齿轮的铣削

直齿圆柱齿轮在卧式铣床上用分度头装夹，用盘形齿轮铣刀逐齿进行铣削，如图 9-6 所示。铣齿加工的精度较低（经济精度为 IT9 级），生产效率不高，但不需要专用的齿轮加工机床，一般用在精度等级较低，且为单件或小批量生产中。

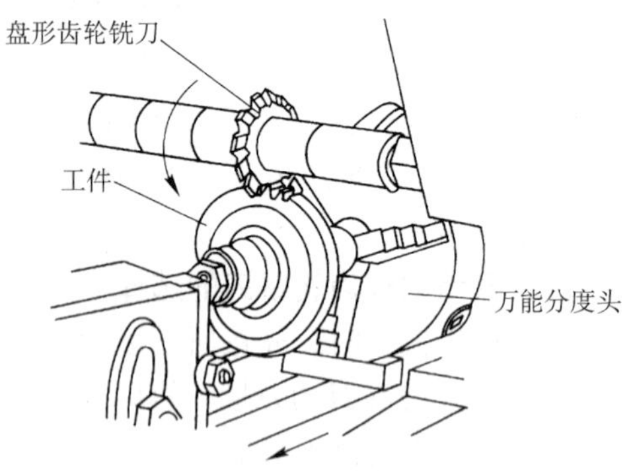

图 9-6 在铣床上铣直齿圆柱齿轮

一、铣齿前的准备工作

1. 熟悉齿轮的工作图

直齿圆柱齿轮工作图（图 9-7）中注明的模数、齿数、齿形角、加工精度和表面粗糙度等技术要求，是加工中调整、计算的依据。

2. 齿坯检查

一般检查齿坯的基准孔孔径或连轴齿轮齿坯的轴径和基准端面的轴向圆跳动。当齿顶圆用作测量齿厚的基准时，还需检查齿坯外圆（即齿顶圆）直径和径向圆跳动。检查的各项数据应符合图样规定的要求，不符合图样要求的齿坯应予以剔除。

3. 安装分度头及尾座

先校正工作台的“零”位，然后安装并校正分度头及尾座，方法与前面介绍的相同，校正时应保证前、后顶尖的中心连线与工作台台面平行，且与工作台纵向进给方向一致。

4. 装夹和校正工件

使工件轴线与工作台台面平行和与工作台纵向进给方向一致。

5. 安装铣刀并对中心

使盘形齿轮铣刀廓形中线对准工件中心。对中心的准确与否对齿轮的加工质量影响很大，对中心不准将造成铣出的齿形偏斜，即所谓“困牙”现象，如图 9-8 所示。

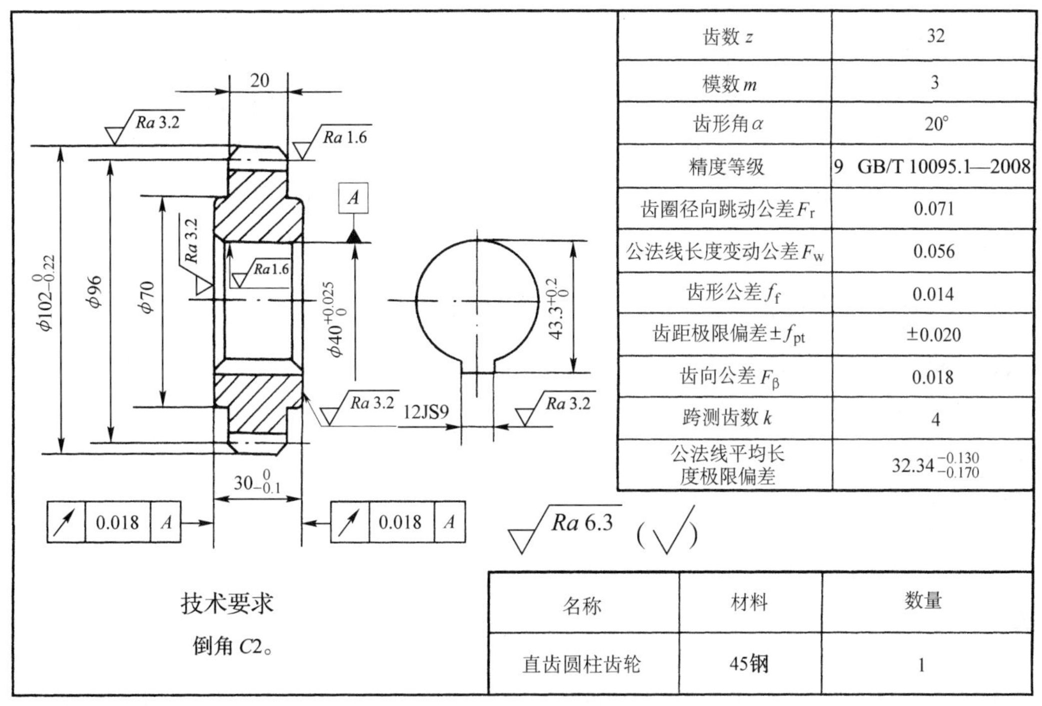

图 9-7　直齿圆柱齿轮工作图

常用的对中心方法有两种：

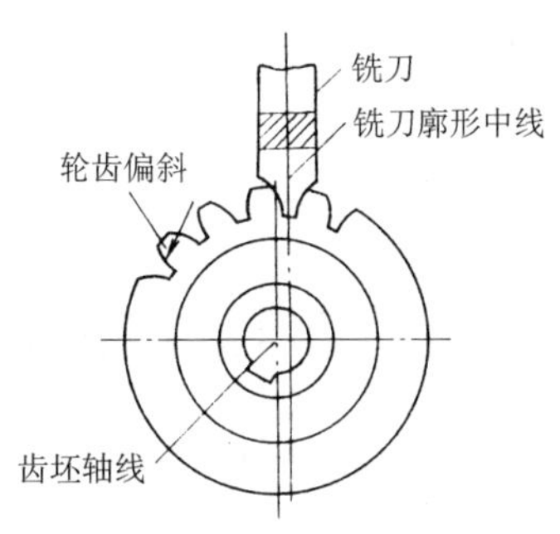

图 9-8　铣刀对中心不准产生齿形偏斜

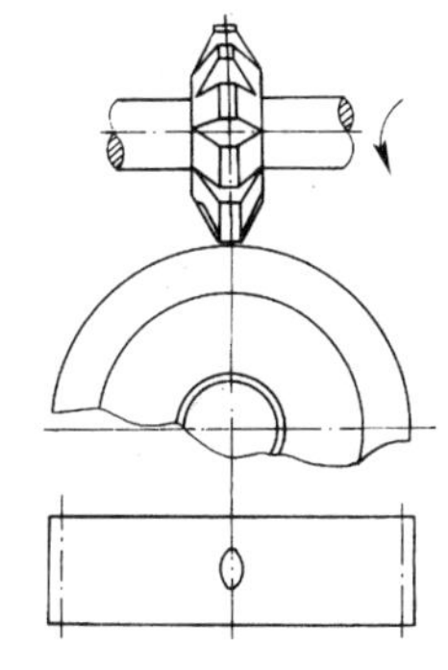

图 9-9　切痕对中法对中心

（1）切痕对中法对中心　先开动铣床使铣刀回转，然后摇动纵向和横向手柄使铣刀大致对准齿坯中心，再缓慢升起升降台，使齿坯稍微接触铣刀，切出一细痕，然后横向往复移动工作台，在齿坯上切出一椭圆。这时目测回转的铣刀，尽量使其对准椭圆中心，再切一细痕，观察细痕是否居中。如此逐步调整，直至居中为止（图 9-9）。

（2）圆柱测量法对中心　将对好中心的齿坯先铣一浅槽（一般约 1.5 mm），将一长度大于齿坯宽度、直径近似等于模数 m 的光滑圆柱置于浅槽中，摇动分度手柄使分度头主轴转过 90°，浅槽处于水平位置（图 9-10），用百分表检测圆柱两端，并记下读数，再将分度头主轴转过 180°，使浅槽处于另一侧水平位置，移动百分表再次检测圆柱两端。对比两次检测读数是否一致，如相同则表明齿轮铣刀廓形中线与齿坯轴线对准，如读数不同，其差值的一半即是偏移量，按偏移量横向移动工作台，即可准确对中心。

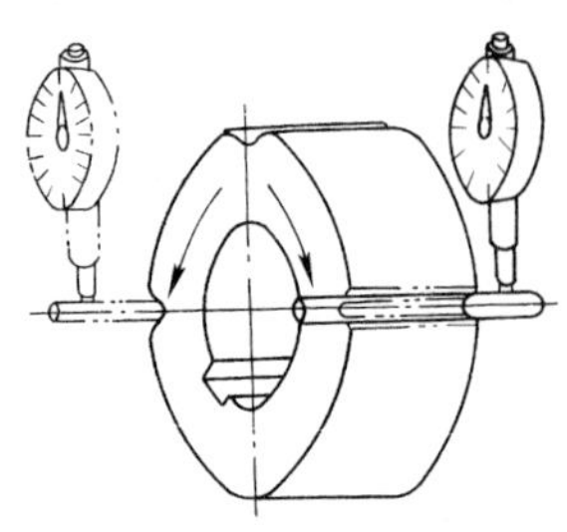

图 9–10　圆柱测量法对中心

6. 齿轮的分度计算与调整

一般根据齿轮的齿数用简单分度法进行分度计算并调整。

二、铣削用量选择

1. 铣削速度 v_c

铣削速度与齿坯材料有关。此外，齿轮铣刀是铲齿成形铣刀，铣削时切削抗力较大，所以其铣削速度比普通高速工具钢铣刀略低。实际铣削速度可按表 9–6 查取数值再乘以 0.75 ~ 0.85 的修正系数确定。

表 9–6　铣制直齿圆柱齿轮铣削速度

m/min

齿轮材料	45	40Cr	20Cr	铸铁 HT150、硬青铜	中等硬度青铜、黄铜
铣削速度 v_c	粗铣				
	32	30	22	25	40
	精铣				
	40	37.5	27	31	50

注：铣床主轴转速可按式 $n=\frac{1\ 000v_c}{\pi D}$求出，式中 D 为铣刀直径，mm。

通常，铣床主轴转速 n 可按以下数据选取：铣削钢材质齿轮时，取 95 ~ 150 r/min；铣削铸铁材质齿轮时，取 75 ~ 118 r/min。

2. 进给量 f（或进给速度 v_f）

进给量与齿坯材料、齿轮模数大小、机床刚度、夹具、刀具等因素有关，其中以齿坯材料为主。粗加工时进给量取大值，精加工时取小一些。进给速度 v_f 一般可按以下数据选取：铣削钢材质的齿轮时，v_f 取 60 ~ 75 mm/min；铣削铸铁材质的齿轮时，v_f 取 47.5 ~ 60 mm/min。

3. 铣削宽度 a_e

铣削宽度 a_e 等于齿高 h（h=2.25m）。齿形的铣削一般分粗铣和精铣，粗铣时应预留精铣余量，余量可按 0.15 ~ 0.30 mm 预留。

三、铣削齿轮

1. 试铣

一般应先铣浅刀痕，然后检查刀痕数是否与所铣齿数相同，确认分度无误后才开始正式铣齿。

2. 铣齿

对于齿面表面粗糙度值允许较大或模数较小的齿轮的齿槽，可以一次进给铣到齿深（2.25m）。在实际生产中，为了保证齿厚精度达到要求和获得较小的表面粗糙度值，常分粗铣和精铣两次铣削，大部分余量在粗铣中切去，精铣时根据粗铣后的实际余量再第二次进刀。

3. 补充进刀量 Δa_e 的确定

精铣时第二次进刀的补充进刀量 Δa_e 随齿轮采取的测量方法不同分别按下列各式计算：

（1）按分度圆弦齿厚实测时（α=20°）

$$\Delta a_e=1.37(\bar{s}_{实}-\bar{s}) \qquad (9\text{–}14)$$

（2）按固定弦齿厚实测时（α=20°）

$$\Delta a_e=1.17(\bar{s}_{c实}-\bar{s}_c) \qquad (9\text{–}15)$$

（3）按公法线长度实测时（α=20°）

$$\Delta a_e=1.462(W_{k实}-W_k) \qquad (9\text{–}16)$$

式中　$\bar{s}_{实}$——粗铣后测量的实际分度圆弦齿厚，mm；

$s_{c实}$——粗铣后测量的实际固定弦齿厚，mm；

$W_{k实}$——粗铣后测量的实际公法线长度，mm。

四、直齿圆柱齿轮的检测和铣削质量分析

1. 直齿圆柱齿轮的检测

（1）公法线长度检测　公法线长度的测量方便、简单，精确度高，W_k 值的大小不受齿顶圆直径误差的影响，而且可以间接控制铣削的齿高和分齿的等分性，并保证侧隙的要求，因此，齿轮加工中的检测常采用测量公法线长度的方法。检测时按规定的跨测齿数用公法线千分尺或普通游标卡尺测量。当齿轮模数 m<2 mm（游标卡尺的量爪不能伸入齿槽）或要求测量精度较高时，应使用公法线千分尺测量。

（2）齿面表面粗糙度检测　用表面粗糙度标准样块进行比较检测。

2. 铣削质量分析

直齿圆柱齿轮铣削时常见的质量问题及产生原因见表 9–7。

表 9–7　直齿圆柱齿轮铣削的质量分析

质量问题	产生原因
齿数与给定齿数不符	1．分度计算错误 2．选错分度盘孔圈或分度叉之间孔距数不对
齿距偏差过大，齿厚大小不等	1．工件径向跳动过大，或未进行校正 2．分度不准，分度手柄向两个方向转动，影响蜗杆蜗轮副传动间隙
轮齿偏斜（困牙）	铣刀廓形中线没有对准齿坯中心，对中心误差过大
齿高、齿厚不准	1．铣刀模数或刀号选择错误 2．铣削宽度计算错误或调整不准
齿面的表面粗糙度值大	1．铣刀磨损变钝或安装不好，摆差过大 2．铣削用量选择不当 3．铣削时振动大

§9–5　斜齿圆柱齿轮及其铣削

与直齿圆柱齿轮比较，斜齿圆柱齿轮有以下特点：

（1）传动中同时接触的齿数较多，传动均匀，噪声较小。

（2）承载能力高，能传递较大的动力和转矩。

（3）可用于平行轴传动，也可用于任意角度的交错轴传动。

（4）由于轮齿倾斜，传动时有轴向力。

（5）不能用作变速滑移齿轮。

一、斜齿圆柱齿轮的基本参数和几何尺寸计算

1. 斜齿圆柱齿轮的基本参数

斜齿圆柱齿轮的基本参数有齿数 z、法向模数 m_n、法向齿形角 α_n、齿顶高系数 h_a^*、顶隙系数 c^* 和螺旋角 β。基本参数是齿轮各部分几何尺寸计算的依据。

斜齿圆柱齿轮是以法向截面中的模数 m_n 和齿形角 α_n 为标准模数和标准齿形角。但斜齿圆柱齿轮只在垂直于齿轮轴线的平面（端平面）内具有渐开线齿形，所以有关齿形尺寸应在端平面内进行计算。计算时应将

法平面中的法向模数（标准模数）m_n 换算成端平面内的端面模数（非标准模数）m_t。换算关系为：

$$m_t = \frac{m_n}{\cos\beta} \qquad (9\text{–}17)$$

式中　β——分度圆上螺旋角，(°)。

2. 标准斜齿圆柱齿轮几何尺寸的计算

法向截面内的模数采用标准模数，齿形角采用标准齿形角（α_n=20°），齿顶高系数 h_a^*=1，顶隙系数 c^*=0.25 的斜齿圆柱齿轮称为标准斜齿圆柱齿轮，简称标准斜齿轮。

标准斜齿圆柱齿轮几何要素（图 9–11）的名称、代号、定义和计算公式见表 9–8。

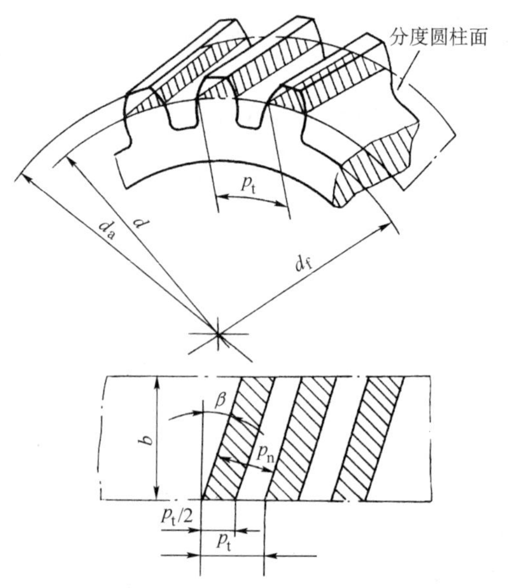

图 9–11　标准斜齿圆柱齿轮的几何要素

表 9–8　　标准斜齿圆柱齿轮几何要素的名称、代号、定义和计算公式

名称	代号	定义	计算公式
法向模数	m_n	法向齿距除以圆周率 π 所得到的商	$m_n=p_n/\pi$，$m_n=m$（标准模数）
端面模数	m_t	端面齿距除以圆周率 π 所得到的商	$m_t=p_t/\pi=m_n/\cos\beta$
法向齿形角	α_n	法平面内，端面齿廓与分度圆交点处的齿形角	$\alpha_n=\alpha=20°$
端面齿形角	α_t	端平面内，端面齿廓与分度圆交点处的齿形角	$\tan\alpha_t=\tan\alpha_n/\cos\beta$
分度圆直径	d	分度圆柱面和分度圆的直径	$d=m_tz=m_nz/\cos\beta$
法向齿距	p_n	在分度圆柱面上，其齿线的法向螺旋线在两个相邻的同侧齿面之间的弧长	$p_n=\pi m_n$
端面齿距	p_t	两个相邻而同侧的端面齿廓之间的分度圆弧长	$p_t=p_n/\cos\beta=\pi m_n/\cos\beta$
齿顶高	h_a	与直齿圆柱齿轮相同	$h_a=m_n$
齿根高	h_f		$h_f=1.25m_n$
齿高	h		$h=h_a+h_f=2.25m_n$
齿顶圆直径	d_a	与直齿圆柱齿轮相同	$d_a=d+2h_a=m_n(z/\cos\beta+2)$
齿根圆直径	d_f		$d_f=d-2h_f=m_n(z/\cos\beta-2.5)$
（分度圆）螺旋角	β	分度圆螺旋线的切线与过切点的圆柱面直素线之间所夹的锐角	设计给定
中心距	a	两相互啮合的斜齿轮节圆半径之和	$a=m_n(z_1+z_2)/(2\cos\beta)$

例 9–6 已知标准斜齿圆柱齿轮的法向模数 m_n=3 mm，齿数 z=16，螺旋角 β=30°。试求 d、d_a、d_f。

解： 按表 9–8 所列有关公式计算：

$$d=\frac{m_n z}{\cos\beta}=\frac{3\times16}{\cos30^\circ}\approx55.43\ \text{mm}$$

$d_a=d+2h_a=d+2m_n\approx55.43+2\times3$

$=61.43$ mm

$d_f=d-2h_f=d-2.5m_n\approx55.43-2.5\times3$

$=47.93$ mm

二、当量齿数与齿轮铣刀的选择

1. 当量齿数

斜齿圆柱齿轮齿线上某一点 P 处的法平面与分度圆柱面的交线是一个椭圆（图 9–12），以此椭圆的最大曲率半径作为某一假想直齿圆柱齿轮的分度圆半径，并以斜齿圆柱齿轮的法向模数和法向齿形角作为此假想直齿圆柱齿轮的模数和齿形角，则此假想直齿圆柱齿轮的齿数称为该斜齿圆柱齿轮的当量齿数 z_v。

当量齿数的计算公式如下：

$$z_v=\frac{z}{\cos^3\beta} \tag{9–18}$$

为简化当量齿数 z_v 的计算，可根据螺旋角 β 由表 9–9 查出当量齿数系数 K（$K=1/\cos^3\beta$），然后乘以齿数 z 求得，即

$$z_v=Kz \tag{9–19}$$

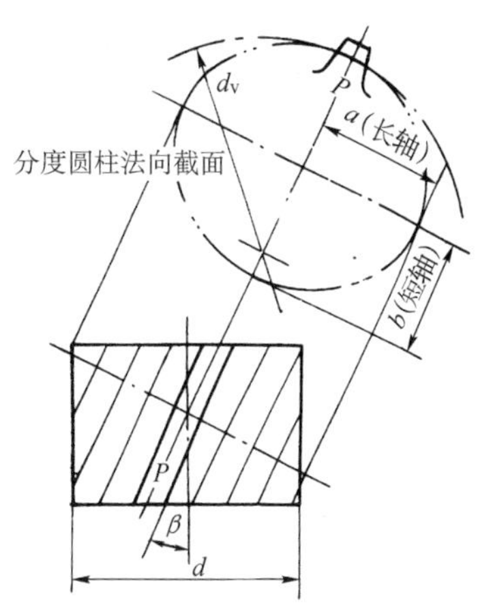

图 9–12 斜齿圆柱齿轮的法向齿形

表 9–9 **当量齿数系数 K 值**

β	K	β	K	β	K	β	K	β	K
5°	1.012	18°	1.162	31°	1.588	44°	2.687	57°	6.190
5° 30′	1.014	18° 30′	1.173	31° 30′	1.613	44° 30′	2.756	57° 30′	6.447
6°	1.017	19°	1.183	32°	1.640	45°	2.828	58°	6.720
6° 30′	1.020	19° 30′	1.194	32° 30′	1.667	45° 30′	2.904	58° 30′	7.010
7°	1.023	20°	1.205	33°	1.695	46°	2.983	59°	7.320
7° 30′	1.026	20° 30′	1.217	33° 30′	1.725	46° 30′	3.066	59° 30′	7.649
8°	1.030	21°	1.229	34°	1.755	47°	3.152	60°	8.000
8° 30′	1.034	21° 30′	1.242	34° 30′	1.787	47° 30′	3.243	60° 30′	8.375
9°	1.038	22°	1.255	35°	1.819	48°	3.338	61°	8.776
9° 30′	1.042	22° 30′	1.268	35° 30′	1.853	48° 30′	3.437	61° 30′	9.205
10°	1.047	23°	1.282	36°	1.889	49°	3.541	62°	9.664
10° 30′	1.052	23° 30′	1.297	36° 30′	1.925	49° 30	3.651	62° 30′	10.157
11°	1.057	24°	1.312	37°	1.963	50°	3.765	63°	10.687
11° 30′	1.063	24° 30′	1.327	37° 30′	2.003	50° 30′	3.886	63° 30′	11.257
12°	1.069	25°	1.343	38°	2.044	51°	4.012	64°	11.871
12° 30′	1.075	25° 30′	1.360	38° 30′	2.086	51° 30′	4.145	64° 30′	12.533
13°	1.081	26°	1.377	39°	2.131	52°	4.285	65°	13.248
13° 30′	1.088	26° 30′	1.395	39° 30′	2.177	52° 30′	4.433	65° 30′	14.022
14°	1.095	27°	1.414	40°	2.225	53°	4.588	66°	14.861
14° 30′	1.102	27° 30′	1.433	40° 30′	2.274	53° 30′	4.752	66° 30′	15.773
15°	1.110	28°	1.453	41°	2.326	54°	4.924	67°	16.764
15° 30′	1.118	28° 30′	1.473	41° 30′	2.380	54° 30′	5.107	67° 30′	17.844
16°	1.126	29°	1.495	42°	2.437	55°	5.299	68°	19.023
16° 30′	1.134	29° 30′	1.517	42° 30′	2.495	55° 30′	5.503	68° 30′	20.313
17°	1.143	30°	1.540	43°	2.556	56°	5.719	69°	21.728
17° 30′	1.153	30° 30′	1.563	43° 30′	2.620	56° 30′	5.947	69° 30′	23.282

2. 齿轮铣刀的选择

在卧式万能铣床上铣削斜齿圆柱齿轮时，与铣削圆柱螺旋槽一样需将工作台水平扳转一个角度β，使螺旋齿槽方向与铣刀回转平面一致，也就是斜齿圆柱齿轮在法向截面内的齿形与铣刀齿形一样。而法向截面内的齿形与分度圆直径为d_v、模数为m_n、齿形角为α_n、齿数为当量齿数z_v的假想直齿圆柱齿轮的齿形近似，因此，用按当量齿数z_v由表9–5选择刀号的标准盘形齿轮铣刀铣削斜齿圆柱齿轮，虽有齿形误差，但误差较小，对于精度要求不高的斜齿圆柱齿轮的铣削是允许的。

例9–7　在X6132型卧式万能铣床上铣制一斜齿圆柱齿轮，已知m_n=3 mm，z=32，β=45°。试求铣刀刀号。

解：根据式（9–18）计算可得：

$$z_v=\frac{z}{\cos^3\beta}=\frac{32}{\cos^3 45°}\approx\frac{32}{(0.707\ 1)^3}\approx 90.51\approx 91$$

由表9–5查得：应选m=3 mm的7号盘形齿轮铣刀。

例9–8　在卧式万能铣床上铣制一斜齿圆柱齿轮，已知m_n=4 mm，z=28，β=26° 30′。试选用铣刀。

解：由表9–9查得当量齿数系数K=1.395

则$z_v=Kz=1.395\times 28=39.06$

由表9–5查得：应选m=4 mm的6号盘形齿轮铣刀。

三、斜齿圆柱齿轮的测量

1. 齿厚测量

齿厚测量的方法与直齿圆柱齿轮的齿厚测量方法相同，但必须沿着螺旋线的垂直方向（即在法平面内）测量。计算时应按法向模数m_n和当量齿数z_v进行。由于固定弦齿厚及固定弦齿高与齿数无关，计算公式中没有当量齿数z_v，计算相对简单、方便。

（1）分度圆弦齿厚$\bar{s}_n$的测量　分度圆弦齿厚$\bar{s}_n$和分度圆弦齿高$\bar{h}_{an}$的计算公式为：

$$\bar{s}_n=m_n z_v\sin\frac{90°}{z_v}\qquad(9–20)$$

$$\bar{h}_{an}=m_n\left[1+\frac{z_v}{2}\left(1-\cos\frac{90°}{z_v}\right)\right]\qquad(9–21)$$

$\bar{s}_n$和$\bar{h}_{an}$也可用查表法求得。当量齿数z_v带有小数时，可采取四舍五入圆整成整数后由表9–3查得模数为1 mm时的$\bar{s}^*_n$和$\bar{h}^*_{an}$的数值，然后乘以法向模数m_n，即可求得$\bar{s}_n$和$\bar{h}_{an}$。

$$\bar{s}_n=m_n\bar{s}^*_n\qquad(9–22)$$

$$\bar{h}_{an}=m_n\bar{h}^*_{an}\qquad(9–23)$$

如果要求得到更精确的$\bar{s}_n$和$\bar{h}_{an}$，则在查表9–3时应将当量齿数z_v的小数部分用线性插补法求$\bar{s}^*_n$和$\bar{h}^*_{an}$。

例9–9　已知一斜齿圆柱齿轮的m_n=4 mm，z=20，α_n=20°，β=15° 30′，右旋。试求分度圆弦齿厚$\bar{s}_n$和分度圆弦齿高$\bar{h}_{an}$。

解：先求当量齿数z_v，根据β=15° 30′，由表9–9查得K=1.118，则

$$z_v=Kz=1.118\times 20=22.36$$

将z_v代入式（9–20）和式（9–21）得：

$$\bar{s}_n=m_n z_v\sin\frac{90°}{z_v}=4\times 22.36\times\sin\frac{90°}{22.36}\approx 6.278\ \text{mm}$$

$$\begin{aligned}\bar{h}_{an}&=m_n\left[1+\frac{z_v}{2}\left(1-\cos\frac{90°}{z_v}\right)\right]\\&=4\times\left[1+\frac{22.36}{2}\times\left(1-\cos\frac{90°}{22.36}\right)\right]\\&\approx 4\times[1+11.18\times(1-0.997\ 5)]\\&\approx 4\times 1.027\ 6\approx 4.110\ \text{mm}\end{aligned}$$

（2）固定弦齿厚$\bar{s}_{cn}$的测量　固定弦齿厚$\bar{s}_{cn}$和固定弦齿高$\bar{h}_{cn}$的计算公式为：

$$\bar{s}_{cn}=\frac{\pi}{2}m_n\cos^2\alpha_n\qquad(9–24)$$

$$\bar{h}_{cn}=m_n\left(1-\frac{\pi}{8}\sin 2\alpha_n\right)\qquad(9–25)$$

当法向齿形角α_n=20°时：

$$\bar{s}_{cn}\approx 1.387m_n\qquad(9–26)$$

$$\bar{h}_{cn}\approx 0.747\ 6m_n\qquad(9–27)$$

α_n=20°时的固定弦齿厚$\bar{s}_{cn}$和固定弦齿高

$\overline{h}_{cn}$ 也可直接按法向模数 m_n 由表 9-4 查得。

2. 公法线长度测量

斜齿圆柱齿轮的公法线长度应在法平面内测量。其公法线长度 W_{kn} 和跨测齿数 k 的计算公式如下：

$$W_{kn}=m_n\cos\alpha_n[\pi(k-0.5)+z\mathrm{inv}\alpha_t] \quad (9-28)$$

$$k=\frac{\alpha_n}{180}z_v+0.5 \quad (9-29)$$

式（9-28）中项目很多，计算很烦琐，生产实践中将其简化成下列形式，并采用查表计算法计算。

$$W_{kn}=m_n(A+zB) \quad (9-30)$$

式中 A——计算系数，$A=\pi(k-0.5)\cos\alpha_n$；

B——计算系数，$B=\mathrm{inv}\alpha_t\cos\alpha_n$。

当 $\alpha_n=20°$时，计算系数 A 和 B 可分别根据跨测齿数 k、螺旋角 β 由表 9-10 和表 9-11 查得。跨测齿数 k 可根据实际齿数 z 和螺旋角 β 由表 9-12 查得。

例 9-10 有一斜齿圆柱齿轮，已知 m_n=2 mm，α_n=20°，z=20，β=15° 30′。试求该斜齿圆柱齿轮公法线长度和跨测齿数。

解： 根据 z=20，β=15° 30′由表 9-12 按线性插补法求得 k=2.99，取跨测齿数 k=3。

根据 k=3，由表 9-10 查得 A=7.380 3。

根据 β=15° 30′，由表 9-11 查得 B=0.015 566。

将 A、B、m_n、z 代入式（9-30）计算，得：

$$W_{kn}=m_n(A+zB)$$

$$=2\times(7.380\,3+20\times0.015\,566)$$

$$=15.383\,24\ \mathrm{mm}$$

测量斜齿圆柱齿轮公法线长度时，为了不使量具的一个卡爪落在齿轮的外面（图 9-13），齿轮的宽度 b 必须满足下列条件：

$$b>W_{kn}\sin\beta$$

表 9-10　斜齿圆柱齿轮公法线长度计算系数 A（用于 α_n=20°时）

k	A	k	A	k	A	k	A	k	A
1	1.476 1	9	25.093 1	17	48.710 2	25	72.327 2	33	95.944 3
2	4.428 2	10	28.045 2	18	51.622 3	26	75.279 4	34	98.896 4
3	7.380 3	11	30.997 4	19	54.614 4	27	78.231 5	35	101.848 5
4	10.332 5	12	33.949 5	20	57.566 6	28	81.183 6	36	104.800 7
5	13.284 6	13	36.901 6	21	60.518 7	29	84.135 7	37	107.752 8
6	16.236 7	14	39.853 8	22	63.470 8	30	87.087 9	38	110.704 9
7	19.188 9	15	42.805 9	23	66.423 0	31	90.040 0	39	113.657 1
8	22.141 0	16	45.758 0	24	69.375 1	32	92.992 1	40	116.609 2

表 9-11　斜齿圆柱齿轮公法线长度计算系数 B（用于 α_n=20°时）

β	B	β	B	β	B	β	B	β	B
0° 0′	0.014 006	5° 0′	0.014 159	10° 0′	0.014 631	15° 0′	0.015 461	20° 0′	0.016 720
0° 30′	0.014 007	5° 30′	0.014 191	10° 30′	0.014 697	15° 30′	0.015 566	20° 30′	0.016 874
1° 0′	0.014 012	6° 0′	0.014 227	11° 0′	0.014 767	16° 0′	0.015 676	21° 0′	0.017 033
1° 30′	0.014 019	6° 30′	0.014 266	11° 30′	0.014 840	16° 30′	0.015 790	21° 30′	0.017 198
2° 0′	0.014 030	7° 0′	0.014 308	12° 0′	0.014 917	17° 0′	0.015 908	22° 0′	0.017 368
2° 30′	0.014 044	7° 30′	0.014 353	12° 30′	0.014 998	17° 30′	0.016 031	22° 30′	0.017 545
3° 0′	0.014 061	8° 0′	0.014 402	13° 0′	0.015 082	18° 0′	0.016 159	23° 0′	0.017 728
3° 30′	0.014 080	8° 30′	0.014 454	13° 30′	0.015 171	18° 30′	0.016 292	23° 30′	0.017 917
4° 0′	0.014 103	9° 0′	0.014 510	14° 0′	0.015 264	19° 0′	0.016 429	24° 0′	0.018 113
4° 30′	0.014 130	9° 30′	0.014 569	14° 30′	0.015 360	19° 30′	0.016 572	24° 30′	0.018 316

续表

β	B	β	B	β	B	β	B	β	B
25° 0′	0.018 526	30° 0′	0.021 062	35° 0′	0.024 620	40° 0′	0.029 671	45° 0′	0.036 994
25° 30′	0.018 743	30° 30′	0.021 366	35° 30′	0.025 049	40° 30′	0.030 285	45° 30′	0.037 896
26° 0′	0.018 967	31° 0′	0.021 680	36° 0′	0.025 492	41° 0′	0.030 921	46° 0′	0.038 835
26° 30′	0.019 199	31° 30′	0.022 005	36° 30′	0.025 951	41° 30′	0.031 582	46° 30′	0.039 814
27° 0′	0.019 439	32° 0′	0.022 341	37° 0′	0.026 427	42° 0′	0.032 269	47° 0′	0.040 833
27° 30′	0.019 687	32° 30′	0.022 689	37° 30′	0.026 920	42° 30′	0.032 982	47° 30′	0.041 895
28° 0′	0.019 944	33° 0′	0.023 049	38° 0′	0.027 431	43° 0′	0.033 723	48° 0′	0.043 003
28° 30′	0.020 210	33° 30′	0.023 422	38° 30′	0.027 961	43° 30′	0.034 493	48° 30′	0.044 158
29° 0′	0.020 484	34° 0′	0.023 808	39° 0′	0.028 510	44° 0′	0.035 294	49° 0′	0.045 364
29° 30′	0.020 768	34° 30′	0.024 207	39° 30′	0.029 080	44° 30′	0.036 127	49° 30′	0.046 622

表 9–12　　斜齿圆柱齿轮公法线长度测量跨测齿数 k

z \ k \ β	10°	15°	20°	25°	30°	35°	40°	45°	50°
10	1.66	1.73	1.84	1.99	2.21	2.52	2.97	3.64	4.68
20	2.83	2.97	3.18	3.48	3.92	4.54	5.44	6.78	8.87
30	3.99	4.20	4.52	4.98	5.63	6.56	7.92	9.93	13.05
40	5.15	5.43	5.86	6.47	7.34	8.58	10.39	13.07	17.23
50	6.32	6.67	7.19	7.96	9.06	10.61	12.86	16.21	21.42
60	7.48	7.90	8.53	9.45	10.77	12.63	15.33	19.35	25.60
70	8.64	9.13	9.87	10.95	12.48	14.65	17.81	22.50	29.78
80	9.81	10.37	11.21	12.44	14.19	16.67	20.28	25.64	33.97
90	10.97	11.60	12.55	13.93	15.90	18.69	22.75	28.78	38.15
100	12.13	12.83	13.89	15.42	17.61	20.71	25.22	31.92	42.33
110	13.30	14.07	15.23	16.91	19.32	22.73	27.69	35.06	46.52
120	14.46	15.30	16.57	18.41	21.03	24.75	30.17	38.21	50.70
130	15.62	16.53	17.91	19.90	22.74	26.77	32.64	41.35	54.88
140	16.79	17.77	19.24	21.39	24.46	28.80	35.11	44.49	59.07
150	17.95	19.00	20.58	22.88	26.17	30.82	37.58	47.63	63.25
160	19.11	20.23	21.92	24.38	27.88	32.84	40.06	50.78	67.43
170	20.28	21.47	23.26	25.87	29.59	34.86	42.53	53.92	71.62
180	21.44	22.70	24.60	27.36	31.30	36.88	45.00	57.06	75.80
190	22.60	23.93	25.94	28.85	33.01	38.90	47.47	60.20	79.98
200	23.77	25.17	27.28	30.34	34.72	40.92	49.94	63.34	84.17

注：①表列区间内的其余实际齿数 z 所对应的跨测齿数 k 值可用线性插补法计算。

②表列或插补计算所得的 k 值，用四舍五入要求圆整。

如果斜齿圆柱齿轮的宽度 b 不能满足上述条件，应改为测量齿轮的分度圆弦齿厚 $\bar{s}_n$ 或固定弦齿厚 $\bar{s}_{cn}$。

四、斜齿圆柱齿轮的铣削

铣削斜齿圆柱齿轮时，熟悉齿轮的工作图、齿坯的检查、工件的装夹和校正、铣刀的安装和对中心、分度计算等与铣削直齿圆柱齿轮时相同。不同的是铣削斜齿圆柱齿轮时，由于分度头主轴不能固紧，容易产生振动，因此，相对于加工相同模数的直齿轮来

Wkn
Wknsinβ
b
β

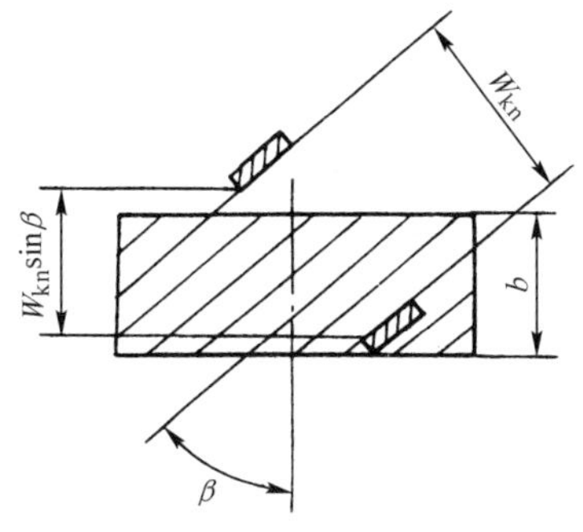

图 9-13　无法测量斜齿圆柱齿轮公法线长度

说，斜齿轮的铣削用量要略小些；此外，铣削斜齿圆柱齿轮时，还需要将工作台扳转一个角度和配置交换齿轮。

1. 调整工作台位置

工作台扳转角度的大小等于螺旋角 β，扳转的方向与齿轮的螺旋线方向一致，即斜齿圆柱齿轮为右旋时，工作台应逆时针（俯视）扳转。工作台扳转角度后，应注意与床身之间留有适当距离，以免工作台碰到床身。

2. 交换齿轮计算

（1）导程 P_h 的计算　计算斜齿圆柱齿轮的导程时，式（8-12）中圆柱体直径 D 应以齿轮分度圆直径 d 代入，即

$$P_h = \pi d\cot\beta = \pi\frac{m_n z}{\cos\beta}\cot\beta = \frac{\pi m_n z}{\sin\beta} \tag{9-31}$$

（2）交换齿轮的计算　计算交换齿轮的方法与铣削圆柱螺旋槽时交换齿轮的计算相同，即

$$\frac{z_1 z_3}{z_2 z_4} = \frac{240}{P_h}$$

例 9-11　斜齿圆柱齿轮工作图如图 9-14 所示，试确定其铣削步骤。

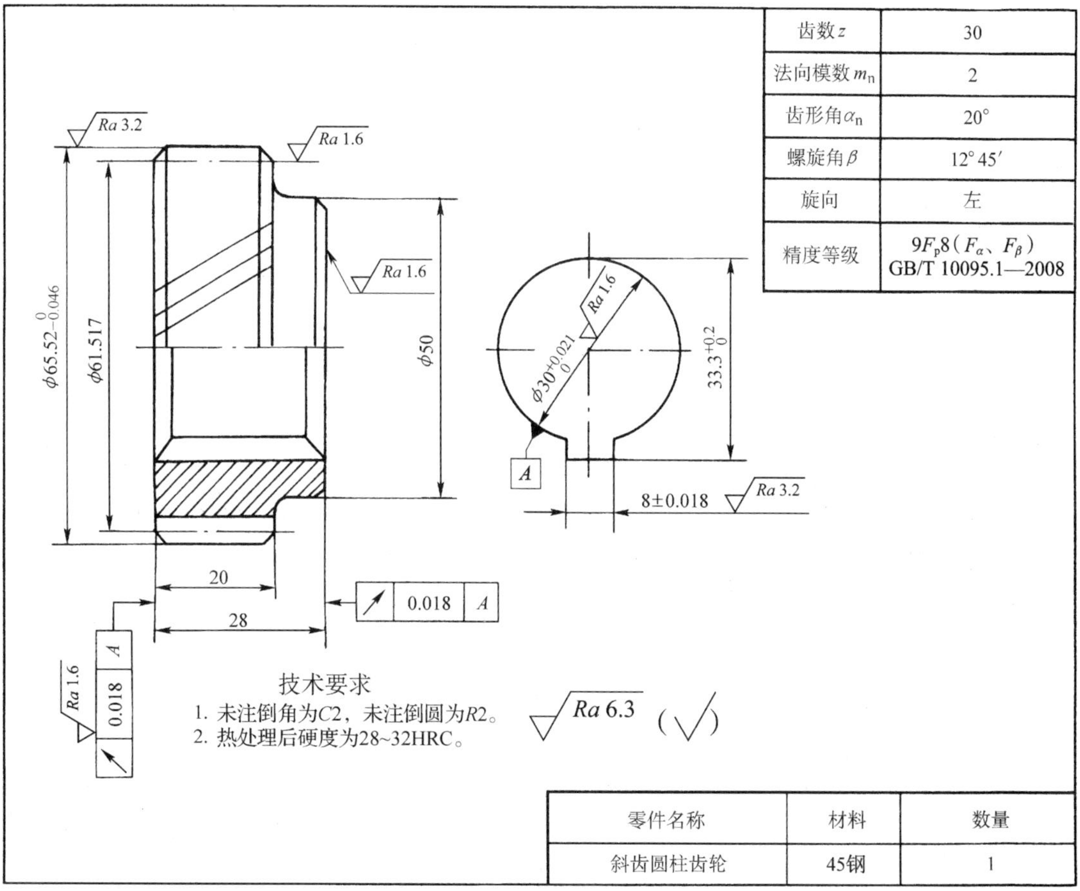

齿数 z　30
法向模数 m_n　2
齿形角 α_n　20°
螺旋角 β　12° 45′
旋向　左
精度等级　9Fp8（Fα、Fβ）GB/T 10095.1—2008
Ra 3.2
Ra 1.6
Ra 1.6
$\phi 65.52^{\ 0}_{-0.046}$
ϕ61.517
ϕ50
Ra 1.6
$\phi 30^{+0.021}_{\ 0}$
$33.3^{+0.2}_{\ 0}$
A
8±0.018
Ra 3.2
20
28
0.018　A
A
0.018
Ra 1.6
技术要求
1. 未注倒角为C2，未注倒圆为R2。
2. 热处理后硬度为28~32HRC。
Ra 6.3 （√）
零件名称　材料　数量
斜齿圆柱齿轮　45钢　1

图 9-14　斜齿圆柱齿轮工作图

解：由齿轮工作图，已知：齿数 z=30，法向模数 m_n=2 mm，齿形角 α_n=20°，分度圆螺旋角 β=12° 45′，旋向为左旋，精度等级 9LN，基准内孔精度 IT7，齿顶圆精度 IT8（用作齿厚测量基准）。

该斜齿圆柱齿轮在卧式万能铣床上用盘形齿轮铣刀加工。

1）铣刀的选择

①当量齿数 z_v 计算 $z_v=\dfrac{z}{\cos^3\beta}=\dfrac{30}{(\cos12.75°)^3}\approx 32.33$。也可由表 9–9 用线性插补法求得当量齿数系数 $K=\dfrac{1}{2}$（1.075+1.081）=1.078，再乘以齿数 z 求得 $z_v=Kz$=1.078×30=32.34。

②铣刀选择　按 z_v=32.34 由表 9–5 查得铣刀刀号为 5 号，选用模数 m=2 mm 的 5 号标准盘形齿轮铣刀。

2）铣齿前的准备工作　校正铣床；安装和调整分度头及尾座；检查、装夹和校正齿坯；铣刀安装和对中心以及分度计算等。具体操作方法与铣削直齿圆柱齿轮相同。

①导程计算 $P_h=\dfrac{\pi m_n z}{\sin\beta}\approx\dfrac{3.14\times2\times30}{\sin12.75°}\approx 853.66\ \text{mm}$

②交换齿轮计算　由速比、导程交换齿轮表可查得 P_h=853.33 mm 时，$\dfrac{z_1z_3}{z_2z_4}=\dfrac{90\times25}{80\times100}$。交换齿轮为 z_1=90，z_2=80，z_3=25，z_4=100。

③交换齿轮精度校验　因为所确定的交换齿轮是按 P_h=853.33 mm 选取的，所以会影响被加工齿轮螺旋角的准确程度，必须进行校验。由式（9–31）：

$$\frac{z_1z_3}{z_2z_4}=\frac{240}{P_h}=\frac{240\sin\beta}{\pi m_n z}$$

$$\sin\beta=\frac{z_1z_3}{z_2z_4}\cdot\frac{\pi m_n z}{240}\approx\frac{90\times25\times3.14\times2\times30}{80\times100\times240}\approx0.2208$$

$$\beta\approx12°45'18''$$

即选用本组交换齿轮铣出的齿轮，螺旋角 β 与规定要求只相差 18″，交换齿轮精度较高，能满足要求。

④安装交换齿轮　采用侧轴挂轮法将工作台纵向丝杠与分度头侧轴用交换齿轮连接起来，选用中间轮调整齿坯（工件）的回转方向。

⑤分度计算 $n=\dfrac{40}{z}=\dfrac{40}{30}=1\dfrac{1}{3}=1\dfrac{22}{66}$ r，选用 66 孔的孔圈，按 22 个孔距（23 孔）调整分度叉。

⑥扳转工作台　将工作台沿顺时针方向扳转 12° 45′。

3）齿轮铣削

①检查分度头主轴回转方向、导程是否正确，确认正确后才开始铣削。

②精铣齿形，粗铣时铣削宽度 a_e 按 $2.25m-$（0.15 ~ 0.30）选取：a_e=2.25×2−0.30=4.2 mm，将工作台升高 4.2 mm，分齿铣削。

③按 z_v=32.34 查相关表并插补计算 $\bar{s}_n^*$ 和 $\bar{h}_{an}^*$：

$$\bar{s}_n^*=1.5702\quad \bar{h}_{an}^*=1.0191$$

分度圆弦齿厚 $\bar{s}_n=m_n\bar{s}_n^*=2\times1.5702=3.1404$ mm

分度圆弦齿高 $\bar{h}_{an}=m_n\bar{h}_{an}^*=2\times1.0191=2.0382$ mm

按 $\Delta a_e=1.37(\bar{s}_{n实}-\bar{s}_n)$ 计算精铣时的补充进刀量，$\bar{s}_{n实}$ 是粗铣后分度圆弦齿厚的实测值。

④按 Δa_e 值补充进刀，然后精铣。

五、铣削斜齿圆柱齿轮的注意事项

斜齿圆柱齿轮铣削时，同样易出现铣削直齿圆柱齿轮时易出现的质量问题。此外，铣削斜齿圆柱齿轮时应注意：

1. 在正式铣齿前，必须进行试铣，以观察交换齿轮、导程、分度、旋向等是否正确。

2. 必须松开分度头主轴锁紧手柄，松

开分度盘紧固螺钉，分度手柄的插销应插入分度盘相应的孔中。

3. 为了防止工件在铣削过程中因铣削力的作用而松动，宜采用细牙螺母紧固工件。工件为右旋齿轮时，用右旋细牙螺母紧固工件；工件为左旋齿轮时，用左旋细牙螺母紧固工件。

4. 工作台扳转角度后，应与机床床身保持适当的距离，防止加工中损坏机床。

5. 由于机床进给系统中存在间隙，工作台在回程时必须降下升降台，以防止已加工齿槽被擦伤。

§9–6 齿条及其铣削

一个平板或直杆，当其具有一系列等距离分布的齿时，就称为齿条。齿线垂直于齿的运动方向的直线齿条称为直齿条，齿线倾斜于齿的运动方向的直线齿条称为斜齿条。

齿条可视为齿数 z 趋于无穷大的圆柱齿轮。当一个圆柱齿轮的齿数无限增加时，其分度圆、齿顶圆、齿根圆成为互相平行的直线，分别称为分度线、齿顶线、齿根线。相应的基圆半径也无限增大，根据渐开线的性质，当基圆半径趋于无穷大时，渐开线成直线，渐开线齿廓变成直线齿廓，圆柱齿轮成为齿条。

一、齿条的基本参数和几何尺寸计算

1. 齿条的基本参数

齿条的基本参数有：齿数 z、模数 m（或法向模数 m_n）、齿形角 α（或法向齿形角 α_n）、齿顶高系数 h_a^*、顶隙系数 c^* 和螺旋角 β（仅斜齿条）。

2. 齿条几何尺寸的计算

齿条几何要素（图 9–15）的名称、代号和计算公式见表 9–13。

二、直齿条的铣削

通常情况下，直齿条在卧式万能铣床上用盘形齿轮铣刀铣削，如图 9–16 所示。

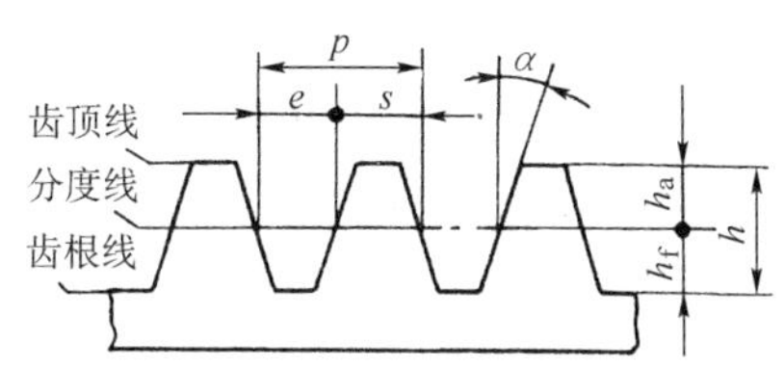

图 9–15　齿条的几何要素

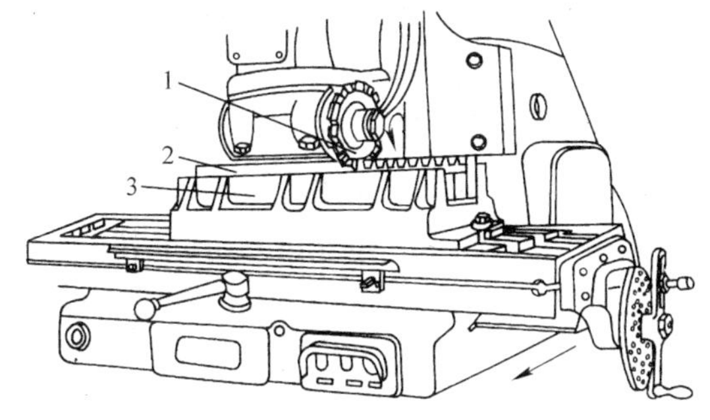

图 9–16　在铣床上铣直齿条

1—盘形齿轮铣刀　2—齿条工件　3—夹具

1. 短齿条的铣削

（1）铣刀选择　铣削齿条一般选用一套 8 把中的 8 号盘形直齿圆柱齿轮铣刀。齿条精度要求较高时，可采用专用齿条铣刀。

（2）工件的装夹　工件采用平口钳装夹或直接用压板压紧在工作台台面上，当工件数量较多时，可用专用夹具装夹。无论采用哪种装夹方法，齿条坯件的齿顶表面必须与

表 9-13　　齿条几何要素的名称、代号和计算公式

名称	代号	计算公式	
		直齿条	斜齿条
模数、法向模数	m、m_n	m，取标准值	$m_n=m$，取标准值
端面模数	m_t	$m_t=m_n=m$	$m_t=m_n/\cos\beta$
齿形角、法向齿形角	α、α_n	$\alpha=20°$	$\alpha_n=\alpha=20°$
端面齿形角	α_t	$\alpha_t=\alpha_n=\alpha$	$\tan\alpha_t=\tan\alpha_n/\cos\beta$
齿顶高	h_a	$h_a=h_a^*m=m$	$h_a=h_{an}^*m_n=m_n$
齿根高	h_f	$h_f=(h_a^*+c^*)m=1.25m$	$h_f=(h_{an}^*+c_n^*)m_n=1.25m_n$
齿高	h	$h=h_a+h_f=2.25m$	$h=h_a+h_f=2.25m_n$
齿距、法向齿距	p、p_n	$p=\pi m$	$p_n=p=\pi m_n$
端面齿距	p_t	$p_t=p_n=p$	$p_t=p_n/\cos\beta=\pi m_n/\cos\beta$
齿厚	s	$s=p/2=\pi m/2$	$s=p_n/2=\pi m_n/2$
槽宽	e	$e=p/2=\pi m/2$	$e=p_n/2=\pi m_n/2$

工作台台面平行，坯件一侧的定位基准面必须与工作台横向进给方向平行。

（3）齿距的控制　铣削齿条时，每铣完一个齿后，应将工作台横向移动一个齿距，称为移距。常用的移距方法有：

1）刻度盘法　利用工作台横向进给手轮刻度盘转过一定格数实现移距。这种方法仅适用于精度要求不高、数量不多的短齿条。刻度盘转过的格数 n 按下式计算：

$$n=\frac{\pi m}{F} \qquad (9\text{-}32)$$

式中　n——移距时刻度盘转过的格数，格；

m——被加工齿条的模数，mm；

F——工作台每格移动距离，mm/ 格。

例 9-12　在 X6132 型卧式万能铣床上加工一短齿条，齿条模数 m=4 mm。求移距时横向手柄刻度盘应转过多少格。

解： X6132 型铣床横向进给手轮刻度盘每转过 1 格，工作台横向移动距离为 0.05 mm，即 F=0.05 mm/ 格。

$$n=\frac{\pi m}{F}\approx\frac{3.1416\times4}{0.05}\approx251.33\text{ 格}$$

由题解可知 0.33 格对于刻度盘来讲不容易控制，故用刻度盘法移距时，移距精度不高，加工的齿条精度低。

2）分度盘法　将分度头的分度盘和分度手柄改装在工作台横向进给丝杠的头部，如图 9-17 所示。铣削齿条时，每铣完一个齿后，将分度手柄转过一定转数，带动工作台横向移距，计算公式如下：

$$n=\frac{\pi m}{P_{丝}}\approx\frac{22m}{7\times6}=\frac{22}{42}m \qquad (9\text{-}33)$$

式中　n——分度手柄应转过的转数，r；

m——被加工齿条的模数，mm；

$P_{丝}$——工作台横向进给丝杠螺距，mm（国产通用铣床的 $P_{丝}$ 通常为 6 mm）。

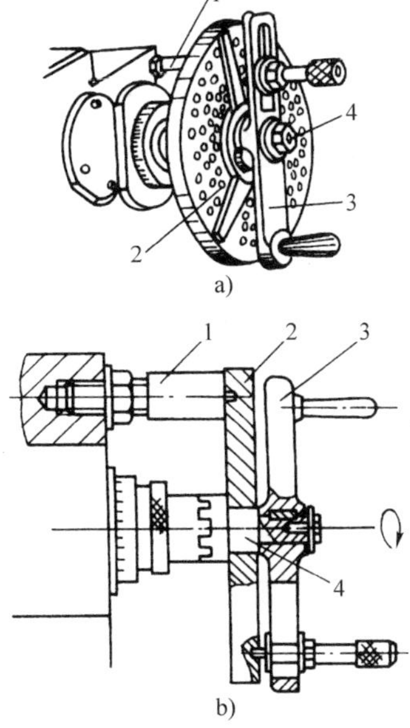

图 9–17　分度盘安装于工作台横向进给丝杠的头部

1—定位销　2—分度盘

3—分度手柄　4—离合器轴

例 9–13　在 X6132 型卧式万能铣床上用 F11125 型分度头的分度盘移距铣削直齿条，已知齿条模数 m=4 mm，求铣完一齿后，分度手柄应转多少转。

解： X6132 型铣床横向进给丝杠螺距 $P_{丝}$=6 mm。

$$n=\frac{22}{42}m=\frac{22}{42}\times 4=2\frac{4}{42}\ \text{r}$$

答： 分度手柄应在孔数为 42 的孔圈上转过 2 转又 4 个孔距。

由于上述计算中 π 是以 22/7 近似替代，结果是一个近似值，因此，按$2\frac{4}{42}$ r分度，应计算分度时产生的齿距误差，齿距误差 Δp 按下式计算：

$$\Delta p=nP_{丝}-p \qquad (9\text{–}34)$$

式中　Δp——齿距误差，mm；

n——分度手柄转数，r；

$P_{丝}$——横向进给丝杠螺距，mm；

p——齿条齿距，mm。

验算：$\Delta p=nP_{丝}-p=nP_{丝}-\pi m$

$$\approx 2\frac{4}{42}\times 6-3.141\,6\times 4$$

$$\approx 0.005\ \text{mm}$$

由验算结果可知，用分度盘法移距，移距精确（本例齿距误差仅为 0.005 mm），且调整和操作简便。

2. 长齿条的铣削

（1）工件的装夹　铣削长齿条时，由于铣床工作台横向移动距离不够，因此需采用工作台纵向移距分齿，即要求工件一侧的定位基准面与工作台纵向进给方向平行。可用压板将工件直接压紧在工作台台面上或用专用夹具装夹。

（2）铣刀的安装　铣削长齿条时，齿距由工作台纵向移距控制，因此，卧式铣床上原铣刀杆的位置方向不能满足加工要求，必须使铣刀杆的轴向与工作台纵向进给方向平行，因此要对铣床主轴进行改装。常用的方法有：

1）将万能铣头转过一个角度，使铣头主轴轴线与工作台纵向进给方向平行。由于万能铣头外形较大，盘形齿轮铣刀外径又不大，不能正常铣削，因此，在万能铣头处再增加一个专用铣头，专用铣头的轴线同样应平行于工作台纵向进给方向，如图 9–18 所示。

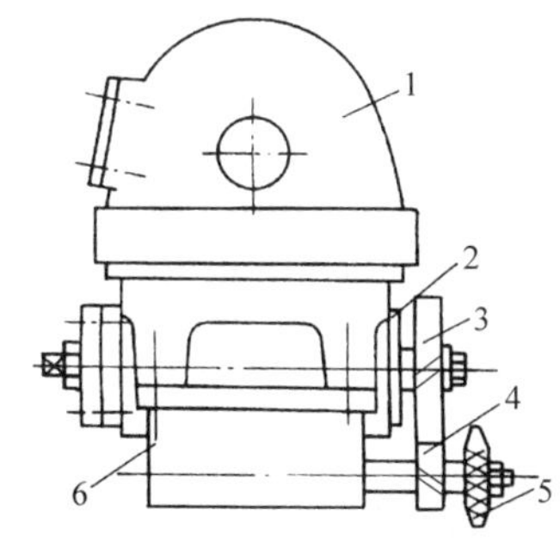

图 9–18　用万能铣头和专用铣头改装铣床主轴铣长齿条

1—万能铣头　2—万能铣头主轴

3、4—齿轮　5—齿轮铣刀　6—专用铣头

2）用横向刀架改变铣刀杆轴线的方向。横向刀架是一个安装横向铣刀杆的托架，通过一对螺旋角 β=45°的斜齿圆柱齿轮与铣床

主轴连接，实现盘形齿轮铣刀回转平面与齿条的齿槽方向一致，如图 9–19 所示。

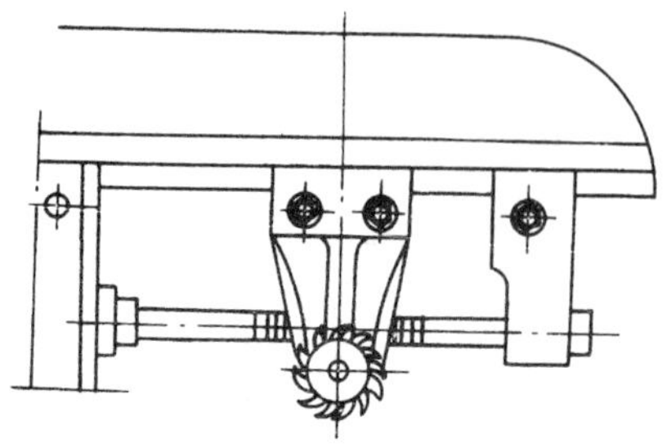

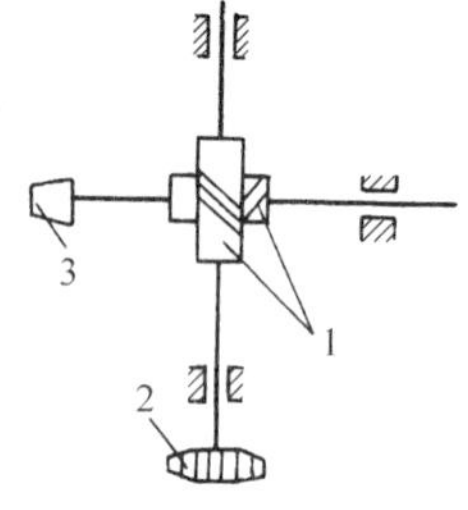

图 9–19　卧式铣床上装横向刀架

1—斜齿圆柱齿轮　2—盘形齿轮铣刀　3—主轴

（3）齿距的控制　齿距的控制（即移距）方法与铣削短齿条时相同。

3. 齿条的测量

齿条主要测量齿厚和齿距。

（1）齿厚 s 的测量　用游标齿厚卡尺测量。测量时，垂直游标尺调整高度 $h_a=m$，用水平游标尺测量分度线上的齿厚 s。

（2）齿距 p 的测量　方法有：

1）用游标齿厚卡尺测量。测量时垂直游标尺调整高度 $h_a=m$，用水平游标尺测量两个齿形间的距离 T（$T=p+s$），齿距 $p=T-s$，如图 9–20 所示。

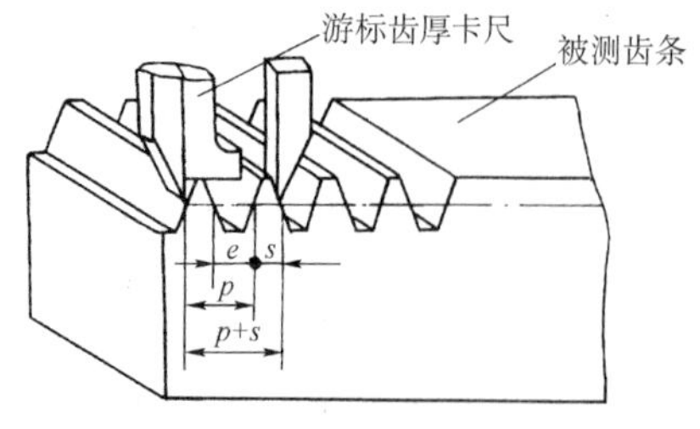

图 9–20　用游标齿厚卡尺测量齿距

2）用齿距样板检测，如图 9–21 所示。

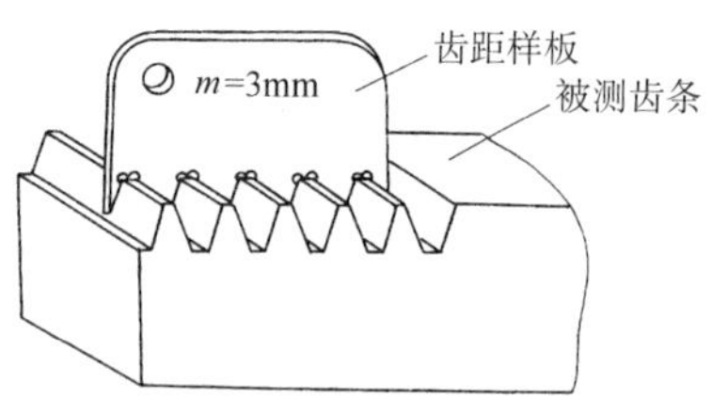

图 9–21　用齿距样板检测齿距

三、斜齿条的铣削

斜齿条可视为一个基圆直径无穷大的斜齿圆柱齿轮的一部分。斜齿条在卧式万能铣床上用盘形齿轮铣刀加工，铣削的方法与铣直齿条基本相同，只是在铣削时工件相对于刀具应转过一个等于螺旋角 β 的角度。

斜齿条的铣削方法有以下两种：

1. 工件倾斜装夹铣斜齿条

装夹工件时，使其一侧的基准表面与工作台分齿移动方向成一等于螺旋角 β 的角度，如图 9–22 所示。每铣完一齿后，移距量应等于斜齿条的法向齿距 p_n。这种方法因受到工作台横向行程的限制，仅适用于铣削螺旋角较小的斜齿条。

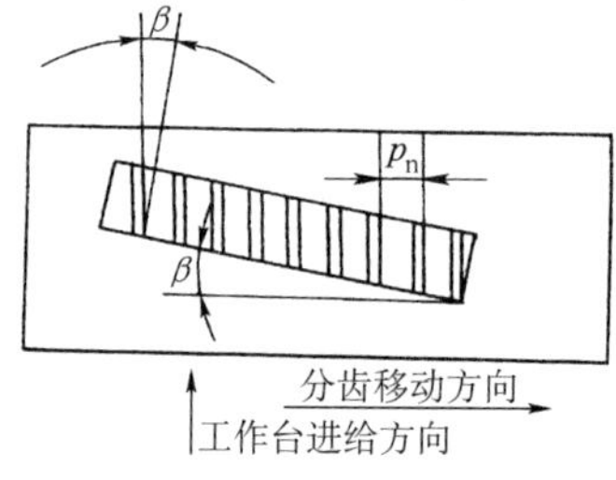

图 9–22　工件倾斜装夹铣斜齿条

2. 工作台转动铣斜齿条

如图 9–23 所示，装夹工件时，使工件一侧的基准表面与工作台纵向移动方向平行，同时将工作台扳转一个等于螺旋角 β 的角度，使斜齿条齿槽方向与盘形齿轮铣刀回转平面平行。每铣完一齿后，工作台纵向移动一个等于端面齿距 p_t 的距离。这种方法适用于铣削较长的斜齿条。

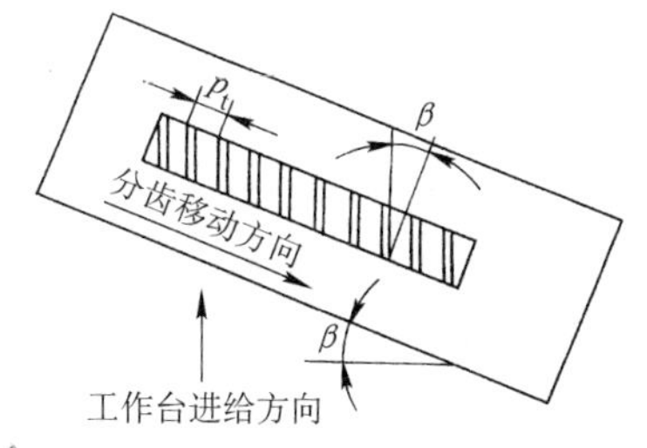

图 9-23　工作台转动铣斜齿条

习题

1. 什么是直齿圆柱齿轮？什么是斜齿圆柱齿轮？它们用于什么形式的传动？

2. 渐开线直齿圆柱齿轮的基本参数有哪几个？

3. 什么是齿轮的模数？齿轮的模数与齿轮轮齿的大小有什么关系？

4. 何谓标准直齿圆柱齿轮？

5. 已知一标准直齿圆柱齿轮的模数 m=4 mm，齿数 z=30，求它的主要几何尺寸。

6. 直齿圆柱齿轮的测量通常有哪几种方法？各有什么特点？

7. 计算第 5 题中直齿圆柱齿轮的分度圆弦齿厚与分度圆弦齿高。

8. 齿轮铣刀为什么要分组？如何分组？

9. 铣齿前，对齿坯的检查有哪些内容？

10. 精铣齿形时，补充进刀量 Δa_e 如何确定？

11. 测量齿轮的公法线长度，为什么要规定跨测齿数？确定跨测齿数的原则是什么？

12. 铣削齿轮前，必须进行试铣，试铣的目的何在？

13. 铣削直齿圆柱齿轮时容易产生的质量问题有哪些？产生的原因是什么？

14. 斜齿圆柱齿轮有什么特点？

15. 为什么斜齿圆柱齿轮要规定法向模数 m_n 取标准值？在计算斜齿圆柱齿轮各部尺寸时又为什么要在端平面内进行？

16. 什么是斜齿圆柱齿轮的当量齿数？铣削斜齿圆柱齿轮时为什么必须按当量齿数选用铣刀？当量齿数如何确定？

17. 一标准斜齿圆柱齿轮，已知 m_n=3 mm，α_n=20°，z=20，β=20°。试计算其各部分尺寸。

18. 一标准斜齿圆柱齿轮，已知 m_n=3 mm，α_n=20°，β=22°，z=30。试确定其公法线长度。

19. 铣削斜齿圆柱齿轮时，交换齿轮如何确定？确定的交换齿轮为什么常要进行精度校验？怎样校验？

20. 铣削斜齿圆柱齿轮时，应注意什么？

21. 什么是齿条？齿条的齿廓是什么？

22. 铣削齿条时，铣刀如何选择？

23. 铣削齿条时，如何控制齿距？

24. 齿条主要检测什么？如何检测？

25. 斜齿条如何铣削？

第 十 章

直齿锥齿轮的铣削

分度曲面为圆锥面的齿轮称为锥齿轮。按齿线形状不同，锥齿轮又分为直齿、斜齿和曲线齿锥齿轮三种。锥齿轮用于相交轴齿轮传动和交错轴齿轮传动。

分度圆锥面齿线为直母线的锥齿轮称为直齿锥齿轮。直齿锥齿轮用于相交轴齿轮传动，两轴的交角（轴交角）Σ通常为 90°，但也有大于或小于 90°的，如图 10–1 所示。

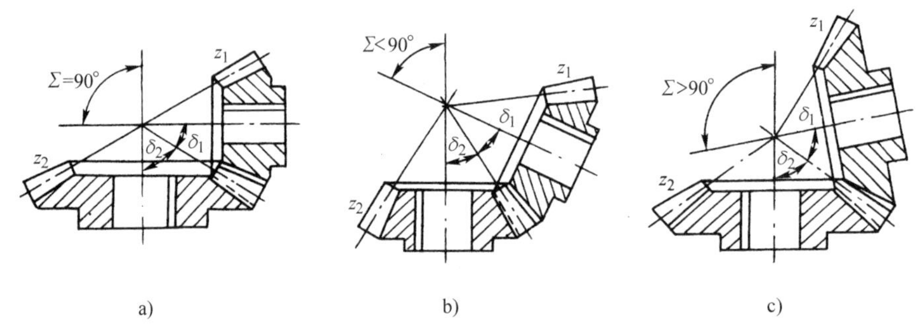

图 10–1　直齿锥齿轮传动

a）轴交角 Σ =90°　b）轴交角 Σ <90°　c）轴交角 Σ >90°

精度要求不高和单件生产的直齿锥齿轮可以在普通铣床上用成形铣刀铣削。

§10–1　直齿锥齿轮的几何特点和几何尺寸计算

一、直齿锥齿轮的几何特点

1. 直齿锥齿轮的齿顶圆锥面（简称顶锥）、分度圆锥面（简称分锥）和齿根圆锥面（简称根锥）三个圆锥面交于一点。

2. 直齿锥齿轮的轮齿分布在圆锥面上，齿槽在大端处宽而深，在小端处窄而浅，轮齿从大端起逐渐向锥顶方向收缩。

3. 在直齿锥齿轮的背锥（通常就是锥齿轮轮齿的大端端面，背锥的素线垂直于分锥）

的展开面中，轮齿的齿廓曲线为渐开线。

4．直齿锥齿轮由大端至小端，其模数不同，在锥齿轮的设计与计算中，规定以大端模数为依据，并采用标准模数。

二、锥齿轮模数

《锥齿轮模数》（GB 12368—1990）规定了锥齿轮大端端面模数的标准值，适用于直齿、斜齿及曲线齿锥齿轮。

三、标准直齿锥齿轮几何尺寸的计算

大端端面模数采用标准模数、法向齿形角 α=20°、齿顶高等于模数 m、齿根高等于 1.2 m 的直齿锥齿轮称为标准直齿锥齿轮。

标准直齿锥齿轮几何要素（图 10–2）的名称、代号、定义和计算公式见表 10–1。

例 10–1 一对相互啮合的标准直齿锥齿轮，已知模数 m=4 mm，主动轮齿数 z_1=20，从动轮齿数 z_2=40，轴交角 Σ =90°。试计算两锥齿轮的各部分尺寸。

解：按表 10–1 所列有关公式计算，计算结果列于表 10–2。

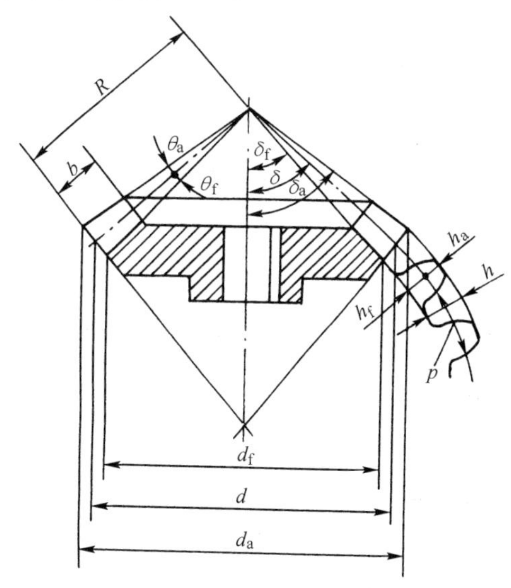

图 10–2 直齿锥齿轮的几何要素

表 10–1 标准直齿锥齿轮几何要素的名称、代号、定义和计算公式

名称	代号	定义	计算公式
模数	m	齿距除以圆周率 π 所得到的商	$m=p/\pi$，给定大端端面模数，取标准值
齿形角	α	背锥齿廓和分度圆交点处的切线与通过该切点且垂直于分度圆锥面的直线之间所夹的锐角	α=20°
分度圆直径	d	锥齿轮分度圆锥面与背锥面交线的直径	$d=mz$
齿顶圆直径	d_a	锥齿轮齿顶圆锥面与背锥面交线的直径	$d_a=d+2h_a\cos\delta=m（z+2\cos\delta）$
齿根圆直径	d_f	锥齿轮齿根圆锥面与背锥面交线的直径	$d_f=d-2h_f\cos\delta=m（z-2.4\cos\delta）$
齿距	p	锥齿轮上两个相邻的同侧齿面之间的分度圆弧长	$p=\pi m$
齿顶高	h_a	齿顶圆至分度圆之间沿背锥素线量度的距离	$h_a=m$
齿根高	h_f	分度圆至齿根圆之间沿背锥素线量度的距离	$h_f=1.2m$
齿高	h	齿顶圆至齿根圆之间沿背锥素线量度的距离	$h=h_a+h_f=2.2m$
分度圆锥角	δ	锥齿轮轴线与分度圆锥面素线之间的夹角	$\tan\delta_1=z_1/z_2$，$\tan\delta_2=z_2/z_1$
顶圆锥角	δ_a	锥齿轮轴线与顶锥素线之间的夹角	$\delta_a=\delta+\theta_a$
根圆锥角	δ_f	锥齿轮轴线与根锥素线之间的夹角	$\delta_f=\delta-\theta_f$
齿顶角	θ_a	顶圆锥角与分度圆锥角之差	$\tan\theta_a=2\sin\delta/z$
齿根角	θ_f	分度圆锥角与根圆锥角之差	$\tan\theta_f=2.4\sin\delta/z$
外锥距	R	分度圆锥面顶点沿素线至背锥面的距离	$R=d/（2\sin\delta）$
齿宽	b	锥齿轮的轮齿沿分度圆锥面素线量度的宽度	$b\leqslant R/3$

表 10–2　　例 10–1 计算结果　　mm

名称及代号	应用公式	主动锥齿轮 z_1	从动锥齿轮 z_2
分度圆直径 d	$d=mz$	$d_1=mz_1=4\times20=80$	$d_2=mz_2=4\times40=160$
分度圆锥角 δ	$\tan\delta_1=z_1/z_2$，$\tan\delta_2=z_2/z_1$	$\tan\delta_1=\frac{20}{40}=\frac{1}{2}$，$\delta_1\approx26°\ 34'$	$\delta_2=90°-\delta_1\approx63°\ 26'$
齿顶圆直径 d_a	$d_a=m(z+2\cos\delta)$	$d_{a1}\approx4\times(20+2\cos26°\ 34')\approx87.16$	$d_{a2}\approx4\times(40+2\cos63°\ 26')\approx163.58$
齿根圆直径 d_f	$d_f=m(z-2.4\cos\delta)$	$d_{f1}\approx4\times(20-2.4\cos26°\ 34')\approx71.41$	$d_{f2}\approx4\times(40-2.4\cos63°\ 26')\approx155.71$
齿距 p	$p=\pi m$	$p=\pi m\approx3.14\times4=12.56$	
齿顶高 h_a	$h_a=m$	$h_a=m=4$	
齿根高 h_f	$h_f=1.2m$	$h_f=1.2m=1.2\times4=4.8$	
齿高 h	$h=2.2m$	$h=2.2m=2.2\times4=8.8$	
齿顶角 θ_a	$\tan\theta_a=2\sin\delta/z$	$\tan\theta_a\approx2\sin26°\ 34'/20\approx0.044\ 72$，$\theta_a\approx2°\ 34'$	
齿根角 θ_f	$\tan\theta_f=2.4\sin\delta/z$	$\tan\theta_f\approx2.4\sin26°\ 34'/20\approx0.053\ 67$，$\theta_f\approx3°\ 04'$	
顶圆锥角 δ_a	$\delta_a=\delta+\theta_a$	$\delta_{a1}\approx26°\ 34'+2°\ 34'=29°\ 08'$	$\delta_{a2}\approx63°\ 26'+2°\ 34'=66°$
根圆锥角 δ_f	$\delta_f=\delta-\theta_f$	$\delta_{f1}\approx26°\ 34'-3°\ 04'=23°\ 30'$	$\delta_{f2}\approx63°\ 26'-3°\ 04'=60°\ 22'$
外锥距 R	$R=d/(2\sin\delta)$	$R\approx80/(2\times\sin26°\ 34')\approx89.44$	
齿宽 b	b 取 $0.3R$	$b=0.3R=26.83$	

§10–2　直齿锥齿轮铣刀及其选择

一、直齿锥齿轮铣刀

直齿锥齿轮的轮齿分布在圆锥面上，齿形由大端向锥顶逐渐收缩，锥齿轮大端与小端的直径不相等，大端与小端的基圆直径也不相等。大端的基圆直径大，其渐开线齿形曲线的曲率较小（即齿形曲线较直）；小端的基圆直径小，其渐开线齿形曲线的曲率较大（即齿形曲线较弯曲）。直齿锥齿轮铣刀的齿形只能按分度圆锥面素线的某一截面处的齿形设计，加工出来的锥齿轮的齿形也只能在该截面中比较准确，其他截面中的齿形则存在一定的误差。因此，用锥齿轮铣刀成形铣削出来的直齿锥齿轮精度低，锥齿轮的齿数越少或齿宽 b 越大，其误差越大。

二、直齿锥齿轮铣刀的刀号及选择

1. 刀号及选择

与直齿圆柱齿轮铣刀一样，直齿锥齿轮铣刀每一个模数有 8（或 15）个刀号，铣刀的侧面除标记有刀号数、模数 m、齿形角 α 和适应加工齿数范围外，还标记有“伞形”字样或“⏢”符号，以区别于直齿圆柱齿轮铣刀。

铣刀的刀号和加工齿数范围与直齿圆柱齿轮铣刀相同（见表 9–5），但应按当量齿数 z_v 选择刀号。

2. 直齿锥齿轮的当量齿数 z_v

由于直齿锥齿轮的大端齿廓曲线在背锥的展开面中是渐开线，且规定大端模数为标准模数，因此将以直齿锥齿轮的分度圆背锥距作为分度圆半径，锥齿轮大端端面模数作为模数的假想直齿圆柱齿轮称为该锥齿轮的当量圆柱齿轮，如图 10–3 所示。当量圆柱齿轮的齿数称为该锥齿轮的当量齿数 z_v。z_v 按下式计算：

$$z_v = \frac{z}{\cos\delta} \qquad (10\text{–}1)$$

式中 z——直齿锥齿轮的实际齿数；

δ——直齿锥齿轮的分度圆锥角，(°)。

例 10–2 铣削模数 m=3 mm、齿数 z=20、分度圆锥角 δ=45°的标准直齿锥齿轮，试确定铣刀号数。

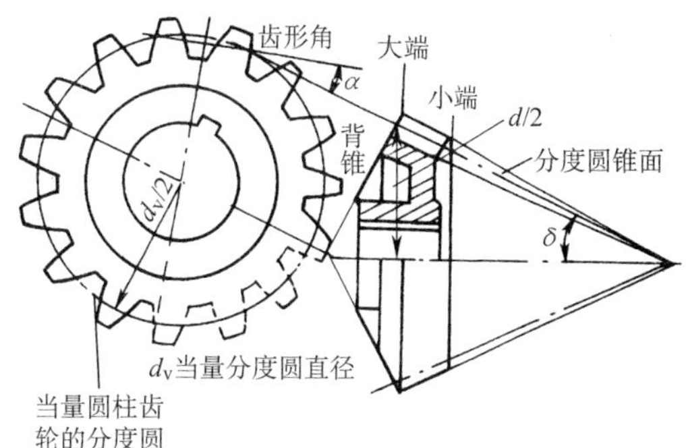

图 10–3 直齿锥齿轮的当量圆柱齿轮

解： $z_v = \frac{z}{\cos\delta} = \frac{20}{\cos45°} \approx 28.284$

查表 9–5 确定应选模数 m=3 mm 的 5 号标准直齿锥齿轮铣刀。

§10–3 直齿锥齿轮的铣削

直齿锥齿轮可在卧式铣床或立式铣床上用盘形锥齿轮铣刀加工。在卧式铣床上铣削时，按进给方向可分为纵向（水平）进给铣削法（图 10–4）和垂直进给铣削法（图 10–5）。采用纵向进给铣削法时，先调整分度头主轴与工作台台面和铣刀回转平面平行，齿坯装夹后检查大端和小端的径向圆跳动。然后使分度头主轴仰起一个角度，仰角应等于被加工锥齿轮的根圆锥角 δ_f（使齿槽底面与工作台台面平行）。当锥齿轮的根圆锥角 δ_f 较大，且长度和直径也较大时，有可能工作台即使处于最低位置（升降台降至将与底座碰到），锥齿轮的齿槽底仍不能在铣刀下面通过，这时可采用垂直进给铣削法。此时，分度头主轴仰起的角度等于 90° $-\delta_f$。

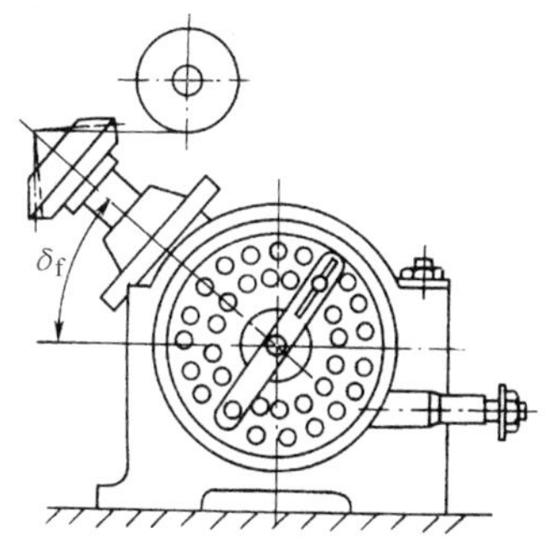

图 10–4 纵向进给铣削法铣直齿锥齿轮

一、铣齿前准备工作

1. 熟悉齿轮的工作图

由直齿锥齿轮工作图（图 10–6）了解齿轮的几何要素规格、精度和齿坯的尺寸及形状位置精度、表面粗糙度要求等。

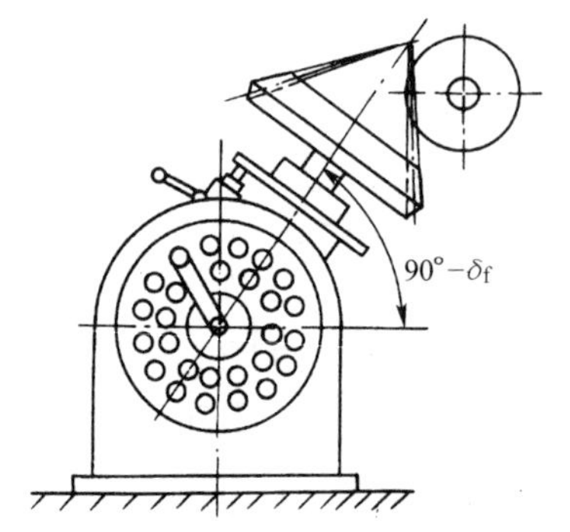

图 10–5　垂直进给铣削法铣直齿锥齿轮

2. 齿坯检查

铣削前应根据图样检查齿坯，主要检查内容如下：

（1）用游标万能角度尺检查齿坯的顶锥角和背锥角。

（2）检查端平面与内孔轴线的垂直度。

（3）检查齿坯的外径、内孔孔径等。

3. 安装分度头和装夹齿坯

（1）安装、调整分度头，使分度头主轴与工作台台面和铣刀回转平面平行。

（2）将心轴锥柄插入分度头主轴孔中，校正后用拉杆拉紧。装夹齿坯，检查齿坯大端和小端的径向圆跳动。

（3）将分度头主轴仰起扳转一个根锥角 δ_f。

（4）分度计算，并根据计算结果，选择分度圈，调整分度叉位置。

4. 选择和安装铣刀并对中心

（1）计算当量齿数 z_v。

（2）根据 z_v 选择铣刀。以图 10–6 所示锥齿轮为例：当量齿数 $z_v=\dfrac{z}{\cos\delta}=\dfrac{30}{\cos55^\circ}\approx 52.30$，应选择模数 m=2 mm 的 6 号盘形锥齿轮铣刀。

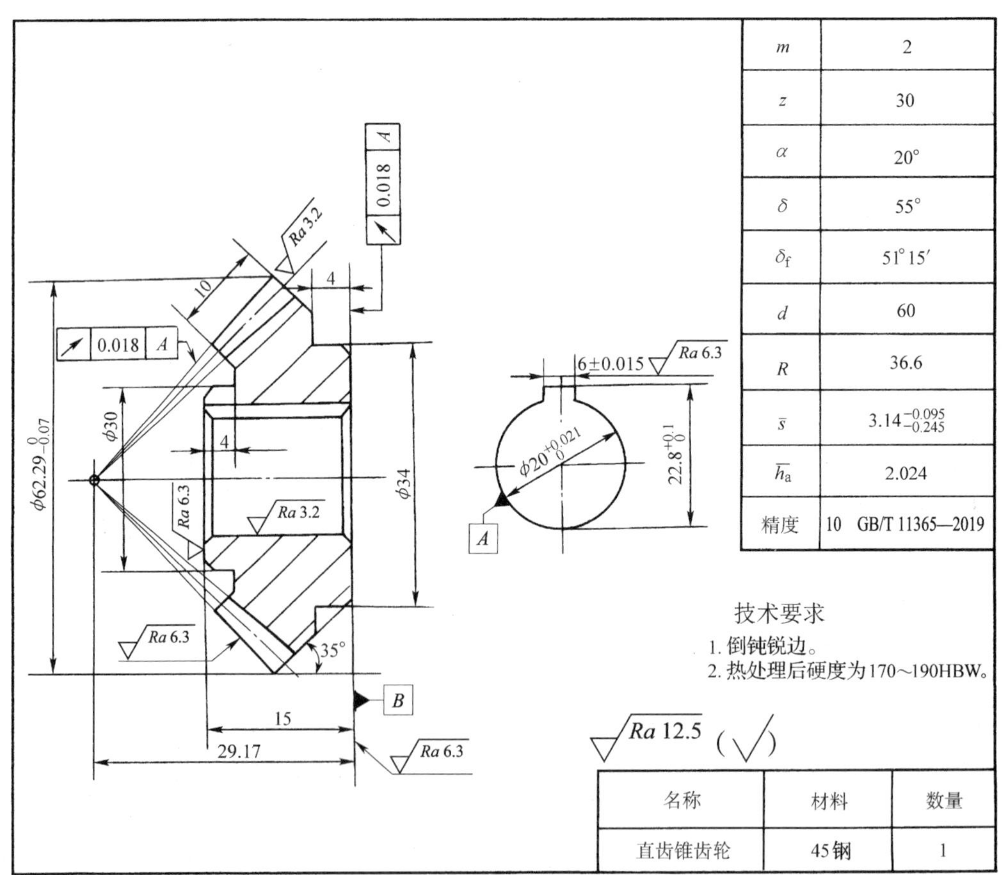

m	2
z	30
α	20°
δ	55°
δ_f	51°15′
d	60
R	36.6
$\bar{s}$	$3.14^{-0.095}_{-0.245}$
$\bar{h}_a$	2.024
精度	10　GB/T 11365—2019

名称	材料	数量
直齿锥齿轮	45钢	1

图 10–6　直齿锥齿轮工作图

（3）将铣刀安装在铣刀杆上，校正铣刀的圆跳动，使其回转平稳。

（4）采用划线试切法（即切痕对中心法）对中心，使铣刀廓形中线与工件轴线在同一垂直于工作台台面的平面内。

二、铣削直齿锥齿轮

由于直齿锥齿轮的轮齿和齿槽都是大端处宽且深，小端处窄且浅，因此不可能在一次进给中铣出符合要求的齿槽，通常加工时先调整好铣削宽度 a_e（$a_e=h=2.2m$），铣削齿槽中部至全齿深（模数 m 较小时可一次进给铣出，模数较大时应分几次进给铣出）。然后按计算调整（偏转或回转）分度头、工作台位置后补充铣削齿侧面（铣去齿大端两侧面处的余量）。

铣削锥齿轮轮齿大端齿侧面的方法有两种：分度头绕自身主轴回转和工作台横向偏移相结合的方法；分度头在水平面内偏转和工作台横向偏移相结合的方法。

1. 分度头绕自身主轴回转和工作台横向偏移相结合铣削齿侧面

用这种方法铣削齿侧面，分度头主轴回转方向和工作台的偏移方向按下述方法确定：铣齿槽右侧面时，分度头主轴（即齿坯）逆时针方向回转，工作台横向向右偏移，如图 10–7 所示；铣齿槽左侧面时，分度头主轴顺时针回转，工作台横向向左偏移。

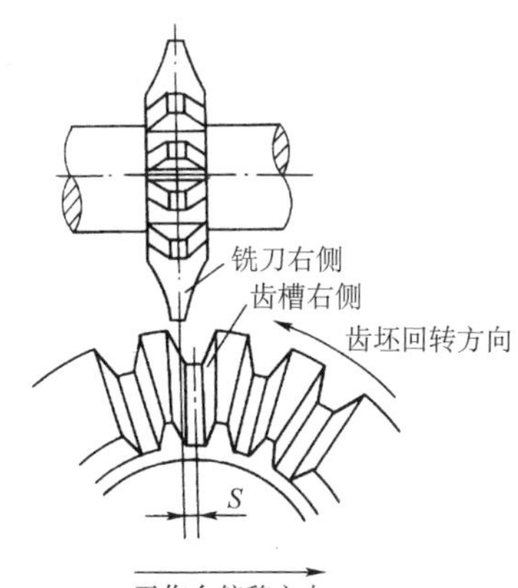

图 10–7　分度头主轴回转和工作台横向偏移（铣齿槽右侧面时）

分度头主轴回转量和工作台横向偏移量的确定方法有两种：

（1）以分度头主轴回转为基准　先通过计算确定分度头主轴的回转量 N，然后在铣削实践中再确定工作台横向的偏移量（以铣齿槽右侧面为例，使铣刀右侧刃铣去大端齿槽右侧的余量时，铣刀右侧刃微微擦到小端齿槽的右侧，而左侧切削刃不碰到小端齿槽的左侧面为度）。此时，分度头主轴回转量 N 按下述方法确定：

1）计算直齿锥齿轮外锥距 R 与齿宽的比值 R/b。

2）根据所选用盘形锥齿轮铣刀的刀号和 R/b 值从表 10–3 中查取齿坯的基本回转角 θ。

3）将查得的 θ 值和齿数 z 代入式（10–2）计算出分度头主轴回转量（即分度手柄转数）N。

$$N=\frac{\theta}{540z} \qquad (10\text{–}2)$$

式中　θ——齿坯基本回转角，（′）；

z——被加工直齿锥齿轮齿数；

N——分度头主轴回转量，r。

例 10–3　已知直齿锥齿轮 m=3 mm，z=25，b=15 mm，δ=45°。试确定补充铣削齿侧面时分度头主轴回转量 N。

解： 求当量齿数 z_v

$$z_v=\frac{z}{\cos\delta}=\frac{25}{\cos45^\circ}\approx35.36$$

由表 9–5 查得：选用 m=3 mm 的 6 号盘形锥齿轮铣刀。

计算外锥距 R 及比值 R/b

$$R=\frac{d}{2\sin\delta}=\frac{mz}{2\sin\delta}=\frac{3\times25}{2\sin45^\circ}\approx53.033\ \text{mm}$$

$$R/b\approx\frac{53.033}{15}\approx3.536\approx3.5$$

由表 10–3 查得 θ=2 167′（取 2 175′ 和 2 160′ 的中间值）

则　$$N=\frac{\theta}{540z}=\frac{2\ 167}{540\times25}\approx\frac{4}{25}\ \text{r}$$

表 10-3　　　　齿坯基本回转角 θ　　　　(′)

刀号	比值 R/b									
	$2\frac{1}{2}$	$2\frac{3}{4}$	3	$3\frac{1}{3}$	$3\frac{2}{3}$	4	$4\frac{1}{2}$	5	6	8
1	1 950	1 885	1 835	1 770	1 725	1 695	1 650	1 610	1 560	1 500
2	2 005	1 955	1 915	1 860	1 820	1 795	1 755	1 725	1 680	1 625
3	2 060	2 020	1 990	1 950	1 920	1 900	1 865	1 840	1 805	1 765
4	2 125	2 095	2 070	2 035	2 010	1 995	1 970	1 950	1 920	1 880
5	2 170	2 145	2 125	2 095	2 075	2 065	2 045	2 030	2 010	1 980
6	2 220	2 205	2 190	2 175	2 160	2 150	2 130	2 115	2 100	2 080
7	2 285	2 270	2 260	2 250	2 240	2 235	2 225	2 220	2 200	2 180
8	2 340	2 335	2 330	2 320	2 315	2 310	2 305	2 300	2 280	2 260

即在孔数为 25 的孔圈上回转 4 个孔距（注意所用分度盘的孔圈孔数应与分齿分度时的孔圈孔数相同）。

（2）以工作台横向偏移为基准　通过计算先确定工作台横向偏移量 S，然后在铣削实践中再确定齿坯绕自身轴线的回转量（即分度头主轴回转量）。此时，工作台横向偏移量 S 按式（10-3）计算。

$$S=\frac{mb}{2R} \qquad (10\text{-}3)$$

式中　m——直齿锥齿轮大端模数，mm；

b——齿宽，mm；

R——外锥距，mm。

如例 10-3 中的直齿锥齿轮采用以工作台横向偏移量为基准的方法铣齿侧时，工作台横向偏移量 S 为：

$$S=\frac{mb}{2R}\approx\frac{3\times15}{2\times53.033}=0.424\approx0.42\ \text{mm}$$

用这种方法补充铣削齿侧面，锥齿轮小端的齿厚比理论值要薄一些，铣削后一般不需要修锉小端的齿形就能直接使用，并且由于计算简单，因而采用较普遍，但小端齿厚的减薄会影响齿轮啮合的接触精度。

例 10-4　确定图 10-6 所示直齿锥齿轮的铣削步骤并完成相应的计算。

解：已知 $m=2$ mm，$z=30$，$\alpha=20°$，$\delta=55°$，$\delta_f=51°\,15'$，$d=60$ mm，$R=36.6$ mm，$b=10$ mm。

1）当量齿数 $z_v=\frac{z}{\cos\delta}=\frac{30}{\cos55°}\approx52.30$。选用 $m=2$ mm 的 6 号盘形锥齿轮铣刀。

2）分度头仰起角度 $\delta_f=51°\,15'$。

3）分度计算：$n=\frac{40}{z}=\frac{40}{30}=1\frac{10}{30}$。选择孔数为 30 的分度圈，分度叉位置为 10 个孔距（含 11 孔）。

4）铣齿槽中部

①以齿坯大端为基准，对中心后，使刀尖与齿坯大端接触，然后退出齿坯，将工作台升高 $a_e=h=2.2m=2.2\times2=4.4$ mm（由于模数较小，采取一次进给铣出齿深）。

②逐齿分度铣完全部齿槽中部。

5）铣大端齿侧余量

①以分度头主轴回转为基准的方法铣削时：

a．计算：$R/b=\frac{36.6}{10}=3.66$

按 R/b 及 6 号铣刀由表 10-3 查得 $\theta=2\,160'$

$$N=\frac{\theta}{540z}=\frac{2\,160}{540\times30}=\frac{4}{30}$$

b．按 $N=\frac{4}{30}$ 转动分度手柄，使齿坯回转，横向移动工作台使铣刀切削刃刚擦到小端齿槽的一侧，逐齿扩铣各齿槽的一侧，并进行大端齿厚测量，铣去的余量应是铣齿槽中部后的齿厚与图样上的齿厚之差的一半，以保证齿形与中心对称。记下工作台的横向偏移量 S。扩铣另一侧齿槽时，应使工作台反向移动 $2S$ 距离，分度手柄反向转动 $2N$ 转，注意消除传动间隙的影响。

②以工作台横向偏移为基准的方法铣削时：

a. 计算：$S=\dfrac{mb}{2R}=\dfrac{2\times 10}{2\times 36.6}\approx 0.273\approx$ 0.27 mm。

b. 按计算的 S=0.27 mm，向左横向移动工作台并紧固，摇动分度手柄使齿坯顺时针转动，当铣刀刚擦到小端齿槽的左侧时，将分度手柄插入分度盘孔中，并记下分度手柄转过的孔距数，依次分度分齿扩铣齿槽左侧。

c. 松开工作台横向紧固螺钉，按 $2S$=0.54 mm 向右横向移动工作台并紧固，按 2 倍孔距数反向摇动分度手柄使齿坯逆时针转动，依次分度分齿扩铣齿槽右侧。同样应注意清除工作台与分度头传动间隙的影响，以免引起扩铣误差。

2. 分度头在水平面内偏转和工作台横向偏移相结合铣削齿侧面

这种方法是以分度头在水平面内偏转为基准。分度头底座应有回转机构，或将分度头置于回转工作台上。通过计算先确定分度头在水平面内的回转角 λ，然后在铣削实践中再确定工作台的横向偏移量。分度头在水平面内的回转角 λ 按下式计算：

$$\tan\lambda=\frac{\pi m}{4R} \qquad (10\text{–}4)$$

如例 10–3 中的直齿锥齿轮采用分度头在水平面内偏转方法扩铣齿侧时，偏转角 λ：

$$\lambda=\arctan\frac{\pi m}{4R}\approx\arctan\frac{3.14\times 3}{4\times 53.033}\approx 2°32'38''$$

用这种方法扩铣齿侧，如果工作台横向偏移量 S 调整适当，锥齿轮在大端和小端的分度圆上的齿厚是可以达到规定要求的，因此齿轮啮合的接触精度较高。但由于小端齿形较铣刀齿廓的形状弯曲，铣削后一般还需要对小端部分齿形用锉刀进行修整，使小端齿形趋于准确。修整的部位如图 10–8 中的 F 所指。

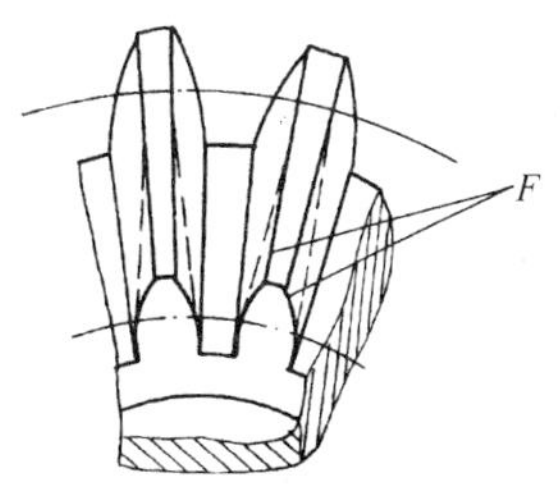

图 10–8 锥齿轮小端需修整部位

三、直齿锥齿轮的检测与质量分析

1. 直齿锥齿轮的检测

在铣床上用盘形锥齿轮铣刀铣制直齿锥齿轮，生产现场一般只测量齿厚，以保证要求的齿侧间隙。

齿厚测量一般在背锥处测量锥齿轮大端分度圆弦齿厚 $\bar{s}$ 和弦齿高 $\bar{h}_a$。$\bar{s}$ 和 $\bar{h}_a$ 按式（10–5）和式（10–6）计算：

$$\bar{s}=mz_v\sin\frac{90°}{z_v} \qquad (10\text{–}5)$$

$$\bar{h}_a=m\left[1+\frac{z_v}{2}\left(1-\cos\frac{90°}{z_v}\right)\right] \qquad (10\text{–}6)$$

$\bar{s}$ 和 $\bar{h}_a$ 也可按当量齿数 z_v 由表 9–3 查得 $\bar{s}^*$ 和 $\bar{h}_a^*$ 后乘以模数 m 求得。

如在直齿锥齿轮中点处测量分度圆弦齿厚 $\bar{s}_m$ 和弦齿高 $\bar{h}_{am}$ 时，式（10–5）和式（10–6）中的模数应改用中点模数 m_m。直齿锥齿轮的中点模数 m_m 和中点分度圆直径 d_m 按式（10–7）和式（10–8）计算：

$$m_m=\frac{m}{R}R_m=\frac{m}{R}\left(R-\frac{b}{2}\right) \qquad (10\text{–}7)$$

$$d_m=m_m z \qquad (10\text{–}8)$$

式中 m——直齿锥齿轮大端端面模数，mm；

R——外锥距，mm；

R_m——中点锥距，mm；

b——齿宽，mm。

2. 直齿锥齿轮铣削质量分析

直齿锥齿轮铣削时常见的质量问题及产生原因见表 10–4。

表 10–4 直齿锥齿轮铣削质量分析

质量问题	产生原因
齿形相对误差或齿形误差超差	1. 铣刀刀号选择错误 2. 铣刀刃磨不好 3. 铣削操作时分度头回转量和工作台偏移量控制不好 4. 机床导轨平行度差，铣刀安装不好
齿距偏差超差	1. 齿坯装夹不好或齿坯的顶锥素线跳动、基准端面跳动超差 2. 分度不准确 3. 分度头传动机构精度差
齿圈径向圆跳动超差	1. 分度头主轴轴线与回转轴线不重合，心轴未校正好 2. 齿坯的外圆锥面对基准内孔的同轴度差 3. 齿坯装夹误差大
齿向误差超差	1. 刀具对中心不准 2. 扩铣齿槽大端两侧时，偏移量不相等 3. 齿坯基准端面对基准内孔的垂直度差
齿面产生波纹和表面粗糙度值过大	1. 铣刀摆动过大或铣刀已磨钝 2. 铣床主轴回转精度差，主轴和铣刀杆径向跳动量过大，主轴轴向窜动量过大 3. 铣削时分度头主轴未固紧，振动大 4. 铣削用量过大 5. 铣刀杆弯曲，机床导轨镶条太松

习题

1. 直齿锥齿轮有哪些几何特点？
2. 锥齿轮铣刀与圆柱齿轮铣刀有什么区别？
3. 锥齿轮铣刀与圆柱齿轮铣刀都是成形铣刀，为什么锥齿轮铣刀铣出的直齿锥齿轮精度更低？
4. 已知一直齿锥齿轮的模数 m=3 mm，分度圆锥角 δ=45°，齿数 z=30，齿形角 α=20°。试求齿顶圆直径 d_a、分度圆直径 d、齿顶角 θ_a、齿根角 θ_f 和根圆锥角 δ_f。
5. 铣制第 4 题中的直齿锥齿轮，应选用几号铣刀？
6. 一直齿锥齿轮的分度圆锥角 δ=30°，齿数 z=25，应采用几号铣刀铣削？
7. 在什么情况下采用垂直进给铣削法加工直齿锥齿轮？
8. 铣削直齿锥齿轮时，为什么要补充铣削齿槽侧面？补充铣削时，分度头主轴回转方向和工作台横向偏移方向如何确定？

9. 简述以分度头主轴回转为基准，铣削直齿锥齿轮的工作步骤。

10. 简述以工作台横向偏移为基准，铣削直齿锥齿轮的工作步骤。

11. 直齿锥齿轮的齿厚怎样测量？

12. 铣削直齿锥齿轮时，齿面产生波纹和表面粗糙度值大，原因是什么？应如何处理？

第十一章

链轮的铣削

§11-1 链轮的基本参数和几何尺寸计算

一、滚子链和套筒链链轮

按照国家标准《传动用短节距精密滚子链、套筒链、附件和链轮》(GB/T 1243—2006)规定，滚子链和套筒链链轮的齿槽形状如图 11-1 所示。齿槽形状主要由齿沟圆弧和齿槽圆弧组成，相应的参数为齿沟圆弧半径（r_i）和齿槽圆弧半径（r_e）。滚子链和套筒链链轮几何要素的名称、代号和计算公式见表 11-1。

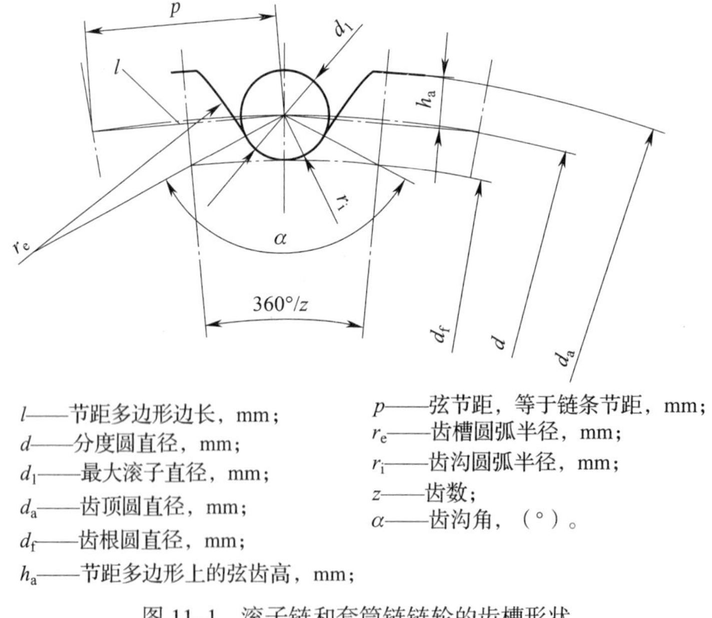

l——节距多边形边长，mm；
d——分度圆直径，mm；
d_1——最大滚子直径，mm；
d_a——齿顶圆直径，mm；
d_f——齿根圆直径，mm；
h_a——节距多边形上的弦齿高，mm；
p——弦节距，等于链条节距，mm；
r_e——齿槽圆弧半径，mm；
r_i——齿沟圆弧半径，mm；
z——齿数；
α——齿沟角，（°）。

图 11-1　滚子链和套筒链链轮的齿槽形状

加工时，链轮的最大和最小齿槽形状决定了齿槽形状的极限。用切齿或等效加工方法得到的实际齿槽形状应位于最大和最小齿槽圆弧半径之间，并在对应的齿沟定位圆弧处与滚子定位圆弧平滑连接。

表 11-1　滚子链和套筒链链轮几何要素的名称、代号和计算公式

名称	代号	计算公式
分度圆直径	d	$d=\dfrac{p}{\sin\dfrac{180°}{z}}$
齿顶圆直径	d_a	$d_{amax}=d+1.25p-d_1$ $d_{amin}=d+p\left(1-\dfrac{1.6}{z}\right)-d_1$
齿根圆直径	d_f	$d_f=d-d_1$
节距多边形上的弦齿高	h_a	$h_{amax}=0.625p-0.25d_1+\dfrac{0.8p}{z}$ $h_{amin}=0.5(p-d_1)$
齿槽圆弧半径	r_e	$r_{emax}=0.12d_1(z+2)$ $r_{emin}=0.008d_1(z^2+180)$
齿沟圆弧半径	r_i	$r_{imax}=0.505d_1+0.069\sqrt[3]{d_1}$ $r_{imin}=0.505d_1$
齿沟角	α	$\alpha_{max}=140°-\dfrac{90°}{z}$ $\alpha_{min}=120°-\dfrac{90°}{z}$

链轮的齿数 z 的范围为 9~150 齿。优选齿数为 17、19、21、23、25、38、57、76、95 和 114。

链轮加工时使用依据标准 JB/T 7427—2006《滚子链和套筒链链轮滚刀》生产的链轮刀具。对于一些不很重要的链轮，且当齿数大于 20 时，为了制造方便，常采用直线齿形，其齿槽形状由齿沟圆弧和直线形齿面组成，如图 11-2 所示（图中各部分代号的名称见表 11-2）。这种齿形的链轮，在单件生产或无标准链轮刀具时，可用通用铣刀加工。直线形齿面链轮几何要素的名称、代号和计算公式见表 11-2。

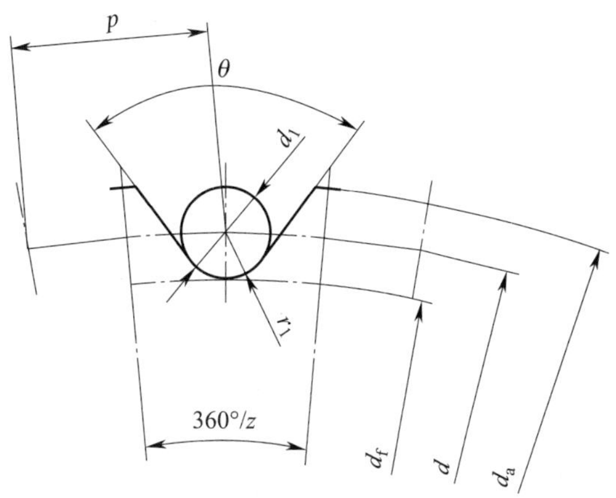

图 11-2　直线形齿面链轮齿槽形状

表 11-2　直线形齿面链轮几何要素的名称、代号和计算公式

名称	代号	计算公式	备注
分度圆节距	p	等于链条节距	
分度圆直径	d	$d=\dfrac{p}{\sin\dfrac{180°}{z}}$	z——链轮齿数
齿沟圆弧半径	r_i	$r_i=0.505d_1$	
齿顶圆直径	d_a	$d_a=d+0.8d_1$	d_1——滚子（或套筒）直径，mm
齿根圆直径	d_f	$d_f=d-2r_i$	
齿槽角	θ	$p/d_1<1.6$，$\theta=58°$ $p/d_1=1.6\sim1.7$，$\theta=60°$ $p/d_1>1.7$，$\theta=62°$	

二、齿形链链轮

齿形链链轮的齿形按照国家标准《齿形链和链轮》（GB/T 10855—2016）规定分为两种，一种为 9.525 mm 及以上节距链轮，齿槽形状如图 11-3 所示（图中各部分代号的名称见表 11-3）；另一种为 4.762 mm 节距链轮，齿槽形状如图 11-4 所示（图中各部分代号的名称见表 11-4）。

9.525 mm 及以上节距链轮几何要素的名称、代号和计算公式见表 11-3。链轮的齿顶可以是圆弧形或者是矩形。工作面以下的齿根部形状可随刀具形状有所不同。

4.762 mm 节距链轮几何要素的名称、代号和计算公式见表 11-4。

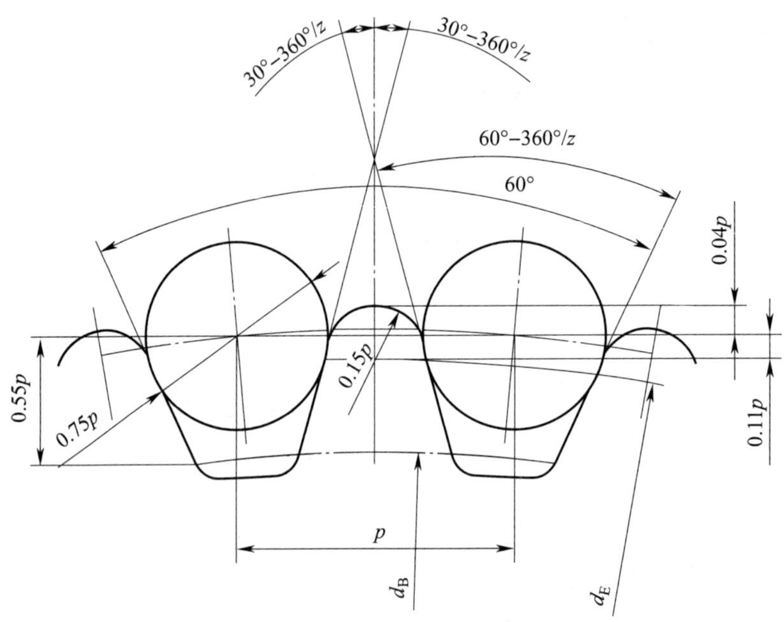

图 11-3　9.525 mm 及以上节距链轮齿形

表 11-3　　9.525 mm 及以上节距链轮几何要素的名称、代号和计算公式

名称	代号	计算公式	名称	代号	计算公式
分度圆节距	p	等于链条节距	导槽圆最大直径	d_g	$d_g(\max) = p\left(\cot\frac{180°}{z} - 1.16\right)$
分度圆直径	d	$d = \frac{p}{\sin\frac{180°}{z}}$ 其中，z 为链轮齿数	齿面半角	α	$\alpha = 30° - \frac{360°}{z}$
齿顶圆直径	d_a	圆弧齿链轮齿顶圆直径： $d_a = p\left(\cot\frac{180°}{z} + 0.08\right)$ 矩形齿链轮齿顶圆直径： $d_a = 2\sqrt{X^2 + L^2 + 2XL\cos\alpha}$ $X = Y\cos\alpha - \sqrt{(0.15p)^2 - (Y\sin\alpha)^2}$ $Y = p(0.500 - 0.375\sec\alpha)$ $\cot\alpha + 0.11p$ $L = Y + \frac{d_E}{2}$	齿槽角	θ	$\theta = 60° - \frac{360°}{z}$
			齿楔角	γ	$\gamma=60°$
			齿面工作段最低点至节距线的距离	h	$h=0.55p$
			齿顶圆弧中心圆直径	d_E	$d_E = p\left(\cot\frac{180°}{z} - 0.22\right)$
			工作面基圆直径	d_B	$d_B = p\sqrt{1.515213 + \left(\cot\frac{180°}{z} - 1.1\right)^2}$

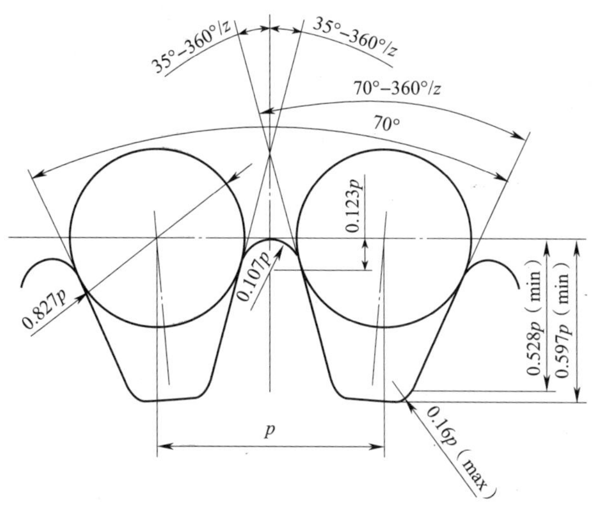

图 11–4　4.762 mm 节距链轮齿形

表 11–4　4.762 mm 节距链轮几何要素的名称、代号和计算公式

名称	代号	计算公式	名称	代号	计算公式
分度圆节距	p	等于链条节距	齿面半角	α	$\alpha = 35° - \frac{360°}{z}$
分度圆直径	d	$d = \frac{p}{\sin\frac{180°}{z}}$ 其中，z 为链轮齿数	齿槽角	θ	$\theta = 70° - \frac{360°}{z}$
齿顶圆直径	d_a	$d_a = p\left(\cot\frac{180°}{z} - 0.032\right)$	齿楔角	γ	$\gamma=70°$
导槽圆最大直径	d_g	$d_g(\max) = p\left(\cot\frac{180°}{z} - 1.20\right)$	齿面工作段最低点至节距线的距离	h	$h=0.528p$

§11–2　链轮的检测及技术要求

一、滚子链链轮的测量

在铣床上铣齿后，主要检测齿根圆直径。测量方法有直接测量法和用测量柱间接测量法两种。

1. 直接测量法

对精度要求不高的链轮，可用游标卡尺直接测量齿根圆直径；对精度要求较高的链轮，则采用齿根圆千分尺测量。

当链轮的齿数为偶数时，最大齿根测量距 $M=d_f$；齿数为奇数时，则 $M=d_f\cos\frac{90°}{z}$，如图 11–5a 所示。

2. 间接测量法

对精度要求较高的链轮，一般用量柱间接测量，如图 11–5b 所示。

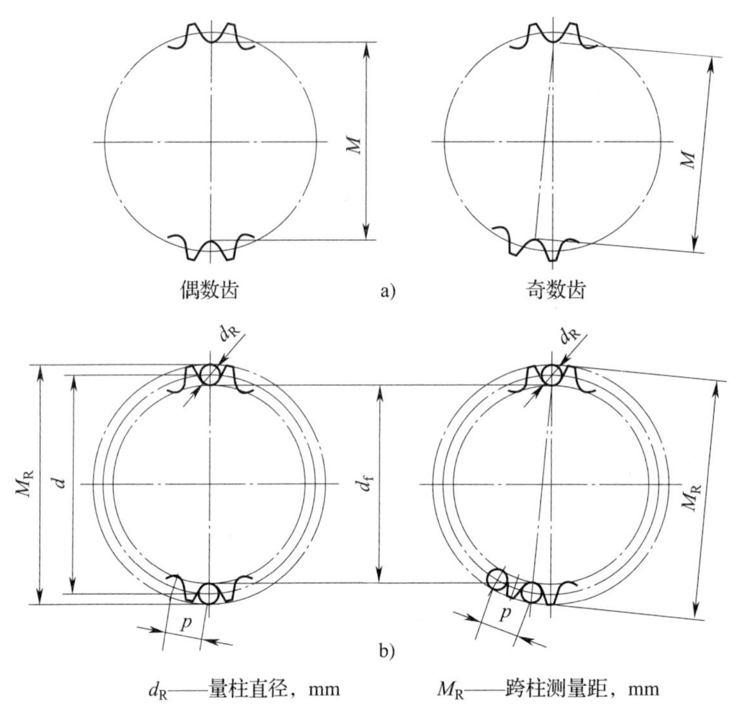

图 11–5 滚子链和套筒链齿根圆直径 d_f 的测量尺寸

a）直接测量法 b）间接测量法

（1）量柱直径 d_R 由下式确定：

$$d_R=d_1 \qquad (11\text{–}1)$$

式中 d_1——最大滚子直径，mm。

（2）对于偶数齿的链轮，跨柱测量距 M_R 由下式确定：

$$M_R=d+d_{Rmin} \qquad (11\text{–}2)$$

式中 d——分度圆直径，mm。

测量方法是把与链轮相配的两个量柱放在链轮直径方向上相对应的两个齿槽中进行测量。

（3）对于奇数齿的链轮，跨柱测量距 M_R 由下式确定：

$$M_R = d\cos\frac{90°}{z} + d_{Rmin} \qquad (11\text{–}3)$$

式中 d——分度圆直径，mm；

z——链齿轮数。

测量方法是把与链轮相配的两个量柱放在最接近于链轮直径方向上相对应的两个齿槽中进行测量。

（4）检测尺寸的极限偏差

量柱直径 d_R 的公差带为 $^{+0.01}_{0}$ mm。

跨柱测量距的极限偏差与相应齿根圆直径极限偏差（见表 11–5）相同。

表 11–5 滚子链和套筒链链轮齿根圆直径极限偏差

齿根圆直径 d_f（mm）	极限偏差
$d_f \leqslant 127$	$^{0}_{-0.25}$ mm
$127 < d_f \leqslant 250$	$^{0}_{-0.30}$ mm
$d_f>250$	h11

二、齿形链链轮的测量

齿形链链轮在铣削时，一般都通过控制跨柱测量距 M_R 来获得合适的切齿深度，以保证链轮和链条的节距公称值相等，以便符合啮合要求，测量方法如图 11-6 所示。

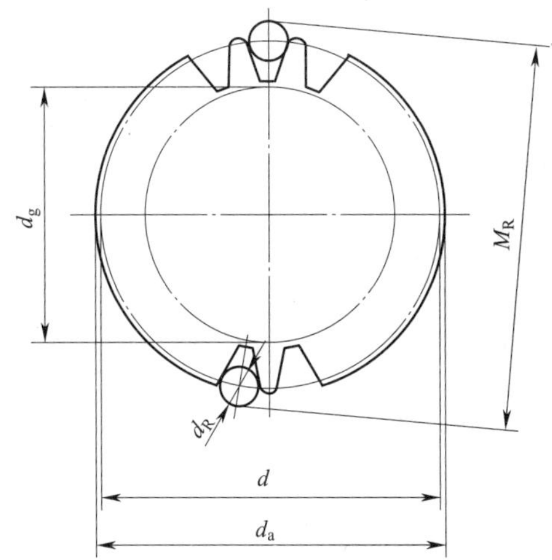

图 11-6　齿形链链轮的直径尺寸及测量尺寸

1. 量柱直径 d_R

（1）9.525 mm 及以上节距链轮用量柱直径

$$d_R=0.625p \tag{11-4}$$

式中　p——链条节距，mm。

（2）4.762 mm 节距链轮用量柱直径

$$d_R=0.667p \tag{11-5}$$

式中　p——链条节距，mm。

2. 跨柱测量距 M_R

（1）9.525 mm 及以上节距链轮的跨柱测量距 M_R

对于偶数齿的链轮，跨柱测量距 M_R 由下式确定：

$$M_R = d - 0.125p\csc\left(30° - \frac{180°}{z}\right) + 0.625p \tag{11-6}$$

式中　p——链条节距，mm；

　　　z——链轮齿数。

对于奇数齿的链轮，跨柱测量距 M_R 由下式确定：

$$M_R = \cos\frac{90°}{z}\left[d - 0.125p\csc\left(30° - \frac{180°}{z}\right)\right] + 0.625p \tag{11-7}$$

式中　p——链条节距，mm；

　　　z——链轮齿数。

（2）4.762 mm 节距链轮的跨柱测量距 M_R

对于偶数齿的链轮，跨柱测量距 M_R 由下式确定：

$$M_R = d - 0.160p\csc\left(35° - \frac{180°}{z}\right) + 0.667p \tag{11-8}$$

式中　p——链条节距，mm；

　　　z——链轮齿数。

对于奇数齿的链轮，跨柱测量距 M_R 由下式确定：

$$M_R = \cos\frac{90°}{z}\left[d - 0.160p\csc\left(35° - \frac{180°}{z}\right)\right] + 0.667p \tag{11-9}$$

式中　p——链条节距，mm；

　　　z——链轮齿数。

3. 检测尺寸的极限偏差

量柱直径 d_R 的公差带为 $^{+0.01}_{0}$ mm。

9.525 mm 及以上节距链轮的跨柱测量距 M_R 的上偏差为 0，公差值（单位 mm）见表 11-6。

表 11-6　　9.525 mm 及以上节距链轮跨柱测量距公差

节距（mm）	齿数									
	≤ 15	16~24	25~35	36~48	49~63	64~80	81~99	100~120	121~144	>144
9.525	0.13	0.13	0.13	0.15	0.15	0.18	0.18	0.18	0.20	0.20
12.70	0.13	0.15	0.15	0.18	0.18	0.20	0.20	0.23	0.23	0.25
15.875	0.15	0.15	0.18	0.20	0.23	0.25	0.25	0.25	0.28	0.30
19.05	0.15	0.18	0.20	0.23	0.25	0.28	0.28	0.30	0.33	0.36

续表

节距（mm）	齿数									
	≤ 15	16~24	25~35	36~48	49~63	64~80	81~99	100~120	121~144	>144
25.40	0.18	0.20	0.23	0.25	0.28	0.30	0.33	0.36	0.38	0.40
31.75	0.20	0.23	0.25	0.28	0.33	0.36	0.38	0.43	0.46	0.48
38.10	0.20	0.25	0.28	0.33	0.36	0.40	0.43	0.48	0.51	0.56
50.80	0.25	0.30	0.36	0.40	0.46	0.51	0.56	0.61	0.66	0.71

4.762 mm 节距链轮的跨柱测量距 M_R 的上偏差为 0，公差值（单位 mm）见表 11–7。

表 11–7　　4.762 mm 节距链轮跨柱测量距公差

节距（mm）	齿数									
	≤ 15	16~24	25~35	36~48	49~63	64~80	81~99	100~120	121~144	>144
4.762	0.1	0.1	0.1	0.1	0.1	0.13	0.13	0.13	0.13	0.13

三、节距 *p* 的测量

节距一般都采用间接测量，测量距 $M_p=p+d_R$，如图 11–5b 所示。

§ 11–3　链轮的铣削

链传动属非共轭的啮合过程，故对链轮齿形要求不严，允许存在较大的误差。链轮的生产，专业工厂一般都采用链轮滚刀在滚齿机上加工，或采用冲制方法加工。在铣床上用铣刀来加工链轮齿形，是制造链轮常用方法之一。特别是单件小批的加工节距大、齿数少的链轮时，既经济又实用。

一、滚子链链轮的铣削

铣削精度要求较高，件数较多的链轮时，常采用专用的链轮铣刀加工。铣削同一节距和滚子直径的链轮铣刀，根据工件齿数的不同，分为五个号数，见表 11–8。其铣削方法和铣直齿圆柱齿轮基本相同。

表 11–8　滚子链链轮铣刀号数表

铣刀号数	1	2	3	4	5
铣齿范围	7~8	9~11	12~17	18~35	35 以上

1. 直线形齿面链轮的铣削

在没有专用链轮铣刀的条件下，对直线形齿面链轮，可用通用铣刀加工，其加工步骤如下：

（1）用键槽铣刀或立铣刀和凸半圆铣刀铣齿沟圆弧，如图 11–7a 所示。铣刀直径（或凸半圆直径）d_0 和铣削深度 H 分别为：

$$d_0=1.005d_1+0.10 \qquad (11–10)$$

$$H=\frac{d_a-d_f}{2} \qquad (11–11)$$

式中 d_a——齿顶圆直径，mm；

d_f——齿根圆直径，mm；

d_1——滚子直径，mm。

（2）用立铣刀或键槽铣刀铣削齿沟后，可用原来的铣刀铣削齿槽的两侧，如图 11–7b 所示。在铣齿沟圆弧时，铣刀中心与工件中心的连线与进给方向（一般为纵向）是一致的，俗称是对准中心的。在铣完各齿的齿沟圆弧后，退出铣刀，把工件转过 $\theta/2$ 角度，并将工作台偏移（一般为横向）一个距离 S，铣去齿的一侧余量。偏移量 S 可按下式计算：

$$S = \frac{d}{2}\sin\frac{\theta}{2} \qquad (11\text{–}12)$$

式中 d——分度圆直径，mm；

θ——齿槽角，(°)。

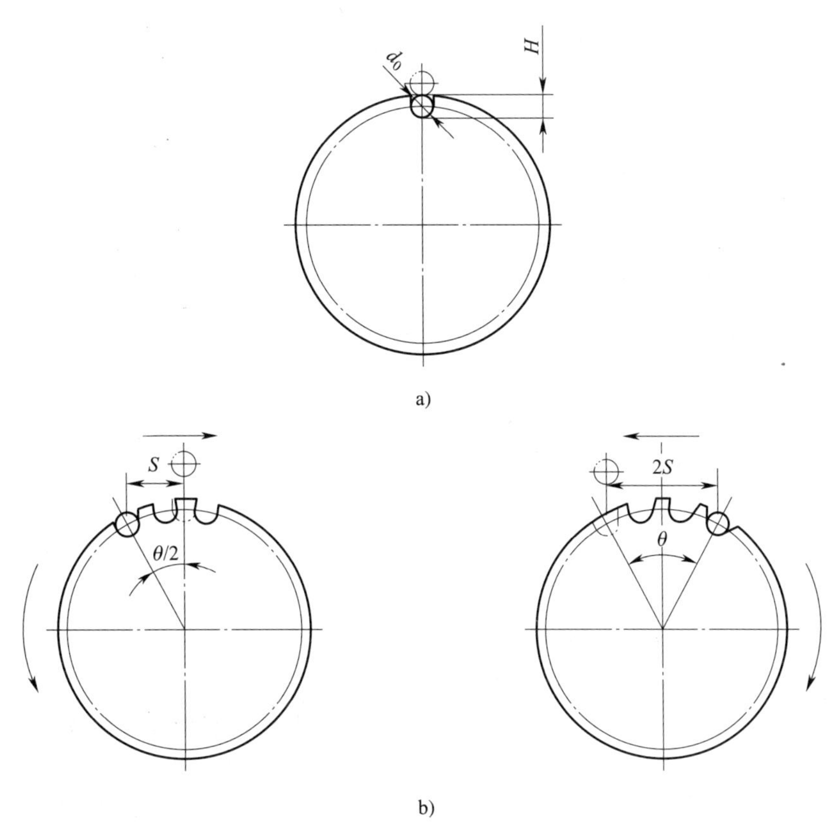

图 11–7 用圆柱形铣刀铣链轮

a）铣齿沟圆弧 b）铣齿槽两侧

齿槽的一侧全部铣完后，把工件反向转 θ 角度，工作台反方向移动 $2S$ 距离，铣齿槽的另一侧。

在加工第二个工件及以后工件时，可把第一刀铣齿沟圆弧的步骤省去，如图 11–8 所示。铣削时，工件与铣刀的相对位置应与加工第一件时相同。若第一件就采用两次进给铣削，则在铣刀对准工件中心后，把工作台横向偏移 S 以及纵向移动 L，然后进行铣削。S 值仍按式（11–12）计算。纵向移动量 L 应按下式计算：

$$L = \frac{d}{2}\cos\frac{\theta}{2} \qquad (11\text{–}13)$$

若用凸圆弧铣刀铣削齿沟圆弧后，可用三面刃铣刀铣削齿槽的两侧，如图 11–9 所示。铣刀的宽度 B 不能大于滚子直径 d_1。铣削时，先使三面刃铣刀的侧刃对准工件中心，再把工件转过 $\theta/2$ 角度，工作台横向移

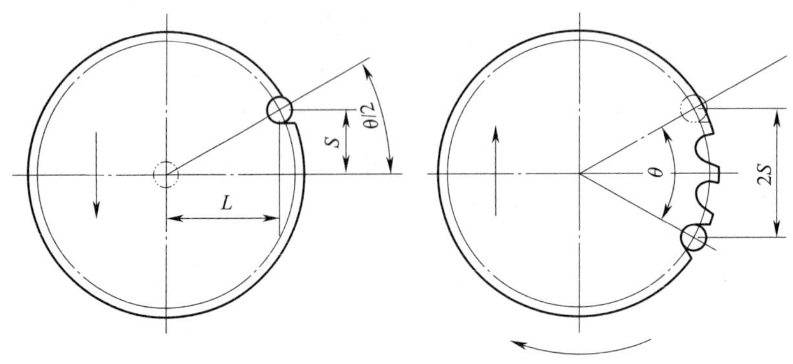

图 11-8　用两次进给铣削链轮齿槽

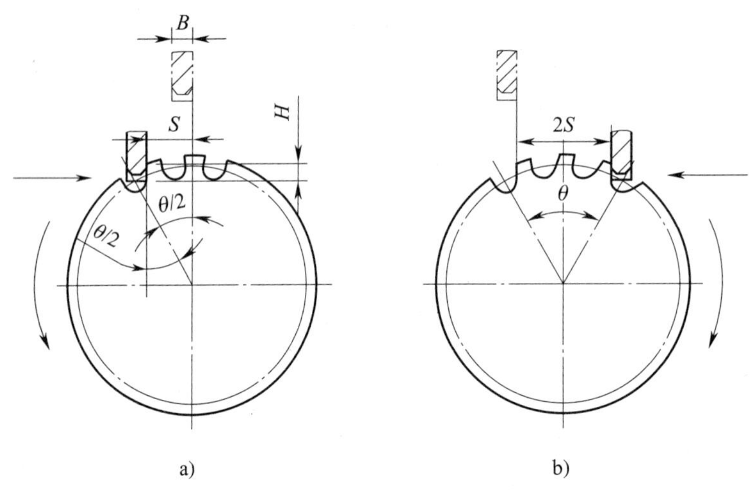

图 11-9　用三面刃铣刀铣削齿槽两侧

动 S 距离。然后使铣刀擦到工件表面，再上升 H 进行铣削（见图 11-9a）。S 和 H 可按下式计算：

$$S=\frac{d}{2}\sin\frac{\theta}{2}-\frac{d_1}{2} \quad (11\text{-}14)$$

$$H\approx\frac{1}{2}(d_a-d)\cos\frac{\theta}{2} \quad (11\text{-}15)$$

式中　d——分度圆直径，mm；

d_a——齿顶圆直径，mm；

d_1——滚子直径，mm；

θ——齿槽角，（°）。

铣齿的另一侧时，把工件反向转 θ 角度，工作台在横向方向反向移动 $2S+B$ 的距离后，即可进行铣削（见图 11-9b）。

在加工过程中，要根据测量所得的实际 M（或 M_R）和 M_p 值，对铣削深度做适当的调整，直到齿根圆直径 d_f 和节距 p 的值均在公差带范围内。

2. 圆弧形齿面链轮的铣削

在单件和小批量生产时，可用展成法加工，尤其对节距大的链轮更为合适。其工作原理是把立铣刀看作相当于与链轮啮合的链条滚子，假设当铣刀直线移动一个链轮齿距 $\left(\frac{\pi d}{z}\right)$ 时，链轮（工件）相应地过一个齿 $\left(\frac{1}{z}\text{转}\right)$。实际上铣刀的位置是不变的，即工件在直线移动一个齿距的距离的同时转过 $\frac{1}{z}$转。铣削时，齿面的展成情况如图 11-10 所示。其加工步骤如下：

（1）用立铣刀或键槽铣刀加工，铣刀直径可按式（11-10）计算。

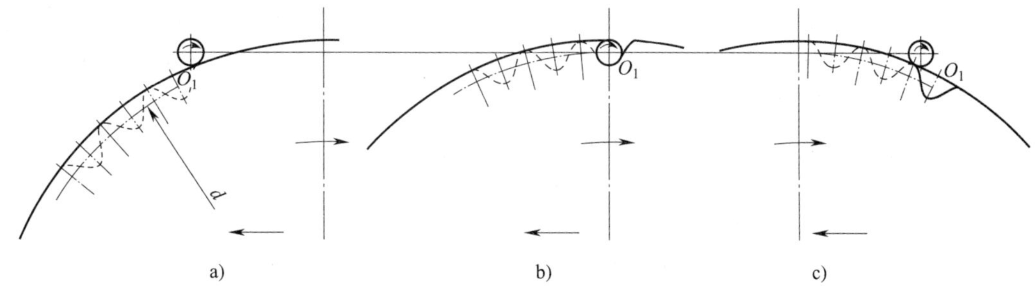

图 11–10　展成法铣削滚子链链轮原理

a）铣刀开始切入　b）铣至齿槽中部　c）铣刀切出工件

（2）用回转工作台或分度头装夹工件，交换齿轮齿数按下式计算：

$$i=\frac{z_1z_3}{z_2z_4}=\frac{kp_{丝}x}{\pi d} \qquad (11\text{–}16)$$

式中　k——回转工作台或分度头定数；

$p_{丝}$——机床纵向丝杠螺距（一般 $p_{丝}$=6 mm），mm；

d——链轮分度圆直径，mm；

x——修正系数。

挂轮方法与铣螺旋槽（或面）时相同。式中采用修正系数 x，是为了将链轮齿顶部分略微多铣去一些，使链条滚子能更平稳地进入和退出。x 值与链轮齿数 z 有关：当 $z \leqslant 13$ 时，x=1.05；z=14~16 时，x=1.04；$z \geqslant 17$ 时，x=1.03。

（3）铣刀与工件的相对位置，应保证铣刀与工件轴线间的距离在横向方向等于 $d/2$。铣削时，先使铣刀在纵向方向处于工件的外面，接着开动机床进行铣削，一直到铣刀切出工件为止，即铣好一个齿槽。然后把工作台退回到原处，并利用回转工作台或分度头进行分齿。每分一齿，做一次进给和铣削，一直到全部铣削完毕。

若在回转工作台上加工时，由于挂上了交换齿轮，故需在工件下面增加一块专用分度盘做直接分度，以利分齿。若在分度头上加工，则在侧轴上要装接长杆。

例 11–1　在 X52K 型立式铣床上，利用分度头展成加工链轮。已知：链条滚子直径 d_1=15.875 mm，链轮节距 p=25.4 mm，齿数 z=21。求加工有关各数据。

解：

1）分度圆直径 $d=\dfrac{p}{\sin\dfrac{180°}{z}}=\dfrac{25.4}{\sin\dfrac{180°}{21}}\approx$ 170.42 mm

2）齿顶圆直径 $d_a=d+0.8d_1\approx170.42+0.8\times15.875=183.12$ mm，实际可取 183 mm。

齿顶圆直径 d_a，根据表 11–1 可在 d_{amax} 到 d_{amin} 之间选取，即可在 178 mm 到 186.30 mm 之间选取。

3）齿根圆直径 $d_f=d-d_1\approx170.42-15.875\approx154.55$ mm。测量时，由于是奇数齿，若用直接测量法，则齿根测量距 $M=d_f\cos\dfrac{90°}{z}\approx154.12$ mm。

若用间接测量法检测，设量柱直径 d_R=15.88 mm，则量柱测量距 $M_R=d\cos\dfrac{90°}{z}+d_R\approx170.42\cos\dfrac{90°}{21}+15.88\approx185.82$ mm。

4）铣刀直径 $d_0=1.005d_1+0.10=1.005\times15.875+0.10\approx16.05$ mm，取 d_0=16 mm。

5）交换齿轮齿数按式（11–16）计算

$$i=\frac{z_1\,z_3}{z_2\,z_4}=\frac{kP_{丝}x}{\pi d}\approx\frac{40\times6\times1.03}{\pi\times170.42}\approx 0.4620\approx\frac{46}{100}\approx\frac{3\times3}{5\times4}=\frac{30\times60}{50\times80}$$

即 z_1=30，z_2=50，z_3=60，z_4=80。

6）调整工作台位置，最后一次精铣时，使铣刀轴线与工件（或分度头）轴线在横向

的距离为 $d \approx 170.42$ mm。注意：此时，分度头主轴应与工作台台面垂直。

二、齿形链链轮的铣削

齿形链链轮在件数较多时，一般也采用成形铣刀加工。用成形铣刀加工，一次进给可铣出一个齿槽，效率高，且易保证质量。在件数不太多及没有专用成形铣刀的时候，常采用单角铣刀或三面刃铣刀来加工。

1. 用两把单角铣刀组合铣削齿形链链轮

用两把单角铣刀组合铣削齿形链链轮的方法，仅适用于齿楔角 γ=60°的齿形链链轮。用单角铣刀组合铣削齿形链链轮的情况，如图 11-11 所示。铣刀间的垫圈使两把角度铣刀刀尖（也可是端面刀刃）之间的尺寸等于 s，垫圈厚度 s 为：

$$s=1.273p-1.155 \qquad (11-17)$$

式中 p——链条节距，mm。

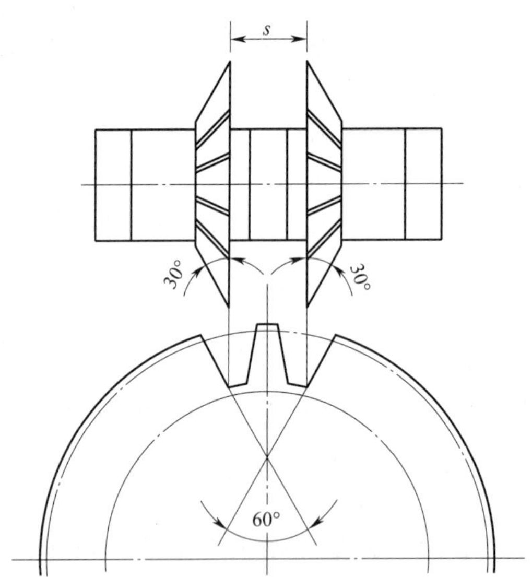

图 11-11 用单角铣刀组合铣削齿形链链轮

铣完各齿后，需用窄的三面刃铣刀切除槽底剩余部分。

2. 用三面刃铣刀铣削齿形链链轮

用三面刃铣刀铣削齿形链链轮如图 11-12 所示。在没有合适的且成对的单角铣刀时，可用一把三面刃铣刀加工。铣削时，先使铣刀像铣键槽一样对中心，然后把工作台横向移动一个距离 S，并上升一个高度 H。S 和 H 可按下式计算：

$$S = \frac{d_f}{2}\sin\theta + \frac{B}{2} \qquad (11-18)$$

$$H = \frac{d_a}{2} - \frac{d_f}{2}\cos\frac{\theta}{2} \qquad (11-19)$$

式中 d_f——齿根圆直径，mm；

d_a——齿顶圆直径，mm；

B——铣刀宽度，mm；

θ——齿槽角，(°)。

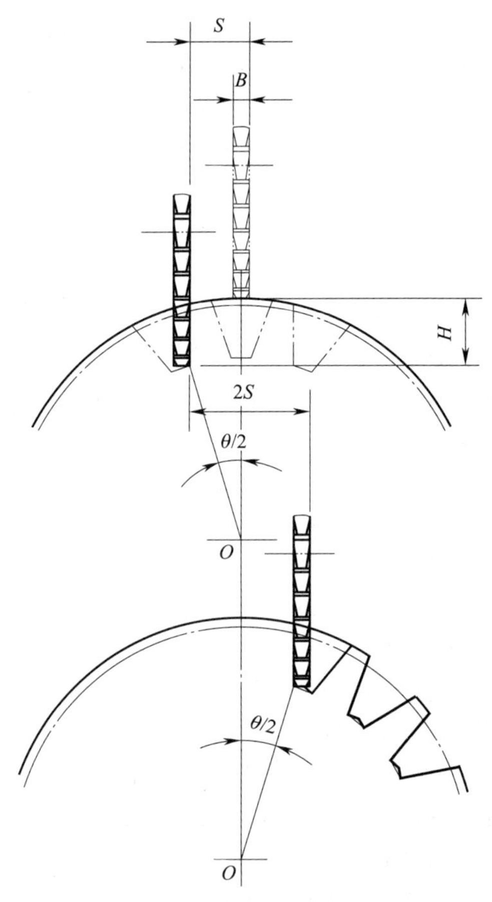

图 11-12 用三面刃铣刀铣削齿形链链轮

三面刃铣刀的宽度 B 不应大于槽底宽度，故一般比较窄。在没有合适的三面刃铣刀时，可用窄的槽铣刀进行加工。铣完各个齿的一侧后，先将工件回转角度 θ，再将工作台在横向反向移动 2S 的距离，铣削齿的另一侧。齿的两侧加工完毕，还需用原来的铣刀切除槽底的残留部分。

三、链轮铣削的质量分析

在铣床上加工链轮时，经常遇到的质量问题及产生原因列于表 11–9。

表 11–9　链轮加工质量分析

质量问题	产生原因
齿形不准	1. 成形铣刀铣削时，铣刀刀号不对 2. 用通用铣刀加工时，偏移量不准，工件回转角度不准；用角度铣刀加工时，铣刀角度不准，对刀时，对中心（对刀）不准 3. 用展成法加工时，交换齿轮计算不准；主动轮和被动轮挂错
齿圈径向跳动和端面圆跳动超差	1. 装夹时，齿坯内孔与分度头或回转工作台不同轴 2. 装夹时，以校正外圆为基准，而齿坯外圆与内孔同轴度差 3. 装夹时齿坯端面未校正
链轮节距超差	1. 分度不准 2. 工件与分度头或回转工作台不同轴 3. 工件装夹不牢或分度头主轴未紧固
齿根圆直径超差	1. 铣削深度不准 2. 量柱尺寸不对 3. 测量不准确

习题

1. 滚子链和套筒链链轮的齿槽形状用什么参数表示？
2. 齿形链链轮铣齿时如何检测？
3. 造成铣削的链轮齿形不准的原因有哪些？
4. 造成铣削的链轮齿根圆直径超差的原因有哪些？
5. 造成铣削的链轮节距超差的原因有哪些？

第十二章

刀具齿槽的铣削

铣刀、铰刀、麻花钻等多刃刀具，其齿槽、齿背一般都在铣床上铣削，为切削刃精加工（磨削）做好准备。刀具齿槽铣削（又称为开齿）虽为粗加工，但应保证齿槽形状和位置的准确、几何角度准确、刃带宽度均匀一致、刀齿前面具有较小的表面粗糙度值，并在前面、后面、刃带处留有适当的磨削余量。因此，刀具齿槽的铣削是铣床加工的重要工作内容之一。

多刃刀具种类繁多、形状复杂，按切削刃所在表面不同可分为圆柱面齿、圆锥面齿、端面齿三种，按齿槽的走向可分为直齿槽和螺旋齿槽两种。

§12–1 圆柱面直齿刀具齿槽的铣削

常见齿槽是直齿槽的圆柱面直齿刀具有锯片铣刀、直齿三面刃铣刀、铲齿成形铣刀等，其直齿槽一般在铣床上用单角铣刀或不对称双角铣刀铣削。

一、用单角铣刀铣削圆柱面直齿槽

圆柱面直齿刀具的前角 γ_o 有三种情形：正前角（γ_o>0°）、零前角（γ_o=0°）和负前角（γ_o<0°）。通常只有硬质合金刀具采用负前角，其他刀具大都采用正前角或零前角。负前角与正前角刀具的铣槽方法只是工作铣刀与被铣槽刀具（工件）的相对位置不同，其铣槽方法基本相同。因此，下面只介绍零前角和正前角两种刀具的铣槽方法。

1. 前角 γ_o=0° 的直齿槽的铣削

前角 γ_o=0° 的直齿槽刀具，其前面通过刀具中心，用单角铣刀铣削，调整计算简便，其主要操作、调整步骤如下：

（1）工作铣刀的选择和安装　选择廓形角 θ_1 等于被铣齿槽的齿槽角 θ、刀尖圆弧半径 r_ε 等于齿槽槽底圆弧半径 r 的单角铣刀作为工作铣刀，其外径应以齿槽深度 h 作为参考。铣刀安装于卧式铣床铣刀杆后应检查其径向和轴向圆跳动。

（2）工件的装夹与校正　工件（刀坯）一般装夹在分度头和专用夹具上，圆盘形和片状带孔刀具的刀坯通常用心轴装夹，生产批量大时可采用多件串装，如刀坯内孔带键槽，则可用平键使之与心轴连接，以免铣削时刀坯转动。带柄的刀坯一般采用两顶尖装夹，如图 12–1 所示。刀坯装夹后应进行校正，使其轴线与分度头主轴或专用夹具同轴，并与工作台台面和进给方向平行。

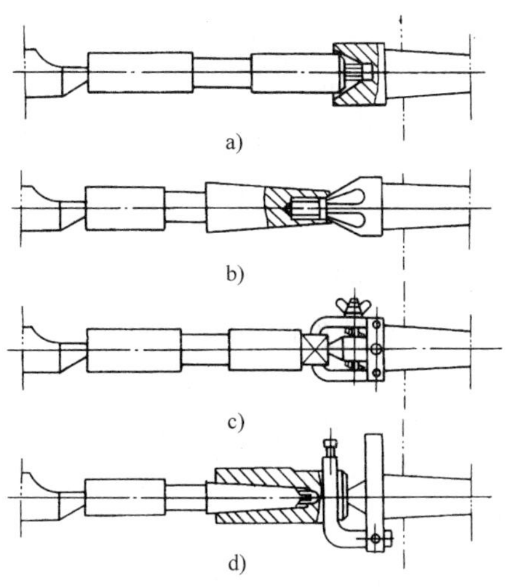

图 12–1　带柄刀坯的装夹方法

a）直柄刀坯的装夹　b）锥柄刀坯的装夹

c）带方尾刀坯的装夹　d）带扁尾刀坯的装夹

（3）工作铣刀工作位置的调整　单角铣刀的端面刃回转平面应通过工件（刀坯）的中心，以保证前角 γ_o=0°，一般采用切痕对刀或划线对刀法调整。铣削宽度 a_e（即切深）等于齿槽深度 h，如图 12–2 所示。在实际调整工作台的升高量时，应考虑到刀坯外径的加工余量和棱边宽度。

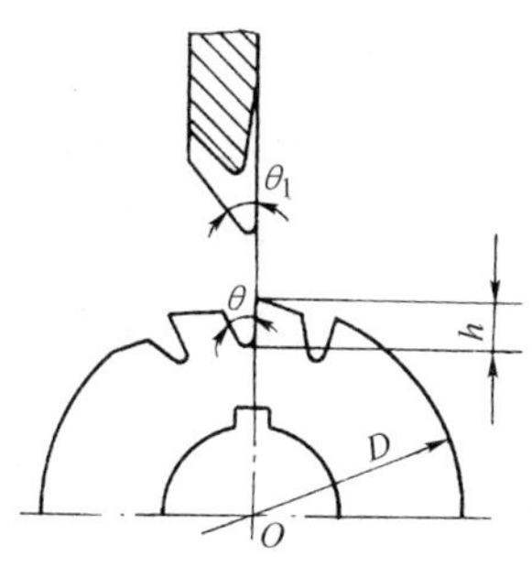

图 12–2　用单角铣刀铣削 γ_o=0° 的直齿槽

（4）铣齿槽　根据被加工刀具的等分齿数，利用分度头或专用夹具的分度装置进行分度，依次铣出各齿槽。对于不等分齿的刀具齿槽，可用专用分度夹具或分度头角度分度法进行分度。

2. 前角 γ_o>0° 的直齿槽的铣削

前角 γ_o>0° 的直齿槽刀具，其前面不通过刀具的中心，用单角铣刀铣削时，其方法与铣削 γ_o=0° 的直齿槽基本相同，但铣刀的工作位置的调整和工作台升高量（保证齿槽深度 h）的计算有区别。

工作铣刀的选择和安装、工件的装夹与校正、齿槽的铣削等方法与铣削前角 γ_o=0° 的直齿槽时相同。

调整工作铣刀的工作位置时，先使单角铣刀的端面刃回转平面通过工件（刀坯）的中心，然后将工作台横向偏移一个距离 S，再调整铣削宽度 a_e（即切深），使工作台升高 H 的距离，如图 12–3 所示。

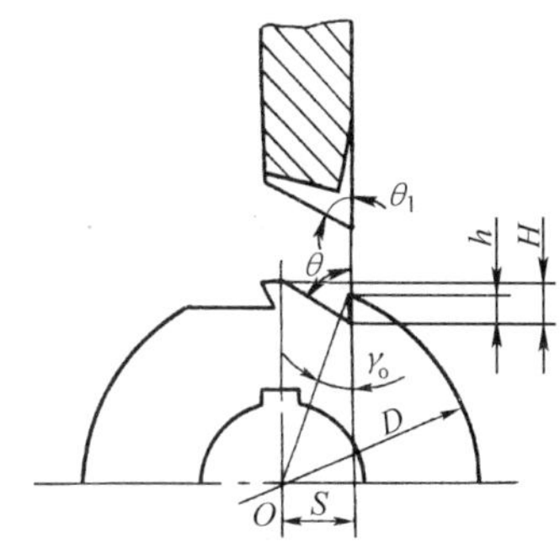

图 12–3　用单角铣刀铣削 γ_o>0° 的直齿槽

工作台的横向偏移量 S 和升高量 H 按式（12–1）和式（12–2）计算：

$$S=\frac{D}{2}\sin\gamma_o \qquad (12\text{–}1)$$

$$H=\frac{D}{2}\left(1-\cos\gamma_o\right)+h \qquad (12\text{–}2)$$

式中　D——被铣齿槽刀具（工件）外径，mm；

γ_o——被铣齿槽刀具前角，（°）；

h——被铣齿槽刀具齿槽深，mm。

生产中，用单角铣刀铣削常用前角刀具的直齿槽时，其工作台的横向偏移量 S 和升高量 H 可按表 12–1 计算确定。

表 12–1 用单角铣刀铣削圆柱面直齿槽时的 S 和 H 值 mm

调整值	被开齿刀具前角 γ_o				
	0°	5°	10°	15°	20°
S	0	$0.043\,6D$	$0.086\,8D$	$0.129D$	$0.171D$
H	h	$0.001\,9D+h$	$0.007\,6D+h$	$0.017D+h$	$0.03D+h$

二、用双角铣刀铣削圆柱面直齿槽

用双角铣刀铣削圆柱面直齿槽时的操作步骤与用单角铣刀铣削时基本相同，只是铣刀工作位置的调整（即对刀）、工作台横向偏移量和升高量的计算有所区别。

通常采用不对称双角铣刀铣削，并用其小角度锥面刃切削被加工刀具的前面，以减小工作台的横向偏移量 S。不对称双角铣刀的廓形角 θ_1 应等于工件的齿槽角 θ，铣刀的刀尖圆弧半径 r_ε 应等于工件的齿槽槽底圆弧半径 r。

1. 前角 γ_o=0° 的直齿槽的铣削

用不对称双角铣刀铣削 γ_o=0° 的直齿槽，铣刀与工件的相对位置如图 12–4 所示。双角铣刀的小角度锥面刃在铣到槽底位置时应通过工件中心。

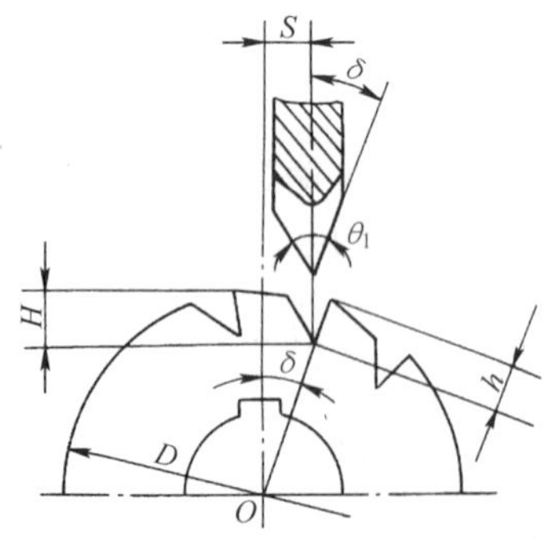

图 12–4 用双角铣刀铣削 γ_o=0° 的直齿槽

铣刀工作位置的调整步骤如下：

（1）使不对称双角铣刀的刀尖对准工件中心，并与工件弧顶轻擦接触（铣出一浅痕）。

（2）将工作台横向偏移距离 S。

（3）将工作台升高距离 H。

工作台的横向偏移量 S 和升高量 H 按式（12–3）和式（12–4）计算：

$$S = \left(\frac{D}{2} - h\right)\sin\delta \qquad (12\text{–}3)$$

$$H = \frac{D}{2} - \left(\frac{D}{2} - h\right)\cos\delta \qquad (12\text{–}4)$$

式中 D——被铣齿槽刀具（工件）外径，mm；

h——被铣齿槽刀具齿槽深，mm；

δ——不对称双角铣刀小锥面角度，（°）。

由式（12–3）可知，δ 越大，横向偏移量 S 也越大，使齿槽铣削不便，因此，常选用 δ=15° 的不对称双角铣刀进行齿槽铣削。

2. 前角 γ_o>0° 的直齿槽的铣削

用不对称双角铣刀铣削前角 γ_o>0° 的直齿槽，铣刀与工件的相对位置如图 12–5 所示。铣刀工作位置的调整与铣削 γ_o=0° 的直齿槽相同。

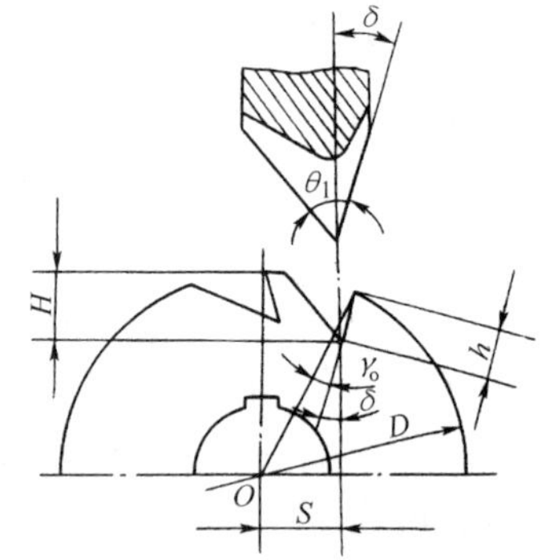

图 12–5 用双角铣刀铣削 γ_o>0° 的直齿槽

工作台的横向偏移量 S 和升高量 H 按式（12–5）和式（12–6）计算：

$$S = \frac{D}{2}\sin(\delta + \gamma_o) - h\sin\delta \qquad (12\text{–}5)$$

$$H = \frac{D}{2}[1 - \cos(\delta + \gamma_o)] + h\cos\delta \qquad (12\text{–}6)$$

式中 D——被铣齿槽刀具（工件）外径，mm；

h——被铣齿槽刀具齿槽深，mm；

δ——不对称双角铣刀的小锥面角度，(°)；

γ_o——被铣齿槽刀具的前角，(°)。

例 12-1 用 δ=15°的不对称双角铣刀铣削直径 D=80 mm 的圆柱面直齿刀具的齿槽，已知前角 γ_o=12°，齿槽深 h=6 mm。试计算工作台的横向偏移量 S 和工作台的垂直升高量 H。

解 根据式（12-5）和式（12-6）得：

$$S=\frac{D}{2}\sin(\delta+\gamma_o)-h\sin\delta=\frac{80}{2}\times\sin(15°+12°)-6\times\sin15°$$
$$=40\times\sin27°-6\times\sin15°\approx18.16-1.55$$
$$=16.61\ \text{mm}$$

$$H=\frac{D}{2}[1-\cos(\delta+\gamma_o)]+h\cos\delta=\frac{80}{2}\times[1-\cos(15°+12°)]+6\times\cos15°$$
$$=40\times(1-\cos27°)+6\times\cos15°$$
$$\approx4.36+5.80=10.16\ \text{mm}$$

三、铣削折线齿背

齿背由折线组成的刀具，在铣完所有齿槽后，还须按齿背后角 α_o 铣削齿背。

齿背铣削一般采用铣齿槽的单角铣刀进行，齿槽铣完以后，将工件偏转一个角度 φ，并重新调整工作台的横向移动和升降，逐齿铣削齿背。工件偏转的角度 φ 按式（12-7）和式（12-8）计算：

前角 γ_o=0°时：

$$\varphi=90°-\theta_1-\alpha_o \qquad (12-7)$$

前角 γ_o>0°时：

$$\varphi=90°-\theta_1-\alpha_o-\gamma_o \qquad (12-8)$$

式中 θ_1——单角铣刀廓形角，(°)；

α_o——被铣齿槽刀具的齿背后角，(°)；

γ_o——被铣齿槽刀具的前角，(°)。

计算出转角 φ 的度数后，还需换算成分度手柄的转数 n，以便操作时使用。

按式（12-7）和式（12-8）计算得到的 φ 是正值时，工件按图 12-6 所示位置顺时针转动；若 φ 为负值时，工件应逆时针转动。

齿背铣削也可以另用一把单角铣刀进行，两把单角铣刀可安装在同一铣刀杆上，并保持适当距离，以免碰伤工件，铣削时一把单角铣刀用于铣削齿槽，另一把单角铣刀用于铣削齿背（图 12-7）。铣削齿背的单角铣刀的廓形角 θ_2 应按齿背后角 α_o 和前角 γ_o 确定［式（12-9）和式（12-10）］：

前角 γ_o=0°时：

$$\theta_2=90°-\alpha_o \qquad (12-9)$$

前角 γ_o>0°时：

$$\theta_2=90°-\alpha_o-\gamma_o \qquad (12-10)$$

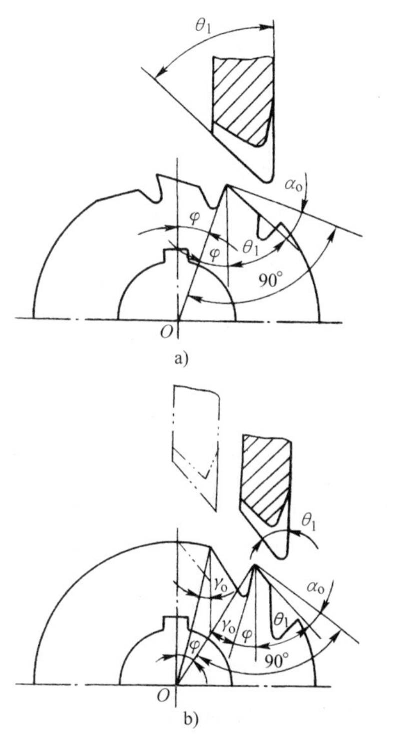

图 12-6 用单角铣刀铣折线齿背

a）铣削 γ_o=0°刀齿的齿背 b）铣削 γ_o>0°刀齿的齿背

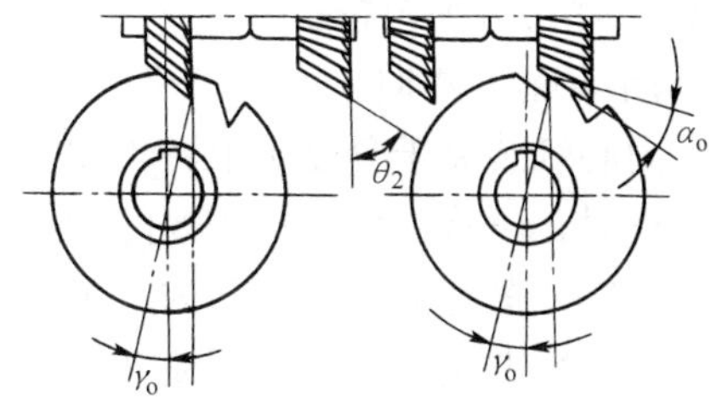

图 12-7 用两把单角铣刀分别铣削齿槽和齿背

§12-2 圆柱面直齿刀具端面齿槽的铣削

一、圆柱面直齿刀具端面齿槽的铣削

具有端面齿的刀具可分为两类：一类是带有端面齿的圆柱面直齿刀具（如直齿三面刃铣刀），其端面齿的前角通常等于0°；另一类是带有端面齿的圆柱面螺旋齿刀具（如错齿三面刃铣刀），其端面齿的前角大于0°。端面齿槽铣削时，除了达到规定的几何角度外，还应使其棱边宽度在刃口全长上保持均匀一致。本书仅介绍圆柱面直齿刀具端面齿槽的铣削。

带有端面齿的直齿刀具，在铣完直齿槽、齿背后，还需进行端面齿槽的铣削。由于端面齿槽铣削是在圆柱面直齿槽铣削后进行的，因此，端面刃的齿槽必须与圆柱面直齿槽对齐，并达到规定的几何角度。此外，还应保证端面刃棱边的宽度 f 在刃口全长上保持均匀一致，如图12-8a所示。

1. 工作铣刀的选择

铣削圆柱面直齿刀具的端面齿槽时，一般均选用廓形角等于工件端面齿槽角的单角铣刀。铣削两侧均有端面齿槽的刀具（如直齿三面刃铣刀）时，应准备角度相等、切向相反的左切、右切单角铣刀各1把。此外，由于工件装夹比较困难，铣削端面齿槽时退刀位置窄小，因而铣刀的外径应尽可能选小一些。

2. 工件的装夹与校正

铣削端面齿槽时，盘形工件用锥度心轴或胀力心轴装夹于分度头上；工件是带锥柄的刀坯时，可将锥柄（按需要配上过渡锥套）直接插入分度头主轴锥孔内。工件装夹时应校正轴向圆跳动和径向圆跳动，应符合规定的要求。

3. 分度头仰角 α 的计算

为保证铣削后端面齿的刃口棱边宽度 f 沿径向处处相等，端面齿槽一定要铣成外宽内窄、外深内浅，即端面齿槽深度沿径向由中心向外圆周逐渐增加。因此，在铣削时，必须将被加工刀具的端面倾斜一个角度，也就是将分度头主轴仰起一个角度 α，如图12-8b所示。分度头仰起角度 α 与被加工刀具的齿数和端面齿槽角有关，可按式（12-11）计算：

$$\cos\alpha = \tan\frac{360°}{z}\cot\theta \qquad (12-11)$$

式中　z——被铣槽刀具（工件）的齿数；

θ——被铣槽刀具端面齿槽角，(°)。

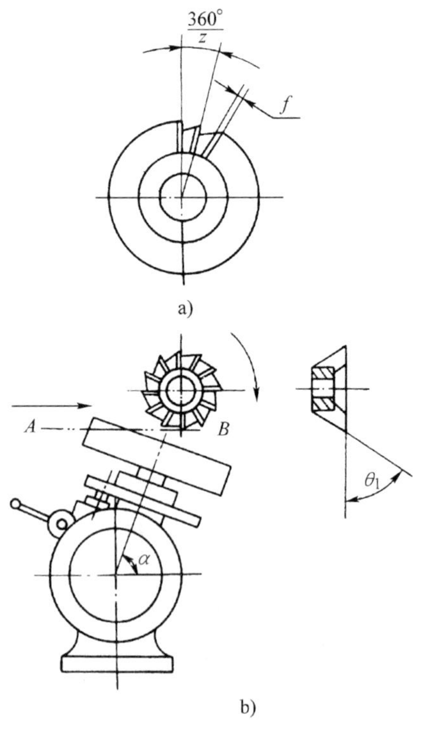

图12-8　铣端面齿槽

a）被加工刀具　b）端面齿槽的铣削

在实际生产中，为避免烦琐的计算，常用的刀具端面齿槽铣削时的分度头主轴仰角可由表 12–2 查得。

4. 铣削位置的调整及铣削端面齿槽

（1）当被加工刀具圆柱面齿的前角 γ_o=0°时，调整工作铣刀（单角铣刀）的端面刃回转平面通过工件中心，然后转动分度手柄，使工作铣刀端面刃对准一圆柱面刀齿的前面，然后进行纵向试铣。试铣时，用微量调整分度头仰角 α 的方法保证端面齿棱边宽度在全长上一致，并逐渐切深，使棱边宽度达到规定要求。逐齿分度铣削其余各端面齿槽。

（2）当被加工刀具圆柱面齿的前角 γ_o>0°时，调整工作铣刀的端面刃回转平面通过工件中心后，需要将工作台向工作铣刀锥面一方横向移动一个偏移量 S，然后转动分度手柄，使工件一圆柱面刀齿的前面与工作铣刀端面刃对准，进行试铣、微调、切深、分齿铣削。

工作台横向偏移量 S 的计算可采用式（12–1），即：$S=\dfrac{D}{2}\sin\gamma_o$（式中 γ_o 应使用圆柱面刀齿的前角）。

（3）如果工件两侧面都有端面齿槽，在铣完一侧的端面齿槽后，将工件翻转 180°重新装夹校正，换装另一把铣切方向相反的工作铣刀，按相同的方法铣削另一侧各端面齿槽。

表 12–2　　刀具端面齿槽铣削时的分度头主轴仰角 α 值

工件齿数	工作铣刀廓形角 θ_1							
	85°	80°	75°	70°	65°	60°	55°	50°
5	74° 23′	57° 08′	34° 27′	—	—	—	—	—
6	81° 17′	72° 13′	62° 21′	50° 55′	36° 08′	—	—	—
8	84° 59′	79° 51′	74° 27′	68° 39′	62° 12′	54° 44′	45° 33′	32° 57′
10	86° 21′	82° 38′	78° 46′	74° 40′	70° 12′	65° 12′	59° 25′	52° 26′
12	87° 06′	84° 09′	81° 06′	77° 52′	74° 23′	70° 32′	66° 09′	61° 01′
14	87° 35′	85° 08′	82° 35′	79° 54′	77° 01′	73° 51′	70° 18′	66° 10′
16	87° 55′	85° 49′	83° 38′	81° 20′	78° 52′	76° 10′	73° 08′	69° 40′
18	88° 10′	86° 19′	84° 24′	82° 23′	80° 14′	77° 52′	75° 14′	72° 13′
20	88° 22′	86° 43′	85° 00′	83° 12′	81° 17′	79° 11′	76° 51′	74° 11′
22	88° 32′	87° 02′	85° 30′	83° 52′	82° 08′	80° 14′	78° 08′	75° 44′
24	88° 39′	87° 18′	85° 53′	84° 24′	82° 49′	81° 06′	79° 11′	77° 00′
26	88° 46′	87° 30′	86° 13′	84° 51′	83° 24′	81° 49′	80° 04′	78° 04′
28	88° 51′	87° 42′	86° 30′	85° 14′	83° 53′	82° 26′	80° 48′	78° 58′
30	88° 56′	87° 51′	86° 44′	85° 34′	84° 19′	82° 57′	81° 26′	79° 44′
32	89° 00′	87° 59′	86° 56′	85° 51′	84° 41′	83° 24′	82° 00′	80° 24′
34	89° 04′	88° 07′	87° 08′	86° 06′	85° 00′	83° 48′	82° 29′	80° 59′
36	89° 07′	88° 13′	87° 18′	86° 19′	85° 17′	84° 10′	82° 54′	81° 29′
38	89° 10′	88° 19′	87° 26′	86° 31′	85° 32′	84° 28′	83° 17′	81° 57′
40	89° 12′	88° 24′	87° 34′	86° 42′	85° 46′	84° 45′	83° 38′	82° 22′

二、圆柱面直齿刀具端面齿槽铣削的质量分析

刀具齿槽铣削是一种综合性的、较复杂的槽类铣削，加工过程中涉及的内容比较广，操作的要求较高，具有一定的难度。其中，圆柱面直齿刀具齿槽的铣削是各种刀具齿槽铣削的基础。圆柱面直齿刀具端面齿槽铣削中常见的质量问题和产生原因见表 12–3。

表 12–3　　圆柱面直齿刀具端面齿槽铣削的质量分析

质量问题	产生原因
齿槽形状偏差大	1. 工作铣刀廓形不准 2. 工作铣刀刀尖圆弧选择不当
齿形分布不均匀	1. 分度装置误差大或分齿操作错误 2. 工件安装不准，径向跳动大 3. 铣削时工件松动
前角值偏差过大	1. 偏移量 S 计算错误 2. 工作台偏移距离不准确 3. 工作台偏移方向错误 4. 对中心不准，偏差太大；用划线法对刀时，划线错误
棱边刃带偏差过大	1. 升高量 H 计算错误或调整不当 2. 工作铣刀廓形角偏差过大 3. 铣齿背时转角 φ 不准或铣切过深 4. 铣端面齿槽时，分度头仰角（起度角）α 不正确 5. 工件刀坯或夹具校正精度差 6. 工件装夹不合理，铣削时走动或发生变形
工件刀齿被碰坏或其他部位有残留刀痕	1. 铣削过程中，工件松动或操作不慎 2. 工作铣刀直径过大或铣切方向选择不当，影响退刀 3. 铣端面齿槽时，分度装置有误差或校正对刀不准确

习题

1. 用单角铣刀铣削圆柱面直齿刀具齿槽，刀具的前角 $\gamma_o=0°$ 与 $\gamma_o>0°$ 时有何异同？

2. 用单角铣刀铣削圆柱面直齿刀具齿槽，已知：刀坯直径为 100 mm，刀齿前角 $\gamma_o=15°$，刀齿齿槽深 8 mm，试求工作台横向偏移量 S 和升高量 H。

3. 用 $\delta=15°$ 的不对称双角铣刀铣削第 2 题中刀具的直齿槽，工作台横向偏移量 S 和升高量 H 又各为多少？

4. 铣削圆柱面直齿刀具的折线齿背，工件偏转角度 φ 和偏转方向如何确定？

5. 用单角铣刀对已加工完直齿槽的刀坯进行齿背铣削，已知：工作铣刀廓形角 $\theta_1=50°$，工件齿背后角 $\alpha_o=20°$，前角 $\gamma_o=15°$，试求工件偏转角度 φ 和偏转方向。

第十三章

铣床的结构与调整

§13-1　X6132 型卧式铣床主要部件的结构

一、X6132 型卧式铣床的主轴变速箱

1. 主轴传动系统

X6132 型卧式铣床的传动系统如图 13-1 所示。主轴的回转运动由主电动机（功率 P=7.5 kW、转速 n=1 450 r/min）开始，经床身中的主轴传动系统获得。主电动机通过弹性联轴

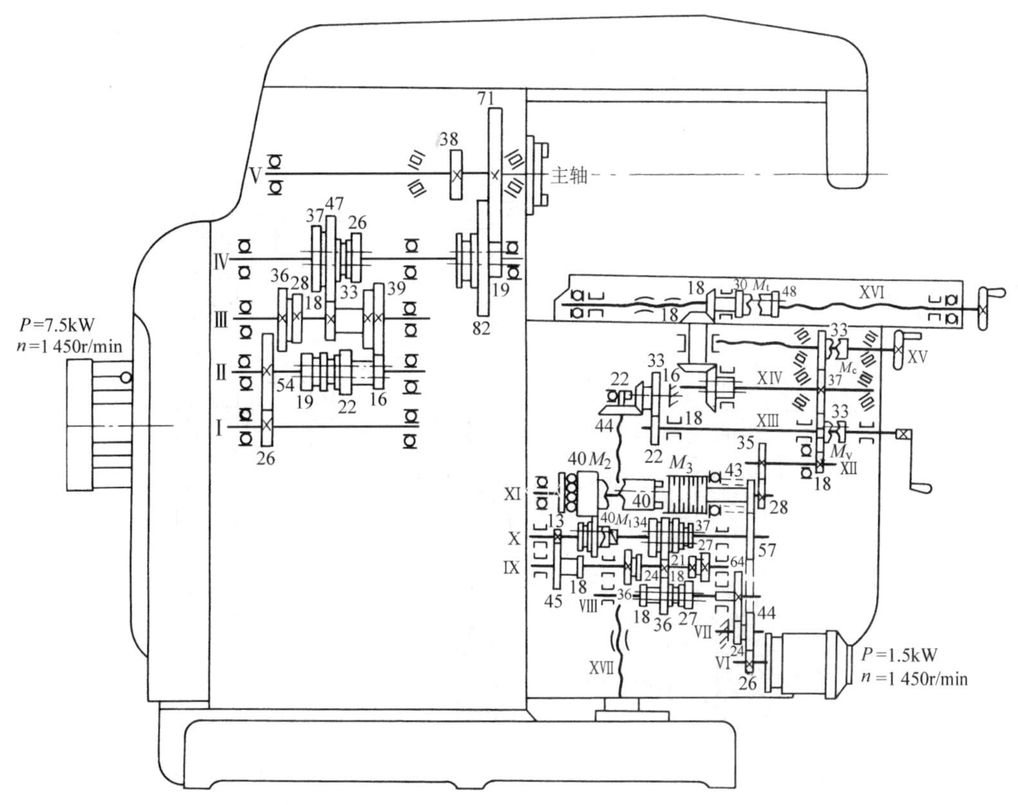

图 13-1　X6132 型卧式铣床的传动系统

器与轴Ⅰ连接，使轴Ⅰ获得一种与主电动机相同的转速。轴Ⅰ通过一对齿数比为$\frac{26}{54}$的齿轮带动轴Ⅱ，使轴Ⅱ获得一种 $1\ 450 \times \frac{26}{54} \approx$ 698.15 r/min 的转速。轴Ⅱ上有一个可沿轴向移动并做变速的三联滑移齿轮，改变滑移齿轮的位置，使之与轴Ⅲ上三个齿轮中的一个啮合，带动轴Ⅲ转动，其齿数比分别为$\frac{19}{36}$、$\frac{22}{33}$和$\frac{16}{39}$，使轴Ⅲ获得 3 种不同的转速。轴Ⅳ上的一个三联滑移齿轮与轴Ⅲ上相应的齿轮啮合，轴Ⅲ的每一种转速均可使轴Ⅳ得到 3 种转速，因此，一共有 3×3=9 种不同的转速。轴Ⅳ右端又有一双联滑移齿轮，当它与主轴Ⅴ上相应的齿轮啮合时，使主轴能获得 3×3×2=18 种不同的转速。这就是主轴传动系统的传动过程和变速原理。其传动结构式为：

$$\text{主电动机}—\text{Ⅰ}—\frac{26}{54}—\text{Ⅱ}—\begin{Bmatrix}\frac{19}{36}\\ \frac{22}{33}\\ \frac{16}{39}\end{Bmatrix}—\text{Ⅲ}$$

$$—\begin{Bmatrix}\frac{28}{37}\\ \frac{18}{47}\\ \frac{39}{26}\end{Bmatrix}—\text{Ⅵ}—\begin{Bmatrix}\frac{82}{38}\\ \frac{19}{71}\end{Bmatrix}—\text{Ⅴ（主轴）}$$

2. 主轴变速箱的结构

X6132 型卧式铣床主轴变速箱的结构如图 13-2 所示。主电动机安装在床身的后面，通过弹性联轴器与轴Ⅰ相连。传动轴Ⅰ～Ⅴ均由滚动轴承支承。轴Ⅱ与轴Ⅳ上的滑移齿轮由相应的拨叉机构来拨动，使其与相应的齿轮啮合，实现主轴转速的变换。

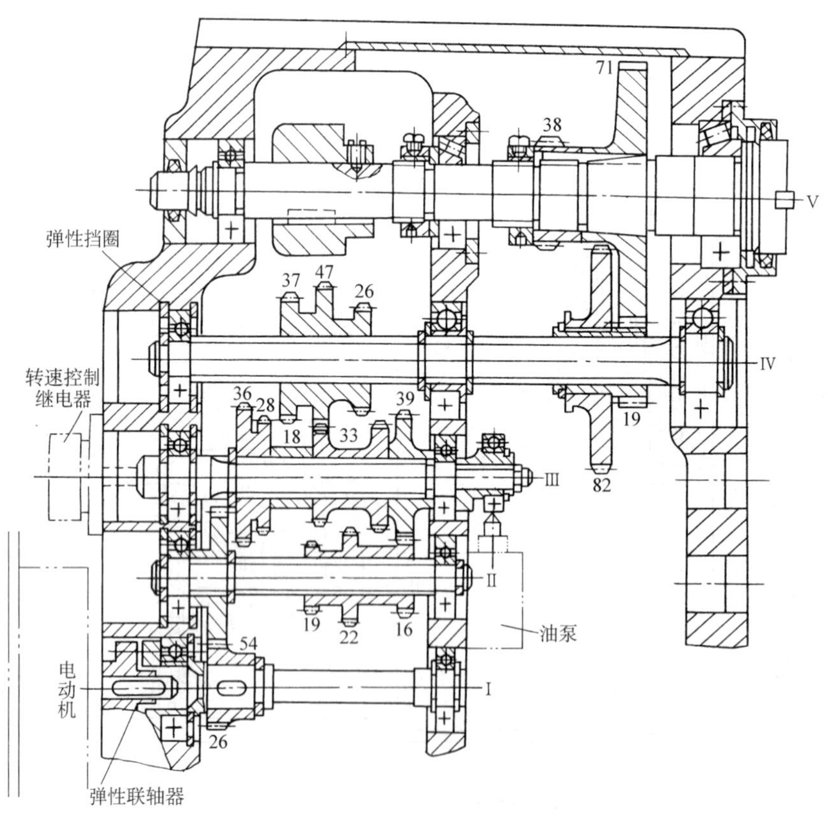

图 13-2　X6132 型卧式铣床主轴变速箱的结构

（1）主轴　主轴（即图 13–2 中的轴Ⅴ）是变速箱内最重要的部件，由三个滚动轴承支承，由于主轴的直径较大，和轴承之间的距离较短，因此，能保证主轴具有足够的刚度和抗振动能力。前轴承是决定主轴几何精度和运动精度的主要轴承，采用了精度等级较高的圆锥滚子轴承。主轴中部的轴承决定主轴工作的平稳性，采用精度等级较前轴承低一级的圆锥滚子轴承。后轴承对铣削的加工精度影响较小，主要用来支承主轴的尾端，采用深沟球轴承。

在主轴后部中、后轴承间装有飞轮，用以在铣削过程中储存和释放能量，减少振动，使主轴回转均匀和铣削平稳，尤其是在用齿数较少的铣刀进行铣削时，飞轮的作用更为突出。有的厂家在制造 X6132 型铣床时，利用增加 z=71 的大齿轮（靠近主轴前端）的质量来替代飞轮的作用，而不再另装飞轮。

（2）中间传动轴　即变速箱中的轴Ⅱ、轴Ⅲ、轴Ⅳ，都是花键轴。在轴Ⅱ上装有可沿轴向滑移的三联齿轮。轴Ⅲ上的各齿轮之间用套圈隔开，齿轮不能沿轴向滑移。轴Ⅲ的左端，装有用于制动主轴的转速控制继电器；轴Ⅲ的右端，装有带动润滑油泵的偏心轮。轴Ⅳ上装有可滑移的三联齿轮和双联齿轮。轴Ⅱ、轴Ⅲ各用两个深沟球轴承支承，轴Ⅳ由于较长，为了提高轴的刚度和抗振性，采用了三个深沟球轴承支承。

各中间传动轴上一端（图 13–2 中的左端）深沟球轴承的外圈都采用弹性挡圈固定在床身上，其内圈用弹性挡圈固定在轴上，即轴的一端相对床身不能做轴向移动。另一端深沟球轴承的外圈在床身的孔内不做轴向固定，只在轴端用弹性挡圈将轴承内圈固定，这样可使传动轴在发热和冷却时有沿轴向伸缩的余地，此外，也便于制造和装配。

（3）弹性联轴器　主电动机轴与轴Ⅰ之间用弹性联轴器连接。弹性联轴器的结构如图 13–3 所示。它由两个半联轴器组成，两半联轴器分别安装在主电动机轴和轴Ⅰ上，两半联轴器之间用带有弹性圈（有弹性的橡胶圈或皮革圈）的柱销、垫圈和螺母连接并传递动力。利用弹性圈的弹性补偿两轴之间的少量相对位移（偏移和倾斜），并缓和冲击，吸收振动。联轴器上的弹性圈由于经常受到启动和停止的冲击而容易磨损，当磨损严重时应予以更换。

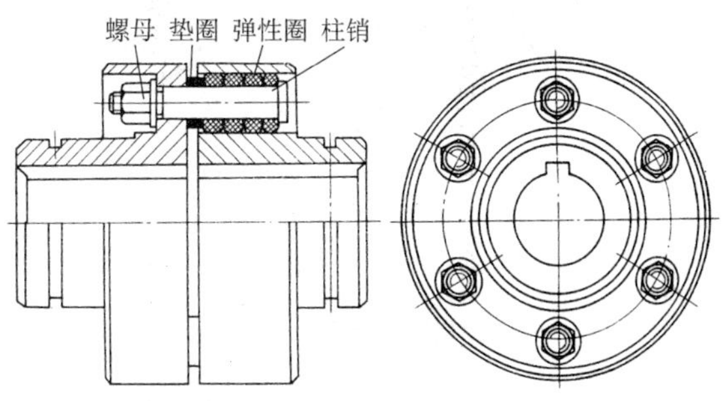

图 13–3　弹性联轴器

（4）主轴制动装置　X6132 型卧式铣床的主轴采用转速控制继电器实现制动，继电器装在轴Ⅲ的左端（图 13–2）。其作用是当按下主轴“停止”按钮时，能使主轴迅速停止回转。

3. 主轴变速箱的润滑装置

润滑油泵装在轴Ⅲ右端下方（图 13–2），由轴Ⅲ右端的偏心轮带动。润滑油从油泵输出后，由分油器把油分送到各油管。一方面由油管把油送到主轴的三个轴承和油指示器（油标），另一方面喷淋到各传动齿轮上，并靠齿轮溅入其他各轴承，对齿轮和轴承等机构和零件进行润滑。

4. 主轴变速操纵机构

机床主轴的 18 种转速是通过操纵三个拨叉改变三个滑移齿轮（两个三联齿轮和一个双联齿轮）的轴向位置，从而变换轮系中啮合齿轮副的方法得到的。这三个拨叉是由变速操纵机构集中操纵的。

主轴变速操纵机构的结构示意如图 13–4 所示。操作时，先将手柄 1 向下按，使手柄

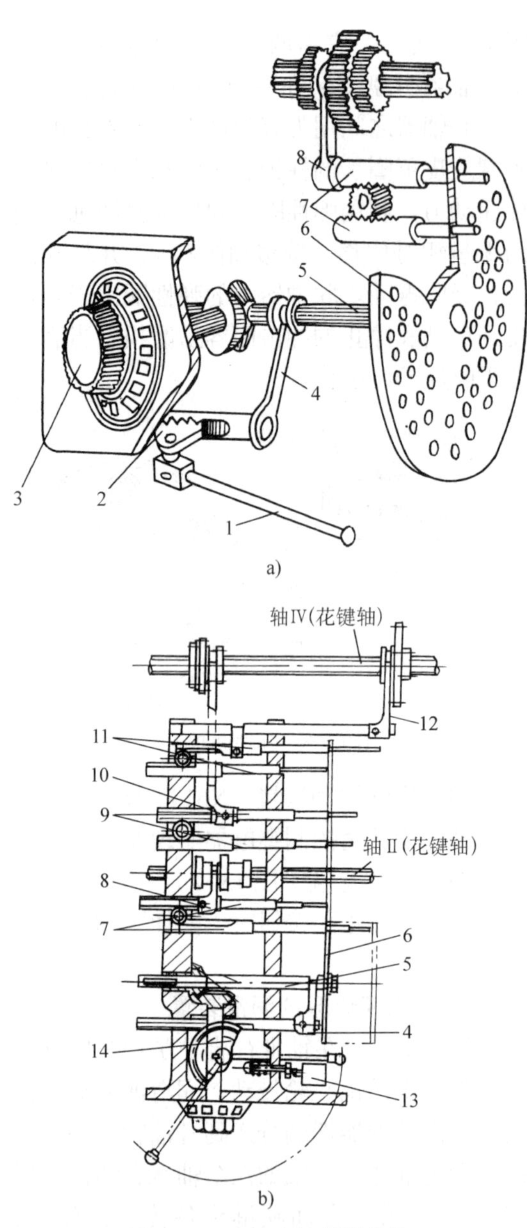

图 13-4 主轴变速操纵机构

a）示意图 b）三对齿条杆分布图

1—手柄 2—扇形齿轮 3—转速盘 4、8、10、12—拨叉 5—轴 6—变速孔盘 7、9、11—齿条杆 13—主电动机微动开关 14—凸轮

的榫块从定位槽中脱出，再将手柄向外拉，手柄转动时，带动固定在手柄轴上的扇形齿轮 2 随手柄轴转动，从而推动齿条杆向右移动，齿条杆右端的拨叉 4 将轴 5 和固定在轴右端的变速孔盘 6 一起向右方推出，使齿条杆 7、9 和 11 都从孔盘上相应的孔眼中脱出，为变速做好准备。变速时，转动转速盘 3，通过锥齿轮副带动轴和变速孔盘回转，使所需转速对准转速盘上箭头所指的位置后，将手柄 1 推回原位，完成变速。

变速孔盘上有若干按一定规律排列的定位孔，分别对应齿条杆 7、9 和 11。齿条杆采用成对组合与齿轮啮合在一起，当其中一根齿条杆向左移动时，另一根齿条杆则向右移动。变速孔盘上有直径大小不同的两种孔，每根齿条杆的尾部装有一根销子，销由不同直径（与孔盘孔径相适应）的两个台阶圆柱组成。当由转速盘选定所需转速后推回手柄 1 时，扇形齿轮推动齿条杆向左复位，拨叉 4 使轴 5 和变速孔盘 6 一起向左复位，这时齿条杆 7、9 和 11 插入变速孔盘上相应孔的位置，已因变速调整而与原来不同，各对齿条杆因插入大孔、小孔或被挡而发生左右移动，连接在齿条杆上的拨叉 8、10 和 12 随齿条杆的移动而带动滑移齿轮沿轴向移动，改变轮系中齿轮的啮合状态，获得不同的传动比，实现主轴变速的目的。下面以图 13-4a 中的齿条杆 7 为例说明拨叉 8 的移动位置。变速孔盘 6 复位时，若孔盘上只有一个大孔与下齿条杆 7 相对应，当变速孔盘 6 复位时，上齿条杆 7 被孔盘推到最左端位置，同时，下齿条杆右移，大、小台阶销均插入孔盘大孔中，与上齿条杆连接在一起的拨叉 8 拨动三联滑移齿轮到最左端位置；若变速孔盘上有两个小孔分别与上、下齿条杆 7 对应，当变速孔盘复位时，两小台阶销均插入孔盘小孔中，这时拨叉和三联滑移齿轮处在中间位置；若变速孔盘上只有一个大孔与上齿条杆 7 对应，当变速孔盘复位时，下齿条杆 7 被孔盘推到最左端位置，同时，上齿条杆右移，大、小台阶销均插入变速孔盘大孔中，拨叉和三联滑移齿轮处在最右端位置。这样三联滑移齿轮获得三个不同的位置。用于操纵双联滑移齿轮的齿条杆 11 只有一个台阶圆柱销，孔盘上对应也只有一种直径的孔，拨叉 12 与双联滑移齿轮只有两个位置。

此外，在手柄 1 转动时，与扇形齿轮 2 连在一起的凸轮 14 触及主电动机微动开关 13，使主电动机瞬时接通并立即被切断，各轴上的齿轮都发生微小的转动，使滑移齿轮能顺利地滑入啮合位置。但操作时必须注意，推动手柄的动作应迅速，以免主电动机接通时间过长，使转速升高，容易打坏齿轮；而手柄推近最终位置时，应减慢推动速度，以利于齿轮啮合。

为保证传动系统的正常工作，变速操作不宜过多连续进行，一般不超过 3 次，必要时应隔 5 min 后再进行，否则会因启动电流大而使主电动机超负荷导致损坏。此外，变速前应先停车。

二、X6132 型卧式铣床的进给变速箱

1. 进给变速传动系统

X6132 型卧式铣床的进给运动包括工作台的纵向进给运动、横向进给运动和（升降台的）垂向进给运动。

进给运动的传动系统如图 13-1 所示的右下侧部分。由进给电动机（功率 P=1.5 kW，转速 n=1 450 r/min）经齿数比为$\frac{26}{44}$和$\frac{24}{64}$的两个齿轮副将运动传至轴Ⅷ，再经轴Ⅷ和轴Ⅹ上的两个三联滑移齿轮，分别与轴Ⅸ上相应的齿轮啮合，使轴Ⅹ获得 9 种不同的转速。当轴Ⅹ上空套的 z=40 的齿轮处于图示与离合器 M_1 接合的位置时，轴Ⅹ的 9 种转速经齿数比为$\frac{40}{40}$的齿轮副和离合器 M_2 传至轴Ⅺ，使轴Ⅺ获得 9 种快的转速。当轴Ⅹ上空套的 z=40 的齿轮向左滑移，使离合器 M_1 脱开，并与空套在轴Ⅸ上双联齿轮的小齿轮（z=18）啮合时，轴Ⅹ上的 9 种转速经齿数比为$\frac{13}{45}$和$\frac{18}{40}$的两齿轮副与齿数比为$\frac{40}{40}$的齿轮副和离合器 M_2 传至轴Ⅺ，使轴Ⅺ获得 9 种慢的转速。轴Ⅺ的运动经齿数比为$\frac{28}{35}$等诸齿轮副和离合器 M_t、M_c、M_v 分别传给纵向、横向和垂直方向的进给丝杠，使工作台获得三个方向的进给运动，进给速度各为 3×3×2=18 种。纵向和横向进给速度的范围为 23.5 ~ 1 180 mm/min，垂向进给速度只相当于纵向进给速度的 1/3，其范围为 8 ~ 394 mm/min。

进给运动的传动结构式为：

$$\text{Ⅶ}—\frac{44}{57}-\frac{57}{43}-M_3\text{（快速移动）}—\text{Ⅺ}$$

$$\text{进给电动机}—\text{Ⅵ}—\frac{26}{44}—\text{Ⅶ}—\frac{24}{64}—\text{Ⅷ}—\begin{bmatrix}\frac{36}{18}\\ \frac{27}{27}\\ \frac{18}{36}\end{bmatrix}—\text{Ⅸ}—\begin{bmatrix}\frac{24}{34}\\ \frac{21}{37}\\ \frac{18}{40}\end{bmatrix}—\text{Ⅹ}—\left\{\begin{matrix}M_1-\frac{40}{40}\\ \frac{13}{45}-\frac{18}{40}-\frac{40}{40}\end{matrix}\right\}—M_2—\text{Ⅺ}—$$

$$\frac{28}{35}—\text{Ⅻ}—\left\{\begin{matrix}\frac{18}{33}\,\frac{33}{37}—\text{ⅩⅣ}—\frac{18}{16}—\frac{18}{18}—M_t—\text{ⅩⅥ}—\text{纵向进给丝杠}(P=6\text{ mm})\\ \frac{18}{33}\,\frac{33}{37}—\text{ⅩⅣ}—\frac{37}{33}—M_c—\text{ⅩⅤ}—\text{横向进给丝杠}(P=6\text{ mm})\\ \frac{18}{33}—M_v—\text{ⅩⅢ}—\frac{22}{33}—\frac{22}{44}—\text{ⅩⅦ}—\text{垂向进给丝杠}(P=6\text{ mm})\end{matrix}\right.$$

纵向、横向和垂向三个方向的进给运动分别通过接通离合器 M_t、M_c 和 M_v 来实现（图 13–1）。当手柄接通其中的一个离合器时，也就同时接通了进给电动机的电气开关（正转或反转），得到正、反方向的进给运动。这三个方向的运动是互锁的，不能同时接通。

当工作台的任一进给方向需要快速运动时，可将手柄推向该方向，并按下“快速”按钮，接通安装在升降台左下侧的一个强力电磁铁，由电磁铁牵动一系列杠杆，使图 13–1 中所示轴Ⅺ上的离合器 M_2 向右移动，通过摩擦离合器 M_3 接通该轴右端的 z=43 的齿轮。这样，运动就直接由进给电动机轴上的齿轮（z=26）经中间齿轮（z=44 和 z=57）传到轴Ⅺ右端的 z=43 的齿轮，再由摩擦离合器 M_3 带动轴Ⅺ转动，这时轴Ⅺ最右端的齿轮（z=28）便快速转动。

2. 进给变速箱的结构

进给变速箱的结构如图 13–5 所示。进给变速箱安装在升降台的左边，进给电动机通过其轴（轴Ⅵ）上的齿轮（z=26）与轴Ⅶ上的齿轮（z=44）的啮合，将运动传给变速箱。

轴Ⅶ是一根短轴，其一端以过盈配合压紧在进给变速箱箱体壁内，轴Ⅶ与其上的双联齿轮之间用滚针（因双联齿轮的小齿轮直径太小，孔径受到限制）支承。双联齿轮的小齿轮（z=24）与轴Ⅷ上 z=64 的齿轮啮合，将运动传给轴Ⅷ。

轴Ⅷ是一根花键轴，通过轴上的三联滑移齿轮，将运动传至轴Ⅸ。轴Ⅷ经两级齿

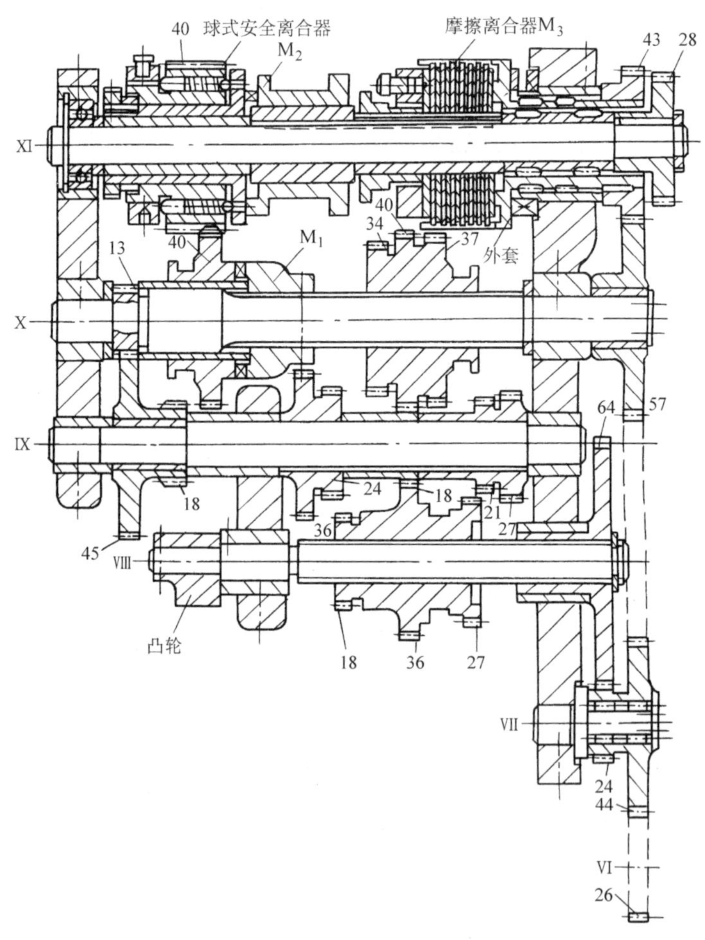

图 13–5　进给变速箱的结构（展开图）

注：图中阿拉伯数字均为齿轮齿数

轮副降速，转速只有 $1\,450 \times \frac{26}{44} \times \frac{24}{64} \approx$ 321 r/min，且轴的直径又不大，所以采用滑动轴承支承。轴Ⅸ和轴Ⅹ的工作条件与轴Ⅷ基本相同，故均采用滑动轴承支承。所有这些滑动轴承都以过渡配合压入箱体壁内，为避免轴向产生位移，用止动螺钉予以固定。轴Ⅷ的左端有一凸轮，用来带动润滑油泵，供给进给变速箱内的润滑用油。

轴Ⅺ右端 z=43 的齿轮，经中间轮 z=57 和轴Ⅶ上双联齿轮中 z=44 的大齿轮直接由进给电动机轴Ⅵ上齿轮（z=26）传动，转速较高。所以轴Ⅺ的左端使用滚动轴承，右端则由于结构较复杂，空间位置受到限制而使用滚针轴承支承。轴Ⅺ的中间装有安全离合器、牙嵌离合器 M_2 和多片式摩擦离合器 M_3，分别用于安全保护和控制工作台的工作进给运动和快速移动。

进给箱中轴Ⅺ的结构如图 13–6 所示。齿轮 2（z=40）是进给运动的传动齿轮，运动经安全离合器 3 和牙嵌离合器 M_2 传给轴Ⅺ。齿轮 8（z=43）是快速移动的传动齿轮，运动经多片式摩擦离合器 M_3 传给轴Ⅺ。轴Ⅺ的运动由右端的齿轮 9（z=28）传出。牙嵌离合器 M_2 是经常嵌合的，只有在接通多片式摩擦离合器 M_3 时它才脱开。因此，工作台的进给运动和快速移动是互锁的。

（1）安全离合器　安全离合器是一种定转矩装置，用来防止机床工作超载时损坏零件。安全离合器的左半边（图 13–6）空套在轴Ⅺ的套筒上（图 13–5），其端面齿牙与牙嵌离合器 M_2 的端面齿牙嵌合。齿轮 2 空套在安全离合器 3 上，在它们的等直径圆周上，有 12 个均匀分布的孔，齿轮 2 的孔中装有圆柱销、弹簧和钢球。圆柱销左端紧靠在螺母 1 的端面上，弹簧将钢球压紧在安全离合器 3 的孔（孔径小于球径）上。因此，由齿轮 2 传入的运动经钢球传给安全离合器 3，再经由牙嵌离合器 M_2、花键套筒和轴上花键传给轴Ⅺ，最后由齿轮 9 传出。当机床超载或发生故障时，安全离合器 3 的孔坑对钢球的反作用力增大，在其轴向分力大于弹簧的压力时，钢球便被挤回齿轮 2 的孔中，齿轮 2 带动钢球在安全离合器 3 的端面打滑，安全离合器 3 不转动，使进给运动中断，防止了机件的损坏。

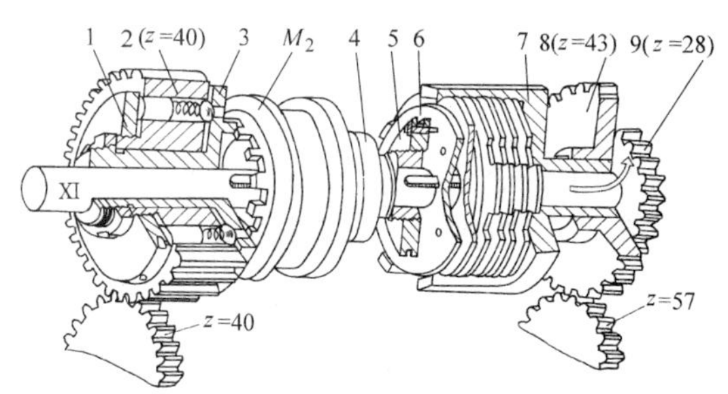

图 13–6　进给箱中轴Ⅺ的结构

1—螺母　2、8、9—齿轮　3—安全离合器　4—滑套
5—调整螺母　6—压环　7—离合器外壳

（2）多片式摩擦离合器　多片式摩擦离合器用来接通工作台的快速移动。离合器外壳 7 用滚针轴承支承在箱体的压套内（图 13–5），齿轮 8 用键与离合器外壳连接。离合器的内摩擦片装在由键与轴Ⅺ连接的花键套上（图 13–5），外摩擦片空套在花键套上，其外圆周处的凸缘卡在离合器外壳的槽内。用来接通多片式摩擦离合器的滑套 4 上装有调整螺母 5。接通快速移动时，牙嵌离合器 M_2 在电磁铁作用下向右移动，与安全离合器分开，同时推动滑套 4 及滑套上的调整螺母 5 右移，调整螺母 5 的端面通过压环 6 压紧内、外摩擦片，使多片式摩擦离合器接通，工作台得到快速移动。内、外摩擦片之间的间隙由调整螺母 5 调整。

一些机床制造厂家将推动摩擦片的电磁铁和杠杆机构做了改进，把电磁铁和摩擦片合并在一起而成为电磁离合器，电磁离合器向左吸时为进给运动，向右吸时为快速运动，其他情况不变。

3. 进给变速操纵机构

进给变速操纵机构示意图如图 13–7 所示。由进给变速箱的结构（图 13–5）可知，

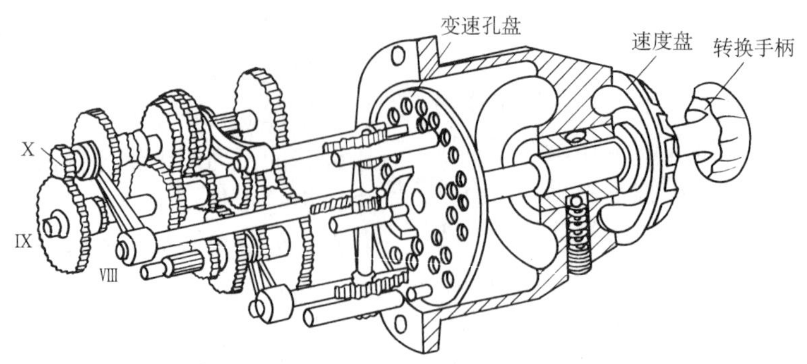

图 13-7　进给变速操纵机构示意图

只要利用拨叉将轴Ⅷ和轴Ⅹ上的两个三联滑移齿轮分别拨到三个不同的啮合位置，将轴Ⅹ上 z=40 的滑移齿轮拨到两个不同的啮合位置，就可以获得 18 种不同的进给速度。所以进给变速操纵机构用三个拨叉进行控制，其工作原理与主轴变速时完全相同，只是在具体结构上有些不同。

操纵箱前端有蘑菇形转换手柄及速度盘，盘上标有 18 种进给速度数值（垂向进给时，进给速度为盘示数值的 1/3）。变换进给速度时，先拉出蘑菇形转换手柄，再连同速度盘转到所需要进给速度值与箭头对准，此时变速孔盘也转到相应的控制位置，然后先快速后慢速地将蘑菇形转换手柄推回原位，孔盘即推动拨叉，拨叉又拨动各滑移齿轮到预期的啮合位置，实现变换进给速度的目的。

当转换手柄拉出到孔盘与齿条杆销脱离后，以及手柄推入孔盘与齿条杆销接触之前，均会触及微动开关，使进给电动机瞬时通电，进给电动机带动变速箱内各齿轮微动，以利于滑移齿轮顺利地进入啮合位置。操作时应注意的事项与主轴变速操作时相同。

三、X6132 型卧式铣床的升降台和工作台

1. 升降台的结构和操纵

（1）升降台的结构　升降台的结构如图 13-8 所示。运动从进给变速箱中的轴Ⅺ

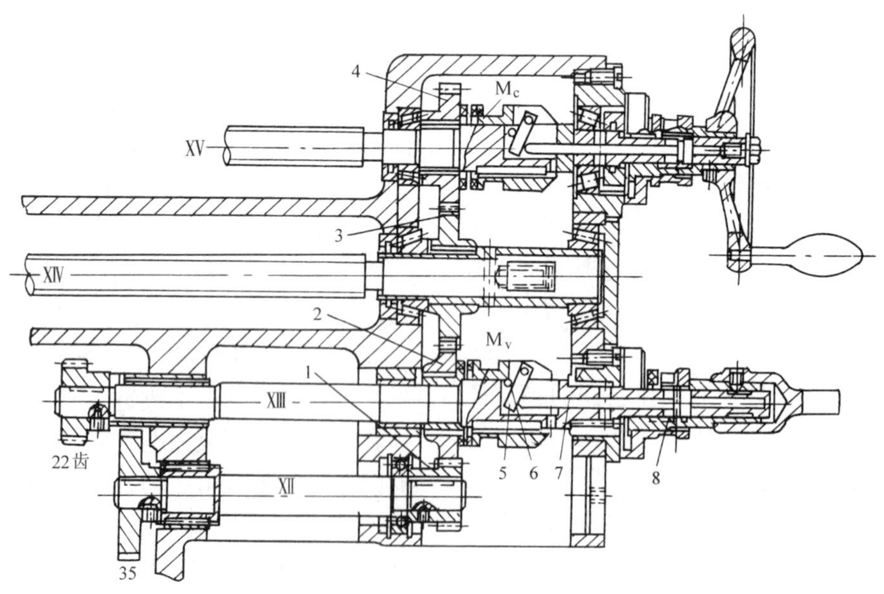

图 13-8　升降台的结构（展开图）

1、2、3、4—齿轮　5—杠杆　6—销　7—柱销　8—套圈

（图 13–1）通过 z=28 的齿轮和 z=35 的齿轮传给轴Ⅻ上的齿轮 1（z=18），并带动齿轮 2（z=33）、3（z=37）、4（z=33）旋转，从而把运动分别传给垂向、纵向和横向进给系统。齿轮 2 在轴ＸⅢ上是空套的，所以只有把离合器 M_v 与齿轮 2 嵌合后，才能把运动传给垂向进给系统。齿轮 3 通过键与销带动轴ＸⅣ，再将运动传给纵向进给系统。齿轮 4 则与齿轮 2 一样，只有与离合器 M_c 嵌合后，才能将运动传给横向进给丝杠。

当工作台横向或垂向做机动进给，尤其是做快速运动时，为了防止手柄旋转而造成工伤事故，进给机构中设有安全装置，即在机动进给时，手柄一定脱开而空套在轴上，使机动进给与手动进给互相连锁。当拨叉将离合器 M_v 拨向与齿轮 2 嵌合，做机动垂向进给时（图示向左移动），离合器 M_v 向左移动带动杠杆 5，使杠杆 5 绕销 6 转动，其下端向右摆而将柱销 7 向右推，柱销 7 通过套圈 8 把手柄连同做手动进给的离合器向右顶，让手柄上的离合器脱开而使手柄不随轴旋转。横向进给手柄处有相同的连锁装置。而纵向进给手轮则是在弹簧力的作用下经常处于脱开状态。

运动由轴ＸⅢ上的齿轮（z=22）带动短轴上的齿轮 1（z=33）（图 13–9），再通过锥齿轮副（锥齿轮 2 和 3）使丝杠 4 旋转，以实现升降台垂向运动。

由于升降台的行程比较大，升降台内装丝杠处到底座之间的距离较小，用一根丝杠无法满足要求，为此采用了双层丝杠结构，如图 13–9 所示。当丝杠 4 在丝杠套筒 5 内旋至末端时，受台阶螺母 7 的限制不能再向上旋，此时就带动丝杠套筒 5 向上旋。丝杠套筒内孔的上部是与丝杠 4 配合的丝杠螺母，其外圆则是另一丝杠，在螺母 6 内旋升或旋降。螺母 6 则固定在安装于底座上的套筒内。

（2）升降台的操纵　X6132 型卧式铣床的纵向进给与横向、垂向进给之间采用电气互锁。而横向进给与垂向进给之间的互锁是

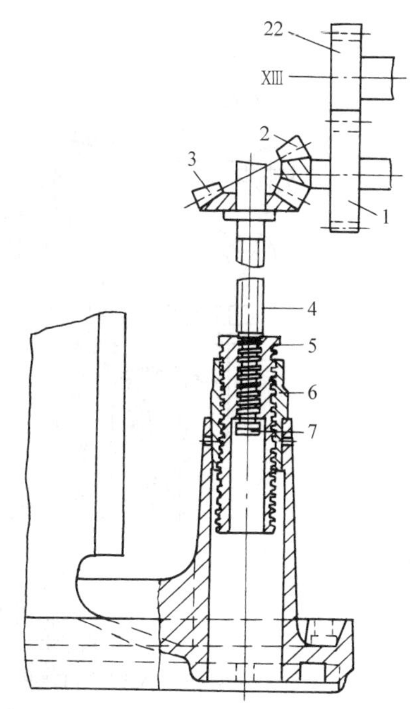

图 13–9　垂向进给运动及双层丝杠
1—齿轮　2、3—锥齿轮　4—丝杠　5—丝杠套筒
6—螺母　7—台阶螺母

由操纵机构中的机械动作保证的。横向和垂向这两个进给运动是用一个操纵手柄控制的，操纵系统的结构如图 13–10 所示。

当需要使工作台做垂直方向进给时，可将操纵手柄向上提或向下压。向上提时，手柄以中间球形部分为支点，顶端向下摆。在操纵手柄顶端的作用下，鼓轮 1 就逆时针转过一个角度，由图 13–10b 可以看出，鼓轮 1 转动时，支点 3 沿斜面向鼓轮中心方向移动，支点 2 则沿弧面向鼓轮外圆方向推出。此时，杠杆 4 绕其支点顺时针方向转动，并通过铰链带动杠杆 5 向左运动，杠杆 5 又带动杠杆 6 顺时针摆动，使离合器 M_v 接合（M_c 则脱开）。与此同时，鼓轮 1 的斜面将轴销 8 下压，接通进给电动机电路，工作台就向上运动。若将手柄向下压时，鼓轮 1 就顺时针转过一个角度，支点 2 和支点 3 的动作不变，所以仍是使离合器 M_v 接合，但斜面不是压下轴销 8 而是压下轴销 7，接通进给电动机另一电路，而使进给电动机反转，工作台就向下运动。

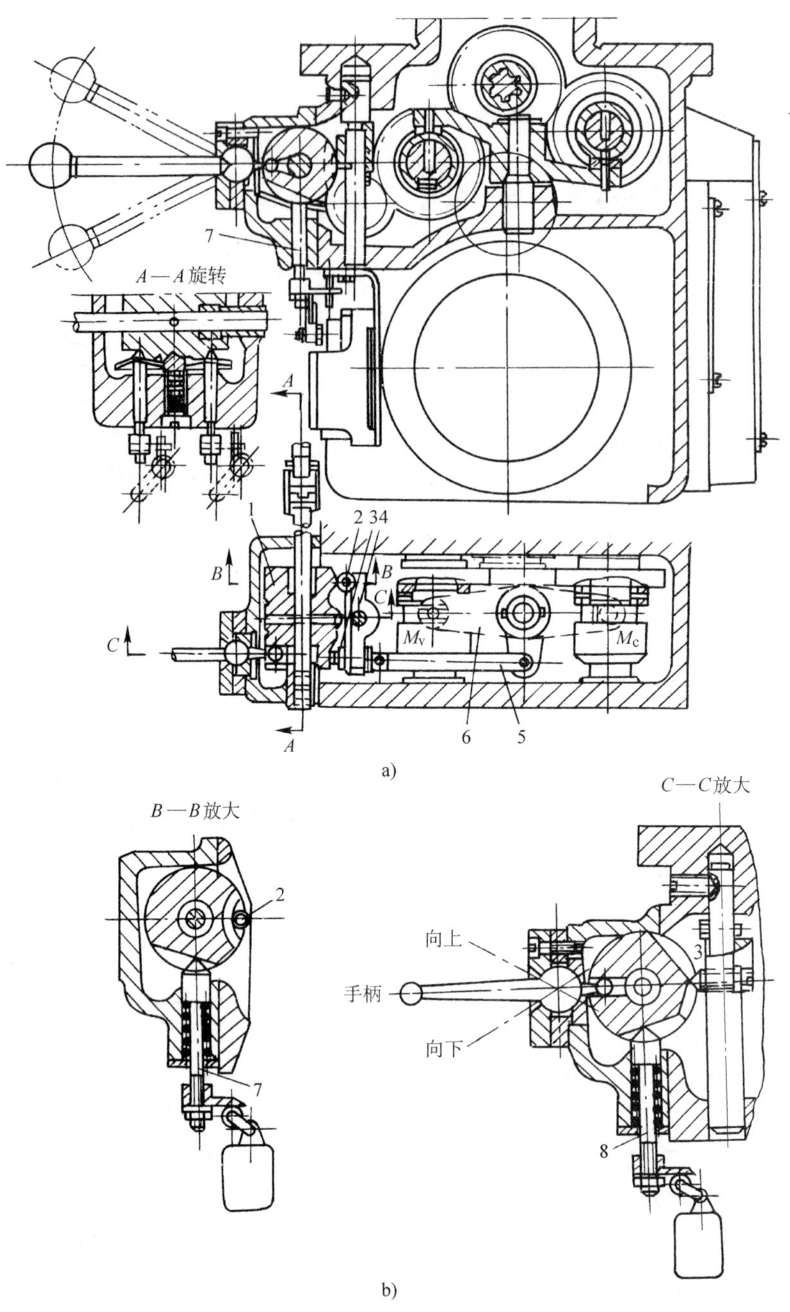

图 13–10　横向和垂向操纵系统的结构

a）俯视图　b）局部放大图

1—鼓轮　2、3—支点　4、5、6—杠杆　7、8—轴销

当需要工作台做横向进给时，可将手柄向外拉或向里推。由图 13–10a 可看出，手柄不论向外拉还是向里推，鼓轮就相应地向里或向外移动，此时支点 2 都是向鼓轮中心方向移动，而支点 3 都是向鼓轮外圆方向推出，杠杆 4 绕其支点逆时针方向转动，使杠杆 5 右移，杠杆 6 做逆时针摆动，使离合器 M_c 接合（M_v 则脱开）。由图 13–10 中 *A—A* 旋转视图可看出，手柄向里推而鼓轮向外移时，斜面将轴销 8 压下；反之，则把

轴销 7 压下，从而使工作台得以向里或向外进给。

由于使工作台做横向或垂向进给的离合器 M_c 和 M_v 都是由杠杆 6 控制的，在使 M_c 接合时，M_v 必然脱开；反之亦然。因而可使工作台的横向和垂向机动进给实现互锁。

2. 工作台的结构和操纵

（1）工作台的结构　X6132 型卧式铣床工作台的结构如图 13–11 所示。运动由轴 XⅣ（图 13–1）经两锥齿轮副传至纵向进给丝杠时，由于丝杠上的锥齿轮 4 与丝杠 3 没有直接联系，必须通过离合器 M_t 内的滑键带动丝杠 3 转动。螺母 2 是固定在工作台底座上的，丝杠转动时就带动工作台一起做纵向进给。工作台 1 在工作台底座的燕尾槽内做直线运动，燕尾导轨的间隙由镶条调整。转盘鞍座 6 由横向进给丝杠带动做横向进给。工作台可随工作台底座绕鞍座上的环形槽做 ±45° 范围的偏转，调整后用四个螺钉和穿在鞍座环形 T 形槽内的销将工作台底座固定。

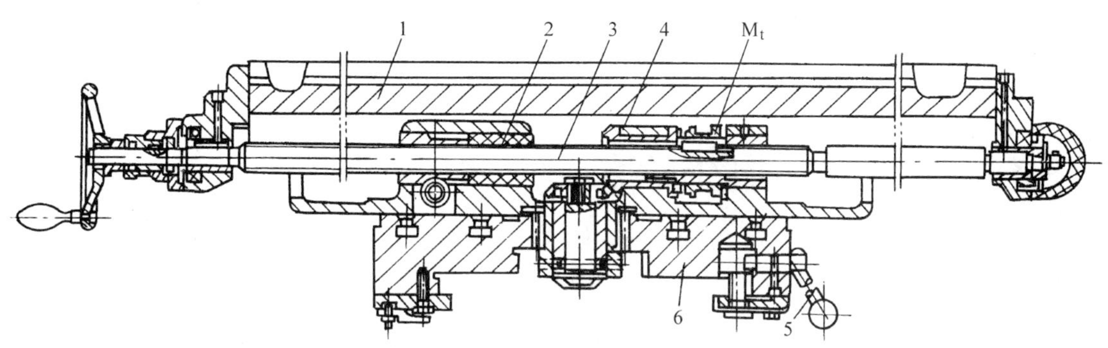

图 13–11　X6132 型卧式铣床工作台的结构

1—工作台　2—螺母　3—丝杠　4—锥齿轮　5—手柄　6—转盘鞍座

纵向丝杠两端由深沟球轴承支承，同时两端均装有推力球轴承，以承受由铣削力等产生的轴向推力。丝杠左端的空套手轮用于工作台的手动移动，将手轮向右推，使其与离合器嵌合，手轮带动丝杠旋转而使工作台纵向移动。松开手轮时，由于内置弹簧的作用把离合器脱开，以免在机动进给时手轮被带动一起旋转。纵向丝杠右端有带键的轴头，用来安装交换齿轮，以连接分度头等附件。

当要求工作台纵向固定时，可旋紧紧固螺钉，通过轴销把镶条压紧在工作台的燕尾导轨面上，即可紧固工作台。扳紧手柄 5，可紧固转盘鞍座，使工作台横向固定。

（2）工作台的操纵　工作台的操纵机构全部安装在工作台底座上，其结构示意图如图 13–12 所示。纵向操纵手柄与横向、升降操纵手柄都有两副，为联动复式操纵机构。当手柄 1 处在中间位置时，模板 8 上的凸出部分顶住杠杆板 7，使杠杆板转动并通过销将轴 6 推在右侧，轴 6 通过拨叉 5 将离合器 M_t 脱开，工作台不做机动进给。如果将手柄向左或向右拨过一个位置（手柄在中间、左、右的三个位置是由定位板 11 上的 3 个 V 形缺口定位的），通过轴及杠杆 2、3 和 4 拨动模板 8，当模板向左或向右摆动一个角度后，杠杆板 7 上的销与模板 8 上的斜面之间就有空隙，此时轴 6 在弹簧力的作用下向左移动，并带动拨叉 5 使离合器 M_t 向左嵌合。由锥齿轮经离合器 M_t 将运动传给轴 XⅣ（纵向丝杠），使工作台做纵向进给运动。

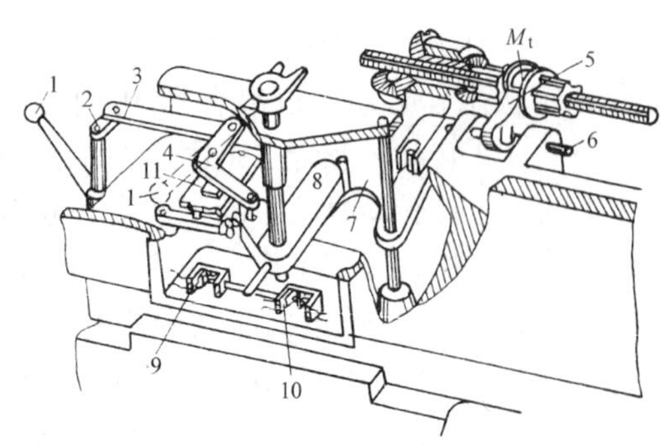

图 13-12　工作台操纵机构结构示意图
1—手柄　2、3、4—杠杆　5—拨叉　6—轴
7—杠杆板　8—模板　9、10—开关　11—定位板

工作台的运动方向是由手柄 1 处的两个电气开关控制的。手柄向左推时开关 9 闭合，向右推时则开关 10 闭合。开关 9 和 10 分别使进给电动机正转或反转。因此，工作台的纵向向左还是向右的进给运动，与横向、垂向运动一样，是利用进给电动机的正、反转获得的。

工作台使用手拉油泵润滑方式，拉动手拉油泵可将润滑油压送到工作台各需要润滑的部位。

§13-2　铣床的调整

铣床各传动部分如果调整得不好，或在使用过程中，各传动部分的部件或零件出现松动、位移、磨损后，铣床则不能正常工作，无法满足各种铣削方式的需要。为了保证加工出符合精度要求的高质量工件，满足铣削方式的需要，必要时应对铣床进行调整，用以消除故障。

常用铣床的调整主要有主轴轴承间隙的调整、工作台传动丝杠间隙的调整、工作台导轨间隙的调整等。

一、主轴轴承间隙的调整

主轴是铣床的主要部件之一，它的精度对工件的加工精度有着重要的影响。如果主轴轴承间隙过大，就会使主轴的轴向窜动和径向圆跳动增大。轴向窜动引起铣削时振动加大，使加工尺寸控制不准，平面度、线轮廓度误差增大；径向圆跳动会造成铣刀杆和铣刀的径向圆跳动和振摆，使铣削时铣刀产生偏让（俗称让刀），从而使加工尺寸控制困难。如果主轴轴承间隙过小，则会使主轴因发热而咬死，出现工作故障，甚至引起事故。

1. X6132 型卧式铣床主轴轴承间隙的调整

X6132 型卧式铣床主轴结构如图 13-13 所示。其轴承间隙的调整方法如下：

（1）旋松悬梁的紧固螺栓，将悬梁移至铣床床身后部。

（2）取下悬梁下方的盖板 1。

（3）松开锁紧螺钉 2，拧动调节螺母 3，改变两圆锥滚子轴承内圈 4 和 6 之间的距离，从而调整两轴承的内圈、滚子和外圈之间的间隙。

（4）轴承间隙调整好后，旋紧锁紧螺钉 2，盖好盖板 1，然后使悬梁复位。

主轴轴承间隙的大小取决于铣床的工作性质。通常检测时，以 200 N 的力来推或拉主轴，转动主轴，顶在主轴端面上的千分表读数应在 0 ~ 0.015 mm 范围内变动；再使机床主轴在 1 500 r/min 的转速下运转 1 h，轴承的温度不超过 60℃则说明轴承间隙合适。

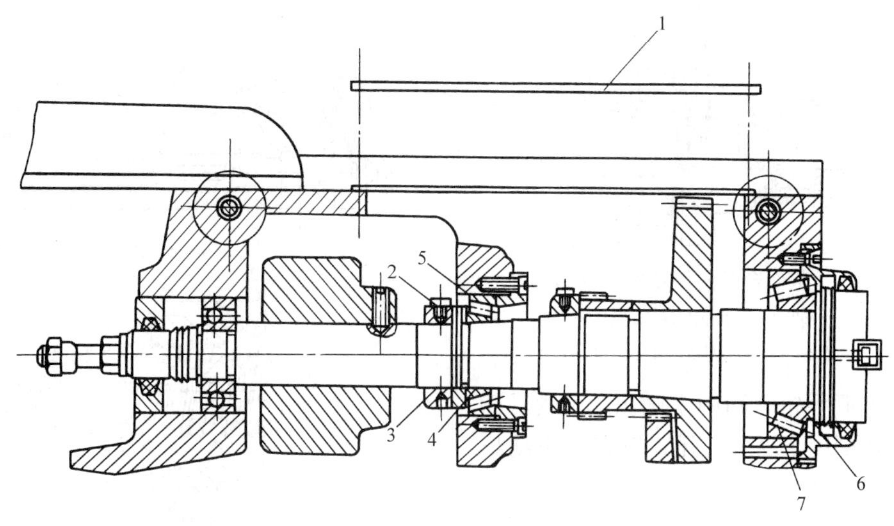

图 13-13　X6132 型卧式铣床主轴结构

1—盖板　2—锁紧螺钉　3—调节螺母　4、6—轴承内圈　5、7—轴承外圈

2. X5032 型立式铣床主轴轴承间隙的调整

X5032 型立式铣床主轴结构如图 13-14 所示。其轴承径向间隙的调整方法如下：

（1）拆下铣头前侧面的盖板，松开主轴上的锁紧螺钉 2，拧松螺母 1。

（2）拆下主轴头部的端盖 5，取下由两个半圆环构成的垫片 4。

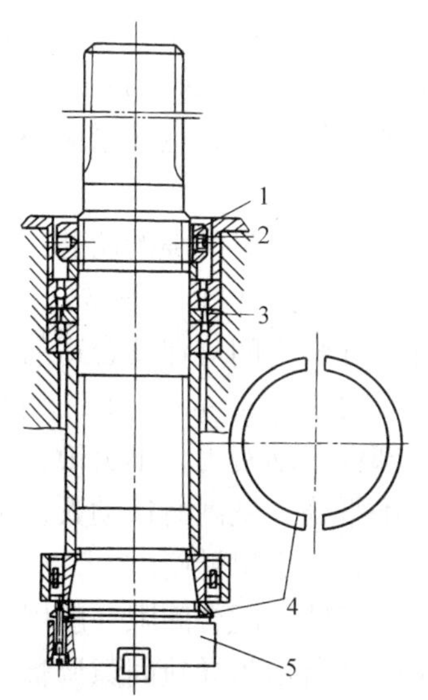

图 13-14　X5032 型立式铣床主轴结构

1—螺母　2—锁紧螺钉　3—外垫圈

4—垫片　5—端盖

（3）根据需要消除间隙的多少，配磨垫片，由于轴颈与轴承内孔的锥度为 1∶12，若要消除的径向间隙为 0.02 mm，则只需要将垫片厚度磨去 0.24 mm。

（4）将磨后的垫片重新装回主轴，然后用较大的转矩拧紧螺母 1，使轴承内圈胀开，直到把垫片压紧为止。

（5）把锁紧螺钉 2 拧紧，以防止螺母松开，然后装上端盖 5。

轴承间隙大小的测定方法与 X6132 型卧式铣床的测定方法相同。

二、工作台传动丝杠间隙的调整

工作台传动丝杠本身安装的轴向间隙和丝杠与螺母之间的间隙，使工作台在铣削过程中存在进给反向空程。过大的反向空程会导致在用移动工作台控制尺寸时准确性差或产生粗大误差；当采用顺铣方式铣削时，在铣削力作用下会使工作台产生窜动，导致进给移动不均匀，引起振动。这不仅影响加工零件的尺寸精度和表面粗糙度，还会损坏刀具，加速丝杠螺母运动副的磨损。

1. 工作台传动丝杠轴向间隙的调整

工作台纵向传动丝杠左端轴承支承的结构如图 13-15 所示。调整的方法如下：

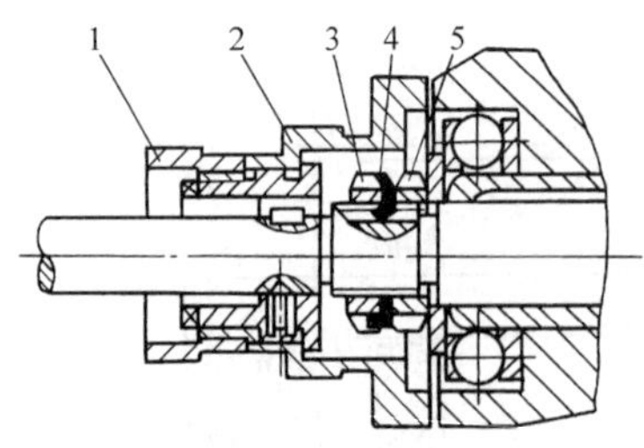

图 13-15　工作台纵向传动丝杠左端轴承支承的结构

1、3、5—螺母　2—刻度盘　4—止动垫圈

（1）卸下手轮（图中未画出），然后卸下螺母 1 和刻度盘 2，打开（扳直）止动垫圈 4 的卡爪，松开螺母 3。

（2）转动螺母 5 调节丝杠轴向间隙（即调节推力球轴承与支架间的间隙），一般轴向间隙量以 0.01 ~ 0.03 mm 为宜。

（3）拧紧螺母 3，并反向旋转螺母 5，使两螺母压紧，套上手轮，摇动检验其间隙是否合适。

（4）调整合适后，压下并扣紧止动垫圈 4 的卡爪，再装上刻度盘 2 和螺母 1，最后装好手轮。

2. 工作台丝杠与螺母之间间隙的调整

丝杠螺母传动机构的螺纹之间存在间隙，随着使用时间的延长，螺纹之间的磨损量逐渐增加，从而使间隙增大。顺铣时不允许丝杠与螺母间有较大的间隙，因此需要调整。常用铣床（如 X6132 型卧式铣床、X5032 型立式铣床等）都设有专门的丝杠、螺母间隙调整机构，其结构如图 13-16 所示。主螺母 1 固定在工作台的导轨座上，紧靠主螺母的可调螺母 2 的外圆部是一蜗轮，与蜗杆 3 啮合。丝杠、螺母间隙的调整方法如下：

（1）卸去工作台底座前面的盖板 6。

（2）松开法兰盘 5 上的三个紧固螺钉 4，但不要过松，更不要取下。

（3）顺时针方向转动蜗杆 3，带动可调螺母 2 旋转，当可调螺母 2 和主螺母 1 的牙侧面分别与丝杠的两个不同侧侧面靠紧时，丝杠与螺母之间的间隙即可消除。

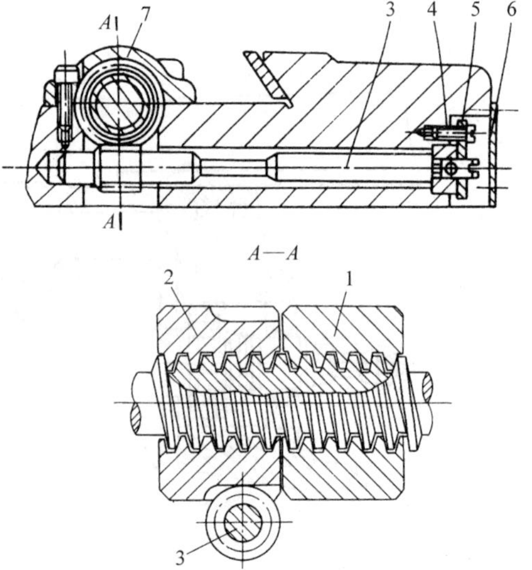

图 13-16　丝杠、螺母间隙调整机构

1—主螺母　2—可调螺母　3—蜗杆
4—紧固螺钉　5—法兰盘　6—盖板　7—环

（4）间隙调整好后，拧紧法兰盘 5 上的紧固螺钉 4，通过环 7 将蜗杆 3 和可调螺母 2 固定在调整好的位置上，最后装好盖板 6。

调整好的丝杠、螺母间隙应满足下列要求：

1）用手摇动手轮时，丝杠全长度上阻力均匀，不出现卡住现象。

2）反向转动手轮时，空转量应小于刻度盘上的 3 小格（即 0.15 mm）。当铣床要采用顺铣方式铣削时，空转量应小于 2 小格（即 0.10 mm）。

三、工作台导轨间隙的调整

工作台纵向、横向、垂向三个方向的运动部件与导轨之间应保持合适的工作间隙（一般以不大于 0.04 mm 为宜）。间隙太小时，运动部件移动费力，不灵敏；间隙太大时，工作不平稳，铣削时振动大，影响零件的加工精度和表面粗糙度。

工作台导轨的配合间隙一般用镶条来调整。图 13-17 所示为导轨间隙调整机构的两种常见形式。图 13-17a 为工作台横向导轨镶条调整机构，调整时拧转螺钉 1，就能使镶条推进或拉出，使导轨与镶条之间的间隙减小或增大。图 13-17b 为工作台纵向导轨镶条调整机构，调整时先松开螺母 4 和 5，拧转螺钉 3 就能使镶条推进或拉出，达到间隙减小或增大的目的。间隙调好后，先后将螺母 4 和 5 拧紧（螺母 5 起防松功用）。

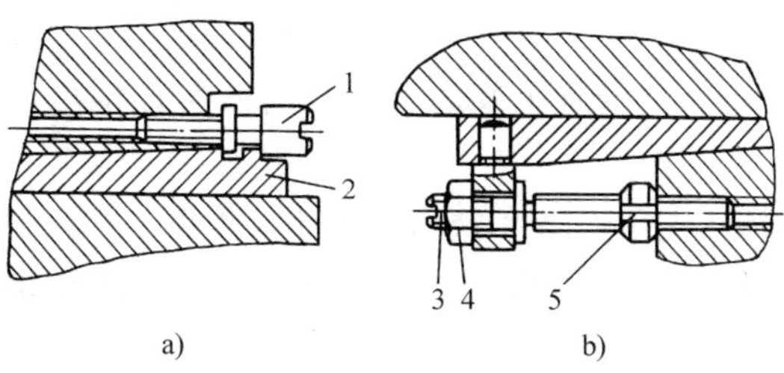

图 13-17　导轨间隙调整机构

a）工作台横向导轨镶条调整机构

b）工作台纵向导轨镶条调整机构

1、3—螺钉　2—镶条　4、5—螺母

导轨间隙的大小，对于工作台纵向、横向导轨，以进给手轮用 147 N 力能摇动为宜；对于升降台导轨，以用 196 ~ 235 N 力能摇动上升为宜。

四、常用铣床的故障及排除

铣削加工中，铣床本身的精度直接影响加工零件的尺寸和形状、位置精度。因此，除定期对铣床进行精度检验外，还应对铣床出现的故障及时发现和排除。铣床常见的故障现象、产生原因和解决的方法简述如下：

1. 铣削时振动很大

不能按常规的铣削用量加工，铣削时容易打刀，零件表面粗糙度值大，不能采用顺铣。

（1）主轴松动　主轴是否松动可通过检验主轴的径向圆跳动和轴向窜动来判定。造成主轴松动的原因主要是主轴轴承间隙过大和主轴轴承的滚道产生点蚀。解决的方法是前者可重新调整主轴轴承的间隙，使其符合规定要求；后者则需要更换轴承。

（2）工作台松动　造成工作台松动的原因主要是工作台导轨间隙过大。解决的方法是重新调整导轨间隙。此外，若间隙过小，会在工作台低速运动时出现爬行现象。导轨镶条不直也会引起工作台运动不平稳，需修刮或更换新的镶条。

（3）工作台丝杠与螺母间隙大　解决的方法是重新调整间隙。

（4）其他因素

1）铣刀盘锥度与锥孔不吻合或铣刀盘未拉紧。解决的方法是检查和修磨锥度，拉紧铣刀盘。

2）机床基础不良。解决的方法是按要求重建基础。

3）主电动机振动大。解决的方法是对电动机转子进行动平衡。

4）主传动齿轮噪声大。解决的方法是检查并更换不合格的齿轮。

2. 在全程内手摇动工作台纵向移动时松紧不均匀

产生的原因主要是工作台丝杠产生弯曲、局部磨损或丝杠轴线与纵向导轨不平行等。解决的方法：对于丝杠弯曲或局部磨损，应校直、修理或更换丝杠；对于丝杠轴线与纵向导轨不平行，则应重新校装丝杠并铰定位销孔。

3. 升降台低速升降时爬行

产生的原因是立柱导轨锁紧手柄未松开和润滑不良。解决的方法是松开锁紧手柄并调整镶条，做好润滑工作。

4. 工作台快速进给脱不开

实际操作过程中，常使用快速退回或快速移动较大空程的进给（快进），以缩短非切削时间。在快速进给后接着启动慢速的工作进给时，出现仍为快速进给的故障称为快速进给脱不开。虽然这种故障出现的概率很小，但危险性极大，应特别注意。产生的原因主要是电磁铁的剩磁太大或慢速复位弹簧弹力不足。应由电工和机修钳工进行修理和调整。

5. 进给系统安全离合器失灵

当机床进给系统超负荷时，进给运动不

能自动停止。造成安全离合器失灵的原因主要是离合器调节的转矩太大。解决的方法是重新调节安全离合器，以 157 ~ 196 N·m 转矩能转动为宜。

习题

1. 写出 X6132 型卧式万能铣床的主轴传动结构式。

2. X6132 型卧式万能铣床轴Ⅰ上装的弹性联轴器和轴Ⅲ上装的转速控制继电器各起什么作用？

3. X6132 型卧式万能铣床主轴为什么用三个轴承支承？三个轴承各起什么作用？

4. 简述 X6132 型卧式万能铣床主轴变速操纵机构的工作原理。变速操纵时应注意些什么？

5. 写出 X6132 型卧式万能铣床进给运动的传动结构式。

6. 简述 X6132 型卧式万能铣床轴Ⅺ上的安全离合器和多片式摩擦离合器的工作原理和功用。

7. X6132 型卧式万能铣床工作台的纵向、横向和垂向进给运动是怎样互锁的？手动进给与机动进给又是怎样联锁的？为何要互锁和联锁？

8. 简述 X6132 型卧式万能铣床横向和垂向操纵机构的工作原理。

9. 简述 X6132 型卧式万能铣床工作台（纵向）操纵机构的工作原理。

10. 常用铣床调整的主要内容是什么？

11. 铣床主轴轴承间隙过大或过小有什么问题？

12. X6132 型卧式万能铣床和 X5032 型立式铣床的主轴轴承间隙如何调整？

13. 铣床工作台传动丝杠间隙过大，对铣床使用有什么影响？

14. 铣床工作台传动丝杠的轴向间隙如何调整？工作台丝杠与螺母之间的间隙如何调整？

15. 工作台纵、横、垂直三个方向的运动部件与导轨之间为什么要保持合适的工作间隙？间隙太大或太小有什么问题？用什么办法调整？

16. 铣削时振动大对加工有何影响？造成振动过大的机床方面的原因是什么？应如何排除？

17. 什么是工作台快速进给脱不开？这种故障有哪些危险性？造成的原因是什么？应如何解决？

第十四章

铣刀几何参数和铣削用量的选择

§14–1 铣刀几何参数的选择

铣刀的几何参数对铣削时金属的变形、铣削力、切削温度和铣刀的磨损都有显著的影响，并由此影响加工质量、铣刀使用寿命和生产效率。为了充分发挥铣刀的切削性能，除了正确选择铣刀的材料外，还应根据具体铣削条件，合理地选择铣刀的几何参数。

一、铣刀直径和齿数的选择原则

1. 铣刀直径的选择原则

铣刀直径大，散热条件好，铣刀杆刚度好，所允许的铣削速度和切削量大。但铣刀直径大时，铣削时铣刀的切入长度增加，工作时间长，铣削力矩大，刀具材料消耗也大。

圆柱形铣刀的直径，粗铣时可根据一次被铣去的余量来选择，具体可参考表 14–1 所列数值；精铣时可选用较大直径的铣刀，以减小加工表面的表面粗糙度值。

表 14–1　粗铣时圆柱形铣刀直径的选择　mm

铣削宽度 a_e（切削层深度）	≤ 5	≤ 8	≤ 10
铣削深度 a_p（切削层宽度）	≤ 70	≤ 90	≤ 100
铣刀直径 D	60 ~ 70	90 ~ 100	110 ~ 130

面铣刀的直径应比工件宽度略大，一般按工件宽度的 1.2 ~ 1.6 倍选取。

2. 铣刀齿数的选择原则

铣刀有粗齿和细齿之分。粗齿铣刀的刀齿强度高，容屑空间大，但铣削时同时参与切削的齿数少，因而工作平稳性差，振动较大，适宜用于粗铣；细齿铣刀在铣削时同时参与切削的齿数多，每齿进给量 f_z 小，铣削平稳，适宜用于精铣。

硬质合金铣刀的齿数一般都较少，主要是为了保证它的刀齿有足够的刚度和强度。

二、前角的选择原则

合理地增大前角，可减少切削层金属的塑性变形，切屑变形小，容易减小切削刃刃口处的圆弧半径，使切削刃锋利，切割作用增强。因此，有利于减小铣削力、切削热和功率消耗，提高加工精度和减小已加工表面的表面粗糙度值，并提高铣刀的耐用度。但前角太大会减弱切削刃部分的强度和散热条件，使铣刀耐用度下降，甚至造成崩刃。

铣刀前角的合理选择见表 14–2。

表 14–2　铣刀前角 γ_o

铣刀材料	工件材料					
	钢［R_m（MPa）］			铸铁		铝镁合金
	<600	≥ 600 ~ 1 000	>1 000	≤ 150HBW	>150HBW	
高速工具钢铣刀	20°	15°	10° ~ 12°	5° ~ 15°	5° ~ 10°	15° ~ 35°
硬质合金铣刀	15°	–5° ~ 5°	–15° ~ –10°	5°	–5°	20° ~ 30°

前角主要根据刀具材料、加工条件和加工材料来选择：

1. 高速工具钢铣刀抗弯强度和抗冲击韧性较好，可取较大的前角；硬质合金铣刀抗弯强度和抗冲击韧性较差，应取较小的前角。

2. 粗加工时，为了保证铣刀切削刃有较好的强度和散热条件，前角应选小一些；精加工时，为了保证加工表面质量，使切削刃锋利，应选取较大的前角。

3. 工件材料的强度、硬度高，前角应选得小些。加工塑性材料时，应选取较大的前角；加工脆性材料时，则选取较小的前角。用硬质合金铣刀铣削脆性材料，前角一般取 0° 左右（–5° ~ 5°）。

三、后角的选择原则

增大后角可减少铣刀后面与工件过渡表面之间的摩擦，并使刃口锋利。但后角过大将削弱切削刃部分的强度和散热条件，降低铣刀的耐用度，甚至造成崩刃。

后角选择的原则：

1. 高速工具钢铣刀抗弯强度高、抗冲击韧性好，其后角可比硬质合金铣刀的后角大。

2. 粗铣时，铣刀承受的铣削抗力较大，为了保证铣刀刃口的强度，后角应取小些；精铣时，为了减小摩擦和使铣刀刃口锋利，提高加工表面质量，应取较大的后角。

3. 铣削塑性大和弹性变形大的材料时，应取较大的后角，以减小后面的摩擦；铣削强度大、硬度高的材料，宜取较小的后角，以保证铣刀刃口的强度。当铣刀采用负前角，铣刀刃口已得到加强时，为了提高铣刀切削刃的锐利性，也可采用较大的后角。

高速工具钢铣刀后角的合理选择见表 14–3。

表 14–3　高速工具钢铣刀后角 α_o

铣刀类型	铣刀特征	α_o	
		圆周齿	端齿
圆柱形铣刀和面铣刀	细齿	16°	8°
	粗齿和镶齿	12°	
双面刃和三面刃盘铣刀	直细齿	20°	6°
	直粗齿和镶齿	16°	
	螺旋细齿	12°	
	螺旋粗齿和镶齿	12°	
立铣刀、角度铣刀	D<10 mm	25°	8°
	D=10 ~ 20 mm	20°	
	D>20 mm	16°	
切槽铣刀、锯片铣刀	—	20°	—

硬质合金铣刀的后角 α_o，粗铣时一般为 6° ~ 8°，精铣时一般为 12° ~ 15°。

四、主偏角的选择原则

减小主偏角可使铣刀刀尖强度增大，参与切削的切削刃长度也增加，从而使切削层厚度 h_D 减小（图 14–1），提高铣刀耐用度，加工表面的残留面积高度减小，刀纹较平，表面粗糙度值减小，在相同切削层厚度条件下，可适当增加进给量。但主偏角的减小使切削层宽度增加，铣削力增加，尤其是使作用在铣刀和工件上的轴向（分）力迅速增大，容易产生振动。

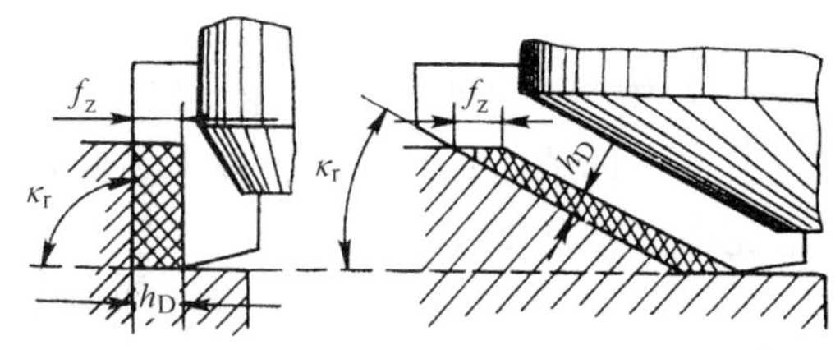

图 14–1　主偏角与切削层厚度的关系

面铣刀的主偏角 κ_r 在 30° ～ 90° 范围内选取，一般为 75°。为了获得 90° 台阶时，取 κ_r=90°。

主偏角也可以按下列原则选择：

1. 工艺系统刚度足够时，可取较小的主偏角，以提高生产率和铣刀的耐用度；工艺系统刚度较差及功率不够时，应取较大的主偏角。

2. 精铣时采用较小的主偏角，以减小已加工表面的残留面积高度，且较容易获得带状切屑，从而减小表面粗糙度值。

3. 铣削高硬度、高强度材料时，取较小的主偏角，以增加刀尖强度和散热条件。

4. 为了提高刀尖强度和散热条件，又不致铣削抗力尤其是轴向铣削抗力明显增加，常采取磨出过渡切削刃和过渡刃偏角 $\kappa_{r\varepsilon}$ 的方法，如图 14–2 所示。过渡切削刃长度 b_ε 一般为铣削深度 a_p 的 1/5 ～ 1/4，或 b_ε=0.5 ～ 2 mm；过渡刃偏角一般取主偏角的 1/2，即 $\kappa_{r\varepsilon}$=1/2κ_r。

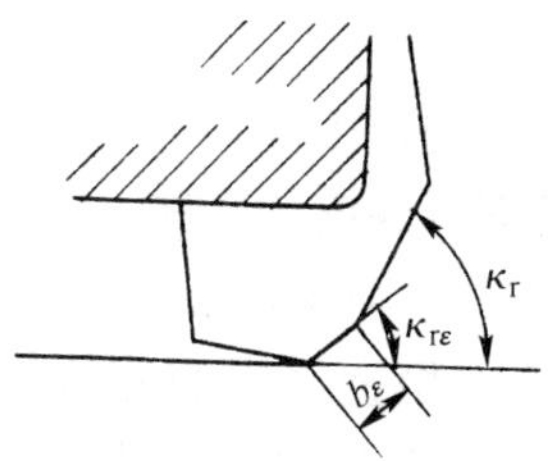

图 14–2　面铣刀的过渡切削刃

五、副偏角的选择原则

副偏角 κ_r' 的作用主要是减小副切削刃、副后面与已加工表面之间的摩擦。适当减小副偏角，可有效地减小加工残留面积的高度，改善加工表面质量。此外，减小副偏角能增加刀尖强度。

副偏角 κ_r' 的选择原则如下：

1. 精铣时，副偏角应取小些；粗铣时，可适当增大副偏角。

2. 工件材料弹性变形较大或铣削中振动较大时，应适当增大副偏角。

3. 锯片铣刀、三面刃铣刀、T 形槽铣刀等为了使铣刀刃磨后宽度变化小，以保持其需要的加工尺寸，还可增强刀尖强度，一般均采用很小的副偏角。盘形槽铣刀的副偏角要求更小。

高速工具钢铣刀副偏角 κ_r' 的合理选择见表 14–4。

表 14–4　高速工具钢铣刀副偏角 κ_r'

铣刀类型	铣刀特征		副偏角 κ_r'
	直径（mm）	宽度（mm）	
面铣刀			1° ～ 2°
双面刃和三面刃铣刀			1° ～ 2°
切槽铣刀	40 ～ 60	0.6 ～ 0.8	0° 15′
		>0.8	0° 30′
	75	1 ～ 3	0° 30′
		>3	1° 30′
切断铣刀（锯片铣刀）	75 ～ 110	1 ～ 2	0° 30′
		>2	1°
	>110 ～ 200	2 ～ 3	0° 15′
		>3	0° 30′

硬质合金面铣刀的副偏角可取得大些，一般为 3° ～ 10°。

六、刃倾角和螺旋角的选择原则

刃倾角和螺旋角在铣削过程中能起斜角切割作用。面铣刀上的刃倾角还起纵向（轴向）前角的作用，当面铣刀的刃倾角为正值时，可使端面切削刃获得正前角，刃口锋利，并能使切屑向上流出，不致划伤已加工表面，但正刃倾角的切削部分在铣削时先接触到工件的是刀尖，由于刀尖强度低，容易损坏；负刃倾角的面铣刀，在铣削时切屑向下流出，会损伤已加工表面，但先接触到工件的是离开刀尖处的刃口部分，可避免刀尖受冲击而损坏。

圆柱形铣刀的刃倾角就是螺旋角。螺旋角增大时，使铣刀实际前角增大，减小刃口圆弧半径，使切削刃锋利，能切下很薄的切削层，在逆铣时减小滑移距离。螺旋角的存在，使切削刃逐渐切入和离开工件，冲击小，铣削平衡，排屑容易。

刃倾角和螺旋角的选择原则如下：

1. 高速工具钢铣刀强度较高，一般采用正刃倾角，λ_s=5° ~ 15°；硬质合金铣刀在切削量较大时，往往采用负刃倾角，λ_s=-5° ~ -20°。

2. 粗铣时，宜取负刃倾角，以增强刀尖抵抗冲击的能力；精铣时，取正刃倾角，以避免加工表面被划伤。

3. 铣削硬度高的钢料时，对刀尖强度和散热条件要求较高，可选取绝对值较大的负刃倾角。

4. 高速工具钢铣刀刀齿螺旋角 β 的选取见表 14–5。

表 14–5　高速工具钢铣刀刀齿的螺旋角 β

铣刀种类	圆柱形铣刀		立铣刀	三面刃铣刀	面铣刀
	粗齿	细齿			
β	40° ~ 60°	30° ~ 35°	20° ~ 45°	10° ~ 20°	10° ~ 20°

§14–2　铣削用量的选择

一、选择铣削用量的原则

所谓合理的铣削用量，是指充分利用铣刀的切削能力和机床性能，在保证加工质量的前提下，获得高的生产效率和低的加工成本的铣削用量。

选择铣削用量的原则是在保证加工质量、降低加工成本和提高生产率的前提下，使铣削宽度（或铣削深度）、进给量、铣削速度的乘积最大，这时工序的切削工时最少。

粗铣时，在机床动力和工艺系统刚度允许并具有合理的铣刀耐用度的条件下，按铣削宽度（或铣削深度）、进给量、铣削速度的次序选择和确定铣削用量。在铣削用量中，铣削宽度（或铣削深度）对铣刀耐用度影响最小，进给量的影响次之，而以铣削速度对铣刀耐用度的影响为最大。因此，在确定铣削用量时，应尽可能选择较大的铣削宽度（或铣削深度），然后按工艺装备和技术条件的允许选择较大的每齿进给量，最后根据铣刀的耐用度选择允许的铣削速度。

精铣时，为了保证加工精度和表面粗糙度的要求，工件切削层宽度应尽量一次铣出；切削层深度一般在 0.5 mm 左右；再根据表面粗糙度要求选择合适的每齿进给量；最后根据铣刀的耐用度确定铣削速度。

二、切削层深度的选择

端铣时的铣削深度 a_p、周铣时的铣削宽度 a_e 就是被切金属层的深度（切削层深度）。当铣床功率足够、工艺系统的刚度和强度允许，且加工精度要求不高及加工余量不大时，可一次进给铣去全部余量。当加工精度要求较高或加工表面的表面粗糙度 Ra 值要小于 6.3 μm 时，应分粗铣和精铣。粗铣时，除留下精铣余量（0.5 ~ 2.0 mm）外，应尽可能一次进给切除全部粗加工余量。

端铣时铣削深度 a_p 的推荐值见表 14–6。当工件材料的硬度和强度较高时，取表中较小值。当加工余量较大时，除增加进给次数外，可采用阶梯铣削法铣削（图 14–3），以提高生产效率。

表 14–6 端铣时铣削深度 a_p 的推荐值

mm

工件材料	高速工具钢铣刀		硬质合金铣刀	
	粗铣	精铣	粗铣	精铣
铸铁	5 ~ 7	0.5 ~ 1	10 ~ 18	1 ~ 2
软钢	<5	0.5 ~ 1	<12	1 ~ 2
中硬钢	<4	0.5 ~ 1	<7	1 ~ 2
硬钢	<3	0.5 ~ 1	<4	1 ~ 2

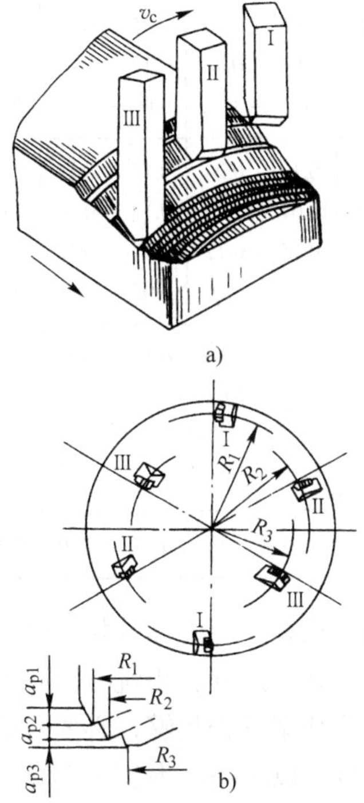

图 14–3 阶梯铣刀和阶梯铣削法

a）阶梯铣削法的形式 b）刀齿分布情况

周铣时的铣削宽度 a_e，在粗铣时可比端铣时的铣削深度 a_p 大，因此，在铣床功率足够和工艺系统的刚度、强度允许的条件下，尽量在一次进给中把粗铣余量全部切除。精铣时，a_e 值可参照端铣时的 a_p 值。

阶梯铣削法所用阶梯铣刀的刀齿分布在刀体不同的回转半径上，且各刀齿在轴向伸出刀体的距离也不相同。回转半径越大的刀齿在轴向伸出的距离越短。也就是后刀齿的位置比前刀齿在半径上小 ΔR 的距离，而在轴向则比前刀齿多伸出 Δa_p 的距离。阶梯铣削法能使工件的全部加工余量沿铣削深度方向分配到各刀齿上。采用阶梯铣削法，使每齿进给量和切削层深度增大，切削层宽度减小，切出的切屑窄而厚，既降低了铣削力，又有利于排屑，故可减小振动和功率消耗。

三、进给量的选择

粗铣时，限制进给量提高的主要因素是铣削力。进给量主要根据铣床进给机构的强度、铣刀杆尺寸、刀齿强度以及工艺系统（如机床、夹具等）的刚度来确定。在上述条件许可的情况下，进给量应尽量取得大些。

精铣时，限制进给量提高的主要因素是加工表面的表面粗糙度，进给量越大，表面粗糙度值也越大。为了减小工艺系统的弹性变形，减小已加工表面残留面积的高度，一般采用较小的进给量。

表 14–7 所列为各种常用铣刀对不同工件材料铣削时的每齿进给量的推荐值，粗铣时取较大值，精铣时取较小值。

表 14–7 每齿进给量 f_z 的推荐值

mm/z

工件材料	工件材料硬度	硬质合金		高速钢			
		面铣刀	三面刃铣刀	圆柱铣刀	立铣刀	面铣刀	三面刃铣刀
低碳钢	~ 150HBW	0.20 ~ 0.40	0.15 ~ 0.30	0.12 ~ 0.20	0.04 ~ 0.20	0.15 ~ 0.30	0.12 ~ 0.20
	150 ~ 200HBW	0.20 ~ 0.35	0.12 ~ 0.25	0.12 ~ 0.20	0.03 ~ 0.18	0.15 ~ 0.30	0.10 ~ 0.15

续表

工件材料	工件材料硬度	硬质合金		高速钢			
		面铣刀	三面刃铣刀	圆柱铣刀	立铣刀	面铣刀	三面刃铣刀
中、高碳钢	120 ~ 180HBW 180 ~ 220HBW 220 ~ 300HBW	0.15 ~ 0.50 0.15 ~ 0.40 0.12 ~ 0.25	0.15 ~ 0.30 0.12 ~ 0.25 0.07 ~ 0.20	0.12 ~ 0.20 0.12 ~ 0.20 0.07 ~ 0.15	0.05 ~ 0.20 0.04 ~ 0.20 0.03 ~ 0.15	0.15 ~ 0.30 0.15 ~ 0.25 0.10 ~ 0.20	0.12 ~ 0.20 0.07 ~ 0.15 0.05 ~ 0.12
灰铸铁	150 ~ 180HBW 180 ~ 220HBW 220 ~ 300HBW	0.20 ~ 0.50 0.20 ~ 0.40 0.15 ~ 0.30	0.12 ~ 0.30 0.12 ~ 0.25 0.10 ~ 0.20	0.20 ~ 0.30 0.15 ~ 0.25 0.10 ~ 0.20	0.07 ~ 0.18 0.05 ~ 0.15 0.03 ~ 0.10	0.20 ~ 0.35 0.15 ~ 0.30 0.10 ~ 0.15	0.15 ~ 0.25 0.12 ~ 0.20 0.07 ~ 0.12
可锻铸铁	110 ~ 160HBW 160 ~ 200HBW 200 ~ 240HBW 240 ~ 280HBW	0.20 ~ 0.50 0.20 ~ 0.40 0.15 ~ 0.30 0.10 ~ 0.30	0.10 ~ 0.30 0.10 ~ 0.25 0.10 ~ 0.20 0.10 ~ 0.15	0.20 ~ 0.35 0.20 ~ 0.30 0.12 ~ 0.25 0.10 ~ 0.20	0.08 ~ 0.20 0.07 ~ 0.20 0.05 ~ 0.15 0.02 ~ 0.08	0.20 ~ 0.40 0.20 ~ 0.35 0.15 ~ 0.30 0.10 ~ 0.20	0.15 ~ 0.25 0.15 ~ 0.20 0.12 ~ 0.20 0.07 ~ 0.12
w（C）<0.3%的合金钢	125 ~ 170HBW 170 ~ 220HBW 220 ~ 280HBW 280 ~ 320HBW	0.15 ~ 0.50 0.15 ~ 0.40 0.10 ~ 0.30 0.08 ~ 0.20	0.12 ~ 0.30 0.12 ~ 0.25 0.08 ~ 0.20 0.05 ~ 0.15	0.12 ~ 0.20 0.10 ~ 0.20 0.07 ~ 0.12 0.05 ~ 0.10	0.05 ~ 0.20 0.05 ~ 0.10 0.03 ~ 0.08 0.025 ~ 0.05	0.15 ~ 0.30 0.15 ~ 0.25 0.12 ~ 0.20 0.07 ~ 0.12	0.12 ~ 0.20 0.07 ~ 0.15 0.07 ~ 0.12 0.05 ~ 0.10
w（C）⩾ 0.3%的合金钢	170 ~ 220HBW 220 ~ 280HBW 280 ~ 320HBW 320 ~ 380HBW	0.125 ~ 0.40 0.10 ~ 0.30 0.08 ~ 0.20 0.06 ~ 0.15	0.12 ~ 0.30 0.08 ~ 0.20 0.05 ~ 0.15 0.05 ~ 0.12	0.12 ~ 0.20 0.07 ~ 0.15 0.05 ~ 0.12 0.05 ~ 0.10	0.12 ~ 0.20 0.07 ~ 0.15 0.05 ~ 0.12 0.05 ~ 0.10	0.15 ~ 0.25 0.12 ~ 0.20 0.07 ~ 0.12 0.05 ~ 0.10	0.07 ~ 0.15 0.07 ~ 0.12 0.05 ~ 0.10 0.05 ~ 0.10
工具钢	退火状态 36HRC 46HRC 50HRC	0.15 ~ 0.50 0.12 ~ 0.25 0.10 ~ 0.20 0.07 ~ 0.10	0.12 ~ 0.30 0.08 ~ 0.15 0.06 ~ 0.12 0.05 ~ 0.10	0.07 ~ 0.15 0.05 ~ 0.10 — —	0.05 ~ 0.10 0.03 ~ 0.08 — —	0.12 ~ 0.20 0.07 ~ 0.12 — —	0.07 ~ 0.15 0.05 ~ 0.10 — —
铝镁合金	95 ~ 100HBW	0.15 ~ 0.38	0.125 ~ 0.30	0.15 ~ 0.20	0.05 ~ 0.15	0.20 ~ 0.30	0.07 ~ 0.20

四、铣削速度的选择

在铣削深度 a_p、铣削宽度 a_e、进给量 f 确定后，最后选择确定铣削速度 v_c。铣削速度 v_c 是在保证加工质量和铣刀耐用度的前提下确定的。

铣削时，影响铣削速度的主要因素有：铣刀材料的性质和铣刀耐用度、工件材料的性质、铣削条件及切削液的使用情况等。

粗铣时，由于金属切除量大，产生热量多，切削温度高，为了保证合理的铣刀耐用度，铣削速度要比精铣时低一些。在铣削不锈钢等韧性好、强度高的材料，以及其他一些硬度高、热强度性能高的材料时，铣削速度更应低一些。此外，粗铣时铣削力大，必须考虑铣床功率是否足够，必要时应适当降低铣削速度，以减小功率。

精铣时，由于金属切除量小，所以在一般情形下，可采用比粗铣时高一些的铣削速度。但铣削速度的提高将加快铣刀的磨损速度，从而影响加工精度。因此，精铣时限制铣削速度的主要因素是加工精度和铣刀耐用度。在精铣加工面积大的工件（即一次铣削宽而长的加工面）时，往往采用铣削速度比粗铣时还要低的低速铣削，以使切削刃和刀尖的磨损量极少，从而获得高的加工精度。

表 14–8 所列为常用材料的铣削速度推荐数值，实际工作中可按具体情况适当修正。

表 14–8 常用材料的铣削速度 v_c 推荐数值 m/min

工件材料	硬度	铣削速度 v_c	
		硬质合金铣刀	高速工具钢铣刀
低碳钢、中碳钢	<220HBW 225 ~ 290HBW 300 ~ 425HBW	80 ~ 150 60 ~ 115 40 ~ 75	21 ~ 40 15 ~ 36 9 ~ 20
高碳钢	<220HBW 225 ~ 325HBW 325 ~ 375HBW 375 ~ 425HBW	60 ~ 130 53 ~ 105 36 ~ 48 35 ~ 45	18 ~ 36 14 ~ 24 9 ~ 12 9 ~ 10
合金钢	<220HBW 225 ~ 325HBW 325 ~ 425HBW	55 ~ 120 40 ~ 80 30 ~ 60	15 ~ 35 10 ~ 24 5 ~ 9
工具钢	200 ~ 250HBW	45 ~ 83	12 ~ 23
灰铸铁	100 ~ 140HBW 150 ~ 225HBW 230 ~ 290HBW 300 ~ 320HBW	110 ~ 115 60 ~ 110 45 ~ 90 21 ~ 30	24 ~ 36 15 ~ 21 9 ~ 18 5 ~ 10
可锻铸铁	110 ~ 160HBW 160 ~ 200HBW 200 ~ 240HBW 240 ~ 280HBW	100 ~ 200 83 ~ 120 72 ~ 110 40 ~ 60	42 ~ 50 24 ~ 33 15 ~ 24 9 ~ 21
铝镁合金	95 ~ 100HBW	360 ~ 600	180 ~ 300

习题

1. 选择铣削用量的原则是什么？按什么顺序选择各种铣削用量要素？为什么？
2. 铣削时的切削层宽度与切削层深度根据什么原则选择？
3. 粗铣和精铣时，如何选择进给量？
4. 粗铣和精铣时，如何选择铣削速度？

第十五章

铣 床 夹 具

夹具是用以装夹工件（和引导刀具）的装置。在各类机床上所使用的夹具统称为机床夹具。在铣床上所使用的夹具即为铣床夹具。

在机械加工中，夹具起机床、工件、刀具之间的桥梁作用，用来保证加工时工件相对于刀具及切削运动处于一个正确的空间位置；对于批量生产，还应保证整批工件在同一加工工位上所占据的空间位置不变。

一般情况下，机床夹具担负工件在夹具中的定位和夹紧两大功能，而夹具相对机床和刀具的位置正确性则要靠夹具与机床、刀具的对定来保证。工件的定位、夹紧和夹具的对定是研究机床夹具的三大主要问题。本章主要讨论工件在（铣床）夹具中的定位和夹紧。

§15-1 夹具的组成和作用

一、夹具的组成

由于工件的形状、尺寸不同，夹具应用的场合不同，夹具的结构、形式也各不相同，但不论哪一种形式的夹具，都是由定位装置、夹紧装置和夹具体三大主要部分组成，此外，根据不同的使用要求，还可设置对刀装置、刀具引导装置、回转分度装置及其他各种辅助装置（图 15-1）。

1. 定位装置

定位装置由各种标准或非标准的定位元件组成，是夹具上起定位作用的零部件，用来解决工件相对于夹具的定位问题。定位装置是夹具工作的核心部分。

2. 夹紧装置

夹紧装置由各种夹紧元件组成，是夹具上起夹紧作用的零部件，用以解决工件在夹具中的夹紧问题，使工件在加工时始终保持准确和稳定的位置。

3. 夹具体

夹具体是整个夹具的基础，夹具上其他各类结构装置都靠夹具体连接而成为一个整体，并通过夹具体使整个夹具固定在机床上。

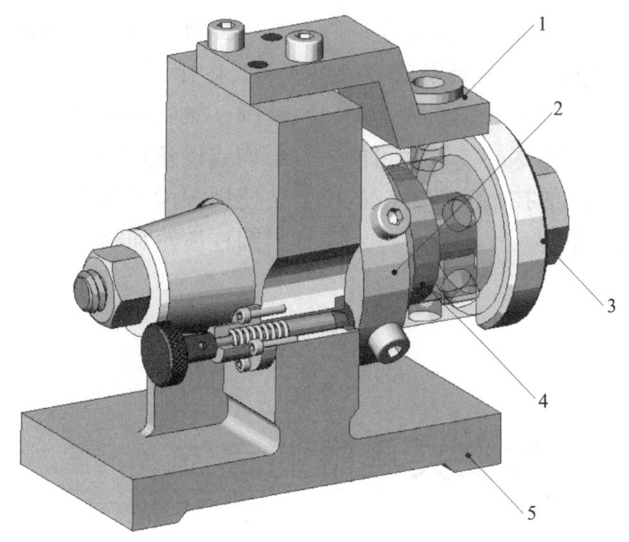

图 15-1　夹具的组成

1—刀具引导装置　2—回转分度装置　3—夹紧装置　4—定位装置　5—夹具体

4. 对刀装置

对刀装置由对刀元件组成，是夹具上起对刀作用的零部件。比较完善的夹具，为了能迅速得到机床工作台、夹具、工件相对于刀具的正确位置，在夹具上配置有对刀装置。

5. 刀具引导装置

刀具引导装置又称导向装置，由导向元件组成，是夹具上起引导刀具作用的零部件，加工时引导刀具，使刀具相对工件或夹具获得正确的位置。

6. 回转分度装置

回转分度装置由分度元件组成，是夹具上起分度作用的零部件，用以在加工中对有分度要求的工件进行分度。

二、夹具的作用

机床夹具之所以能够在生产中得到广泛的应用，与它在生产中所起的重要作用分不开。机床夹具在生产中的主要作用可归纳如下：

1. 保证工件加工精度，稳定整批工件的加工质量

夹具的设计和应用注重解决工件的可靠定位和稳固夹紧，可使同一批工件的装夹结果高度统一。稳固的夹紧使各工件间的加工条件差异性大为减小，所以，采用夹具可以在保证工件加工精度的基础上极大地稳定整批工件的加工质量。

2. 提高劳动生产率

依靠夹具所设置的专门定位元件和高效夹紧装置，可以快速而准确地完成工件在加工工位上的定位和夹紧，省去对工件的逐个找正调整的装夹过程，大大缩短了每一工件的装夹辅助工时。对于大批量生产的工件，尤其是对外形轮廓较复杂、不易找正装夹的工件，使用高效的夹具来装夹，其效用就更大。

正确运用夹具合理装夹工件，可以使工件装夹更加稳定、可靠，同时参与装夹和加工的工件数量可以增多，并有可能采用较大的切削用量和同时采用多把刀具进行切削加工，使得切削效率显著提高。

3. 改善操作者的劳动条件

使用夹具可使工件的装卸方便、快捷，减轻了操作者的劳动强度。夹具可以采用增力机构来减小操作的原始力；采用各种机动的夹紧装置使操作者省力；采用多位夹具可减少对工件的装夹和搬运次数，使操作者的劳动条件大为改善。此外，夹具设计还需考虑必要的防护封闭装置，保证生产的安全。

4. 降低对操作工人的职业等级要求

夹具的应用使工件的装夹、操作大为简化，使一些生产技术并不熟练的技工有可能胜任原来只能由技术熟练的技工才能完成的复杂工件的精确装夹工作。

5. 扩大通用机床的工艺范围

采用专用夹具可以扩大通用机床的工艺范围，做到一机多用，缓解生产中机床负荷不均或设备短缺的矛盾。如在普通铣床上安装使用滚齿夹具后，可以代替滚齿机滚切直齿圆柱齿轮和蜗轮。

§15-2 工件在夹具中的定位

使工件在夹具中占有预期确定位置的动作过程，称为工件在夹具中的定位。工件在加工过程中的位置（定位）是否准确，是加工精度能否达到要求的决定因素之一，这在成批生产中尤为重要。因此，工件的定位是设计夹具和正确、合理使用夹具的重要内容，必须理解和正确运用。

一、工件定位基本原理

1. 工件在工位上的位置不确定度

为保证工件的加工要求，工件在工位上装夹时必须保证其相对于刀具及刀具的切削成形运动处于正确的空间位置。凡使用夹具的工序应通过两个环节来保证满足这一要求：一个环节是，工件在夹具中装夹时，要保证相对夹具处于正确的空间位置，这一环节是由夹具的定位装置来保证的；另一个环节是，要保证夹具与机床连接时，其相对于机床、刀具及其成形运动具有一个正确的相对位置，这一环节是由夹具的对定装置和通过夹具的正确调装来保证的。

（1）不定度的概念　如果不采取相应的定位措施，工件在夹具中被夹紧时的位置将是不确定的。工件参与定位时，其空间位置的不确定程度，可通过工件所在空间直角坐标系中六个独立的位置参量来描述和比较。

用来描述工件在某一预先设定的空间直角坐标系中定位时，其空间位置不确定程度的六个独立位置参量，称为工件在此坐标系中的六个位置不确定度，简称六个不定度。

（2）六个不定度及其符号　在工件定位的空间直角坐标系中：

1）工件沿 X 轴方向的最终移动位置的不确定（图 15-2a），称为工件沿 X 轴方向的移动不定度，用符号$\overleftrightarrow{X}$表示。

2）工件绕 X 轴方向的最终转动位置的不确定（图 15-2b），称为工件绕 X 轴的转动不定度，用符号$\widehat{X}$表示。

3）工件沿 Y 轴方向的最终移动位置的不确定（图 15-2c），称为工件沿 Y 轴方向的移动不定度，用符号$\overleftrightarrow{Y}$表示。

4）工件绕 Y 轴方向的最终转动位置的不确定（图 15-2d），称为工件绕 Y 轴的转动不定度，用符号$\widehat{Y}$表示。

5）工件沿 Z 轴方向的最终移动位置的不确定（图 15-2e），称为工件沿 Z 轴方向的移动不定度，用符号$\overleftrightarrow{Z}$表示。

6）工件绕 Z 轴方向的最终转动位置的不确定（图 15-2f），称为工件绕 Z 轴的转动不定度，用符号$\widehat{Z}$表示。

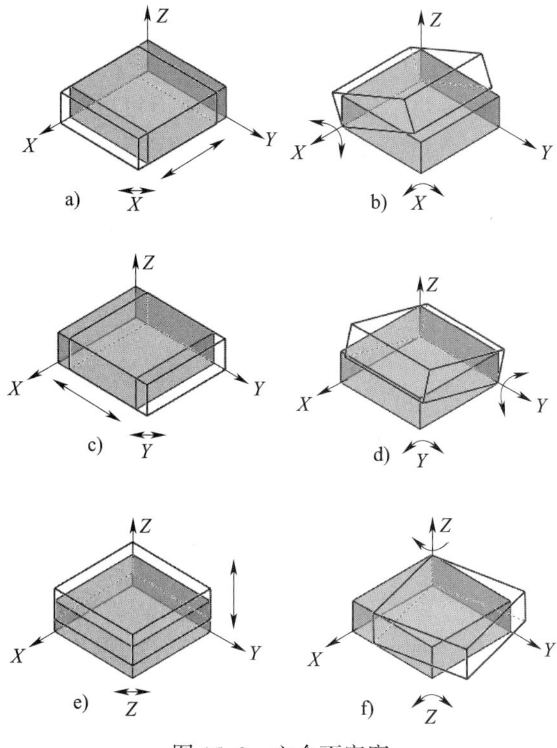

图 15-2　六个不定度

（3）不定度的消除与工件的定位　当工件具有全部的六个不定度时，是工件在空间的位置不确定的最高程度。工件具有的不定度越少，说明工件的空间位置确定性越好。当工件的六个不定度都被消除时，它在这一空间的位置即被完全确定下来，具有位置的唯一性。

工件在夹具中的定位，就是要根据加工的需要，消除工件的某些不定度。夹具对工件消除不定度是通过对工件位置提供定位点来实现的。

2. 六点定位基本原理

当工件与固定不动的定位元件（如定位球）保持一点接触时（图 15-3），定位元件上的这个固定点将形成对工件沿此接触点的法线方向最终移动位置的约束和限制。只要工件在定位、夹紧的过程中与此点保持接触，则工件在此方向上最终空间位置便有一个依据，此点在工件的定位中，起到了消除工件沿此点法线方向上移动不定度的作用。

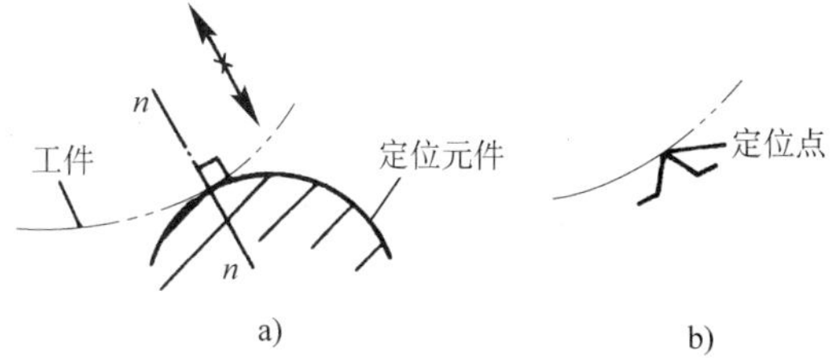

图 15-3　点的定位作用

在夹具中，能够起到消除工件不定度作用的约束点称为定位点。定位点是夹具为工件的装夹提供空间位置的依据，是对工件不定度起约束限制作用的基本要素。

当工件与固定不动的定位直尺尺面保持接触时（图 15-4），沿尺面建立坐标轴，则工件沿尺面法线方向 n-n 的移动不定度将受到约束和限制。由于两点确定一条直线，此时的定位接触情况，可以简化为沿尺面直线方向上距离较远的两个定位点对工件的约束作用。这两个定位点除对两点连线的法线方向上的移动不定度起约束限制作用外，还形成对工件在该法线方向上最终转动位置的约束。因此，当工件与定位元件保持直线（或距离较远的两个定位点）接触时，定位元件对工件的定位起到两个点的约束限制作用，它消除工件的两个不定度：一个是沿两定位点连线的法线方向上的移动不定度，另一个是绕任一定位点的法线方向的转动不定度，如图 15-5 所示。

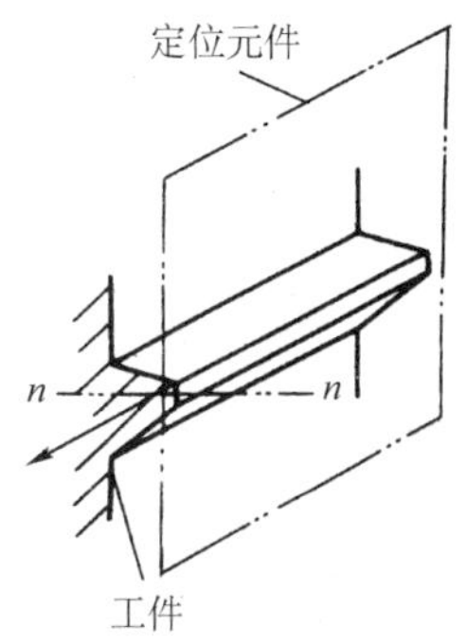

图 15-4　直线的定位作用

同理，当工件以加工过的平面与定位平面相接触时，定位平面的定位作用，可以简化为此平面内保持一定距离的不在一条直线上的三个定位点对工件的约束作用，消除工件的三个不定度：一个是沿三个定位点所确定的定位平面的垂直方向上的移动不定度，另两个是绕定位平面内两坐标轴的转动不定度，如图 15–6 所示。

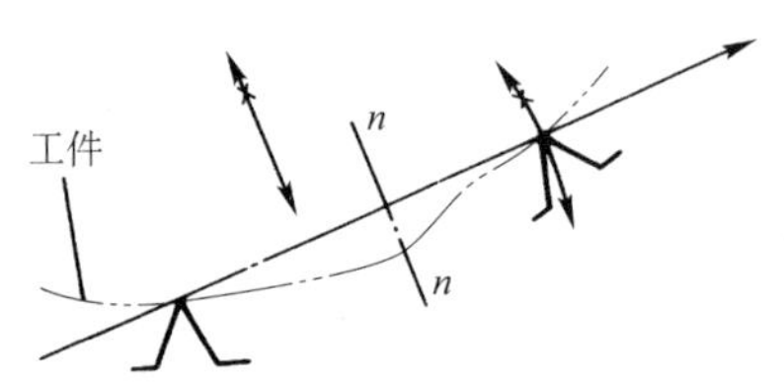

图 15–5 两定位点的定位作用

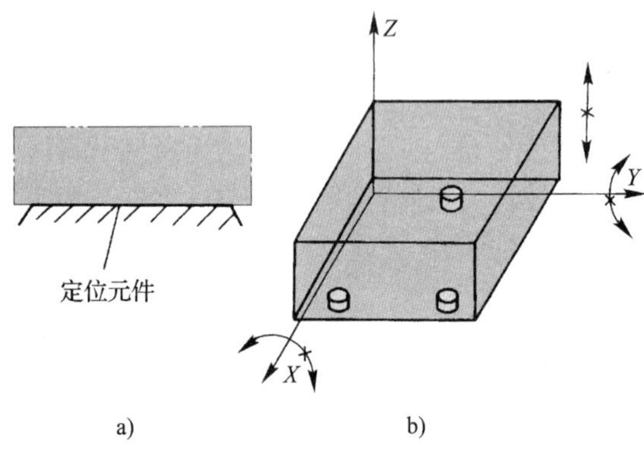

图 15–6 平面的定位作用

由上面关于点、直线、平面的定位作用可知，为工件的定位提供一个定位点，可以消除工件的一个位置不定度；提供两个定位点，可以消除工件的两个不定度；提供三个定位点，就可消除三个不定度。由此可推知：空间保持一定距离且不在同一平面上的四个定位点，可以消除工件的四个不定度（两个移动不定度和两个转动不定度）。同样，工件的全部六个空间位置不定度，可以由六个定位点来消除。

在工件的定位中，用由空间合理分布的最多六个定位点，来消除工件的最多六个空间位置不定度，这一原理称为六点定位基本原理，简称六点定位原理。由于六点定位原理中对定位点的空间分布位置要求遵守一定的规则（空间合理分布），所以又把此原理称为六点定则。

3. 六点定位原理的应用

（1）六点定位原理在箱体类工件定位中的应用　一般箱体类工件多具有较规则的外形轮廓，如六面体、八面体等。为保证此类工件在工位上定位稳定、夹紧方便，多选择工件上较大的平面作为主要的定位基准面。例如在图 15–7 中，夹具为工件的底平面设置了 1、2、3 三个支承点（定位点），为工件底平面提供空间位置依据，此三点消除了工件的$\vec{Z}$、$\widehat{X}$和$\widehat{Y}$三个不定度。习惯上把箱体类工件这一表面称为工件的“主要定位基准面”，又称“第一定位基准面”。

设置在工件侧面上的 4、5 两个支承点，消除了工件$\vec{Y}$的$\widehat{Z}$和两个不定度。习惯上把工件的这类侧表面称为工件的“导向定位基准面”，又称“第二定位基准面”。

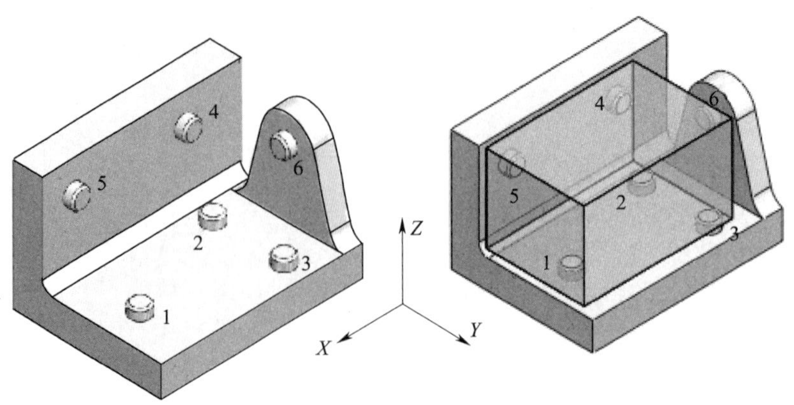

图 15–7 箱体类工件的六点定位

设置在工件另一个侧面上的支承点 6，起到了消除工件$\overleftrightarrow{X}$不定度的作用。习惯上把工件的这类表面称为“止推定位基准面”，又称“第三定位基准面”。

对箱体类工件的定位，夹具上常设置这种三个不同方向上的定位基准来形成一个空间定位系统，称为“三基面基准系统”，或称这种基准为“三基面基准”。

（2）六点定位原理在盘类工件定位中的应用　一般盘类工件多具有较大的端（平）面，而其轴向尺寸或高度尺寸较小，考虑到工件装夹的稳定可靠，常以较大的端面作为主要定位基准面，即第一基准，夹具上常为工件的大端面设置一个环形面（三点）来作为主要定位基准的依据，如图 15–8 中的 1、2、3 支承点就起了这样的作用，它消除了工件的$\overleftrightarrow{Z}$、$\overset{\frown}{X}$和$\overset{\frown}{Y}$三个不定度。

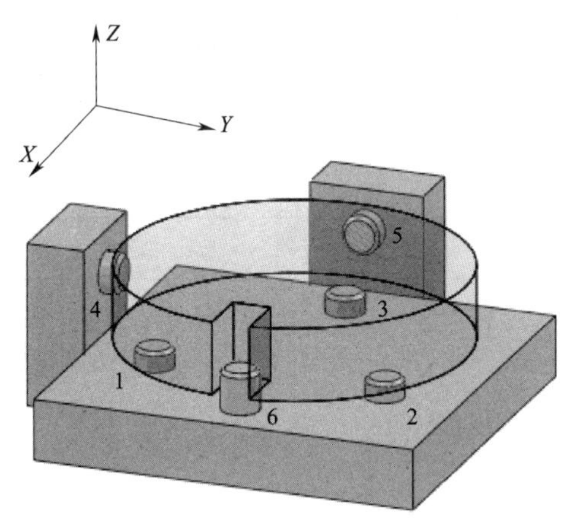

图 15–8　盘类工件的六点定位

支承点 4 和 5 分别消除了工件的$\overleftrightarrow{Y}$和$\overleftrightarrow{X}$两个移动不定度，形成了工件定位系统的第二定位基准依据。对圆盘类工件，习惯上称为“定心基准”。

支承点 6 在定位时，保持与工件键槽的一个固定侧面相接触，消除了工件的$\overset{\frown}{Z}$转动不定度，形成工件定位系统的第三定位基准依据，习惯上称为“防转基准”。

（3）六点定位原理在轴类工件定位中的应用　轴类工件的轴向尺寸大，且常以两端同轴的支承轴颈作为整个轴系（轴与轴上零件）的回转支承。对这类工件的定位，夹具一般以轴向尺寸较大的 V 形槽的两个斜面与工件支承轴颈相接触，形成不共面的四点约束，如图 15–9 中的 1、2、3 和 4 四个支承点，消除了工件的$\overleftrightarrow{X}$、$\overleftrightarrow{Y}$、$\overset{\frown}{X}$和$\overset{\frown}{Y}$四个不定度，形成轴类工件的“第一定位基准”。

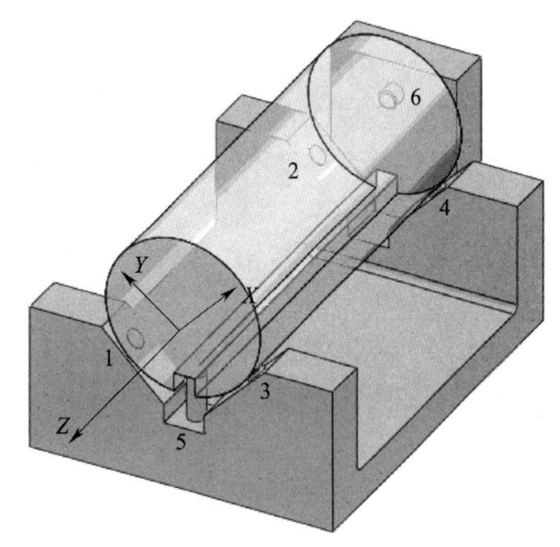

图 15–9　轴类工件的六点定位

第二、第三定位基准的顺序，依工序要求和定位精度高低而确定：当本工序内容的对称度、位置度有较严格的公差要求时，防转基准销 5 为第二定位基准，销 6 为第三定位基准；当本工序内容的轴向尺寸有较严格的公差要求时，止推基准销 6 成为第二定位基准，销 5 成为第三定位基准。

二、基本定位体的定位作用

1. 基本定位体

夹具对工件的定位约束作用，是靠夹具上设置的各种形状定位元件的定位几何形面来实现的。为了准确地分析夹具定位元件对工件定位所起的实际约束作用，把各类定位元件的常用定位几何形面归纳为 10 种基本定位体，夹具定位元件的定位面都是由这些最基本的几何形体所组成的。

所谓基本定位体，是指工件定位时，夹

具定位元件上用以限制工件空间位置的基本几何形体。掌握这些基本定位体的定位约束作用，有利于对工件在夹具中定位原理的分析。

2. 基本定位体的定位约束作用

夹具定位中常用的 10 种基本定位体及其定位约束作用如下：

（1）短 V 形块（V 形架或 V 形刀口）

与工件外圆柱面轮廓呈两条短线段或两点接触，对工件提供两点约束，消除两个方向上的移动不定度。

（2）长 V 形块（双 V 形架） 与轴类工件呈两条长线段或四点接触，对工件提供四点约束，消除两个移动不定度和两个转动不定度。

（3）短圆柱销（短销） 与工件定位孔呈被包容关系或与销槽呈点、线接触。被定位孔包容时，提供两点约束，消除两个移动不定度；作为防转销时，提供一点约束，消除一个转动不定度。

（4）长圆柱销（长销、心轴） 与工件接触的轴向尺寸较大，提供四点约束，消除两个移动不定度和两个转动不定度。

（5）定位套（短套） 与工件呈包容关系，一般为点、线接触，提供两点约束，消除两个移动不定度。

（6）长定位套（长套） 与工件呈较长轴向尺寸的包容关系，提供四点约束，消除两个移动不定度和两个转动不定度。

（7）短圆锥销（短锥销） 多与工件呈窄的环形锥面接触，提供三点约束，消除三个移动不定度。

（8）长圆锥销（长锥销） 与工件呈锥面接触，提供五点约束，消除三个移动不定度和两个转动不定度。

（9）短圆锥套（短锥套） 与工件呈窄的环形锥面接触，提供三点约束，消除三个移动不定度。

（10）长圆锥套（长锥套） 与工件呈锥面接触，提供五点约束，消除三个移动不定度和两个转动不定度。

上述 10 种基本定位体的应用及其作用见表 15–1。

表 15–1　基本定位体的应用及其作用

基本定位体	应用示意图	提供约束点数	消除不定度
短 V 形块	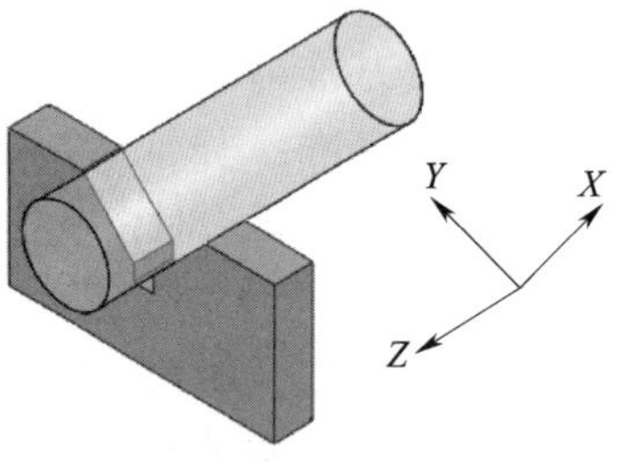 Y X Z	2	$\overleftrightarrow{X}$、$\overleftrightarrow{Y}$
长 V 形块	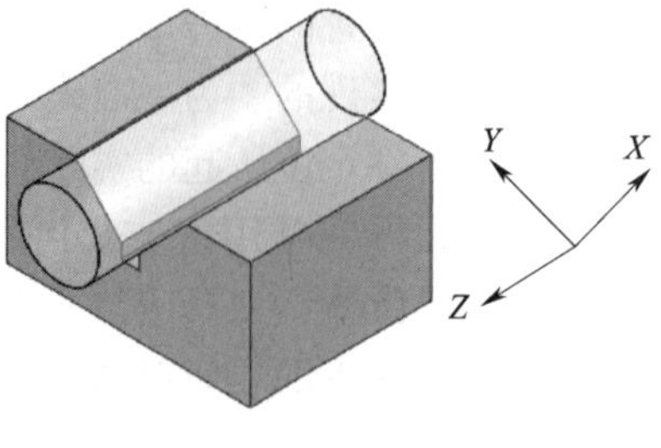 Y X Z	4	$\overleftrightarrow{X}$、$\overleftrightarrow{Y}$ $\overset{\frown}{X}$、$\overset{\frown}{Y}$

续表

基本定位体	应用示意图	提供约束点数	消除不定度
短圆柱销	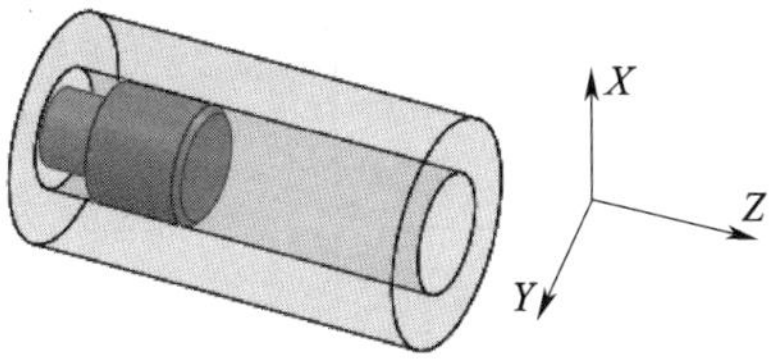	2	$\overrightarrow{X}$、$\overrightarrow{Y}$
长圆柱销	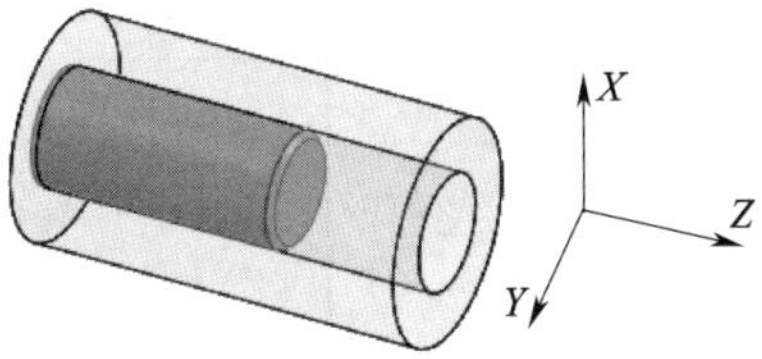	4	$\overrightarrow{X}$、$\overrightarrow{Y}$ $\widehat{X}$、$\widehat{Y}$
定位套	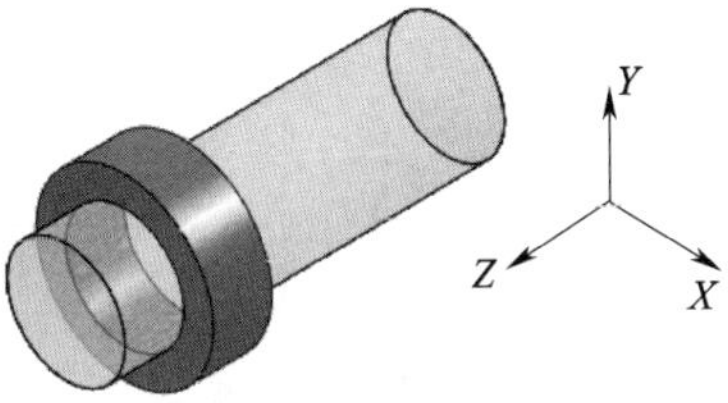	2	$\overrightarrow{X}$、$\overrightarrow{Y}$
长定位套	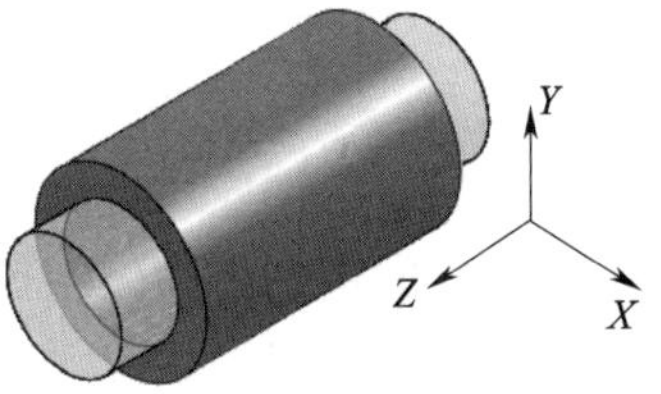	4	$\overrightarrow{X}$、$\overrightarrow{Y}$ $\widehat{X}$、$\widehat{Y}$
短圆锥销	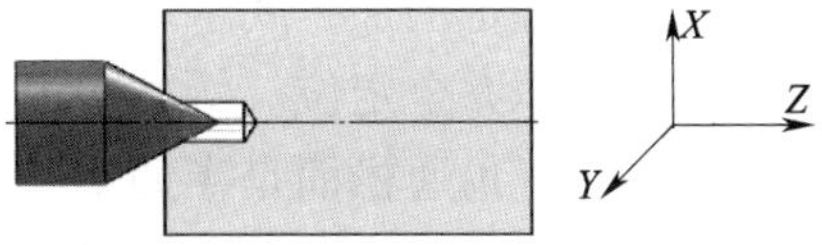	3	$\overrightarrow{X}$、$\overrightarrow{Y}$、$\overrightarrow{Z}$
长圆锥销	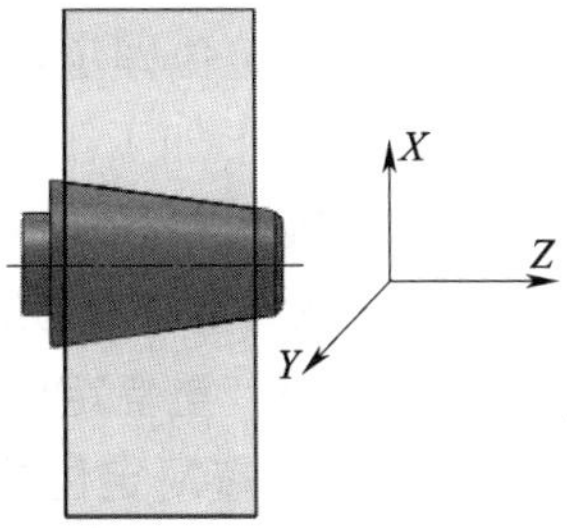	5	$\overrightarrow{X}$、$\overrightarrow{Y}$、$\overrightarrow{Z}$ $\widehat{X}$、$\widehat{Y}$

续表

基本定位体	应用示意图	提供约束点数	消除不定度
短圆锥套	X Z Y	3	$\vec{X}$、$\vec{Y}$、$\vec{Z}$
长圆锥套	X Z Y	5	$\vec{X}$、$\vec{Y}$、$\vec{Z}$ $\widehat{X}$、$\widehat{Y}$

三、完全定位、不完全定位、欠定位

1. 完全定位

工件在夹具中定位时，六个不定度被全部消除的定位称为完全定位。图 15–7 中的箱体类工件、图 15–8 中的盘类工件和图 15–9 中的轴类工件的六点定位都是完全定位。完全定位时，整批工件相对加工机床及刀具有一个统一的位置依据。一般情况下，当工件的工序内容在 X、Y、Z 三个坐标轴方向上均有尺寸或几何精度要求时，需要在加工工位上对工件施行完全定位。

2. 不完全定位

不完全定位又称部分定位，是在满足工件加工要求的条件下，六个不定度没有全部被消除的定位。例如，用三面刃铣刀铣削直角通槽，只要铣刀在直角通槽的长度方向上有足够的进给长度，则铣床工作台上Ⅰ、Ⅱ、Ⅲ三个位置上的工件都可以满足直角槽被铣通的加工要求，如图 15–10 所示。因此，进给长度方向上工件移动不定度就不需要被限制，此时有五点定位就可以满足加工要求。这种工件的六个不定度没有全部被消除的定位，属于不完全定位。除完全定位外，不完全定位在实际生产中也被广泛地应用。

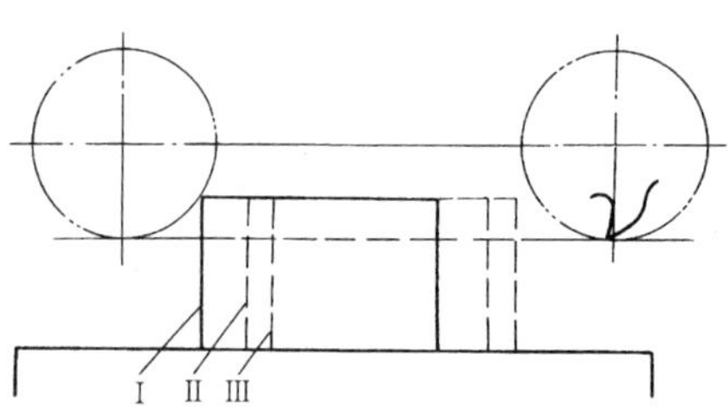

图 15–10　工件铣通槽的安装

3. 欠定位

工件应该消除的不定度没有被消除，这样的定位称为欠定位。欠定位虽也是不完全定位，但欠定位对影响加工精度的不定度没有全部限制，其结果将导致无法保证工序所规定的加工要求，因此，欠定位是不合理的不完全定位。例如，上例中如果加工的不是直角通槽而是半通槽，若进给长度方向上的移动不定度没有加以限制，仍是五点定位，就属于欠定位。

欠定位即定位不足，夹具提供的定位点数量少于加工工件时应消除的不定度数量，它不能保证所加工工件合格的要求，所以，在实际生产中不允许出现欠定位。

四、重复定位

1. 重复定位的概念

具有重复限制工件不定度的定位称为重

复定位（也称过定位）。由于夹具定位系统是由各种基本定位体组合而成的，实际应用中的夹具有时会出现重复定位的现象。下面举一些实例来分析：

（1）平面长销定位　图 15–11 中工件以内孔和一端面在夹具上定位、夹紧后加工上部键槽。夹具的定位系统为此设置环形平面 1 和长圆柱销 2 相结合（简称平面长销定位）来满足工件的定位要求。由前面基本定位体的定位约束分析可知，此定位方案为工件提供了七个定位点：其中环形平面 1 提供三点，长圆柱销提供四点，而本方案消除五个不定度，还留下一个转动不定度$\widehat{Z}$没有消除。进一步分析各定位元件在定位中所起的约束作用，则环形平面 1 可消除$\vec{Z}$、$\widehat{X}$、$\widehat{Y}$三个不定度；长圆柱销 2 可消除$\vec{X}$、$\vec{Y}$、$\widehat{X}$、$\widehat{Y}$四个不定度。可以看出$\widehat{X}$、$\widehat{Y}$两个转动不定度被环形平面和长圆柱销重复限制，属于重复定位。

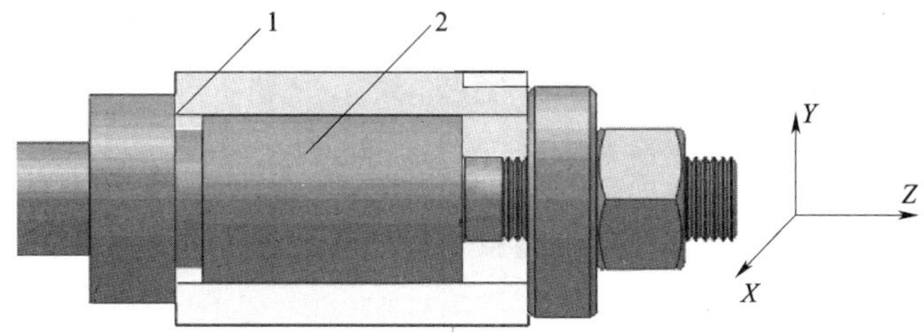

图 15–11　平面长销定位

1—环形平面　2—长圆柱销

（2）平面双销定位　图 15–12 所示为箱体类工件以底平面和底面上两个定位孔在夹具上定位，夹具为工件的定位提供了一个大平面 1 和距离较远的两个短圆柱销 2 和 3 组成定位系统，即平面双销定位系统。此定位系统消除工件的全部六个不定度，但提供了七点约束：大平面提供三点约束，消除$\vec{Z}$、$\widehat{X}$、$\widehat{Y}$三个不定度，两个短圆柱销各提供二点，共四点约束，每个短销均可限制$\vec{X}$、$\vec{Y}$两个移动不定度，所以，对工件的$\vec{X}$、$\vec{Y}$两个移动不定度属重复限制。此外，由于两销间距离较远，两销还形成对工件$\widehat{Z}$不定度的约束。这是一个较典型的重复定位实例。

2. 重复定位的不良后果

一般情况下，重复定位结构直接应用于夹具，会产生很多问题，尤其是当工件定位表面误差较大时，会造成诸多不良后果，在生产中应予以注意。

（1）重复定位会造成定位质量不稳定且降低定位精度　工件的同一个不定度被夹具不同的定位元件重复限制，往往造成工件之间此项不定度最终限制的不确定性，即工件的该项不定度，在工件甲定位时被定位元件 A 所限制，而更换成工件乙定位时，会由于

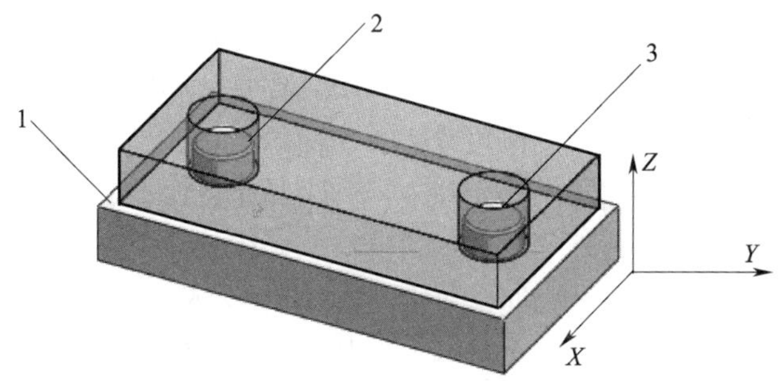

图 15–12　平面双销定位

1—大平面　2、3—短圆柱销

工件表面的误差情况或装夹情况的差异被定位元件 B 所限制，从而造成两工件间的定位差异，破坏定位的唯一性。在图 15-11 所示的平面长销定位中，对于内孔尺寸较小的工件，与心轴配合时的间隙较小，定位时其 $\widehat{X}$ 和 $\widehat{Y}$ 两个转动不定度将由心轴来限制，其定位质量取决于工件内孔与心轴配合间隙的大小，如图 15-13a 所示，工件左端面的垂直度误差和内孔的配合间隙，造成工件内孔轴线的定位误差 Δ。若工件内孔尺寸较大，定位时对工件的 $\widehat{X}$、$\widehat{Y}$ 两个转动不定度的约束就可能转移到心轴左端部的环形平面处，由环形平面来加以限制，如图 15-13b 所示，这时，这两项不定度的最终定位质量完全取决于工件左端面的垂直度误差或轴向圆跳动误差的大小。

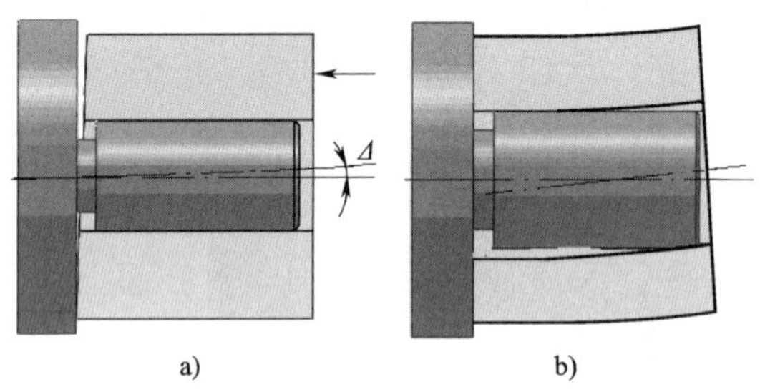

a) b)

图 15-13　工件端面垂直度误差对重复定位的影响

从上面分析可知，工件的 $\widehat{X}$ 和 $\widehat{Y}$ 两个不定度，可能由夹具的心轴来约束限制，也可能由环形平面来限制，实际定位时由哪一个定位元件来承担，则完全取决于每一个工件的定位表面加工误差情况，这就形成整批工件定位的不同一性，造成定位质量的不稳定，降低定位精度。

（2）重复定位可能引起夹紧变形和虚假接触　由于工件不可避免地存在加工误差，因此，重复定位结构往往会引起定位元件的夹紧变形而破坏定位原状，并造成虚假接触。图 15-11 的平面长销定位，由于工件左端面存在的垂直度误差，造成工件定位时，左端面与夹具定位环形平面呈一点接触（图 15-13a），若此时夹紧力方向平行于轴线方向，夹紧时，当工件的内孔与心轴间的配合间隙较小时，定位心轴要靠其自身的刚度来维持工件左端面与夹具定位平面间的一点接触定位原状，夹紧会出现以下两种结果：

1）若心轴刚度较高，其自身弯曲变形量很小，则工件左端面与夹具的环形平面将形成虚假接触，严重地影响夹紧效果。

2）若心轴刚度较低，在较大的轴向夹紧力作用下，使工件左端面与夹具环形平面形成实接触，而此时定位心轴必然会发生严重弯曲变形，如图 15-14 所示。较大的弯曲变形破坏了原有的定位状态。可见，平面长销定位是一种很不稳定的重复定位结构。

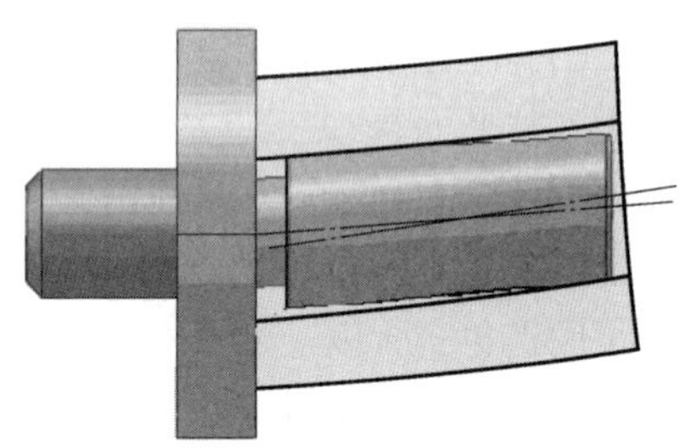

图 15-14　重复定位引起心轴弯曲变形

（3）重复定位可能造成工件装夹困难

在重复定位结构中，常会由于工件定位表面的某项制造误差过大，造成工件无法装到夹具中的困难。图 15-12 所示的平面双销定位系统，由于工件上的两定位孔间距离误差 ΔL_k 较大，使参与定位的两孔中心距 L_k 与夹具上两销中心距 L_x 有较大差异，往往会造成图 15-15 所示月牙形阴影区域材料的干涉，给正常装夹带来困难。

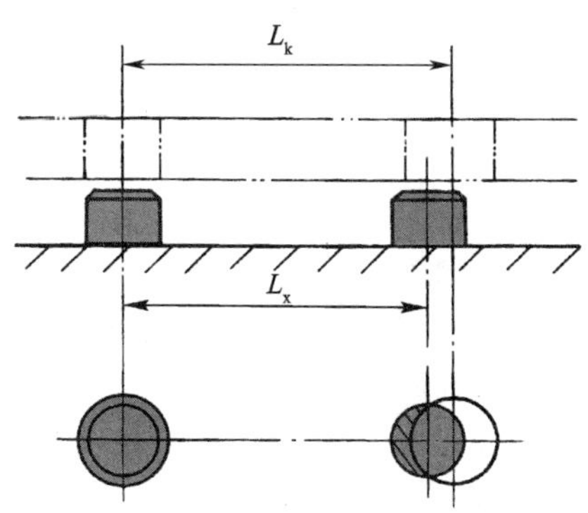

图 15-15　双圆柱销结构的干涉

3. 重复定位结构的改善措施

重复定位之所以能造成各种不良后果，主要是由于夹具定位结构中的重复因素和工件的加工误差过大。对重复定位结构的改善可从以下两个方面入手：

（1）提高工件定位表面的加工精度

提高和保证参与定位的工件定位表面的加工精度，是克服重复定位可能造成不良后果的重要方法。图 15-11 所示的平面长销定位，严格控制工件左端面的垂直度公差和轴向圆跳动公差，或者严格控制工件内孔的孔径公差，都能直接改善工件的定位精度，减少夹具心轴的弯曲变形。图 15-12 所示的平面双销定位，只要严格控制工件两定位孔的孔距公差及孔径公差，就不会发生材料干涉和插不进销的情况。

（2）修改夹具的重复定位结构　合理地调整夹具定位结构中的定位点，使定位系统不再发生重复定位。

图 15-11 所示的平面长销定位，当工件以端面作为第一定位基准时，可以将长销结构改短，使其形成如图 15-16a 所示的平面短销组合定位系统，这时工件的两个转动不定度由环形定位面来限制，而短圆柱销只起消除两个方向上的移动不定度的作用，避免了采用长销时对两个转动不定度的重复限制，解决了装夹不稳定和心轴变形的问题。当工件以内孔作为第一定位基准时，两个转动不定度应由心轴（长销）来限制，此时，端面只需起消除轴向移动不定度，即一个点的约束作用，可使用自位支承结构，如图 15-16b 所示在环形端面定位环节中加入一球面垫圈副组成球面浮动自位支承结构使定位端面只起止推定位作用。

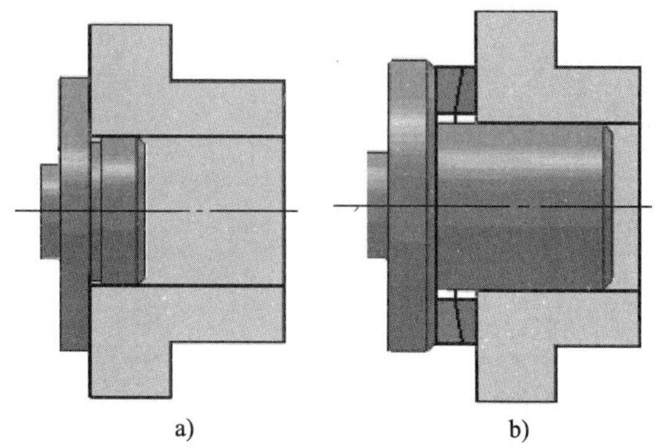

图 15-16　平面长销重复定位结构的改善

图 15-12 所示的平面双销定位，平面作为第一定位基准，三个定位点消除三个不定度；两个短圆柱销中选择其中之一作为第二定位基准，用来消除两个移动方向的不定度；第三个定位基准只需一个定位点，消除了工件的一个转动不定度，如图 15-17a 所示。采取的方法可在Ⅱ号孔的 a 点（不能在 c 点）处设置一小防转销，从而满足定位要求（图 15-17b）。考虑到销的强度和装夹的方便，实际生产中常把销设计成削边结构（图 15-17c），称削边销。当削边销尺寸 $d \leqslant 50\,\text{mm}$ 时，为了增强销体强度和刚度，常采用菱形结构，称菱形销（图 15-17d）。这样就成为一平面一短圆柱销和一短削边销的常用平面双销结构六点定位系统，避免了重复定位带来的装夹困难。

4. 重复定位的合理利用

如果工件的定位表面的制造精度能够得到严格的保证，工件与夹具定位元件的接触较理想，重复定位结构就不会对装夹造成不良影响，反而会对工件的定位夹紧带来以下的有利结果：

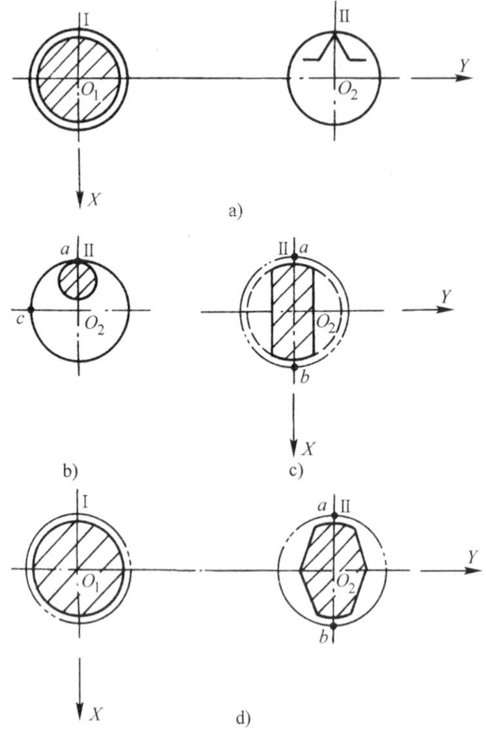

图 15–17　平面双销重复定位结构的改善

（1）可简化定位结构，有利于提高定位元件的结构刚度　在工件定位表面制造精度较高的前提下，削边销的削边结构可以省掉而改用普通的圆柱销；图 15–16b 中的自位支承球面垫圈副可以省掉；平面短销定位中的短销可以改用长销，这些方面都使得定位元件自身的刚度得到提高，整个定位结构得以简化，有利于提高定位结构的刚度。

（2）可以增加工件与夹具间的接触面积，提高接触刚度　在保证工件定位表面较严格的制造精度的前提下，合理地利用重复定位，可以使工件与夹具定位元件保持较稳定的接触状态，可以增大两者之间的接触面积，有效地提高接触刚度。

随着工件加工精度的不断提高，夹具重复定位结构在实际生产中已得到越来越多的应用。像平面双圆柱销定位系统、平面长销定位系统等重复定位结构已广泛地应用在数控机床和柔性制造系统中。

§15–3　工件的夹紧

工件定位后将其固定，使其在加工过程中保持定位位置不变的操作称为夹紧。夹具中用来完成对工件夹紧的装置称为夹紧装置。同定位装置一样，夹紧装置也是夹具中的重要组成部分。

一、对夹紧装置的基本要求

为保证加工的正常进行，对夹具的夹紧装置有下列基本要求：

1. 夹紧要可靠

夹紧装置的基本功能是夹固工件，以使工件在切削力、重力、离心惯性力等外力作用下，能稳固地维持其定位位置不动，保证切削加工的顺利、安全进行。

2. 夹紧不允许破坏定位

工件的精确定位是夹紧的先决条件，夹紧不允许破坏工件的原有定位状态。

3. 夹紧变形要尽量小，且不能损伤工件

对工件的夹紧不应引起工件有较大的夹紧变形，以免松开夹紧后工件的弹性恢复造成加工表面的形状、位置精度下降。夹紧不应造成工作表面的压伤，以免影响工件的表面质量。

4. 操作要方便

夹紧装置的操作应具有动作快、操作方

便、省力、安全的特点，以有利于快速装卸工件，减轻工人劳动强度和提高工作效率。

二、夹紧力三要素的合理确定

夹紧力的大小、方向和作用点，称为夹紧力的三要素。在确定夹紧装置结构时，夹紧力三要素的正确选择是首先要解决的重要问题。

1. 夹紧力方向的合理确定

确定夹紧力的方向时，一般应掌握以下几点：

（1）主要夹紧力的方向应尽量指向工件的主要定位基准表面　工件定位时常选择幅面较大、定位稳定的表面作为主要定位基准面，夹紧力方向指向主要定位基准面有助于工件在此基准面上的稳固接触，保证定位质量；同时可以增大工件与定位元件间的摩擦力，使夹紧可靠。

（2）夹紧力的方向应尽量与切削力、重力方向一致　当夹紧力的方向与切削力、重力方向一致时，可以借助切削力、工件的重力来承担部分夹持力作用，此时所需夹紧力最小，对夹紧机构的要求最低。

（3）夹紧力的方向应尽量指向工件刚度较强的方向　各种不同结构、形状的工件，在不同方向上的刚度强弱不同，为尽量减小工件的夹紧变形，应尽量选择工件刚度较强的方向来夹紧工件。这对于本身刚度较差的薄壁工件、细长工件等尤为重要。

（4）夹紧力的作用线应分布于工件有效支承面范围内　当夹紧力的方向掌握不好，作用线分布于工件有效支承面范围以外时（图 15–18a），会引起工件的失稳和倾覆，把力的作用线调至工件有效支承面范围内就可以保证工件装夹稳定（图 15–18b）。

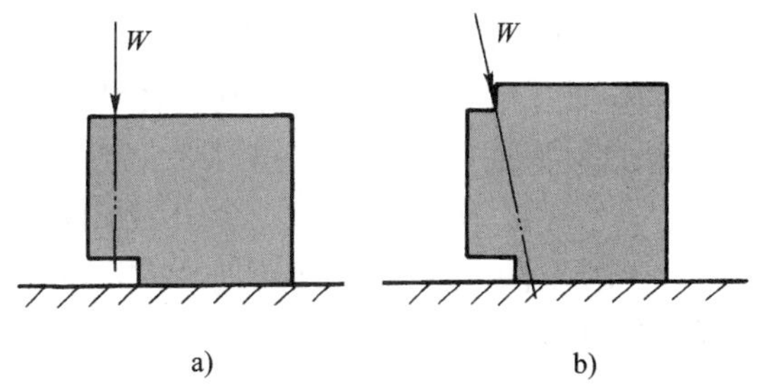

图 15–18　夹紧力作用线应分布于工件有效支承面范围内

2. 夹紧力作用点的合理确定

（1）夹紧力作用点应选择工件上刚度好的部位　夹紧力的作用点应选择使工件夹紧变形小的凸缘、耳座、肋板、隔板等刚度较好的部位，以使工件夹得实、压得牢、变形小。图 15–19a 中的夹紧把作用点选在工件刚度最差的薄壁空腔顶部的中央，会使工件产生较大的压紧变形。正确的方法是把夹紧点设置在工件底部凸缘处（图 15–19b）。当工件无凸缘可利用时，可利用浮动压脚，把夹紧点分散到箱壁和肋板处，如图 15–19c 所示，也可有效地防止过大的夹紧变形，提高夹紧的可靠性。

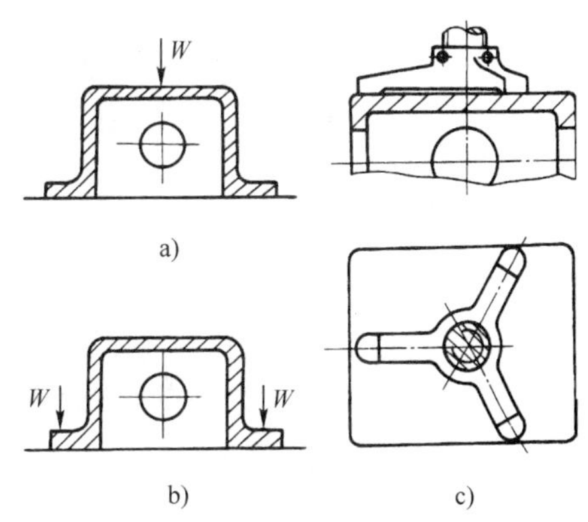

图 15–19　夹紧力作用点的合理选择

（2）夹紧力作用点应尽量靠近工件要加工的部位　夹紧力作用点越靠近工件要加工的部位，加工时振动越小，切削越平稳，加工质量就越高；而且可以采用较大的切削用量，有利于提高效率。

3. 夹紧力大小的合理确定

夹紧力大小的确定是否合理，关系到工件装夹与加工的可靠性，关系到夹紧变形的大小，关系到夹紧机构的复杂程度和主要夹紧元件的规格尺寸，并影响到夹紧传动装置的结构尺寸和整个夹具的外形轮廓尺寸的大小。夹紧力太小则不能使工件的位置稳固，加工时会使工件产生振动和移动，轻则影响加工精度和表面粗糙度，严重时则会导致设备和人身事故。夹紧力太大则会引起工件和夹具的变形过大，甚至损伤工件表面，从而影响加工质量。影响夹紧力大小的最主要的因素是切削力。

实际生产中确定夹紧力的方法常采用类比法和估算法。类比法是根据工件具体加工要求，参照现有生产中相类似切削条件的夹紧装置应用情况，比较确定夹紧力的大小。估算法是简单计算理论切削力 P，然后乘以安全系数 K，即得所需基本夹紧力 W 的值，即 $W=K\cdot P$。安全系数 K 可根据具体加工条件取值：

一般切削：K=1.5 ～ 3。

粗加工：K=2.5 ～ 3。

精加工：K=1.5 ～ 2。

三、常用的夹紧机构

1. 斜楔夹紧机构

斜楔夹紧机构是最简单的夹紧机构，它利用斜面原理，通过斜楔对工件施行夹紧。图 15–20 所示为一斜楔夹紧机构，工件装入夹具内，锤击斜楔的大端，斜楔在斜面的楔紧作用下，对工件施加挤压力，而将工件楔紧在夹具中。斜楔夹紧机构要求工件与斜面间有良好的自锁性能，即在工件被楔紧，主动力撤除后，楔块应能被挤在夹具中，并且不会因切削力的作用及振动而退出。加工完毕，用锤敲击斜楔小端，退出斜楔并松开工件。

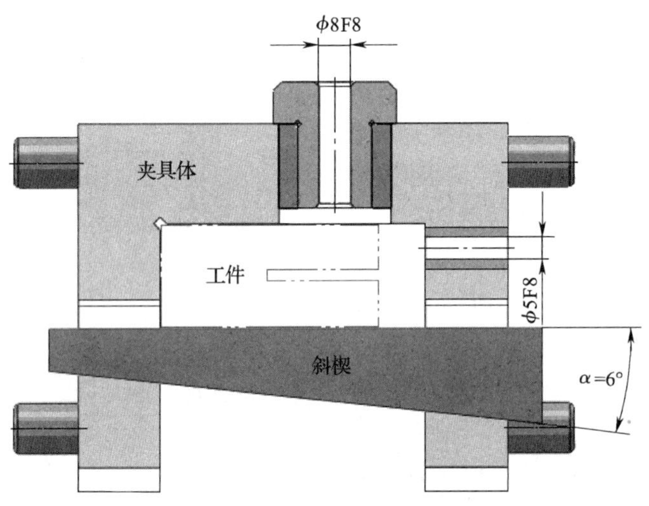

图 15–20　斜楔夹紧机构

为保证斜楔夹紧机构能可靠地自锁，一般取斜楔的楔升角 α=6°，即斜楔的斜度为 1∶10。此时，斜楔夹紧机构的有效夹紧力为主动力的 2.8 倍。减小楔升角 α 可以提高增力倍数，增大有效夹紧力，但 α 的减小将影响斜楔夹紧机构的有效夹紧行程 h，如图 15–21 所示。斜楔夹紧机构的有效夹紧行程 h 与横向移动距离 s 及楔升角 α 之间的关系为：

$$\tan\alpha=\frac{h}{s}$$

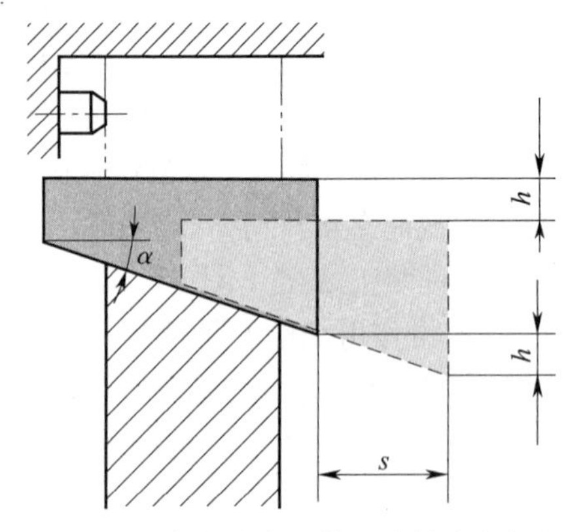

图 15–21　斜楔夹紧机构的有效夹紧行程

斜楔夹紧机构所产生的有效夹紧力较小，自锁性不太可靠，有效夹紧行程较小，工件装夹较费时，生产效率低，所以生产中直接应用较少，往往是把斜楔与其他机构组合在一起应用。由于斜楔夹紧机构结构简单，制造、维修方便，多用在生产批量不大、切削力小、切削振动小的小型工件夹紧中。

2. 螺旋夹紧机构

螺旋夹紧机构是斜楔夹紧机构的变形，当把一个很长的楔块环绕在圆柱上即形成螺旋，原来的直线楔紧就转化成螺杆、螺母间的旋转夹紧。由于楔块的长度可以很长，楔升角可以很小，再加上扳手的力臂较长，因此，螺旋夹紧机构不仅可以获得很大的增力倍数（可达 100 多倍），而且有良好的自锁性能。

图 15-22 所示为普通螺旋夹紧机构。由图可知，螺旋夹紧机构中的主要元件是螺钉（或螺杆）与螺母，在螺纹传动作用下，转动螺杆就可以对工件实行压紧或放松。为了减小螺杆端部与工件接触的有效半径，以防止夹紧和松开工件时螺杆端部摩擦造成工件的转动，一般把螺杆端部制成球面（图 15-22a）。但这样又容易压伤工件表面，因此，采用如图 15-22b 所示的压块结构，既防止工件的转动，又把压紧面扩大，有助于保护工件的已加工表面。图 15-23 所示为两种常用压块的结构。其中，A 型压块的工作面是光滑环面，用于夹紧已加工表面；B 型压块采用齿纹端面，用于压紧毛坯面。

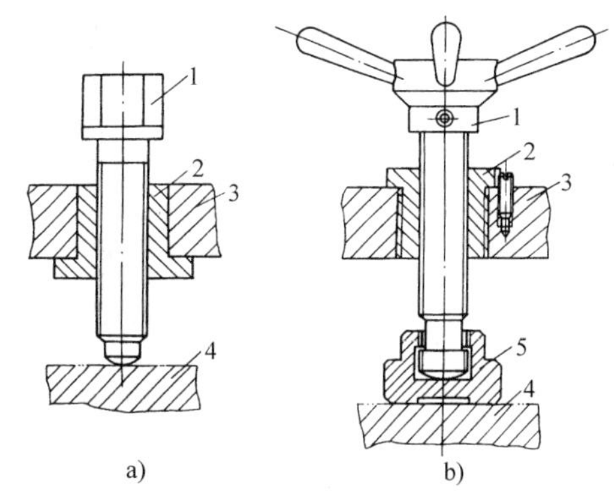

图 15-22　普通螺旋夹紧机构
1—螺钉　2—螺母　3—夹具体
4—工件　5—压块

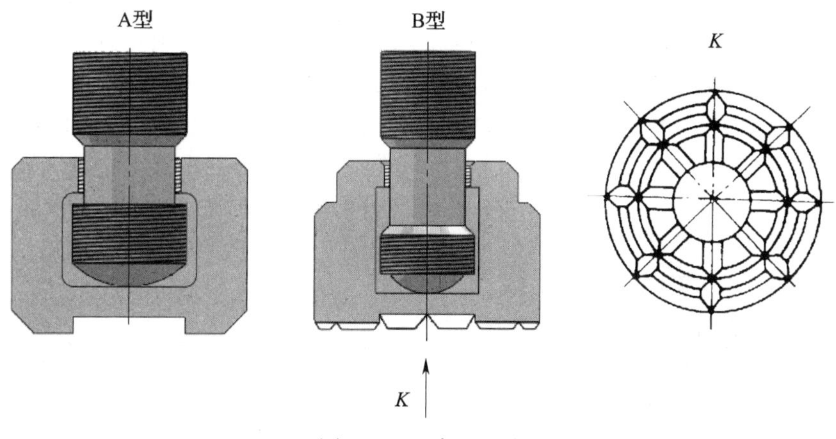

图 15-23　常用压块

螺旋夹紧机构结构简单，制造方便，夹紧可靠，通用性强，在铣床夹具中使用非常普遍。但由于其旋转夹紧，动作较慢，用于装卸工件的辅助时间较长，装夹的操作效率较低。为了使装卸工件方便快捷，常与结构简单、灵活的各类压板相组合，成为较理想的螺旋压板组合夹紧机构。

图 15-24 所示为几种典型的螺旋压板组合机构。其中图 15-24a 和图 15-24b 均为移动式压板，图 15-24c 为回转式压

板，图 15-24d 为翻转式压板。这些结构灵活的压板的应用，克服了螺旋夹紧动作较慢的缺点，使整个机构的装夹效率得以提高。

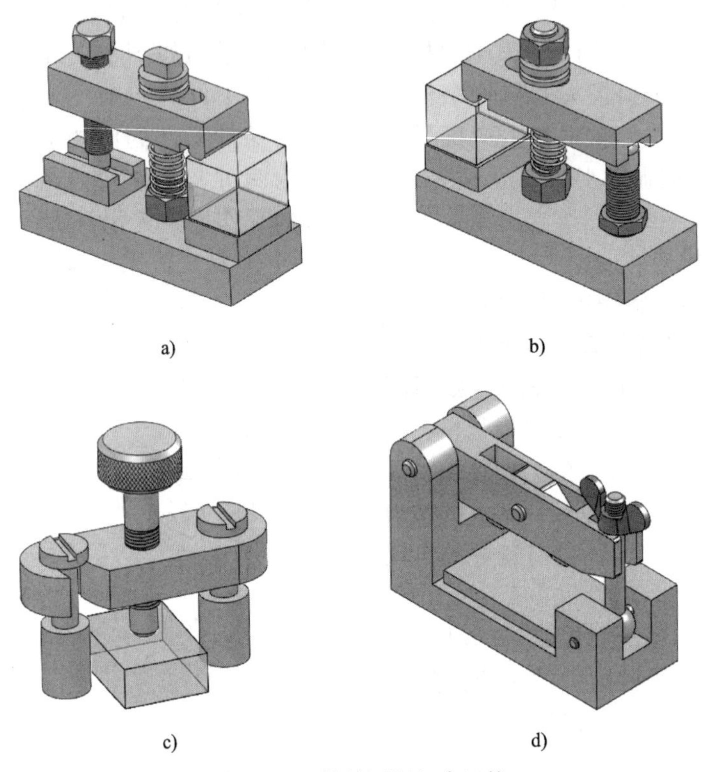

图 15-24 螺旋压板组合机构

图 15-25 所示为常见的钩形压板螺旋夹紧机构，压板采用钩形结构，装卸工件时可以通过手动来回转钩形头部，为装卸工件让出空间位置。这种压板结构紧凑，占用空间很小，但压板强度较低，夹紧力小。

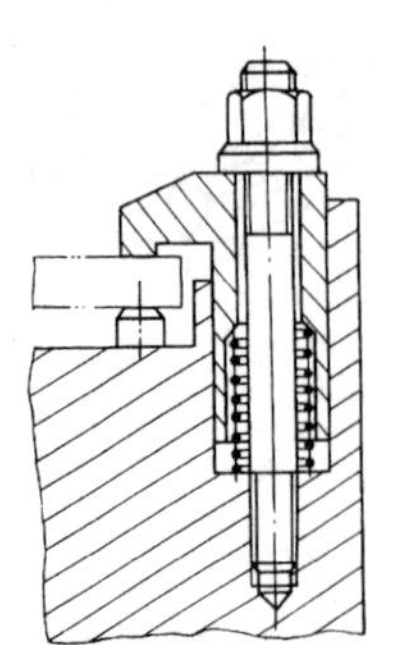

图 15-25 钩形压板螺旋夹紧机构

3. 偏心夹紧机构

偏心夹紧机构是指由偏心元件直接夹紧或与其他元件组合而夹紧工件的机构。机构的主要元件是偏心轮（或偏心轴），一般情况下，偏心轮多采用圆偏心结构，即将圆盘（或轴）的回转中心相对其几何中心偏置一定的距离 e，形成圆盘回转时的偏心，利用轮缘表面上各工作点至轮盘回转中心逐渐增大的距离，来实现对工件的夹紧。圆偏心轮如图 15-26 所示。

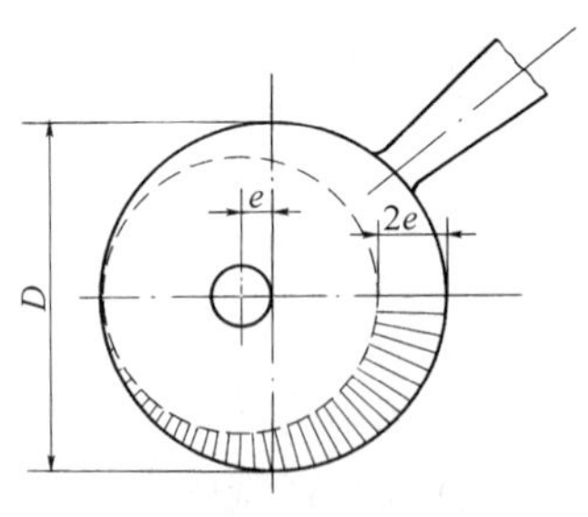

图 15-26 圆偏心轮

图 15-27 所示为一种常用的偏心夹紧机构。偏心轮通过销轴与悬置压板偏心铰接，

压下手柄，工件即被压板压紧；抬起手柄工件即被松开，向右移动压板及偏心轮，即可让出装卸空间。

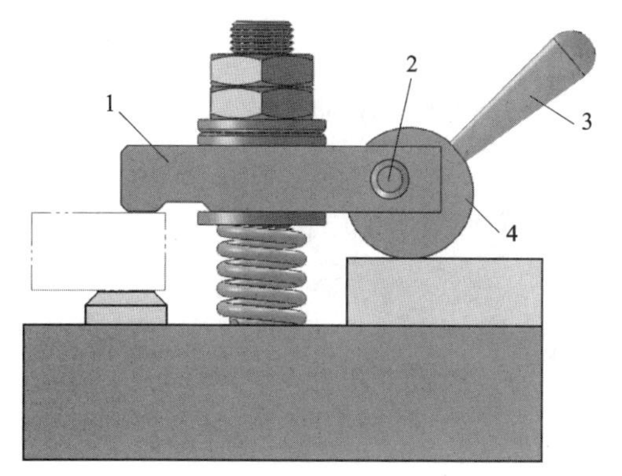

图 15–27　偏心夹紧机构

1—压板　2—销轴　3—手柄　4—偏心轮

圆偏心轮要保证自锁的结构条件就是偏心距不能太大，一般 $e<\frac{1}{14}D$（D 为圆盘直径）。

偏心夹紧机构的结构简单，制造容易，夹紧迅速，操作方便，在生产中应用广泛，但其有效夹紧力较小（只能达到主动力的十多倍），其自锁性能较差（受偏心距与圆盘直径的制约），所以一般不宜用于铣削、刨削等具有较大的振动和冲击的粗加工工序中。偏心夹紧机构的最大弱点是有效夹紧行程小，故只适用于切削较平稳、切削负荷小、夹紧尺寸较为稳定的半精加工和精加工工序中。

§15–4　铣床夹具介绍

一、铣床夹具的特点

1. 铣削特点

铣削具有如下特点：

（1）铣削是一种冲击、振动很大的切削过程　铣刀是多刃刀具，且每一切削刃的切削为周期性切削，切削面积和切削力不断变化，所以，铣削是一种切削力不稳定变化的过程，并伴随着强烈的冲击和振动。

（2）铣削的切削力较大　由于多刃切削的生产效率很高，使铣削被广泛地用以代替刨削，应用于大批量生产中对毛坯件的粗加工工序中，所以，铣削用量较大，切削力较大，使铣削成为一种重负荷切削。

（3）刀具需要经常调刀和换刀　大负荷的切削使刀具材料磨损很快，生产中需要经常性地调整和更换刀具。

2. 铣床夹具特点

针对上述铣削的加工特点，铣床夹具应具有下列特点：

（1）铣床夹具应具有足够的强度和刚度，以适应工件重负荷切削的装夹需要。

（2）夹具都配备有较强大而可靠的夹紧系统，以保证夹紧有良好的抗振性和自锁性。

（3）夹具一般多设置有专门的快速对刀装置，以减少调刀、换刀辅助时间，提高刀位精度。

二、铣床典型夹具介绍

1. 单件装夹铣床夹具

图 15–28 所示为铣削端面通槽夹具。根据工件外形特点及加工精度要求，夹具设置长 V 形块及端面组合定位系统。工件以外圆

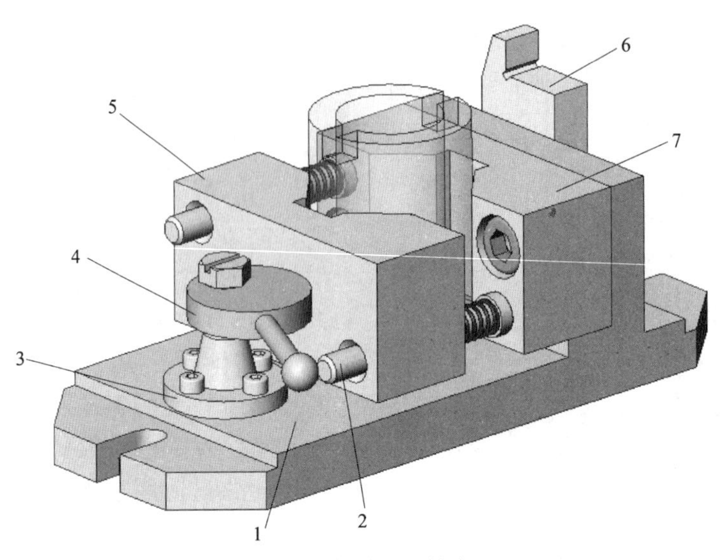

图 15-28 铣端面通槽夹具

1—夹具体 2—圆柱导向销 3—偏心轮支座 4—偏心轮 5—活动 V 形块 6—对刀块 7—固定 V 形块

柱面在夹具固定 V 形块 7 上定位，消除两个移动和两个转动共四个不定度，此外以下端面在夹具支承面上定位，消除一个移动不定度，从而在夹具中实现五点定位。

扳动手柄使偏心轮 4 转动，可使活动 V 形块 5 向右移动夹紧工件或在弹簧力作用下向左移动松开工件。夹具上设置有对刀块 6，利于快速调刀。

利用夹具底面的定位键与工作台中央 T 形槽的对定安装，可以迅速确定夹具体相对机床工作台的位置关系，保证 V 形块对称中心平面相对于工作台纵向导轨的平行度。

夹具每次只能装夹一件工件，生产效率较低，主要用于小批量生产中。

2. 多件装夹铣床夹具

图 15-29 所示为铣台阶轴上扁平面的多件装夹铣床夹具。工件以 ϕ 14h9 的圆柱部分放置在夹具弹性滑块 2 的开槽孔中定位，并以 ϕ 16 mm 的台阶面靠在弹性滑块的侧面上，消除五个不定度，实现五点定位。

旋紧夹紧螺杆，推动压块 3，使压块压向弹性滑块，从而把 10 个工件连续均匀地夹紧。支座 1 相当于固定钳口，压板 6 与夹具体上平面组成燕尾形导轨，使弹性滑块沿其滑移，定位键 7 用于夹具的对定安装。

该夹具结构简单，操作方便，一次能装夹 10 个工件，生产效率较高。若将夹紧部分改用气动或气动—液压夹紧装置，可适用于大批量生产。

图 15-30 所示为铣削连杆中部直槽的多件装夹铣床夹具。夹具一次可装夹 6 个工件，在一次装夹条件下可完成六件连杆直槽的铣削加工，大大提高了生产效率。夹具以支承板 9 与固定在其上的六组定位销作为定位元件，每组定位销由一个短圆柱销 2 和一个菱形销 8 组成，每组定位销与支承板 9 之间形成一个“两销一平面”的定位单元，当连杆上的孔插入定位销后其底面与支承板贴合实现完全定位。当旋紧螺母时，浮动压板 6 便通过活节螺栓 4 和浮动杠杆 3 实现两侧一对浮动压板的联动，可同时将两个工件夹紧。该夹具上共有三组同样的夹紧机构，故可同时将 6 个工件夹紧。完成铣削后，只要松开同一侧的三个螺母，通过联动便可退出位于两边的 6 个浮动压板，卸下工件。夹具上还安装了对刀块 7，可实现铣刀与夹具和工件间切削位置的快速调整。

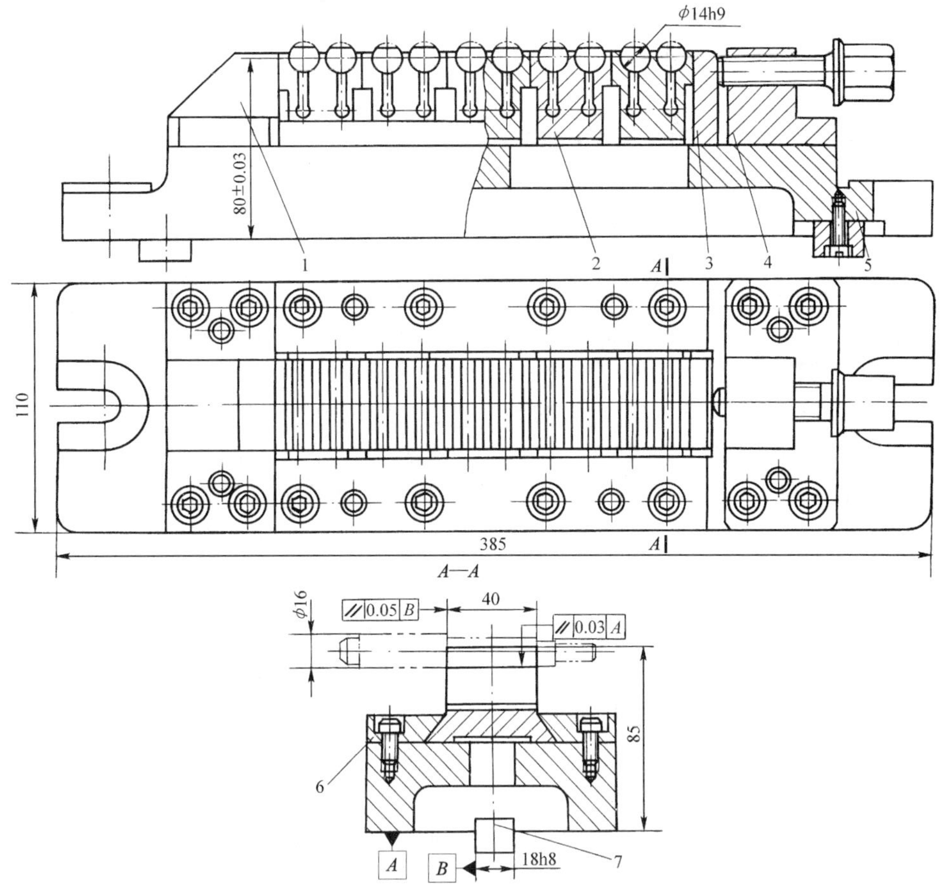

图 15-29　多件装夹铣床夹具

1—支座　2—弹性滑块　3—压块　4—螺杆支架　5—夹具体　6—压板　7—定位键

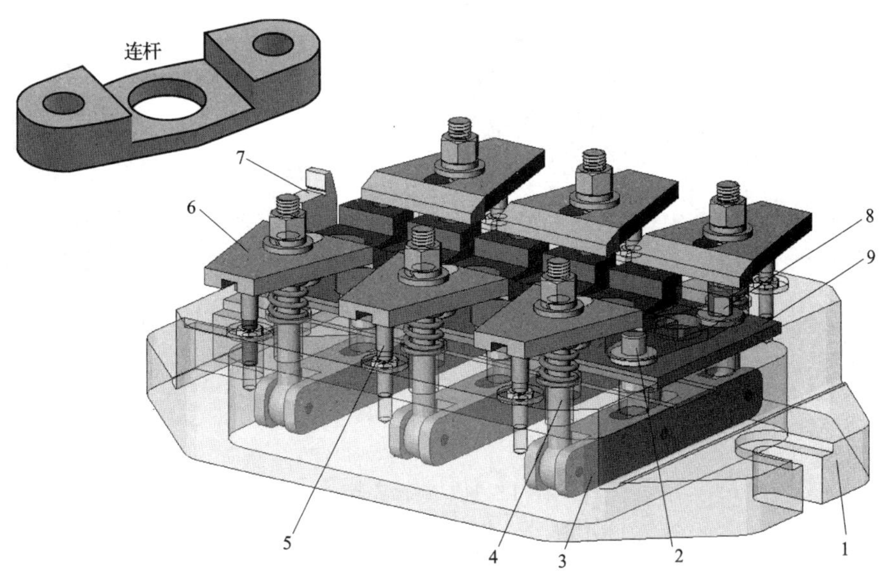

图 15-30　铣削连杆中部直槽的多件装夹铣床夹具

1—夹具体　2—圆柱销　3—浮动杠杆　4—活节螺栓
5—螺旋辅助支承　6—浮动压板　7—对刀块　8—菱形销　9—支承板

§15-5 组合夹具简介

一、组合夹具的概念、特点及其应用场合

1. 组合夹具的概念

组合夹具是在夹具零部件标准化的基础上发展起来的一种新型的工艺装备。它由一套预先制好的、具有各种不同形状和规格尺寸的标准元件和组合件组成。在加工工件前，根据工件的工艺要求、采用的设备和夹具设计原则，选取夹具元件、确定元件间的位置关系进行组装后而形成组合性夹具，如图15-31所示。组合夹具分为槽系和孔系两个系列。槽系组合夹具的夹具元件主要靠槽来定位和夹紧，孔系组合夹具的夹具元件主要靠孔来定位和夹紧。槽系组合夹具的特点是平移调整方便，它广泛应用于普通机床上进行一般精度零件的机械加工；孔系组合夹具的特点是旋转调整方便，精度和刚度都高于槽系夹具，随着孔系夹具元件设计的不断改进完善，吸取槽系结构的特点，应用范围更加广泛。由于组合夹具应变能力强、设计和制造周期短、成本低、能满足快速适应产品更新换代的要求，提高了企业的竞争力，所以日益受到企业的青睐。

2. 组合夹具的特点

（1）可缩短生产的准备周期　由于组合夹具的各类标准元件均为通用标准元件，预先制备，只是在应用时根据生产的具体需要进行组装使用，所以，夹具的组装过程时间都较短。组装一套中等复杂程度的组合夹具，一般只需几个小时，因此，使用组合夹具可以使生产的准备周期大为缩短。

a)

b)

图15-31　组合夹具

a）槽系组合夹具　b）孔系组合夹具

（2）可以节省大量工艺装备费用的支出　由于组合夹具为重复性使用件，绝大部分元件的回用率都很高，应用组合夹具可以节省大量的专用夹具的设计、制造费用，以及大量的材料消耗费用，可以减少夹具的库内面积。这对产品品种多变、批量不大的中

等规模企业来说，降低工艺装备费用支出的效果尤为显著。

（3）组合夹具的适用性好　由于组合夹具各元件本身都具有较高的精度和组装灵活性，其组装适应性较强，因此，在一般情况下，工件形状的复杂程度可以不受限制，夹具的组装精度也可通过调装、检验过程中的修研和调整予以保证。

（4）组合夹具结构一般较笨重，而刚度又较差　由于各元件的组装性能及其结构的标准、通用性能要求，使单个元件的外形结构较复杂，需配备组装定位结构及连接结构。此外，组装接触环节较多，连接刚度差。

（5）初始投资大　组合夹具元件需长期循环使用、反复拆装，因此，制造元件的材料应具有足够的强度、刚度、韧性和良好的耐腐蚀性及切削性能，一般多采用工具钢及优质合金钢制造，元件的材料费用较高。加上元件的制造精度要求高，制造成本也较高。为满足各类夹具组装的需要，应有足够的元件储备量。因此，使用组合夹具的初始投资较大。

3. 组合夹具的应用场合

组合夹具使用上所具有的临时性、组合性、多变适应性的特点，使其特别适用于生产准备周期很短的临时突击性生产任务、新产品的试制，以及品种多变或单件小批生产场合。但由于组合夹具应用的初始投资较大，且其正常循环应用需要与一定生产规模相配合，除可在规模较大的大、中型企业推广应用外，一般可在具有一定生产规模的小城市建立专门的组合夹具站，统一进行组合夹具的拼装、租赁业务，以充分发挥其优越性和取得好的经济效益。

二、组合夹具的基本元件

为适应不同外形尺寸工件的装夹需要，组合夹具分为大型、中型、小型三个尺寸系列。大型组合夹具适用于较大零件的加工，中型组合夹具适用于中等尺寸零件的加工，小型组合夹具则适用于仪器仪表制造业。三个尺寸系列又以组合夹具中所应用的定位键宽度（即基础板 T 形槽工作宽度）来划分系列规格（有 8 mm 槽系和 16 mm 槽系）。例如，16 mm 槽系中型组合夹具，其定位键宽度为 16 mm，其紧固螺栓为 M12 螺纹结构，适用于外形尺寸在 100 ~ 400 mm 范围内工件的装夹。

组合夹具元件已标准化。标准中将组合夹具的各元件按其用途不同，分为基础件、支承件、定位件、导向件、压紧件、紧固件、其他件和组合件共八个大类。图 15–32 所示为组合夹具的基本元件。

1. 基础件

基础件分为圆形、方形、长方形基础板和基础角铁等几种外形，它是整个组合夹具的夹具体，作为其他元件的安装基础。基础件需具备一定的刚度，并设置有供元件安装的 T 形槽系统。

2. 支承件

支承件主要用作不同高度的垫块及支承，构成夹具的中间骨架。支承件种类繁多，包括各种方形支承、长方形支承、角度支承、角铁等。

3. 定位件

定位件主要用作各元件间确定准确的相互位置关系及为工件和机床提供定位。定位件包括各种定位销、定位键、定位盘、定位座、T 形键、直键、V 形座等结构。此外还有各种心轴、顶尖、对定销、定位板及三棱支座、六棱支座、四方形支座，以及定位支承和调整块等。

4. 导向件

导向件主要用作引导刀具（如钻头、镗杆等）。它包括各种钻套、钻模板、镗孔支承和导向支承等。

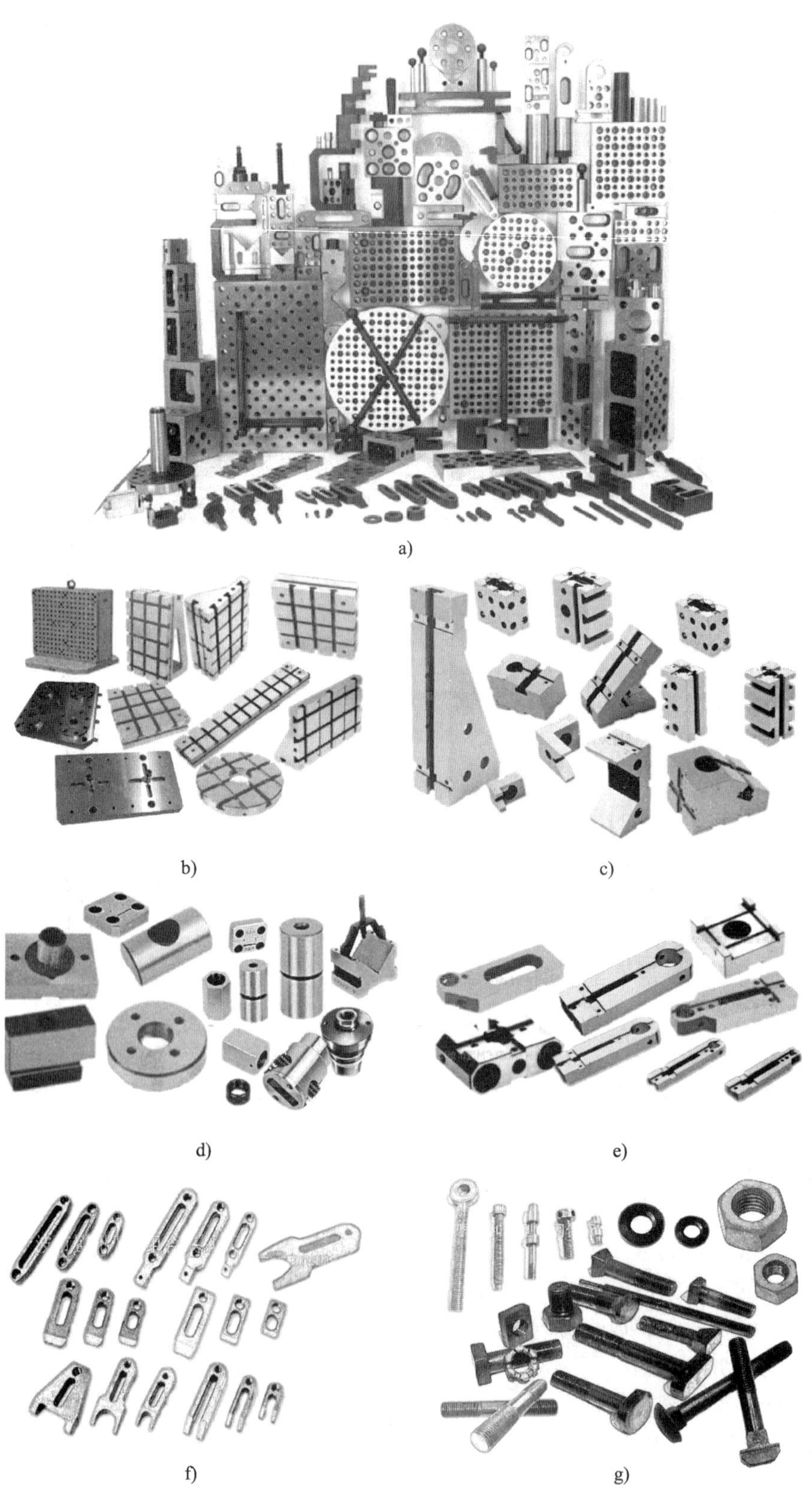
a)
b)
c)
d)
e)
f)
g)

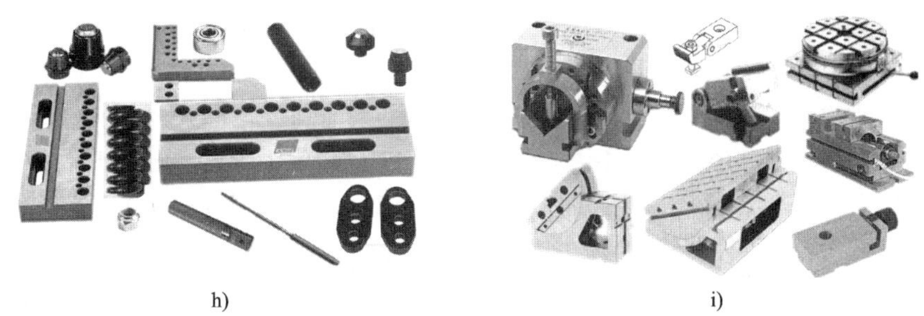

h)　　i)

图 15-32　组合夹具的基本元件

a）孔系组合夹具的基本元件　b）基础件　c）支承件　d）定位件

e）导向件　f）压紧件　g）紧固件　h）其他件　i）组合件

5. 压紧件

压紧件用来压紧工件及组合元件，由于其工作表面都经磨光，所以也常用作限位挡板、连接板和垫铁等其他用途。压紧件主要有各种压板、压脚，包括平压板、开口压板、伸长压板、回转压板等。

6. 紧固件

紧固件用来紧固夹具上各种散件及组件。它主要包括各种T形螺栓、关节螺栓、钩头螺栓、双头螺柱及其他特殊结构的螺母、垫圈等。

7. 其他件

其他件是指组合夹具中使用的辅助元件，如连接件、滚花手柄、各种支承钉和支承帽、平衡弹簧、平衡块、接头、摇板、摇块等。

8. 组合件

组合件又称合件，是由数个元件组成的独立部件。合件是组合夹具的重要部件，具有结构合理、使用方便、用途广泛的特点。合件按其用途不同有定位合件、分度合件、支承合件、导向合件、夹紧合件等；按其结构不同则有顶尖座、回转顶尖、可调V形座、折合板、分度盘、可调支座、可调角度转盘等。

三、组合夹具的组装步骤

把组合夹具的元件和合件，按一定的步骤和要求组合成加工所需的夹具，即为组合夹具的组装。组合夹具的组装是夹具设计和装配的统一过程。正确的组装过程一般按以下步骤进行：

1. 组装前的调查及准备工作

组装夹具前，首先应了解工件的加工要求，包括加工工序内容、加工精度要求、切削用量大小、毛坯质量情况、切削刀具的有关参数和结构及加工机床工作台、主轴连接条件等，明确夹具组装要点和需要重点解决的问题。此外，还应了解库存夹具元件的备品，做到心中有数。

2. 设计组装方案

设计组装方案，即确定工件的定位、夹紧、其他辅助结构方案，确定夹具基础件及支承件的结构、形状和相互位置。

3. 试装

按照设想的夹具结构，将各元件就位，但不予固定。试装的目的在于验证设想的夹具结构是否合理，能否实现。通过试装，可根据实际情况做出修正，以免正式组装时出现较大的返工。试装与正式组装时，最好有工件的实物作对照，以便考虑工件的定位、夹紧、工件的装卸空间及刀具的运动空间。

4. 组装和调整

组装即按照预先确定的组装方案，由内到外、由上到下依次进行正式安装。组装过程中，要注意保持各接合面的紧密、牢固。组装过程实际是边组装、边检测、边调整的反复交替进行的过程。

5. 检验

组装的最后，应进行总装精度的总体检验，并检查夹具的刚度、夹紧的可靠性等，最后还应检查有无细小的配件（如键、销、压板等）被遗漏。确认完善无误后，即可交付使用。

四、组合夹具组装实例

图 15-33 为射油泵传动轴零件，轴上有两条半圆键槽和一条平键槽，两半圆键槽之间的夹角为 60°，平键槽的位置只要求与 ϕ25 mm 的半圆键槽错开即可。在新品试制阶段，使用如图 15-34 所示的组合夹具。

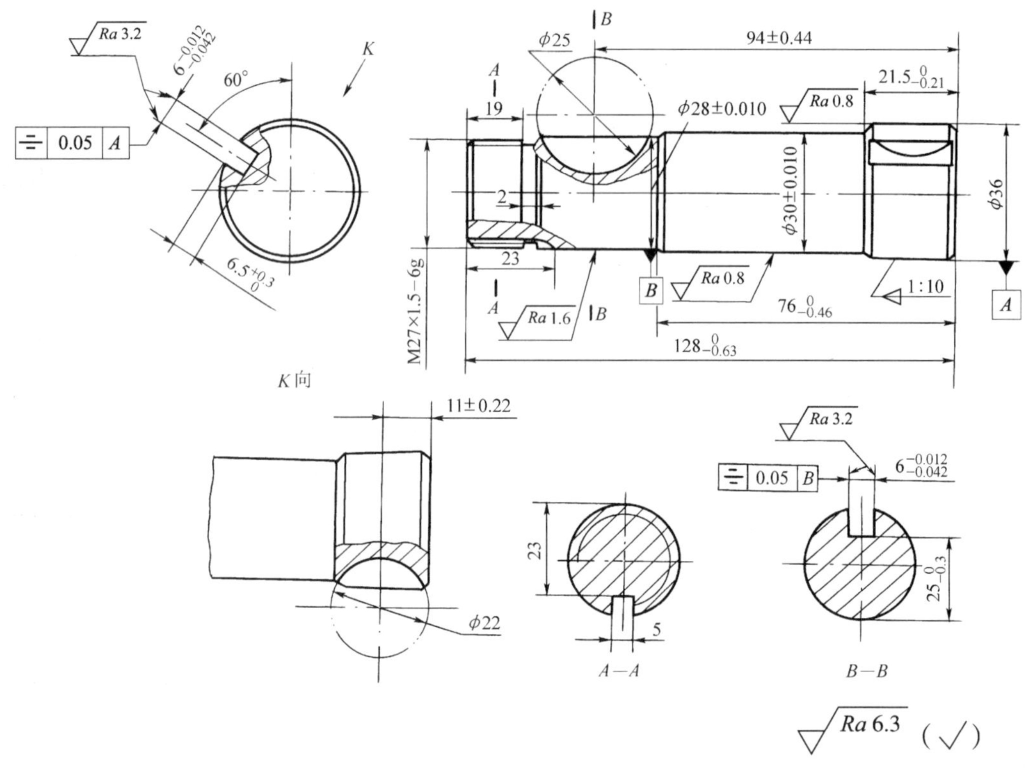

图 15-33　射油泵传动轴零件

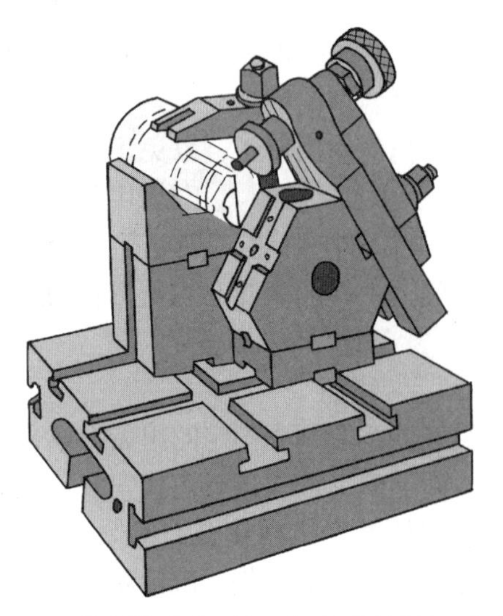

图 15-34　铣削传动轴上第二条半圆键槽的组合夹具

图 15-34 所示为铣削传动轴上第二条半圆键槽的组合夹具。夹具底座为矩形基础件，定位元件 V 形架与基础件之间是矩形支承件，其间用键固定相互位置，再用紧固件连接紧固。角向定位用合件弹簧插销固定在扇形板上，并一起固定在六角形支承件上。六角形支承件的内侧装有一个定位支承钉消除工件轴向移动不定度。六角形支承件和下面的矩形支承件由键和紧固件螺栓固定在基础件（底座）上。调整好弹簧插销的位置，工件用压板、螺栓等夹紧件夹紧。

夹具在用于铣削第一条半圆键槽和平键槽时，只需将扇形板拆下即可。

习题

1. 什么是夹具？机床夹具起哪些作用？

2. 按通用化程度不同，夹具可分为哪几类？各适用于何种场合？

3. 夹具主要由哪几部分组成？各组成部分在夹具中起什么作用？

4. 什么是不定度？工件在空间直角坐标系中有哪几个不定度？各用什么符号表示？

5. 什么是定位？什么是定位点？什么是六点定位原理？

6. 什么是基本定位体？基本定位体有哪几种？它们各能消除多少个不定度？

7. 什么是完全定位？什么是不完全定位？什么是欠定位？

8. 什么是重复定位？重复定位有何不良影响？如何改善？

9. 什么是夹紧？对夹紧装置有什么要求？

10. 夹紧力的三要素如何合理确定？

11. 螺旋夹紧机构有何特点？

12. 偏心夹紧机构有什么优缺点？

13. 铣床夹具有何特点？

14. 什么是组合夹具？组合夹具有何特点？适用于什么场合？

15. 组合夹具的元件按其用途不同，分为哪几类？

16. 简述组合夹具的组装步骤。

17. 在轴上和长方体工件上铣削封闭槽，各需要消除哪些不定度？

18. 铣削直齿圆柱齿轮时，需要消除哪几个不定度？

19. 用两顶尖对轴类工件定位，能消除工件的哪几个不定度？固定顶尖和活动顶尖各消除几个不定度？

20. 用带凸肩的圆柱心轴定位夹紧工件时，能消除哪几个不定度？属于什么定位？如何处理最好？

21. 用平面双短圆柱销定位工件时，为什么第二个圆柱销要制成削边销？安装削边销时有什么要求？